Disclaimer

The publisher of this book is by no way associated with the National Institute of Standards and Technology (NIST). The NIST did not publish this book. It was published by 50 page publications under the public domain license.

50 Page Publications.

Book Title: Certification of SRM 2492: Bingham Paste Mixture for Rheological Measurements

Book Author: Chiara F. Ferraris; Paul E. Stutzman; William F. Guthrie

Book Abstract: Rheological measurements are often performed using a rotational rheometer. In this type of rheometer, the tested fluid is sheared between two surfaces, one of which is rotating [1]. Usually, the angular velocity is imposed and the response of the material is monitored by the measurement of the torque. The manufacturers recommend the use of a standard oil of known viscosity to verify that the instrument is operating correctly. Because these oils are expensive, however, they cannot be used for the large volumes employed in concrete rheometers. Therefore, a relatively inexpensive, accurate reference material is needed that incorporates aggregates for concrete rheometers. As concrete and mortar are non-Newtonian, the reference material should also be non-Newtonian. The development of this new Standard Reference Material (SRM) is based on a multiphase approach. This report is the description of the development and certification of a paste SRM. Based on this SRM, further SRMs for mortar and concrete will be developed in the future. The purpose of this report is to describe the process to certify SRM 2492, a "Bingham Paste Mixture for Rheological Measurements". All measurements used for the development of the rheological characteristics are provided along with statistical analyses.

Citation: NIST SP - 260-174Rev. 2012

Keyword: SRM; Bingham material

NIST Special Publication 260-174 Rev. 2012

Certification of SRM 2492: Bingham Paste Mixture for Rheological Measurements

Chiara F. Ferraris
Paul E. Stutzman
William F. Guthrie
John Winpigler

NIST Special Publication 260-174 Rev. 2012

Certification of SRM 2492: Bingham Paste Mixture for Rheological Measurements

Chiara F. Ferraris
Paul E. Stutzman
John Winpigler
Materials and Construction Research Division
Engineering Laboratory

William F. Guthrie
Statistical Engineering Division
Information Technology Laboratory

June 2012

U.S. Department of Commerce
John E. Bryson, Secretary

National Institute of Standards and Technology
Patrick D. Gallagher, Under Secretary of Commerce for Standards and Technology and Director

Certain commercial entities, equipment, or materials may be identified in this document in order to describe an experimental procedure or concept adequately. Such identification is not intended to imply recommendation or endorsement by the National Institute of Standards and Technology, nor is it intended to imply that the entities, materials, or equipment are necessarily the best available for the purpose.

National Institute of Standards and Technology Special Publication 260-174 Rev. 2012
Natl. Inst. Stand. Technol. Spec. Publ. 260-174 Rev. 2012, 301 pages (June 2012)
This report supersedes the previous report SP- 260-174
CODEN: NSPUE2

Abstract

Rheological measurements are often performed using a rotational rheometer. In this type of rheometer, the tested fluid is sheared between two surfaces, one of which is rotating [1]. Usually, the angular velocity is imposed and the response of the material is monitored by the measurement of the torque. The manufacturers recommend the use of a standard oil of known viscosity to verify that the instrument is operating correctly.

Because these oils are expensive, however, they cannot be used for the large volumes employed in concrete rheometers. Therefore, a relatively inexpensive, accurate reference material is needed that incorporates aggregates for concrete rheometers. As concrete and mortar are non-Newtonian, the reference material should also be non-Newtonian. The development of this new Standard Reference Material (SRM) is based on a multiphase approach. This report is the description of the development and certification of a paste SRM. Based on this SRM, further SRMs for mortar and concrete will be developed in the future.

The purpose of this report is to describe the process used to certify SRM 2492, a "Bingham Paste Mixture for Rheological Measurements". All measurements used for the development of the rheological characteristics are provided along with statistical analyses.

This is report is the second edition *of the report that includes the non-Newtonian analysis of the data collected. Thus, the following Sections were added or modified: 2.3.2, 5.1.3, and Appendix C and D. The certificate draft was deleted from this report and it available only online.*
This report supersedes the previous report SP-260-174

Acknowledgements

The authors would also like to thank some key persons at NIST without whom this certification could not have being completed: John Winpigler for packaging materials and performing the rheological tests; Max Peltz for making measurements and the packaging of the materials; Drs. Nicos Martys, Kenneth Snyder, Jonathan Martin (NIST) and Nicholas Dagalakis (NIST) for their valuable comments.

Dr. Ferraris would like to personally thank also Dr. Zhuguo Li (Yamaguchi University) and Dr. Min-Hong Zhang (National University of Singapore) whose collaboration during their stay at NIST led to the basis of this SRM.

Table of Contents

1 Introduction 1
2 Description of Rheological Measurements 2
   2.1 Introduction 2
   2.2 Rheological parameters 3
   2.3 Measurements and interpretation 4
      2.3.1 Experimental set-up 4
      2.3.2 Calculation of the rheological parameters from the measurements 5
      2.3.3 Calibration with oil 6
3 Materials 8
   3.1 Characteristics of the Limestone and Corn Syrup 8
   3.2 Packaging 10
   3.3 Preparation of the SRM 11
4 Experimental Design 13
5 Statistical analysis 15
      5.1.1 Introduction 15
      5.1.2 Newtonian Statistics 15
      5.1.3 Non- Newtonian Statistics 18
6 Summary 20
7 References 20
8 Appendix 22

Appendix A: Statistical Analysis for Newtonian calculations A-1
Appendix B: Data for Newtonian calculations B-1
Appendix C: Statistical analysis for Non-Newtonian calculations C-1
Appendix D: Data for Non-Newtonian calculations D-1

List of Figures

Figure 1: Bingham model and calculation of the plastic viscosity and yield stress. 4

Figure 2: Parallel plate rheometer 7

Figure 3: Particle size distribution of the limestone measured in IPA 9

Figure 4: Limestone SEM pictures at various magnifications as indicated by scale bars on the pictures 10

List of Tables

Table 1: Physical and mineralogical properties of the limestone flour 9

Table 2: Schema for pairing the "Component 1 Corn Syrup" with the two containers of the "Component 2 Limestone" for CS-BX1 and BX-1 to BX-4 12

Table 3: Pairing of the boxes of "Component 1 Corn Syrup" (CS-BXA) with the boxes (BX-A) of "Component 2 Limestone." 13

Table 4: Set selected to be tested. BL is the corn syrup bottle (see Table 2) 13

Table 5: Order of testing. CS-BXA = Corn Syrup Box A; BLA= Bottle A of corn syrup (from specified box); LA=Limestone bottle A (associated with specified box and bottle of corn syrup- see Table 2) 14

Table 6: Schedule of testing. HOLIDAY and OFF are days the operator was not available. See Table 5 for the tests done for each A1 to F7. 15

Table 7: Newtonian approximation results 17

Table 8: Non-Newtonian approximation results 20

1 Introduction

A National Institute of Standards and Technology (NIST) Standard Reference Material® (SRM) meets specific certification criteria and is issued with a certificate of analysis that reports the results of its characterization and provides information regarding the appropriate use(s) of the material. An SRM is prepared and used for three main purposes: 1) to help develop accurate methods of analysis; 2) to calibrate measurements systems used to facilitate exchange of goods, institute quality control, determine performance characteristics, or measure a property at the state-of-art limit; and 3) to ensure the long-term adequacy and integrity of measurement quality assurance programs. The National Institute of Standards and Technology (NIST) provides over 1300 different SRMs to industry and academia. Every NIST SRM is provided with a certificate of analysis that gives the official characterization of the material's properties. In addition, supplementary documentation, such as this report, describing the development, analysis, and use of SRMs, is also often provided to ensure effective use of these materials.

There are several SRMs related to the cement industry but none is related to the rheological properties of cement paste, mortar or concrete. After completing two international inter-laboratory studies related to rheological properties measurements of concrete, it was determined that the use of expensive oils was not suitable for calibration of concrete rheometers. Thus, a need exists for a granular reference material specifically designed for concrete was requested by the industry. SRM 2492, the first step for in concrete rheological SRM production, is a two-component fluid having Bingham characteristics. The operator needs to mix the two components with water in the proportions provided in the certificate. Once mixed the material shelf life of the mixture is 7 d. The values given in this report were obtained through testing performed at NIST using a serrated parallel plate rheometer.

The objective of this report is to describe the SRM 2492 and its rheological properties. A brief description of the methodology and all measurements used are provided along with the statistical analysis.

This is report is the second edition *of the report that includes the non-Newtonian analysis of the data collected. Thus, the following Sections were added or modified: 2.3.2, 5.1.3, and Appendix C and D. The certificate draft was deleted from this report and it available only online.*
This report supersedes the previous report SP-260-174

2 Description of Rheological Measurements

2.1 Introduction

Rheological measurements are commonly performed using a rotational rheometer. In this type of rheometer, the test fluid is sheared between two surfaces, one of which is rotating while the other is stationary [1]. The rate of the rotating surface is precisely controlled by a computer, while measuring the torque resulting from the material response. Laboratory rheometers are mainly designed for homogeneous liquids, such as oils, containing no particles, such as oils. The manufacturers recommend the use of a standard oil of known viscosity to verify that the instrument is operating correctly. The kinematic viscosities are determined by reference to the water viscosity established by international consensus in 1953 [2], as described in ISO-3666 (International Organization for Standardization) [3]. In 1954, NIST [2] conducted a study to compare two rheological techniques, the Bingham viscometer and the Cannon Master viscometer (both based on capillary flow) that are still used today for determining the viscosity values of standard oils.

Because these oils are expensive, it is not economically practical to use them due to the large volumes of oil needed in concrete rheometers. Some concrete rheometers have used a less expensive oil with a known viscosity to calibrate a concrete rheometer. For example, in 2003, a high viscosity polydimethylsiloxane fluid (with a NIST measured viscosity of 29.5 Pa·s $\pm$ 0.6 Pa·s at 24.4 °C $\pm$ 0.4 °C), was used in concrete rheometers [4] during an international round robin. It was shown that not all rheometers were able to measure the oil rheological properties, due to their specific shear patterns and slippage or lack of it on the shearing surfaces. In the case of fresh concrete, the geometry of the rheometer needs to allow the distance between the shearing surfaces to be sufficiently large to accommodate aggregates of at least 25 mm in diameter. The increase in size leads to generally unknown shear patterns and test results that cannot quantitatively characterized in fundamental units. Therefore, calibration of such large and non-standard rheometers is impossible using the traditional measurement protocols. It should be stated that the responses from any two concrete rheometers were found to be linearly related [4, 5, 6].

Thus current research has established the need for a new reference material for calibrating concrete rheometers. Concrete is a non-Newtonian suspension, thus any reference material mixture must be a non-Newtonian suspension. Ideally such a material must be inexpensive, reproducible and repeatable with respect of both its physical and chemical properties, and readily allow the inclusion of aggregates, similar as used in concrete. Given the constraints, the new strategy was to develop a granular mixture similar to concrete. The American Concrete Institute (ACI) Committee 238 on "Workability of Fresh Concrete" considered this approach and recommended the use of an oil of known viscosity in which particles could be added. The calculation of the viscosity of the mixture would be a combination of experimental measurements and computerized modeling. Thus, spherical particles would simplify the computerized model. Moreover, the particle specific gravity should match that of the oil to avoid sedimentation during testing as the medium has no yield stress. Given these constraints, hollow plastic spheres were an excellent candidate material. Unfortunately, their cost is prohibitive. Therefore, this idea was deemed impractical and thus, was abandoned as a viable strategy. Instead, a multiscale approach was considered to be the next best option.

The multiscale approach consists of developing a paste, followed by a well-characterized mortar and the well-characterized concrete. A mortar is produced by adding sand to the paste, while a concrete is produced by adding coarse aggregates to this mortar. The rheological parameters of the mortar and concrete would be determined from the paste through a combination of measurements and computer simulation. The simulation is designed to calculate the viscosity of the suspensions (mortar or concrete) from the medium viscosity (cement paste) with various aggregate concentrations, aggregate size distribution, and particle shape. Therefore, the first step is to develop a paste reference material. This report presents the new SRM that was produced based on a preliminary study [7].

A non-Newtonian reference material for cement paste should have the following characteristics: 1) no particle segregation for the duration of the test; 2) linear Bingham stress response to shear rates over a large range; 3) rheological and chemical properties unchanged over at least several days, with no chemical reactions between the medium and the particles; 4) a yield stress sufficient to avoid segregation of added sand and coarse aggregates; and 5) the linear response should be reversible, implying no structural breakdown or build-up, flocculation or deflocculation during the test, i.e., no hysteresis.

2.2 Rheological parameters

The primary output of rheological measurements is either a shear stress-shear rate plot or a plot of the rotational speed of the rotating surface versus the torque. In cases where the geometry of the rheometer does not permit a direct calculation of the shear stress and shear rate in fundamental units, the rotational speed is plotted against torque [8].

The viscosity [1] is defined as the ratio of the shear stress over the shear rate at a given shear rate. For a Newtonian fluid, the viscosity is the slope of a line with zero intercept fit to the shear stress-shear rate data. Most granular mixtures are non-Newtonian, however. Non-Newtonian mixtures exhibit a yield stress, which is the stress needed to initiate deformation or flow of the material. This yield stress can be measured in several ways. The most common method is the extrapolation from the Bingham test method [8, 9, 10].

The Bingham equation (Eq. (1)) is used in determining the plastic viscosity and the yield stress. This procedure implies that the plastic viscosity η_{pl} is defined as the slope of the shear stress versus shear rate curve and the yield stress τ_B is the intercept of the curve at zero shear rate. This point is generally not measured so this constitutes an extrapolation (Figure 1). The Bingham rheological parameters, yield stress and plastic viscosity, will characterize the flow curve within a range of shear rates, as shown in Figure 1 and equation [1].

$$\sigma = \sigma_B + \eta_{pl}\dot{\gamma} \qquad [1]$$

where σ = shear stress, σ_B = yield stress, η_{pl} = plastic viscosity, and $\dot{\gamma}$ = shear rate.

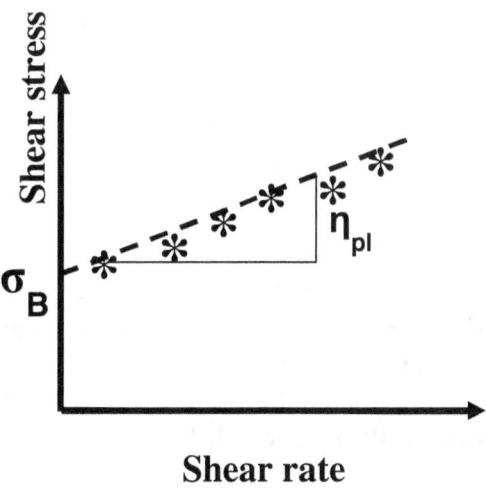

Figure 1: Bingham model and calculation of the plastic viscosity and yield stress.

2.3 Measurements and interpretation

2.3.1 Experimental set-up

Conventional rotational rheometers often have different geometries. Nevertheless, the principle always involves two surfaces shearing the material [1]. The geometry used in this report is serrated parallel plates as shown in Figure 2. The plates were 35 mm in diameter. Figure 2A shows the actual plates while Figure 2B shows a schematic of a parallel plate rheometer. To shear a granular material, precautions need to be taken to avoid slippage of the shearing surface. The device used had serrated surfaces as shown in Figure 2C. As this SRM contains water, precautions also need to be taken to avoid evaporation during the measurement. This is achieved by creating a small enclosure around the shearing plates as shown in Figure 2D. Finally, a wet sponge was placed in the enclosure to maintain a high relative humidity environment.

The gap between the two parallel plates was 0.600 mm ± 0.001 mm. A smaller gap could cause the particles to jam while a larger gap might lead to the material not staying between the plates. The temperature of the rheometer was maintained at 23 °C ± 0.5 °C during all tests. A measured volume of 1.3 mL of material was placed in the rheometer and the gap adjusted to 0.6 mm. Then the material was nominally sheared at 0.01 s^{-1} for 150 s before starting the Bingham test. The Bingham test consisted in increasing the nominal shear rates from 0.1 s^{-1} to 50 s^{-1} (10 points) and then decreasing shear rate from

50 s^{-1} to 0.1 s^{-1} (20 points). At each point the shear rate was maintained at the desired value until equilibrium of the torque was reached, but for a time not to exceed 30 s.

2.3.2 Calculation of the rheological parameters from the measurements

In the rheometer used the rotational speed is controlled and the torque is measured. The computer software calculates automatically the shear rate and the shear stress from the rotational speed and the measured torque. The shear rate is calculated as follows:

$$\dot{\gamma}_R = \frac{R}{h} \cdot 2\pi \cdot n \qquad [2]$$

where:
$\dot{\gamma}_R$ = shear rate at the outer edge [1/s]
R = radius of shear [mm] (17.5 mm in our case)
h = gap or distance between the plates [mm] (0.600 mm ± 0.001 mm)
n = speed of rotation of the top plate, revolution/s [1/s]

The shear stress calculation from the torque is [8]

$$\tau = \frac{T}{2 \cdot \pi \cdot R^3}(3 + \frac{d \ln T}{d \ln \dot{\gamma}_R}) \qquad [3]$$

where
τ = shear stress [Pa]
T = torque at the outer edge [N.m]
R = radius of shear [mm] (17.5 mm in our case)
$\dot{\gamma}_R$ = shear rate [1/s]

An analysis was conducted to determine the value of the factor, $\left(3 + \frac{d \ln T}{d \ln \dot{\gamma}_R}\right)$ using two different approaches, Newtonian and non-Newtonian.

<u>Newtonian approximation</u>
For Newtonian liquids the factor is equal to 1. In the data collected for this project, the factor was estimated to be 0.84 leading to an error of about 4 % (less than the uncertainty due to other factors) if this material were treated as though it was Newtonian. The usage of the Newtonian approximation would simplify the calculations for user and the stress would be:

$$\tau = \frac{2 \cdot T}{\pi \cdot R^3} \qquad [4]$$

<u>Non-Newtonian approximation</u>
In a study conducted at NIST [7], the factor $d \ln T / d \ln \dot{\gamma}_R$ was found to vary with shear rates. If the shear rate is above 5 s^{-1} then the value is 0.8 ± 0.1 (one standard deviation), while it decreases to 0.2 for shear rates below 5 s^{-1}. The viscosities were calculated using

both Newtonian and non-Newtonian methods and it was found that the use of the simpler Newtonian approximation would give a plastic viscosity error of less than 3 % while the yield stress error would be more significant at up to 20 % [7].

<u>Conclusions</u>

Therefore, the non-Newtonian approximation was considered a better approximation of the factor $d \ln T / d \ln \dot{\gamma}_R$ and was used to calculate the certified values. Nevertheless, the two statistical approximations, Newtonian, and non-Newtonian will be provided in this report.

2.3.3 Calibration with oil

Accurate rheological error assessment, including the correction of the zeroing of the plates requires a standard oil. The measurement protocol for making these assessments is described in Section 5.

After calculating of the shear rate and shear stress from the torque and angular velocity, these values were corrected for plate roughness and zeroing error (due to the instrument) as outlined by Ferraris et al. [9]. This correction consists of modifying the gap by 0.27 mm [10, 11, 12]. Further details on the uncertainty of the method can be found in ref. [9].

The hysteresis (Pa/s) was defined as the area between the up (increasing shear rate) and down (decreasing shear rates) curves of shear stress vs. shear rate.

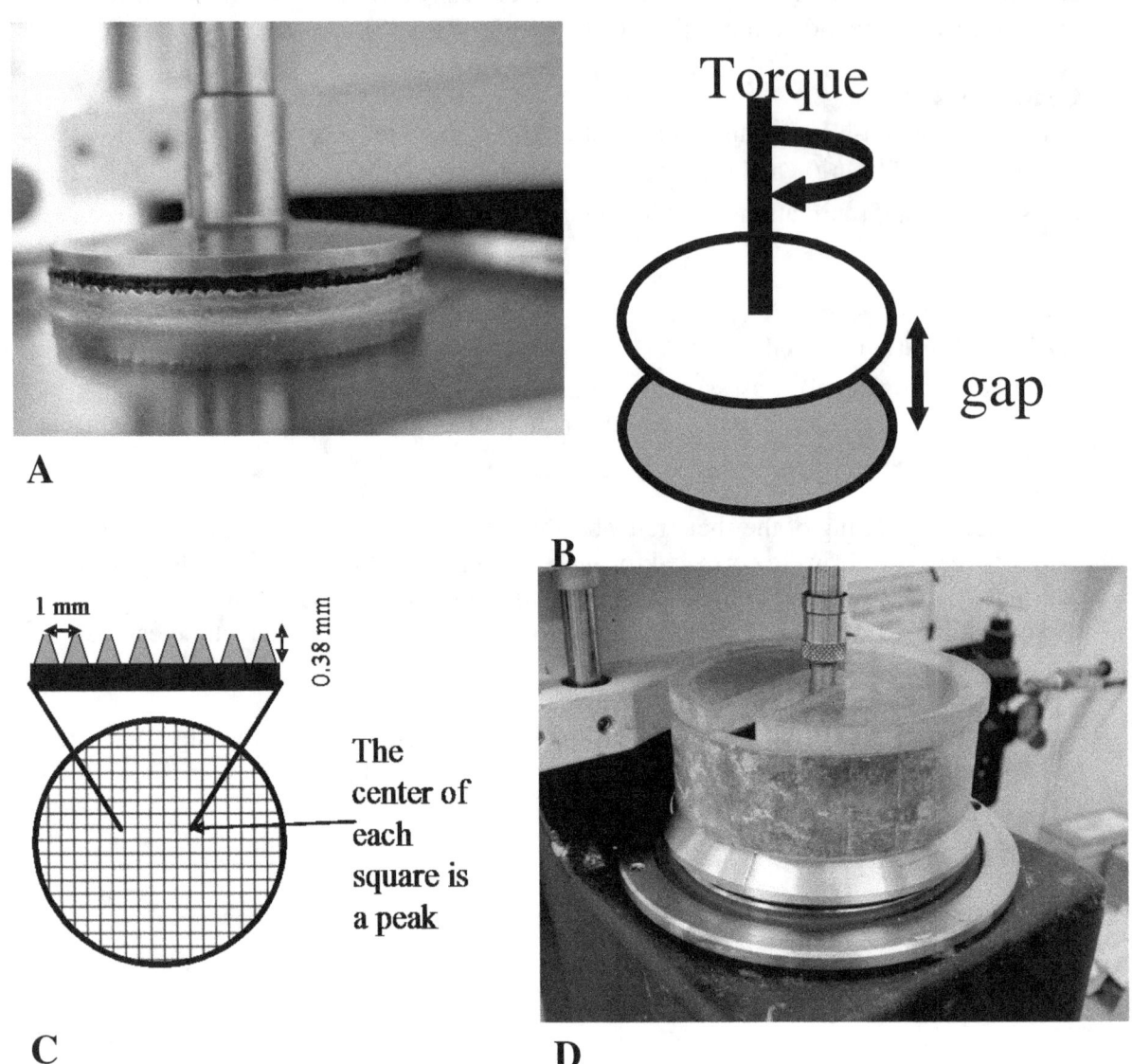

Figure 2: Parallel plate rheometer

3 Materials

3.1 Characteristics of the Limestone and Corn Syrup

Preliminary tests were conducted on samples of the corn syrup from another batch of material used for this SRM. According to the manufacturer, the material is a pure corn syrup with no additives. Its density measured at NIST was 1436 kg/m^3 ± 5 kg/m^3 (one standard deviation), with a water content of 18.6 % ± 0.2 % by mass, and a composed of 100 % glucose.

The limestone powder is referred to by the manufacturer as micro-limestone flour. Per the manufacturer, the limestone powder is passed a #325 sieve (45 µm opening). The particle size distribution of the limestone is shown in Figure 3. Analyses were conducted on samples of the limestone powder to determine its mineralogical, chemical, and physical properties.

The mineralogical analysis by X-ray powder diffraction is based upon replicate analyses of the bulk limestone powder. In addition, X-ray powder diffraction was also performed on insoluble residue of carbonate phase. The insoluble residue was obtained through a 10 % by volume hydrochloric acid extraction of the bulk limestone. The insoluble residue is typically composed of quartz, clays, and other minerals unaffected by the dissolution process. The residue is pipetted onto a glass slide to facilitate identification of the clay minerals, and the slide is analyzed after three treatments: heating to 110 °C to collapse any expandable clays, saturation in a 50% ethylene glycol solution to expand the basal spacing of any expandable clays, and then heating to 550 °C to collapse the layers completely and to decompose specific clay minerals. The most reliable numbers are the carbonates and quartz. Based upon a single measurement of mass loss on dissolution, the insoluble residue was estimated to comprise about 2.5 % of the total limestone powder. The residue also appeared deliquescent, possibly confounding the insoluble residue analysis.

The limestone is composed (Table 1) of calcite, dolomite, tremolite, quartz, talc, a chlorite/smectite inter-stratified clay and an illite/mica. The presence of talc and tremolite is not uncommon in limestones exposed to some metamorphic processes. Scanning Electron Microscopy (SEM) pictures at various magnifications are shown in Figure 4.

Table 1: Physical and mineralogical properties of the limestone flour

Properties	Values
Density [kg/m^3]	2815 ± 5
BET surface [m^2/g]	1.05 ± 0.02
Phases mass fractions	
calcite	75.0 % ± 2.6 %
dolomite	20.0 % ± 2.1 %
quartz	0.8 % ± 0.7 %
tremolite	2.0 % ± 0.8 %
talc	0.8 % ± 0.2 %
chlorite	0.7 % ± 0.7 %

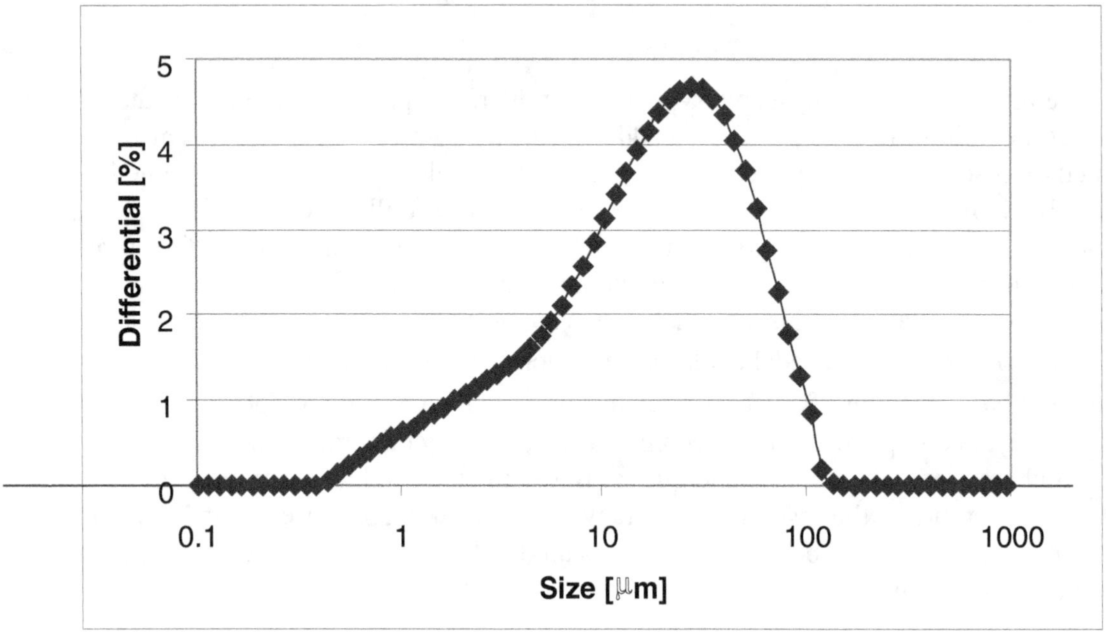

Figure 3: Particle size distribution of the limestone measured in IPA

Figure 4: Limestone SEM pictures at various magnifications as indicated by scale bars on the pictures

3.2 Packaging

The corn syrup was purchased in 3.78 L (1 gallon) bottle and the corn syrup in each gallon bottle was repackaged at NIST into the smaller glass bottles containing about 500 g of corn syrup. Each smaller bottle was numbered from 1 to 48 and placed in a box. In total there were 5 boxes labeled CS-BXA (A= 1 to 5).

The limestone was ordered in a bag of 907 kg (2000 lbs). The material was then repackaged into plastic jars containing with about 600 g of limestone each. Each jar was labeled from 1 to 24 and placed in a box BX-A (A = 1 to 20). Prior to final packaging for shipment, the bottles were selected following the scheme shown in Table 2 for CS-BX1 and the corresponding boxes, BX-1 to BX-4, of limestone

The packaged SRM contains enough material to make two batches of paste. It has one glass container labeled "Component 1 Corn Syrup" (500 g) and two plastic containers labeled "Component 2 Limestone" (each about 600 g). Each of the plastic containers is one batch while the glass bottle contains enough corn syrup for two batches.

3.3 Preparation of the SRM

The SRM batch must be prepared by the operator before it can be used. Once mixed, the shelf life of the mixture is about 7 d. Therefore, it should not be prepared too far in advance of its usage. To prepare the mixture, follow the instructions below.

Mixture composition
- Corn Syrup: 200 g
- Distilled water: 63.16 g
- Limestone: 458.1 g

The equipment and the method are described in ASTM C1738. Introduce the water and the corn syrup (in that order) into the blender, mix for 30 s and then proceed as described in ASTM C1738 to introduce the limestone. The water bath and the rheometer should be maintained at 23 °C.

Store the mixture in a sealed plastic jar. It is recommended to use a plunger mixer to remix the prepared SRM before each use. Store the SRM in a sealed container, maintained at 23 °C ± 2 °C.

Table 2: Schema for pairing the "Component 1 Corn Syrup" with the two containers of the "Component 2 Limestone" for CS-BX1 and BX-1 to BX-4

Corn Syrup		Limestone	
Box #	Bottle #	Box #	Jar #
CS-BX1	1	BX-1	1-2
	2		3-4
	3		5-6
	4		7-8
	5		9-10
	6		11-12
	7		13-14
	8		15-16
	9		17-18
	10		19-20
	11		21-22
	12		23-24
	13	BX-2	1-2
	14		3-4
	15		5-6
	16		7-8
	17		9-10
	18		11-12
	19		13-14
	20		15-16
	21		17-18
	22		19-20
	23		21-22
	24		23-24
	25	BX-3	1-2
	26		3-4
	27		5-6
	28		7-8
	29		9-10
	30		11-12
	31		13-14
	32		15-16
	33		17-18
	34		19-20
	35		21-22
	36		23-24
	37	BX-4	1-2
	38		3-4
	39		5-6
	40		7-8
	41		9-10
	42		11-12
	43		13-14
	44		15-16
	45		17-18
	46		19-20
	47		21-22
	48		23-24

Table 3: Pairing of the boxes of "Component 1 Corn Syrup" (CS-BXA) with the boxes (BX-A) of "Component 2 Limestone."

Corn Syrup	Limestone
CS-BX1	BX-1 to BX-4
CS-BX2	BX-5 to BX-8
CS-BX3	BX-9 to BX-12
CS-BX4	BX-13 to BX-16
CS-BX5	BX-17 to BX-20

4 Experimental Design

Twelve units of the SRM as packaged for sale were randomly selected for testing. Two units were tested each day. As each unit contains two batches of SRM, four tests were done on each day of testing. Each mixture was measured immediately after mixing (labeled as 1 d), and 3 d and 7 d after mixing. The order of each mixture and measurement was randomized as shown in Table 5 and the schedule is shown in Table 6. Each reported value was the average of 3 consecutive tests run back-to-back. All raw data are shown in Appendix B.

Table 4: Set selected to be tested. BL is the corn syrup bottle (see Table 2)

CS-BX5	BL 45
	BL 12
CS-BX1	BL 23
	BL 28
CS-BX3	BL 30
	BL 03
CS-BX5	BL 11
	BL 36
CS-BX3	BL 04
	BL 41
CS-BX1	BL 33
	BL 06

Table 5: Order of testing. CS-BXA = Corn Syrup Box A; BLA= Bottle A of corn syrup (from specified box); LA=Limestone bottle A (associated with specified box and bottle of corn syrup- see Table 2)

Day of mixing				3 d after mixing				7 d after mixing		
CS-BX5	BL 45	L 2	A1	CS-BX5	BL 12	L 1	A3	CS-BX5	BL 12	L 2
	BL 12	L 2			BL 45	L 2			BL 45	L 1
	BL 12	L 1			BL 45	L 1			BL 45	L 2
	BL 45	L 1			BL 12	L 2			BL 12	L 1
CS-BX1	BL 23	L 2	B1	CS-BX1	BL 23	L 1	B3	CS-BX1	BL 23	L 2
	BL 23	L 1			BL 28	L 1			BL 23	L 1
	BL 28	L 2			BL 28	L 2			BL 28	L 2
	BL 28	L 1			BL 23	L 2			BL 28	L 1
CS-BX3	BL 30	L 1	C1	CS-BX3	BL 03	L 1	C3	CS-BX3	BL 03	L 1
	BL 03	L 1			BL 30	L 2			BL 30	L 2
	BL 03	L 2			BL 03	L 2			BL 30	L 1
	BL 30	L 2			BL 30	L 1			BL 03	L 2
CS-BX5	BL 11	L 2	D1	CS-BX5	BL 36	L 1	D3	CS-BX5	BL 36	L 2
	BL 36	L 1			BL 36	L 2			BL 11	L 1
	BL 11	L 1			BL 11	L 2			BL 11	L 2
	BL 36	L 2			BL 11	L 1			BL 36	L 1
CS-BX3	BL 04	L 1	E1	CS-BX3	BL 04	L 1	E3	CS-BX3	BL 41	L 2
	BL 41	L 2			BL 41	L 2			BL 41	L 1
	BL 41	L 1			BL 04	L 2			BL 04	L 2
	BL 04	L 2			BL 41	L 1			BL 04	L 1
CS-BX1	BL 33	L 1	F1	CS-BX1	BL 06	L 2	F3	CS-BX1	BL 06	L 1
	BL 06	L 2			BL 33	L 1			BL 06	L 2
	BL 33	L 2			BL 06	L 1			BL 33	L 1
	BL 06	L 1			BL 33	L 2			BL 33	L 2

Table 6: Schedule of testing. HOLIDAY and OFF are days the operator was not available. See Table 5 for the tests done for each A1 to F7.

Week number	Day of the week				
	M	T	W	T	F
W1	*HOLIDAY*	A1			A3
W2	B1	A7		B3	*OFF*
W3	B7	C1			C3
W4	D1	C7		D3	*OFF*
W5	D7	E1			E3
W6	*HOLIDAY*	E7			*OFF*
W7	F1			F3	
W8	F7				*OFF*

5 Statistical analysis

5.1.1 Introduction

The data used for the analysis of various rheological quantities for SRM 2492 were collected using a nested design with 3 primary factors: box, day, and unit. Two replicate samples were prepared for each unit, each using corn syrup from the single bottle associated with the unit and the limestone from the two single-use bottles of limestone powder associated with the unit. With this design a linear model can be fit to the data to identify different levels of random variability associated with each of the three primary factors. In addition the run order of the measurements is another factor whose potential effect is addressed by randomization of the run order.

Results derived from the raw data were recorded for three quantities: viscosity (VS), yield strength (YS), and hysteresis (H) from tests carried out on the samples at three different ages (1 d, 3 d, and 7 d). Since age of the sample is believed to have a significant effect a priori, the results at each age are treated as different responses, giving 9 responses in all. The data used in the analysis are shown in Table 1 in Appendix A-1 for the Newtonian approximation and in Table 1 in Appendix C-1 for non-Newtonian approximation.

5.1.2 Newtonian Statistics

The first step in the analysis of the data was an exploratory data analysis. In this analysis plots of the data in run order, versus age, and versus each of the three primary factors were examined for evidence of measurement drift, outliers, factor effects, and any other features that might impact further analysis for certification. In addition, normal probability plots of each response were made to assess the normality of the data, assuming the effects of the other factors are not large. These plots are shown in Appendix A on pages A-2 through A-43 and were made using the software package R [13]. While a few outlying points were observed, these data were not associated with any recognized problems associated with sample preparation or measurement, so no data were omitted from further analysis. (Note, prior to this analysis, while the data were being organized, two observations that were associated with recognized issues in sample preparation or measurement and whose results differed significantly from what was expected and observed for similar cases were omitted from the analysis. One sample was omitted for all responses at all ages while only the measurements at an age of 1 d for the other sample were affected.) No large factor effects were identified from these plots either, although the plots suggest that small effects may be present in some cases. Assuming any factor effects that do exist are essentially insignificant relative to the random measurement error, all responses appear to follow a distribution that is approximately normal.

Next a Bayesian hierarchical model was fit to the data to quantify contributions to the overall variability in the data from random errors associated with the factors day and unit. A Bayesian model was used because after the loss of the two samples mentioned above, the data were no longer balanced, limiting the effectiveness of fitting the model using analysis of variance (ANOVA). The validity of inferences drawn using the Bayesian model, in contrast, is not affected by the lack of balance. In addition, the Bayesian analysis provides a clear statistical interpretation with no need for approximation or use of asymptotic results.

The factor box was not included in the model because no large box effect was seen in the exploratory plots and with data sampled from only three of five possible boxes, estimation of a variance component for this factor will be sensitive to prior assumptions. To avoid this situation in the future, NIST plans to sample all, or at least five, levels of the highest level factor in future SRM experiments. Fortunately in this case omission of random variation related to box does not look like it will cause any problems.

To use the Bayesian model, shown in Appendix A on page A-44, prior assessments of the values of each parameter in the model must be provided. The prior assessment for each parameter is specified as probability distribution for the parameter's unknown value. Because these probability distributions are specified independently of the data (i.e. before the data are observed or used), these distributions are commonly called prior distributions. For this analysis, non-informative prior distributions were used. These distributions are essentially very flat and have very large variances so that they will not provide any quantitative information on the values of the parameters as part of the model. In this case uniform distributions, with ranges from -1000 to 1000 for means and ranges of 0 to 1000 for standard deviations, were used. Fitting the model with prior distributions with larger or smaller ranges confirmed that the results were not sensitive to the parameters chosen for the prior distributions.

A probability distribution for each measurement, given with respect to the parameters in the model, is also specified. In this case the random errors associated with each factor were modeled as following a normal distribution. Then, based on the model and the observed data, the prior distributions for each parameter are updated using Bayes' Theorem to obtain new distributions for each parameter given the information in the data. Finally, these new distributions, called posterior distributions, are used to obtain uncertainty intervals about each quantity of interest.

The Bayesian model was fit using Markov Chain Monte Carlo simulation as implemented in the software package WinBUGS [14, 15]. Diagnostic plots (not included in this report) show that the Markov Chains had converged by the 5000th iteration of the simulation. Then 5000 additional iterations were run for each of 5 parallel Markov chains for model validation and to estimate the parameter values. Box plots made using R for model validation are shown in Appendix A on pages A-45 through A-53. These plots show the distributions of the posterior predictive residuals from the model for each data point. The facts that the means of these distributions are randomly scattered around a value of zero and most distributions have considerable probability near zero support (but do not guarantee) the conclusion that this model provides a reasonable description of the data.

Assuming that the hierarchical model does provide an adequate description of the measurement process, proposed certified values for each of the different rheological quantities were determined from the predictive distribution for a randomly selected unit. Use of the predictive distribution was chosen for this purpose because it accounts for uncertainty from any potential heterogeneity among units and thus is more robust than an assessment that assumes under certain conditions that the material is homogenous. The results are presented graphically on pages A-54 through A-62 of Appendix A. The shaded blue region under each distribution shown in blue indicates the 95 % probability intervals for each quantity. The corresponding values are given by the blue numbers just under the shaded regions.

The empirically determined posterior predictive distributions are well approximated by shifted and scaled Student's t distributions with varying degrees of freedom and standard uncertainties. These distributions are shown as dashed red lines on each of the plots on Appendix A, pages A-54 through A-62.

The corresponding numerical results, which are the values proposed for use on the certificate, are given in Table 7.

Table 7: Newtonian approximation results

Parameter	Age [days]	Mean value y	Standard Uncertainty $u(y)$	Degree of Freedom v	Coverage Factor k	Expanded Uncertainty U	Lower bound	Upper Bound
YS	1	32.2	1.999	3.7	2.8675	5.7	26.5	38.0
YS	3	26.4	1.242	4.2	2.7251	3.4	23.0	29.7
YS	7	26.2	1.753	4.0	2.7764	4.9	21.3	31.1
VS	1	7.2	0.537	4.0	2.7764	1.5	5.7	8.6
VS	3	6.5	0.481	4.0	2.7764	1.3	5.1	7.8
VS	7	7.1	0.885	4.1	2.7499	2.4	4.7	9.5
H	1	394	106.6	4.4	2.6905	295	99	689
H	3	358	61.5	3.9	2.8047	173	185	530
H	7	432	110.5	3.6	2.9024	321	111	752

5.1.3 Non- Newtonian Statistics

This section describes the reanalysis of the rheological properties for SRM 2492 for the non-Newtonian approximation. The raw data were reduced using an improved method relative to the method used in Section 5.1.2. Reduction of the raw data was done prior to statistical analysis in both cases.

The first step in the analysis of the data was again an exploratory data analysis. In this analysis plots of the data in run order, versus age, and versus each of the three primary factors were examined for evidence of measurement drift, outliers, factor effects, and any other features that might impact further analysis for certification. In addition, normal probability plots of each response were made to assess the normality of the data, assuming the effects of the other factors are not large. These plots are shown in Appendix C on pages C-2 through C-43 and were made using the software package R [13]. While a few outlying points were observed in this data, these were not associated with any recognized problems associated with sample preparation or measurement, so no data was omitted from further analysis. (Note, prior to this analysis, while the data were being organized, observations that were associated with recognized issues in the preparation or measurement of two samples were omitted from the analysis. Responses from both samples were omitted for all ages. This differs slightly from the earlier analysis in which the results from the second sample were only omitted for Age=1.) No large factor effects were identified from these plots either, although the plots suggest that small effects may be present in some cases. Assuming any factor effects that do exist are essentially insignificant relative to the random measurement error, all responses appear to follow a distribution that is approximately normal.

Next a Bayesian hierarchical model was fit to the data quantify contributions to the overall variability in the data from random errors associated with the factors day and unit. A Bayesian model was used because after the loss of the two samples mentioned above, the data were no longer balanced, limiting the effectiveness of fitting the model using ANOVA. The statistical validity of inferences drawn using the Bayesian model, in contrast, are not affected by the lack of balance. In addition, the Bayesian analysis provides a clear statistical interpretation with no need for approximation or use of asymptotic results.

The factor box was not included in the model because no large box effect was seen in the exploratory plots and, with data sampled from only three of five possible boxes, estimation of a variance component for this factor will be sensitive to prior assumptions. To avoid this situation in the future, NIST plans to sample all, or at least five, levels of the highest level factor in subsequent experiments. Fortunately in this case omission of random variation related to box does not look like it will cause any problems.

In order to use the Bayesian model, shown in Appendix C on page C-44, prior assessments of the values of each parameter in the model must be provided. The prior assessment for each parameter is specified as probability distribution for the parameter's unknown value. Because these probability distributions are specified independently of the data (i.e. before the data is observed or used), these distributions are commonly called prior distributions. For this analysis, non-informative prior distributions were used. These distributions are essentially very flat and have very large variances so that they will not provide any quantitative information on the values of the parameters as part of the model. In this case uniform distributions, with ranges from -1000 to 1000 for means and ranges of 0 to 1000 for standard deviations, were used. Fitting the model with prior distributions with larger or smaller ranges confirmed that the results were not sensitive to the parameters chosen for the prior distributions.

A probability distribution for each measurement, given with respect to the parameters in the model, is also specified. In this case the random errors associated with each factor were modeled as following a normal distribution. Then, based on the model and the observed data, the prior distributions for each parameter are updated using Bayes' Theorem to obtain new distributions for each parameter given the information in the data. Finally, these new distributions, called posterior distributions, are used to obtain uncertainty intervals about each quantity of interest.

The Bayesian model was fit using Markov Chain Monte Carlo simulation as implemented in the software package WinBUGS [14, 15]. Diagnostic plots (not included in this memo) show that the Markov Chains had converged by the 5000th iteration of the simulation. Then 5000 additional iterations were run for each of 5 parallel Markov chains for model validation and to estimate the parameter values. Box plots made using R for model validation are shown Appendix C on pages C-45 through C-53. These plots show the distributions of the posterior predictive residuals from the model for each data point. The facts that the means of these distributions are randomly scattered around a value of zero and most distributions have considerable probability near zero support (but do not guarantee) the conclusion that this model provides a reasonable description of the data.

Assuming that the hierarchical model does provide an adequate description of the measurement process, proposed certified values for each of the different rheological quantities were determined from the predictive distribution for a randomly selected unit. Use of the predictive distribution was chosen for this purpose because it accounts for uncertainty from any potential heterogeneity between units and thus is more robust than an assessment that assumes under certain conditions that the material is homogenous. The results are presented graphically on pages C-54 through C-62 of Appendix C. The shaded blue region under each distribution shown in blue indicates the 95 % probability intervals for each quantity. The corresponding values are given by the blue numbers just under the shaded regions.

The empirically determined posterior predictive distributions are well approximated by shifted and scaled Student's t distributions with varying degrees of freedom and standard uncertainties. These distributions are shown as dashed red lines on each of the plots on Appendix C, pages C-54 through C-62.

The corresponding numerical results, which are the values proposed for use on the certificate, are given in Table 8.

Table 8: Non-Newtonian approximation results

Parameter	Age [days]	Mean value y	Standard Uncertainty u(y)	Degree of Freedom v	Coverage Factor k	Expanded Uncertainty U	Lower bound	Upper Bound
YS	1	25.3	1.512	3.7	2.8675	4.3	21.0	29.7
YS	3	20.7	1.005	4.2	2.7251	2.7	18.0	23.4
YS	7	20.4	1.273	4.0	2.7764	3.5	16.9	24.0
VS	1	7.1	0.549	4.0	2.7764	1.5	5.6	8.6
VS	3	6.8	0.501	4.0	2.7764	1.4	5.4	8.2
VS	7	7.2	0.652	4.1	2.7499	1.8	5.4	9.0
H	1	264	77.45	4.4	2.6905	208	55	472
H	3	254	53.28	3.9	2.8047	149	104	403
H	7	345	117.97	3.6	2.9024	342	3	688

6 Summary

A new paste reference material was developed that consists of a mixture of two components, corn syrup and fine limestone mixed to form a suspension. The uniqueness of this material is that it has the texture of the cement paste with a fine powder in a liquid. The user needs to prepare the mixture according to the proportions defined in the certificate and mix it using ASTM C1738. The certified values, as shown in Table 8, were determined using an extensive experimental design and statistical analysis. Inter-laboratory tests on rheometers with different geometries would allow a better understanding of the usage of this material. In the future addition of fine and coarse aggregates could be used to develop SRM's for characterizing the performance of mortar and concrete rheometers.

7 References

1. Hackley V. A., Ferraris C.F, "The Use of Nomenclature in Dispersion Science and Technology", NIST Recommended Practice Guide, SP 960-3, (2001) http://www.nist.gov/public_affairs/practiceguides/SP960-3.pdf

2. Swindells J.F., Hardy R.C., Cottington R.L., Precise Measurements with Bingham Viscometers and Cannon Master Viscometers, J. of Res. of the National Institute of Standards and Technology, 52 #3 (1954) 105-115

3. ISO/TR 3666:1998, "Viscosity of Water," Technical report. (1998)

4. Ferraris C.F., Brower L., editors, Comparison of Concrete Rheometers: International Tests at MB (Cleveland OH, USA) in May 2003, NISTIR 7154, (2004) (http://ciks.cbt.nist.gov/~ferraris/PDF/DraftRheo2003V11.4.pdf)

5. Brower L., Ferraris C.F., Comparison of Concrete Rheometers, Concrete International, Vol. 25 #8, (2003) 41-47

6. Ferraris C.F., Brower L., editors, Comparison of concrete rheometers: International tests at LCPC (Nantes, France) in October 2000, NISTIR 6819, (2001) (http://fire.nist.gov/bfrlpubs/build01/PDF/b01074.pdf)

7. Ferraris, C.F., Li, Z., Zhang, M-H., Stutzman P. "Development of a Reference Material for the Calibration of Cement Paste Rheometers" Accepted for publication to ASTM-Advances in Civil Engineering Materials, June 2012

8. Collyer A.A., Clegg D.W., "Rheological Measurements", Chapman & Hall, London, 1998

9. Ferraris C.F, Geiker M., Martys N. S. and Muzzatti N., "Parallel-plate Rheometer Calibration Using Oil and Lattice Boltzmann simulation", J. of Advanced Concrete Technology, vol. 5 #3, October 2007, pp. 363-371

10. Ferraris C.F., Concrete Rheology: Knowledge and challenges, Key note speaker, 2nd International RILEM Symposium on Advances in Concrete Through Science and Engineering (Quebec, Canada), (2006)

11. Davies G.A., Stokes J.R., "On the gap error in parallel plate rheometry that arises from the presence of air when zeroing the gap, J. of Rheology 49# 4 (2005) 919-922

12. Sanchez-Perez J., Archer L.A., "Interfacial Slip Violations in Polymer Solutions: Role of Microscale Surface Roughness", Langmuir 19 (2003) 3304-3312

13. R Development Core Team, R: A Language and Environment for Statistical Computing. R Foundation for Statistical Computing, Vienna, Austria, 2011, http://www.R-project.org.

14. Lunn, D.J., Thomas, A., Best, N., and Spiegelhalter, D. (2000) "WinBUGS -- a Bayesian modelling framework: concepts, structure, and extensibility", Statistics and Computing, Vol. 10, p. 325--337.

15. WinBUGS website, http://www.mrc-bsu.cam.ac.uk/bugs/winbugs/contents.shtml.

8 Appendix

Four appendixes are provided here.

Appendix A: Statistical analysis for Newtonian calculations

Provides all the graphs needed for the interpretation of the results and the extraction of the Newtonian values (Table 7).

Appendix B: Data for Newtonian calculations

Provides all the data for each test that was performed and that used for the Newtonian calculation for Section 5.1.2 and Appendix A. These data are generated using a Newtonian approach.

Appendix C: Statistical analysis for Non-Newtonian calculations

Provides all the graphs needed for the interpretation of the results and the extraction of the non-Newtonian values (Table 8).

Appendix D: Data for Non-Newtonian calculations

This appendix provides all the data for each test that was performed and that used for the Newtonian calculation for Section 5.1.3 and Appendix C. These data are generated using a non-Newtonian approach.

Appendix A: Statistical analysis for Newtonian calculations

Provides all the graphs needed for the interpretation of the results and the extraction of the Newtonian values (Table 7).

Table 1: Data Used for Analysis of Rheological Quantities in SRM 2492

Box	Day	Unit	Run Order	Set	Mix	Sample Age	YS	VS	H
5	1	36	3	A-A	SR-36A	1	24.5110045	5.1016855	146.8300575
5	1	36	2	A-B	SR-36B	1	38.0401892	8.1029882	599.5369540
5	1	45	4	A-C	SR-36C	1	25.8148958	5.8139769	117.0870575
1	2	6	6	B-A	SR-40A	1	30.6676323	6.7706980	247.0875517
1	2	6	5	B-B	SR-40B	1	31.9687011	6.2583598	225.3642414
1	2	23	8	B-C	SR-40C	1	29.7526755	5.9528474	54.9344828
1	2	23	7	B-D	SR-40D	1	33.6481204	6.2264754	239.7996437
3	3	3	10	C-A	SR-44A	1	40.9097872	7.7255608	378.1561494
3	3	4	9	C-C	SR-44C	1	31.5270166	6.5656445	293.6485057
3	3	4	12	C-D	SR-44D	1	30.9301647	7.8978678	526.5810690
5	4	11	15	D-A	SR-48A	1	40.9228014	9.0414858	543.5712989
5	4	11	13	D-B	SR-48B	1	27.9637276	6.8837762	614.8989310
5	4	12	14	D-C	SR-48C	1	36.5382341	9.0765700	717.7008966
5	4	12	16	D-D	SR-48D	1	30.9553752	7.2002657	572.7330920
3	5	30	17	E-A	SR-52A	1	38.3427266	8.9562687	706.4550345
3	5	30	20	E-B	SR-52B	1	34.3079516	8.3760898	563.2652069
3	5	41	19	E-C	SR-52C	1	34.8819674	7.7935623	587.3330805
3	5	41	18	E-D	SR-52D	1	29.0200882	6.9085865	295.1170575
1	6	28	24	F-A	SR-56A	1	27.4064311	6.0623746	189.5276552
1	6	28	22	F-B	SR-56B	1	30.3046501	6.8273581	315.7559080
1	6	33	21	F-C	SR-56C	1	30.2671011	7.1294649	424.8945402
1	6	33	23	F-D	SR-56D	1	30.2593577	7.1223806	439.7840690
5	1	36	1	A-A	SR-36A	3	24.1646169	5.9407810	388.6830280
5	1	36	4	A-B	SR-36B	3	29.5791610	5.8758382	157.2732069
5	1	45	3	A-C	SR-36C	3	31.5838727	8.5889335	849.5092414
5	1	45	2	A-D	SR-36D	3	22.0854227	2.3488017	134.9444368
1	2	6	5	B-A	SR-40A	3	20.8806913	6.4036422	348.7458966
1	2	6	8	B-B	SR-40B	3	28.4042413	7.0300782	437.3904598
1	2	23	6	B-C	SR-40C	3	21.2323524	5.0011123	174.5939540
1	2	23	7	B-D	SR-40D	3	26.4431069	6.0527440	281.3226207
3	3	3	9	C-A	SR-44A	3	30.2971650	6.5695726	316.7324138
3	3	4	12	C-C	SR-44C	3	30.3013303	7.4190595	387.1662931
3	3	4	10	C-D	SR-44D	3	25.7562635	7.3818142	384.6182529
5	4	11	16	D-A	SR-48A	3	31.0566899	7.4412754	556.6608161
5	4	11	15	D-B	SR-48B	3	22.3494888	5.6741953	264.2272414
5	4	12	13	D-C	SR-48C	3	26.6234349	6.4669795	323.0796897
5	4	12	14	D-D	SR-48D	3	22.2976615	5.4819550	390.7078161
3	5	30	17	E-A	SR-52A	3	25.8318625	5.9426656	194.8256552
3	5	30	19	E-B	SR-52B	3	27.5853633	7.5549883	443.8862299
3	5	41	20	E-C	SR-52C	3	26.9038812	6.6001826	324.9805862
3	5	41	18	E-D	SR-52D	3	23.2954879	6.7505388	226.9700690
1	6	28	23	F-A	SR-56A	3	25.9154553	6.9236756	275.1048391
1	6	28	21	F-B	SR-56B	3	27.2727937	6.8631364	372.4610000
1	6	33	22	F-C	SR-56C	3	27.1549715	7.1699433	546.3303563
1	6	33	24	F-D	SR-56D	3	27.7331164	7.1055978	427.0552299
5	1	36	4	A-A	SR-36A	7	19.9051407	4.7455120	388.6830280
5	1	36	1	A-B	SR-36B	7	27.4822066	6.4180012	304.4382759
5	1	45	2	A-C	SR-36C	7	22.6220785	5.8523519	272.0207701
5	1	45	3	A-D	SR-36D	7	22.0136765	2.1003748	124.5567241
1	2	6	6	B-A	SR-40A	7	22.1736762	7.0879147	348.7458966
1	2	6	5	B-B	SR-40B	7	26.8448403	6.4325844	214.5191034
1	2	23	8	B-C	SR-40C	7	28.8543050	8.3980825	601.1702989
1	2	23	7	B-D	SR-40D	7	30.5505157	7.5460083	455.6541207
3	3	3	9	C-A	SR-44A	7	33.3086333	8.2172872	316.7324138
3	3	4	11	C-C	SR-44C	7	33.2698608	9.4654822	786.6936897
3	3	4	10	C-D	SR-44D	7	26.5053460	8.2890339	657.7171264
5	4	11	14	D-A	SR-48A	7	28.7693956	7.1507935	556.6608161
5	4	11	15	D-B	SR-48B	7	20.2730109	5.2310988	128.2817126
5	4	12	16	D-C	SR-48C	7	27.9085225	8.3296071	557.1381379
5	4	12	13	D-D	SR-48D	7	22.2157613	6.1402875	380.5573678
3	5	30	20	E-A	SR-52A	7	25.6899137	5.8753332	194.8256552
3	5	30	19	E-B	SR-52B	7	26.3105599	7.4751330	415.9729425
3	5	41	18	E-C	SR-52C	7	26.1451842	7.3548969	626.8820690
3	5	41	17	E-D	SR-52D	7	27.0854980	9.5732202	724.8317011
1	6	28	21	F-A	SR-56A	7	25.6876456	8.6560791	275.1048391
1	6	28	22	F-B	SR-56B	7	24.5331561	6.5800304	393.8614483
1	6	33	23	F-C	SR-56C	7	22.8786002	5.4678895	131.3401149
1	6	33	24	F-D	SR-56D	7	28.6917284	10.0329962	1034.0398391

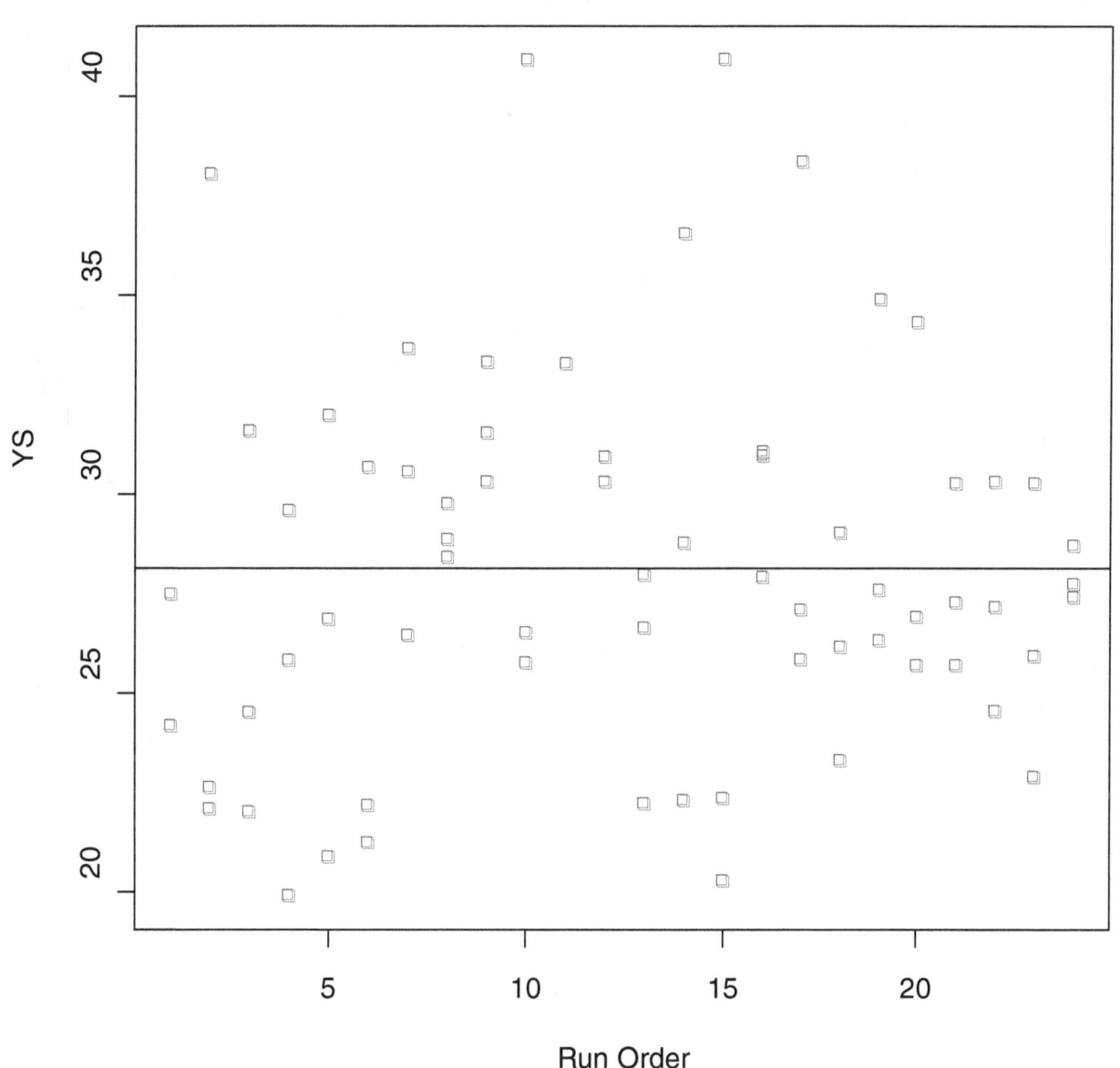

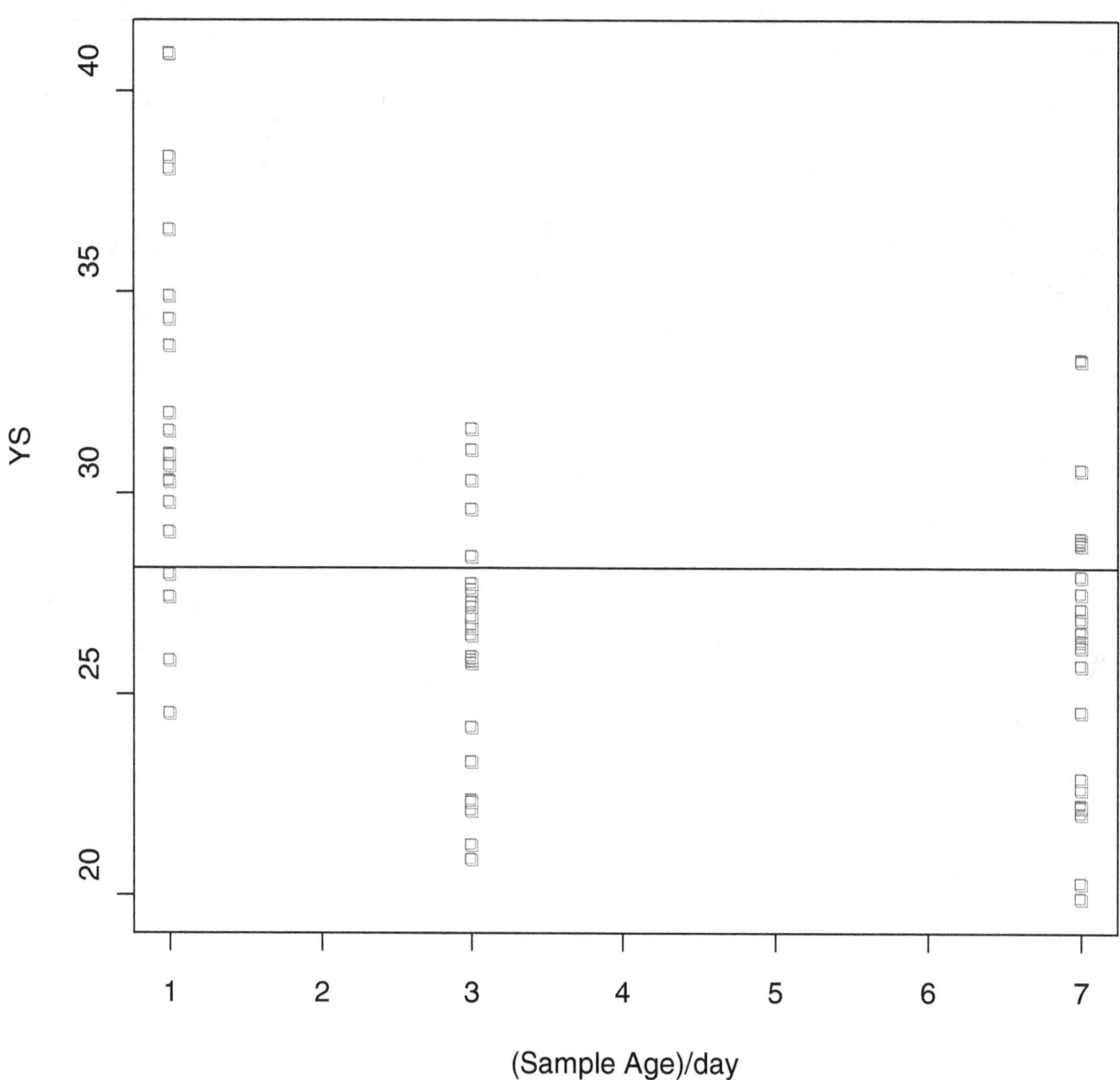

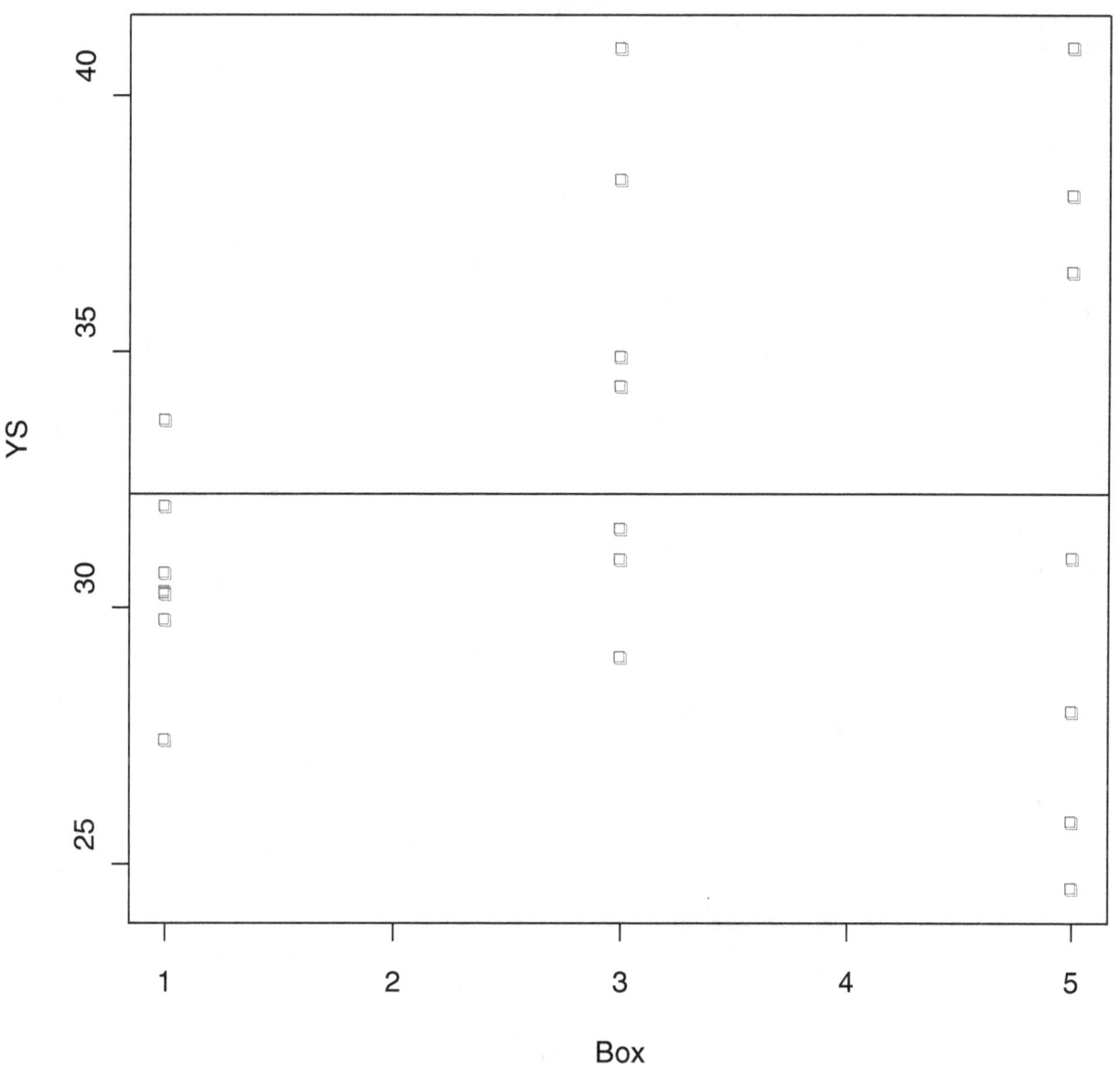

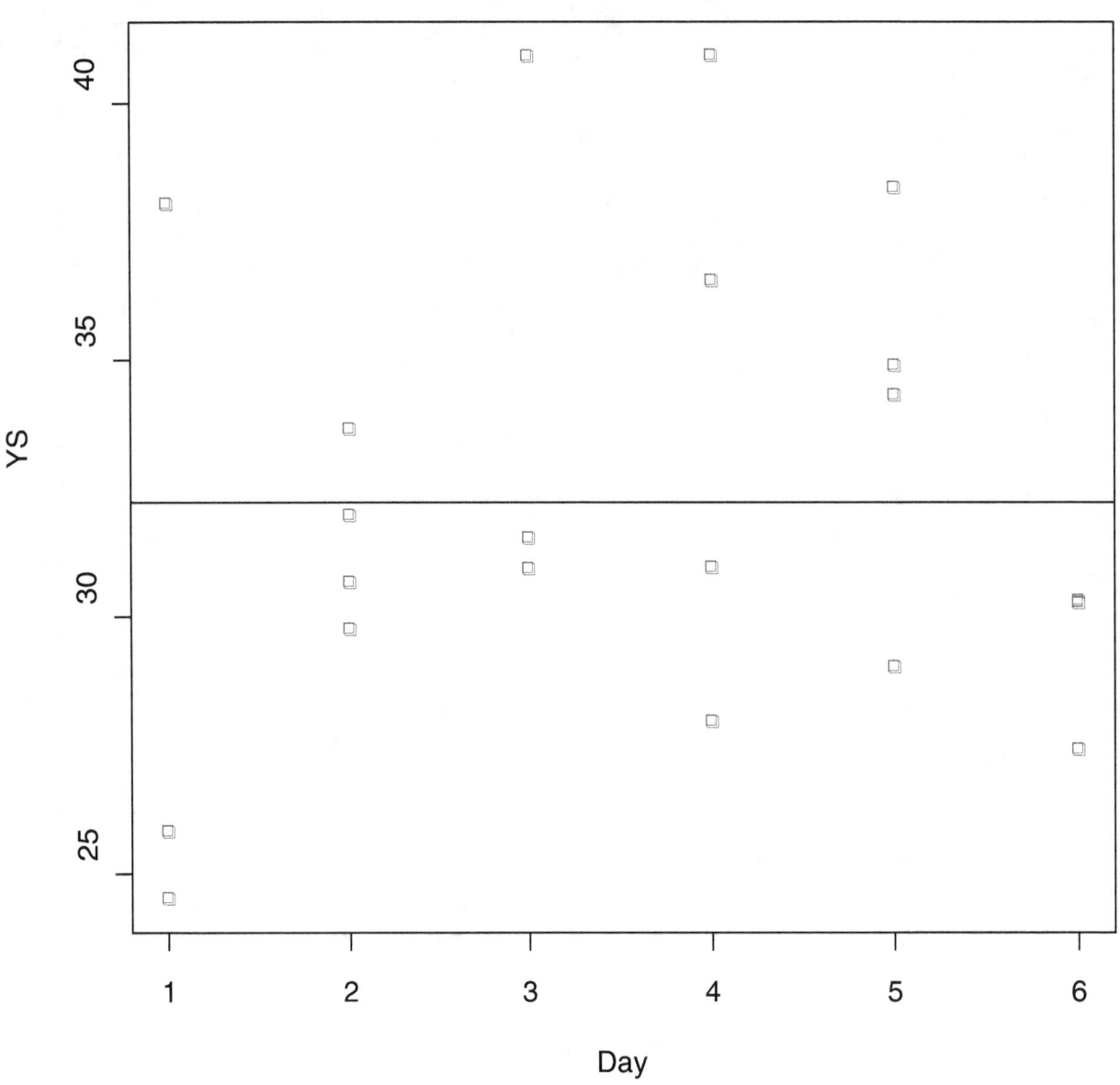

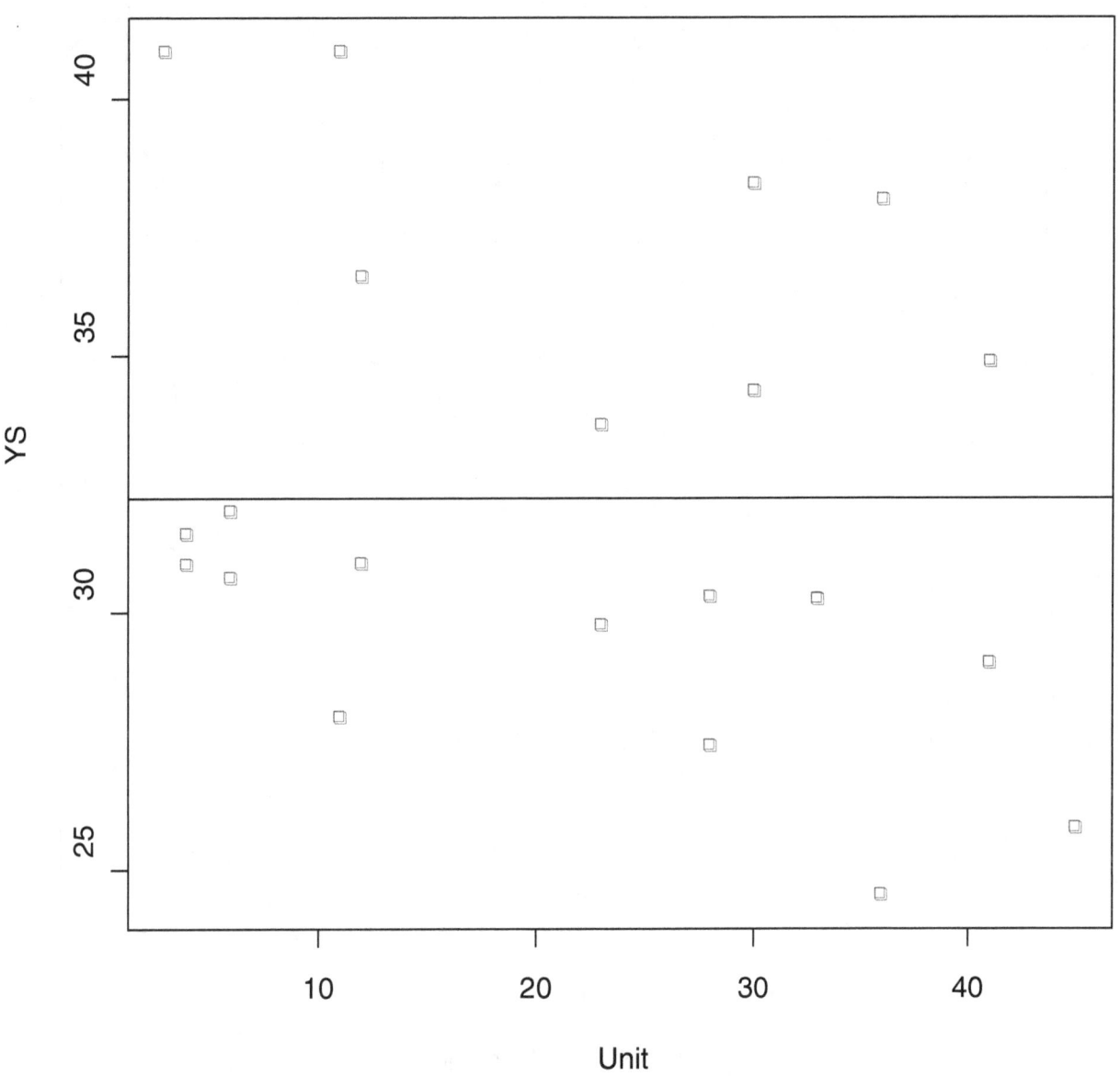

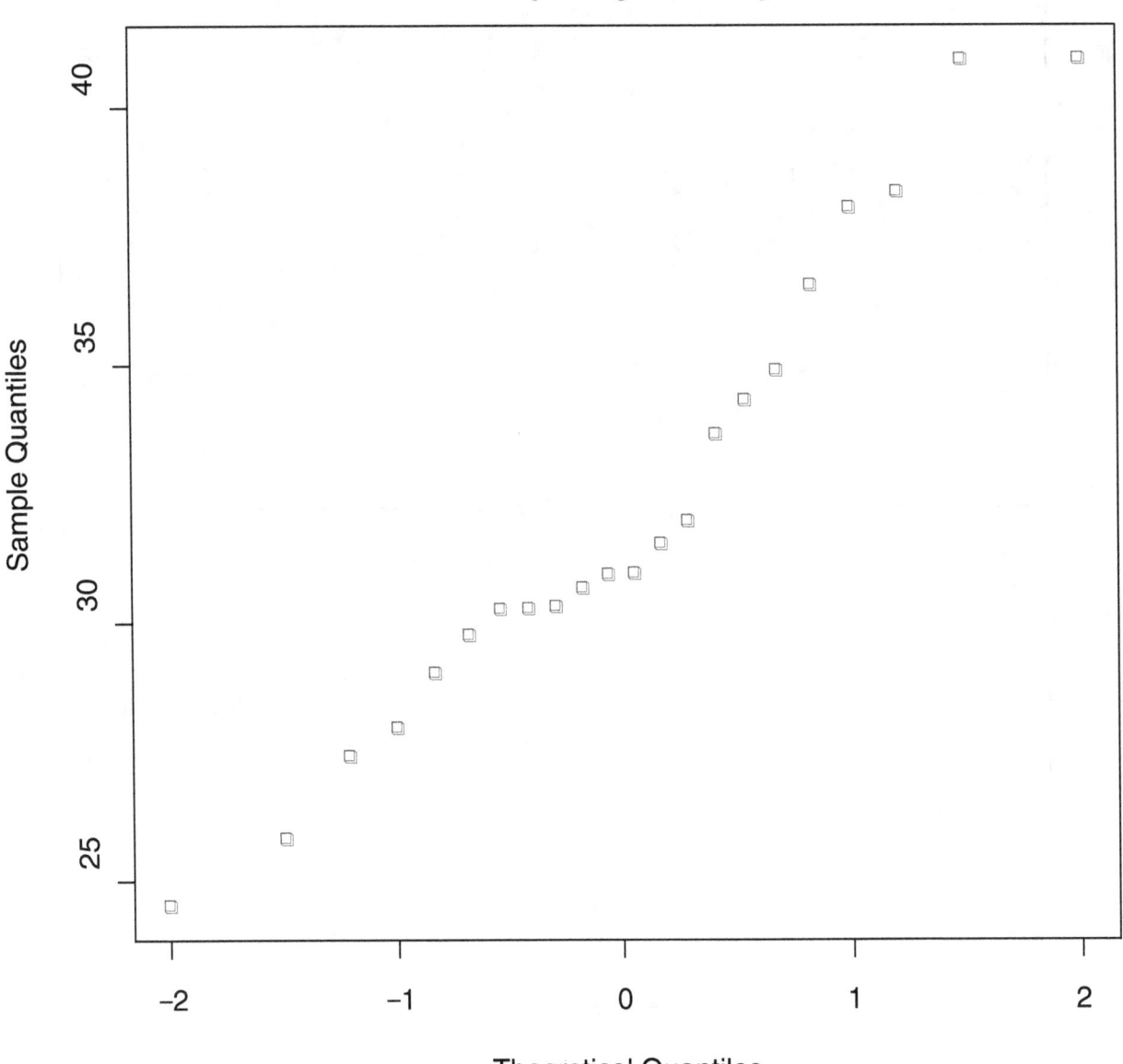

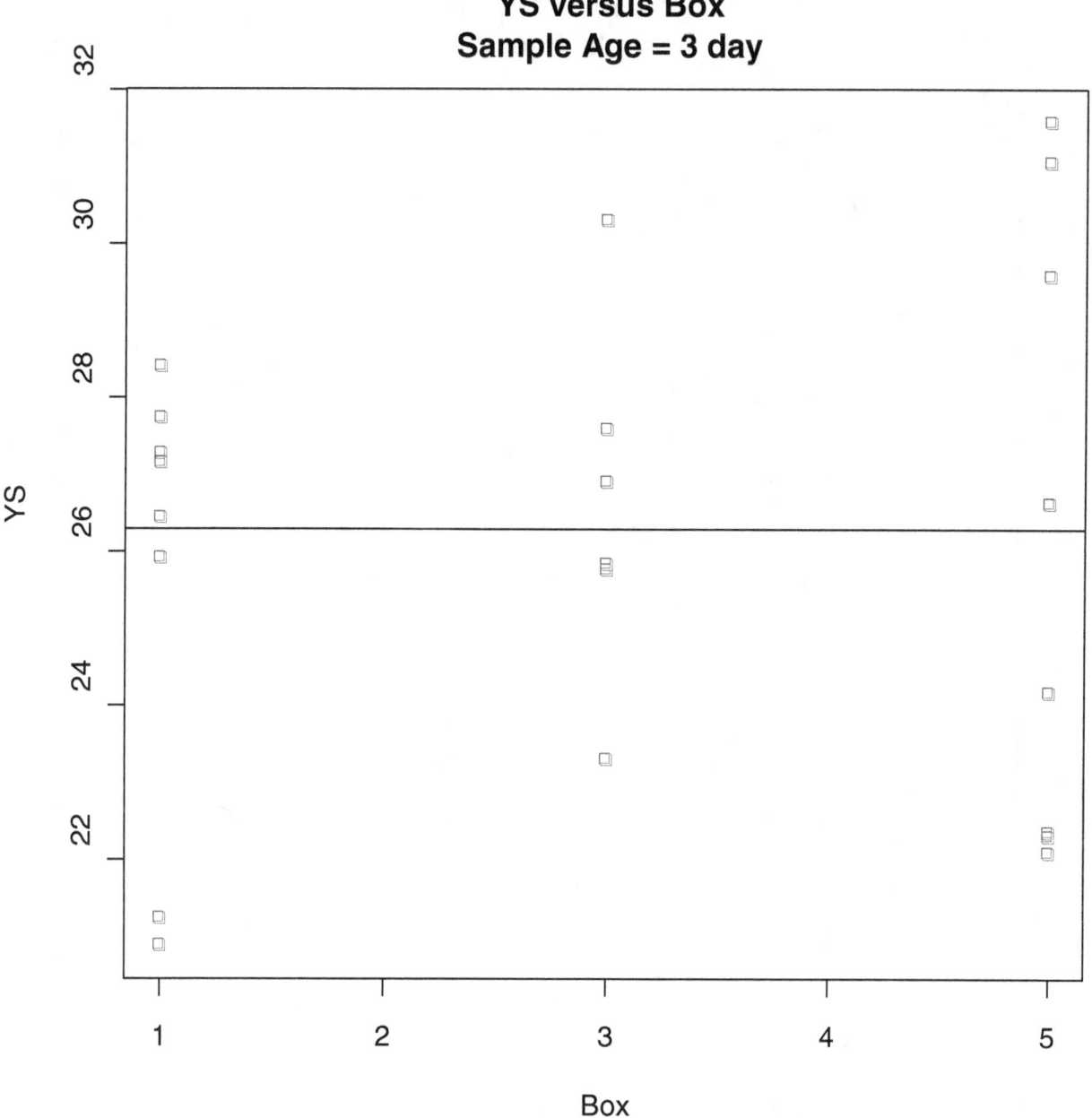

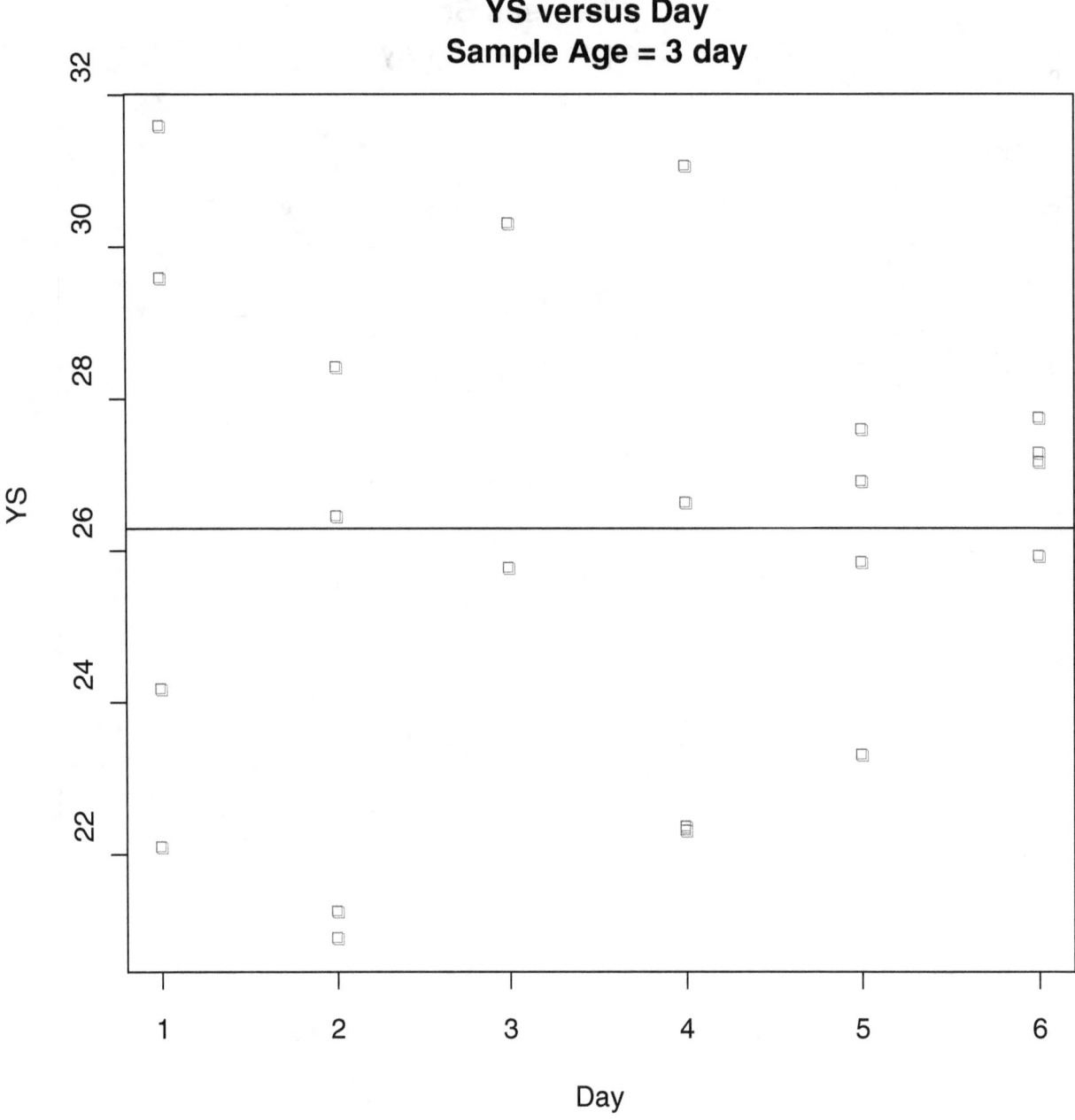

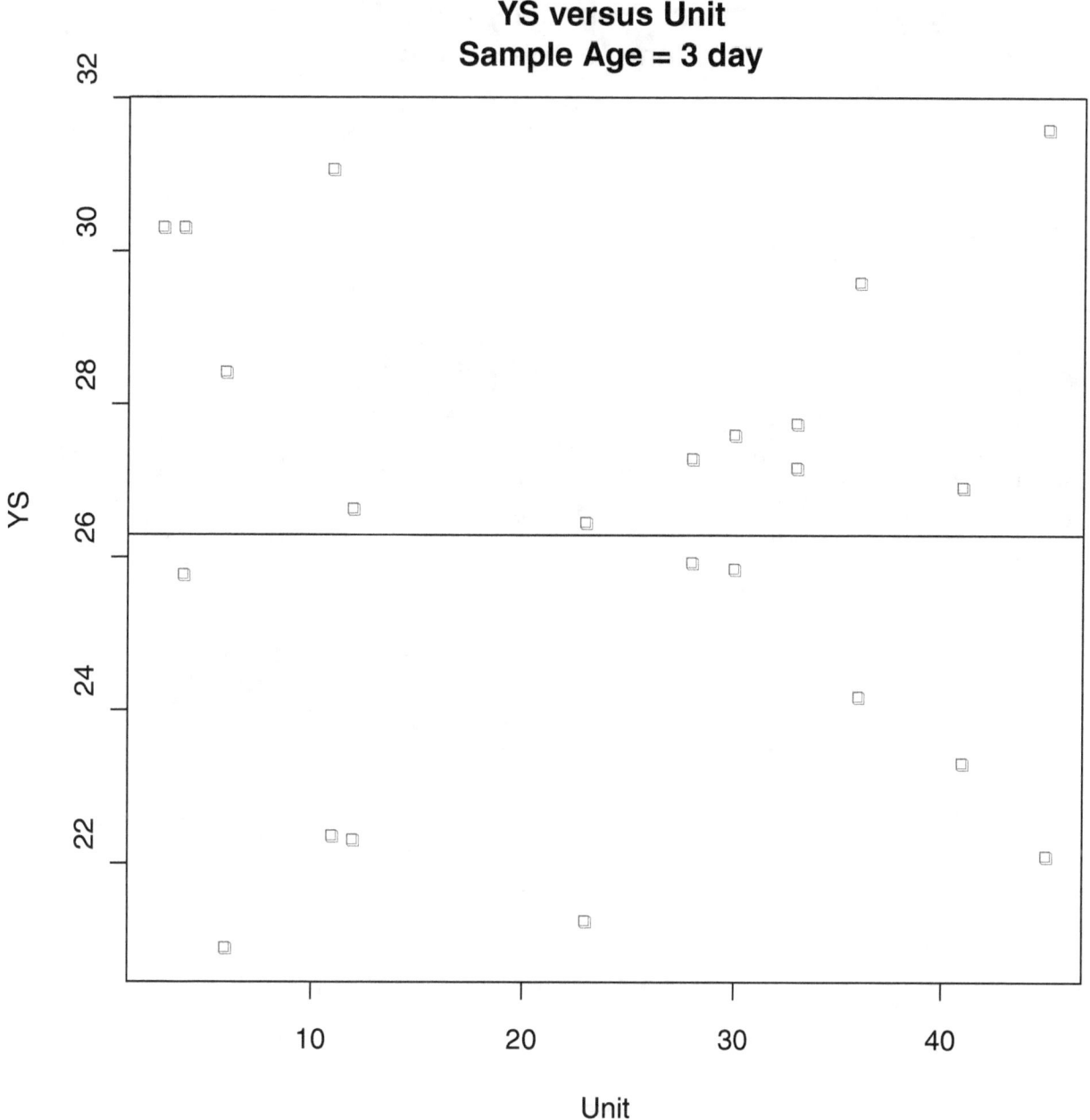

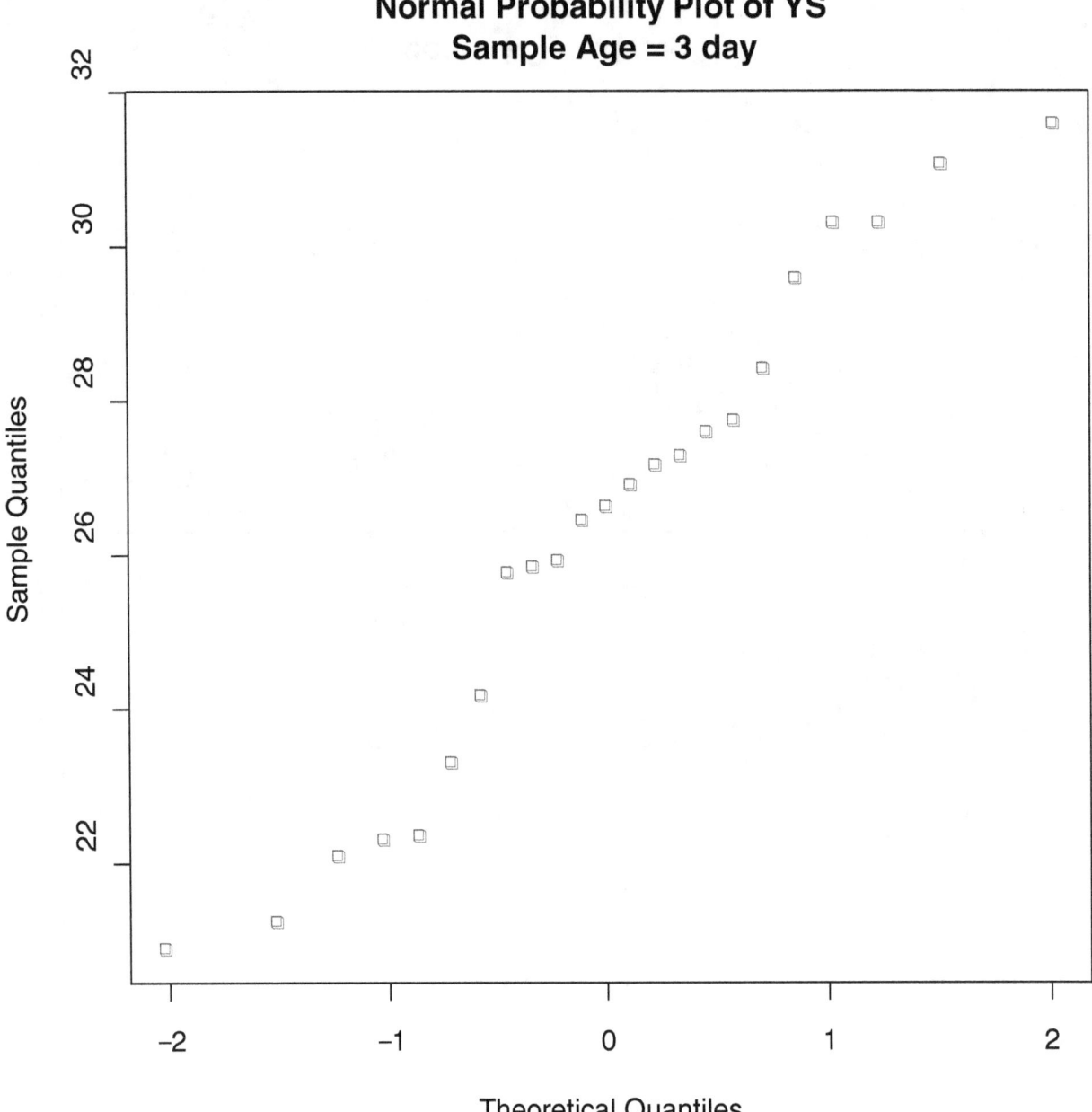

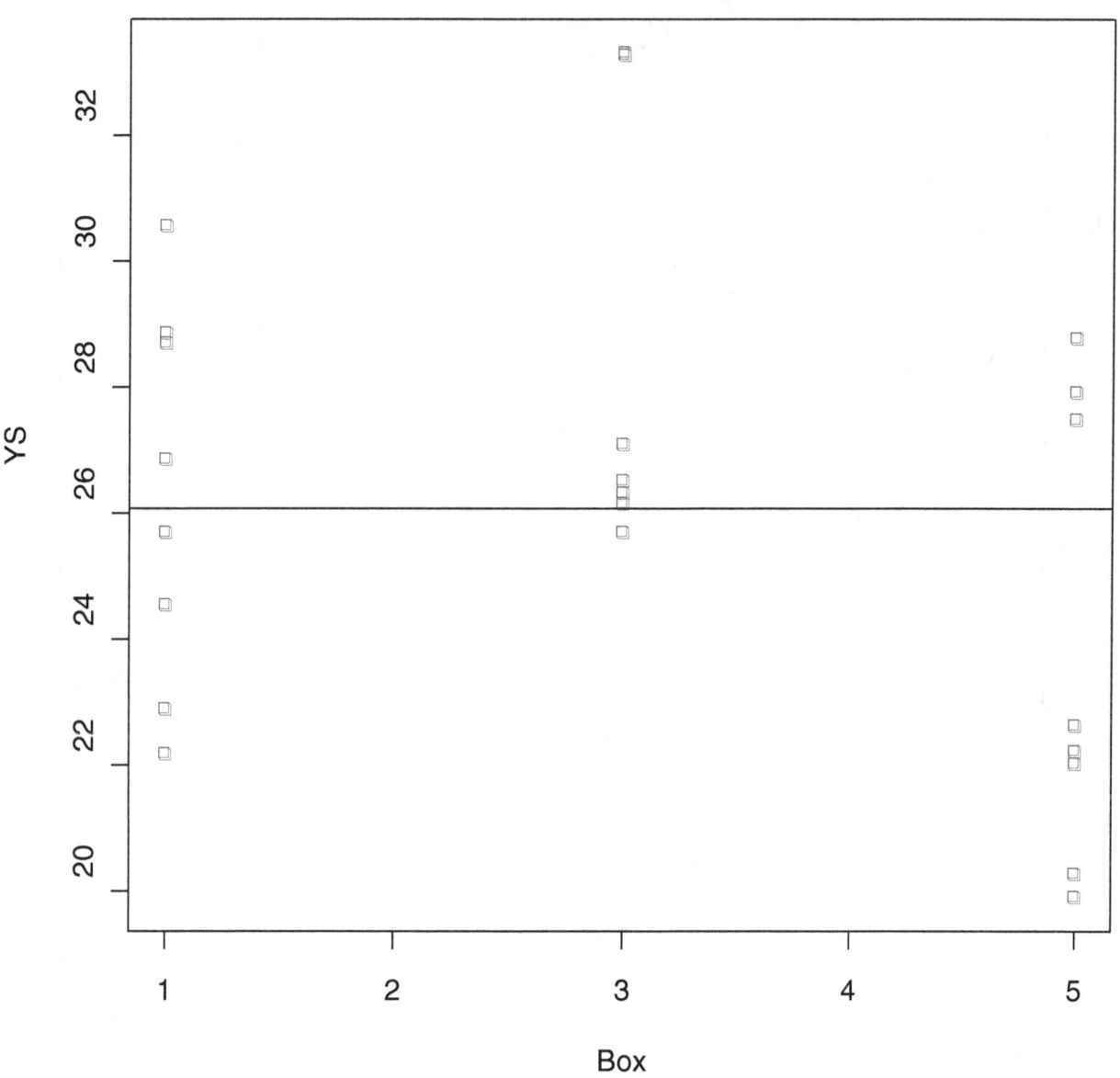

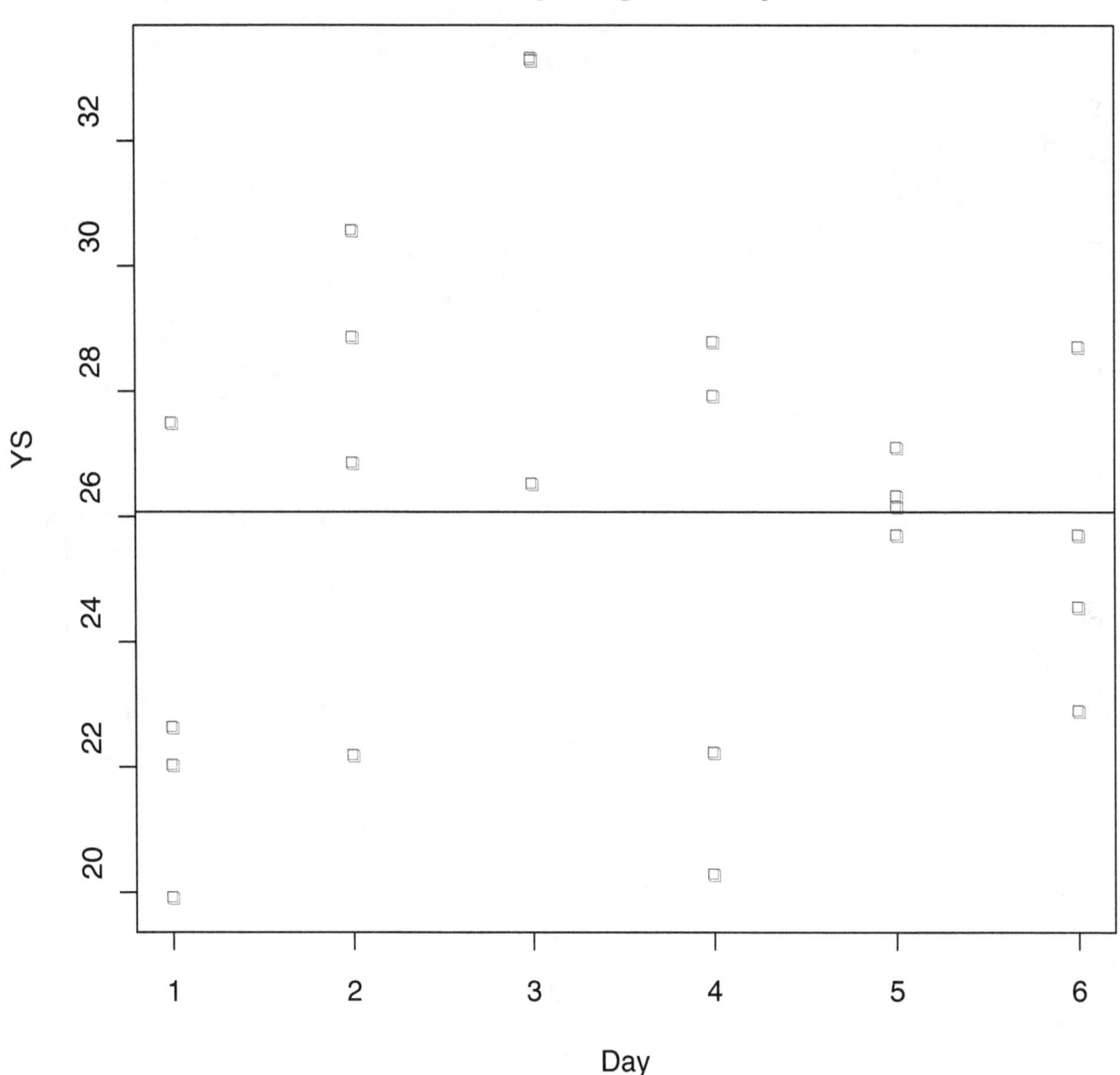

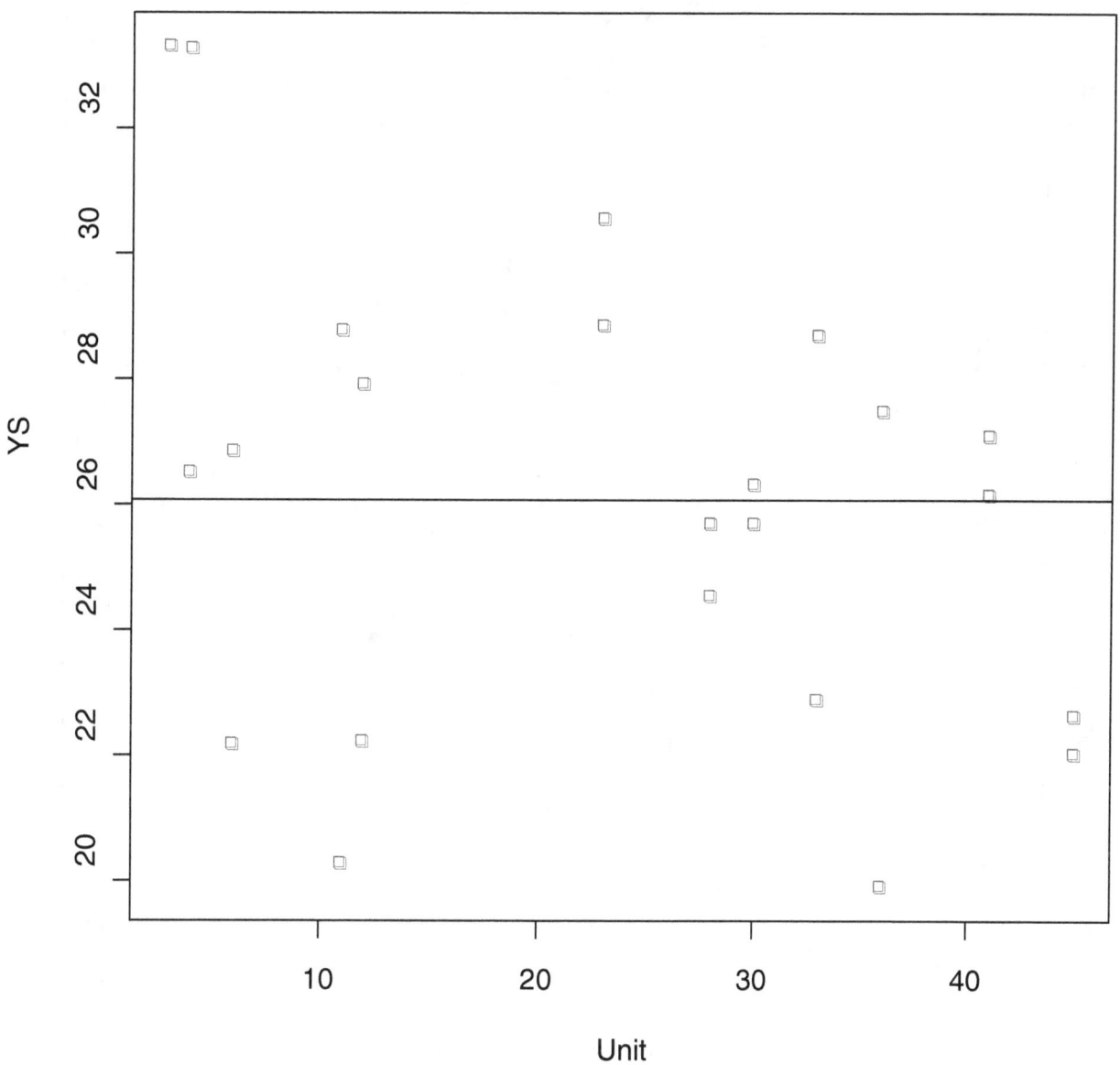

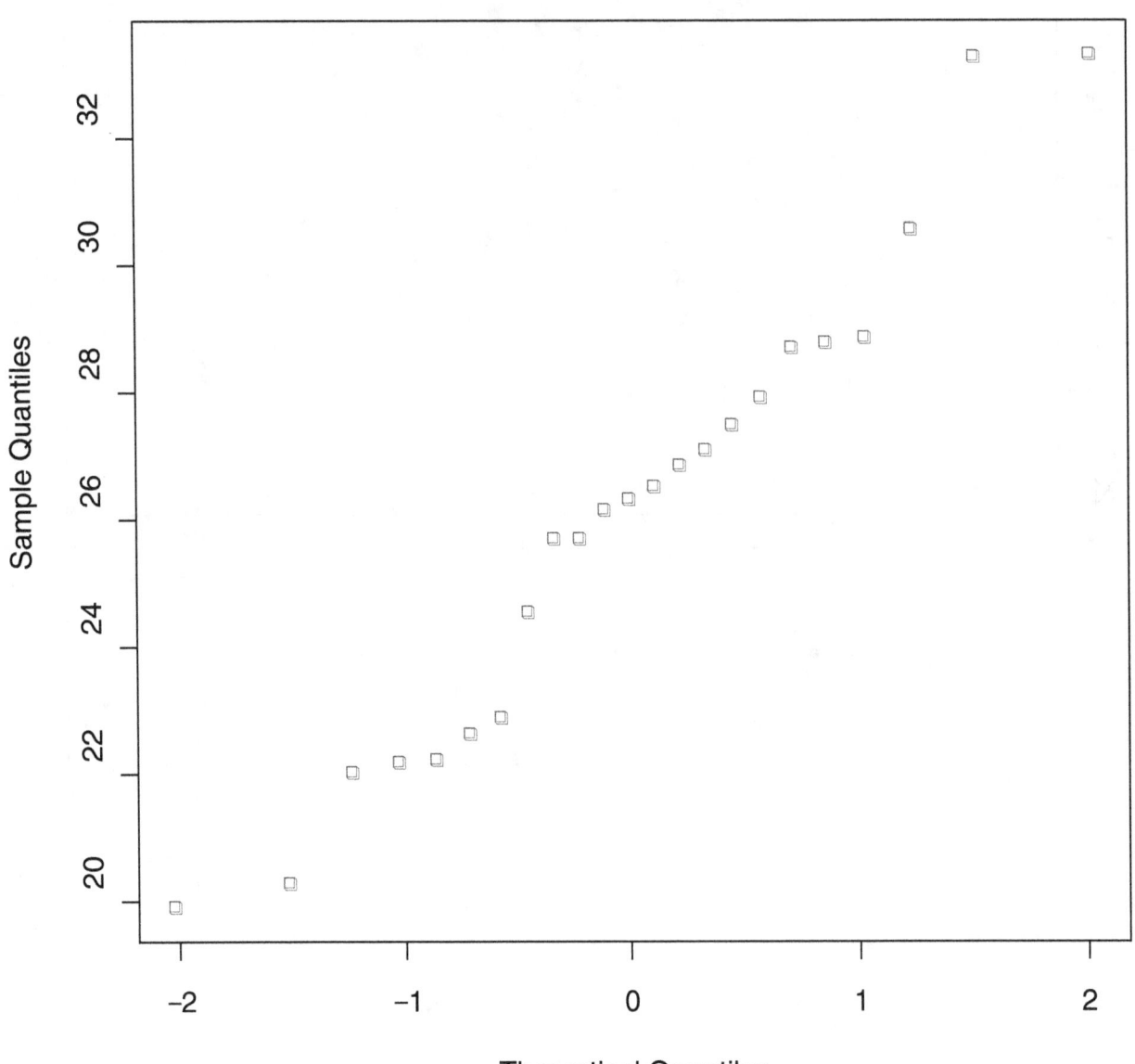

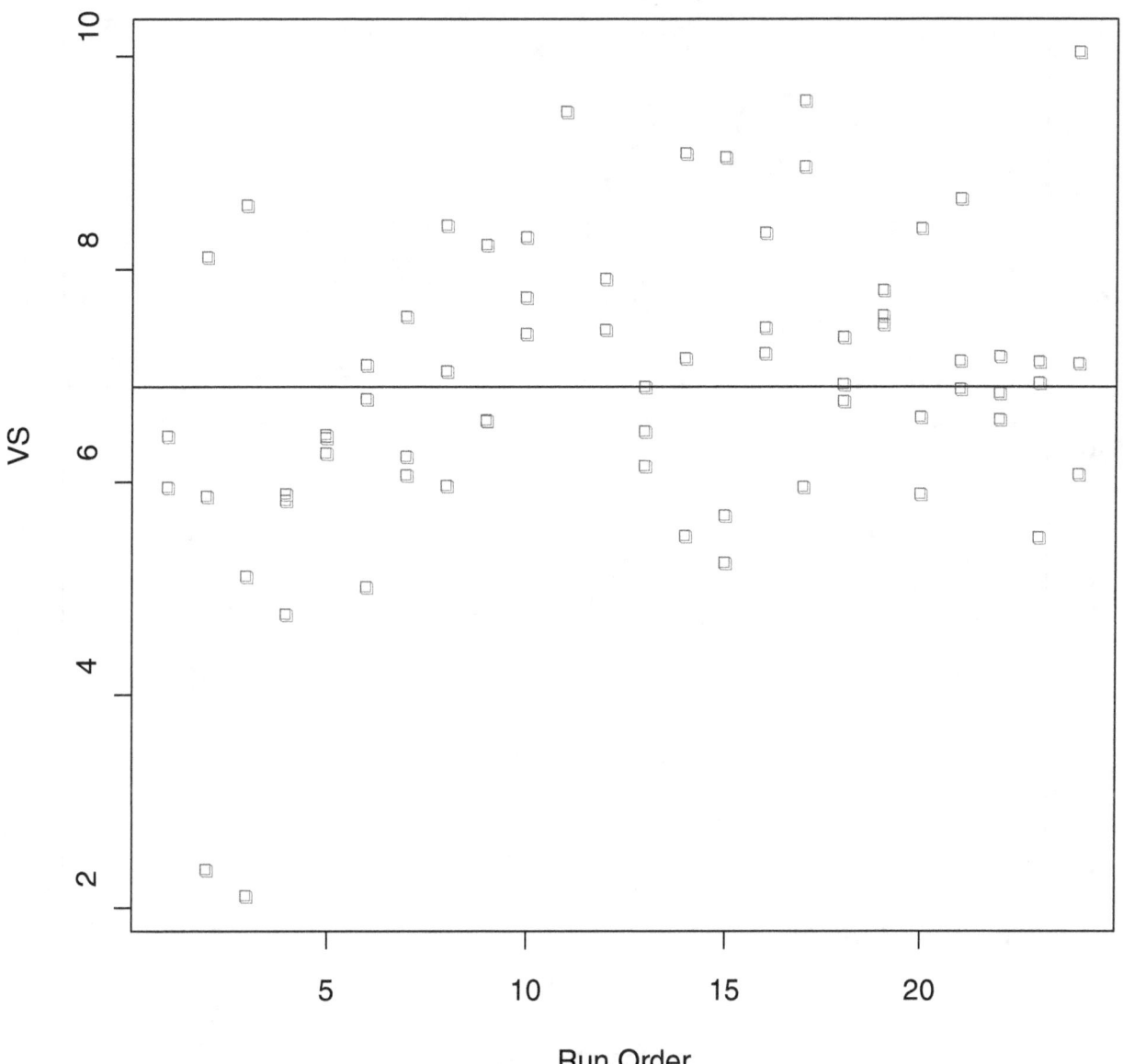

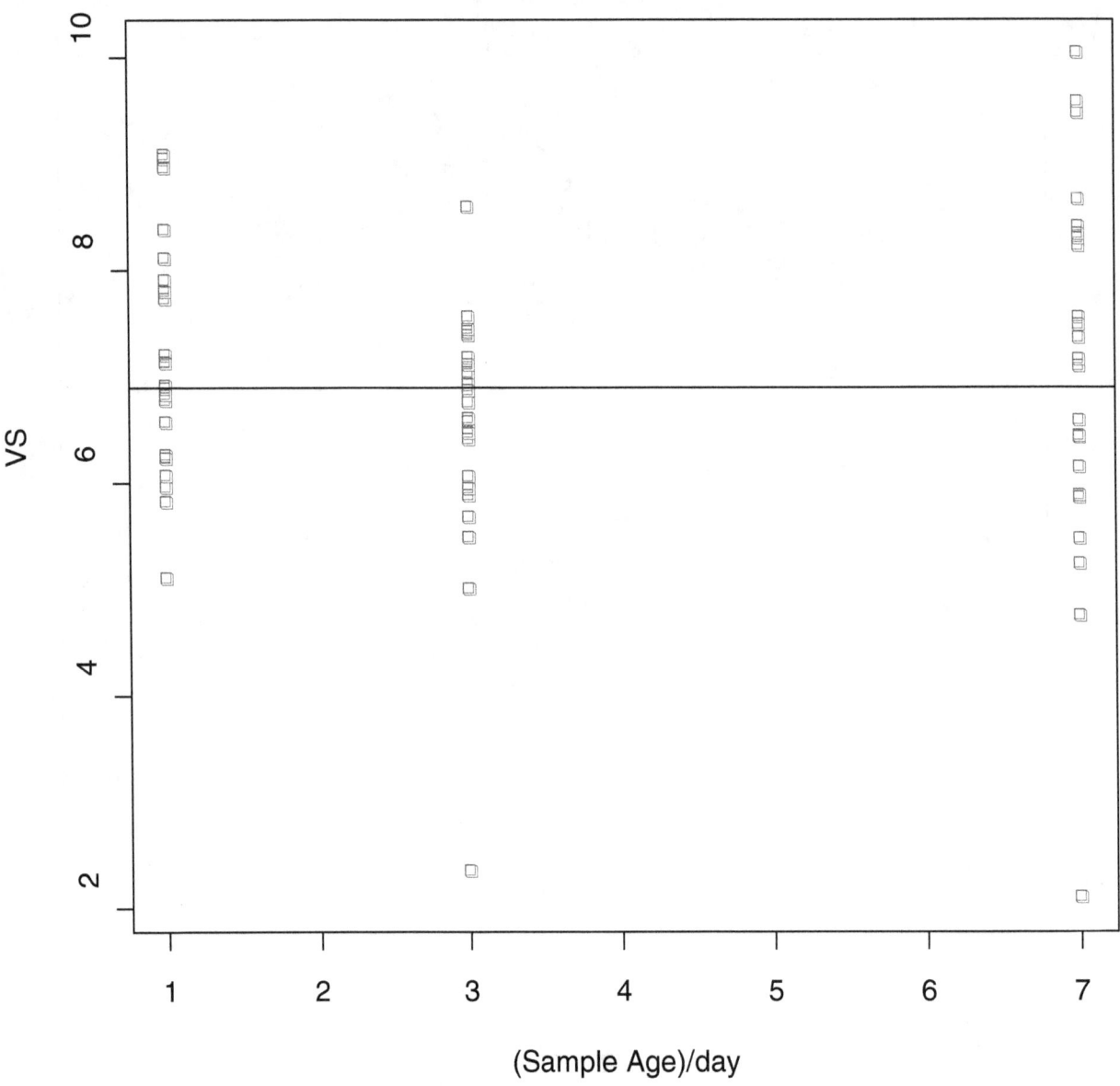

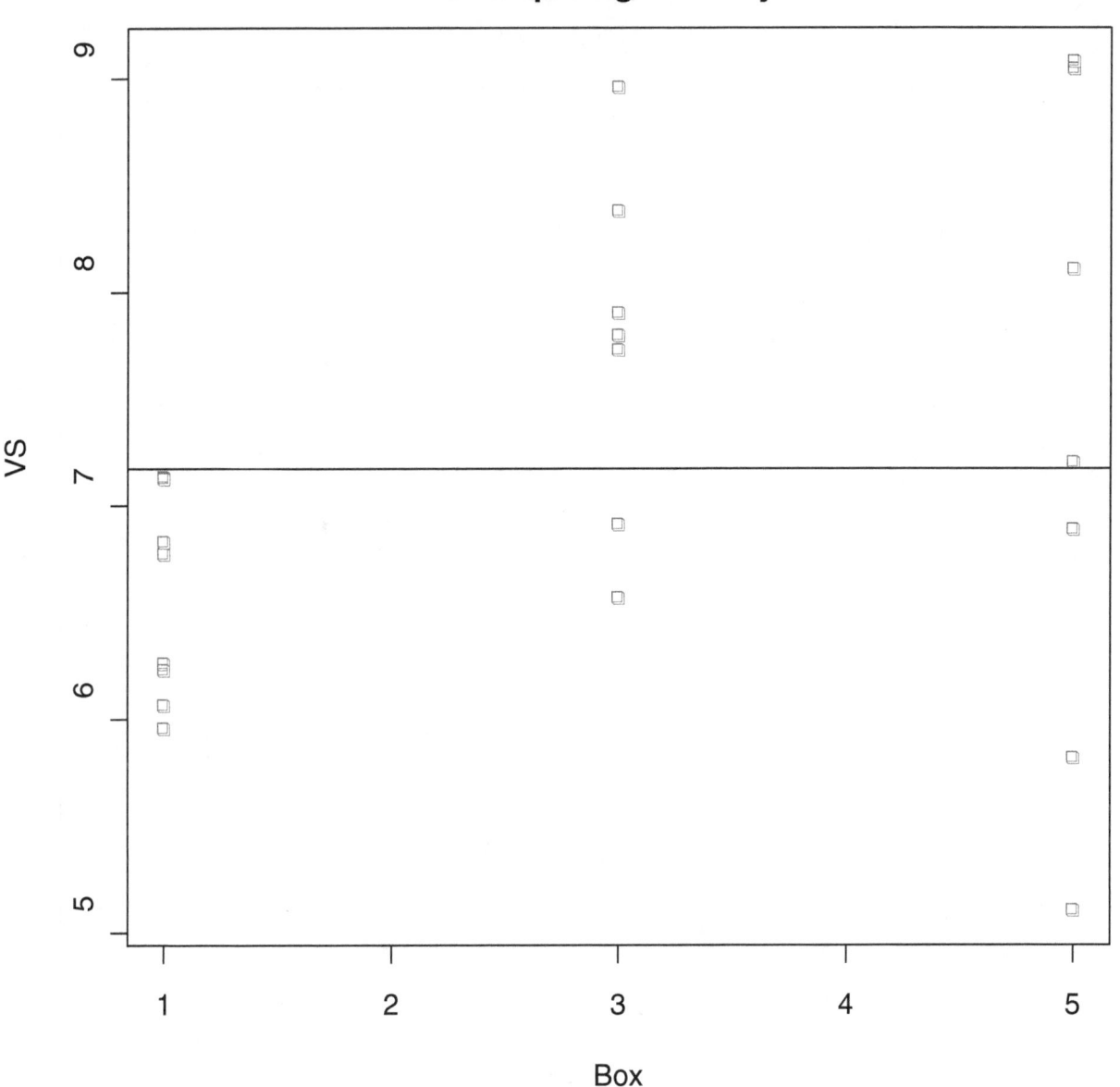

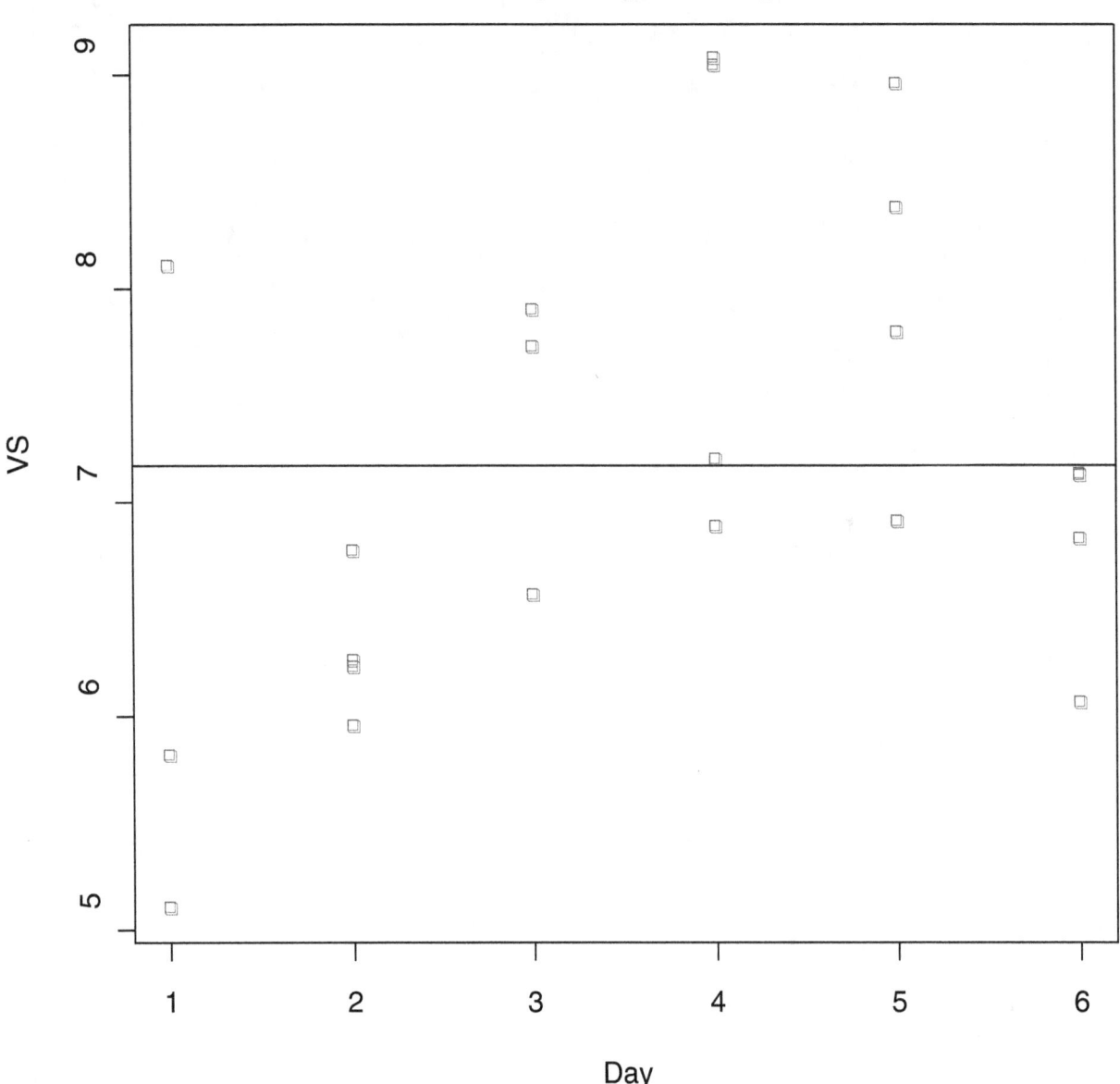

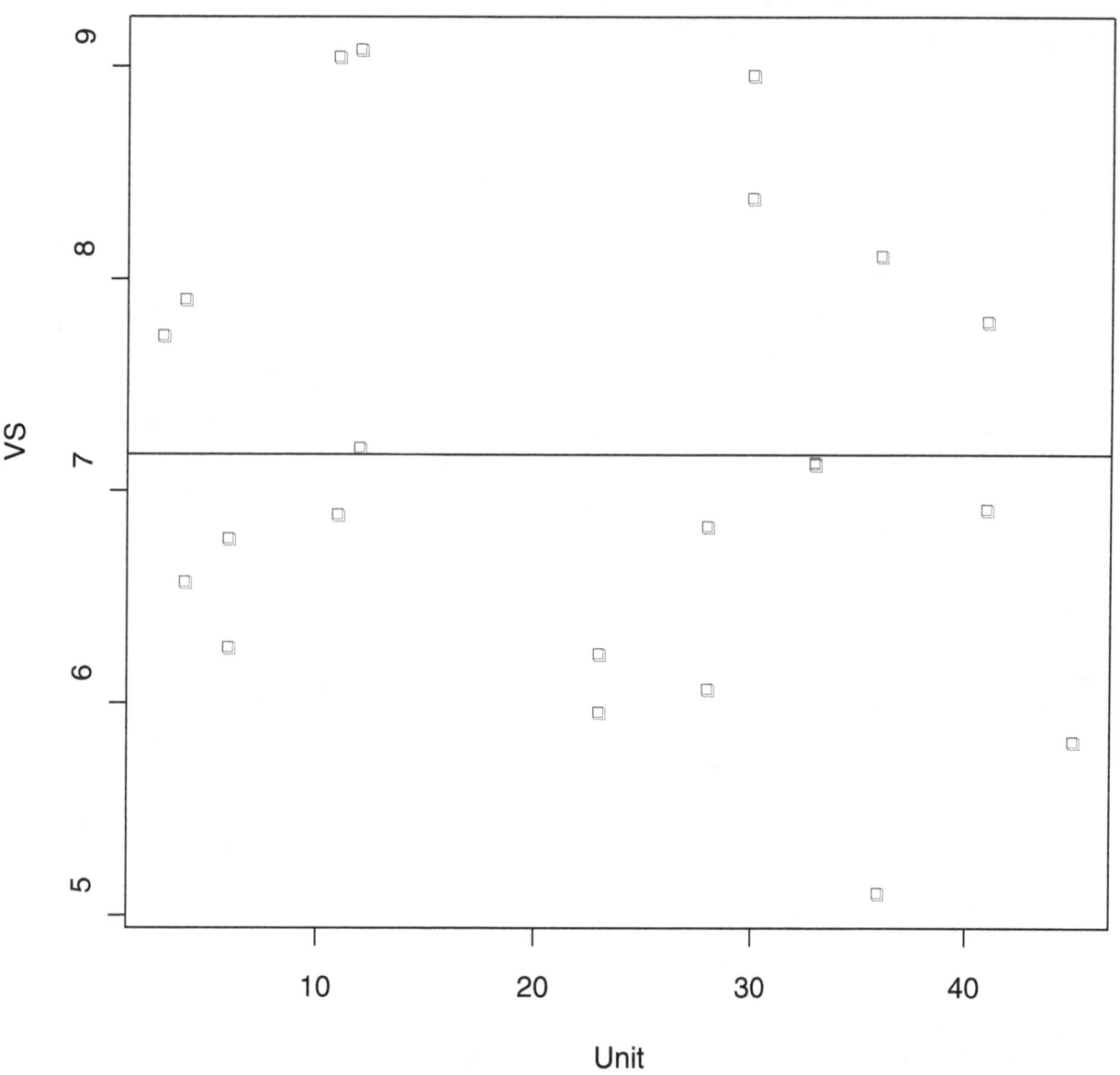

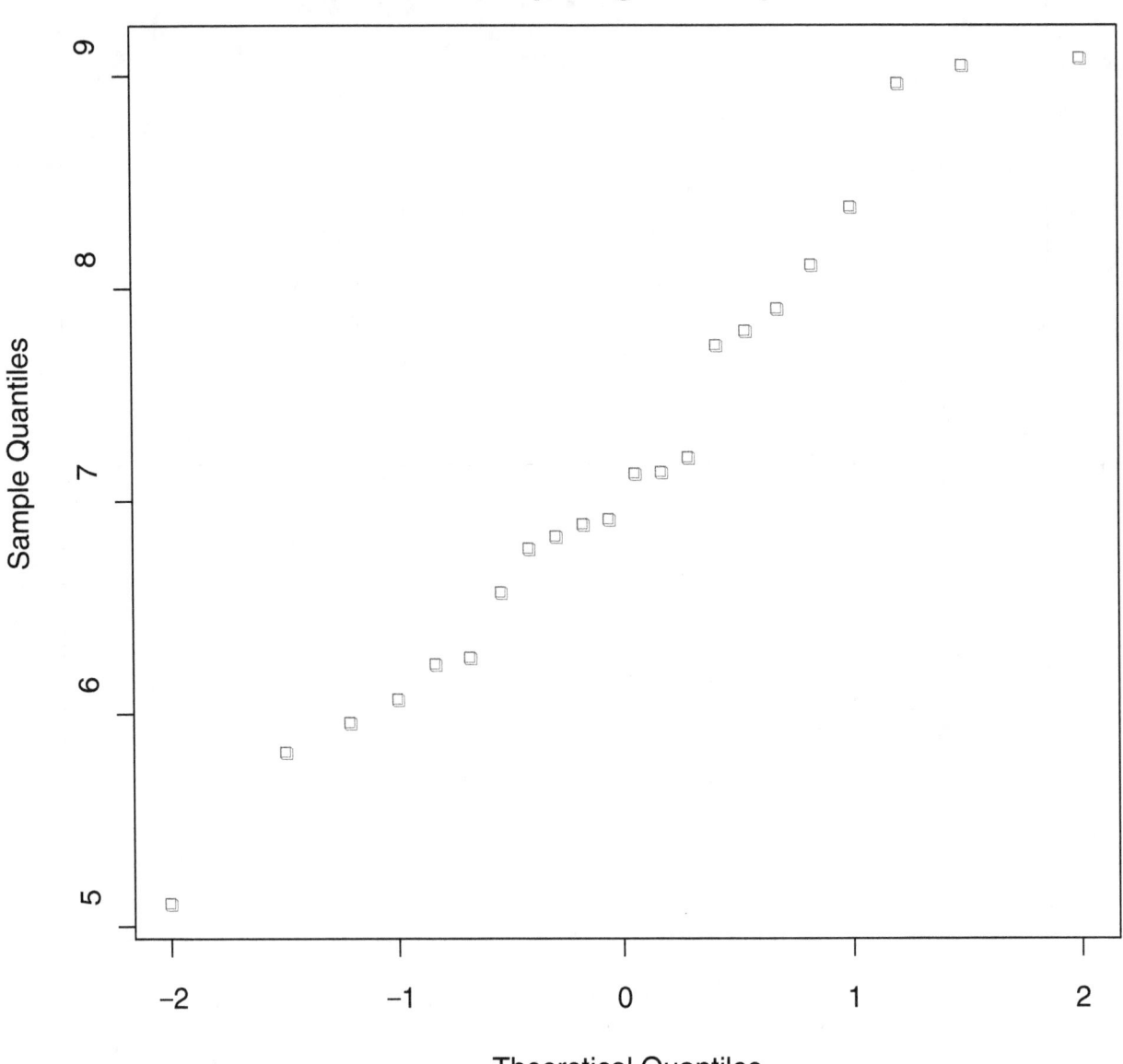

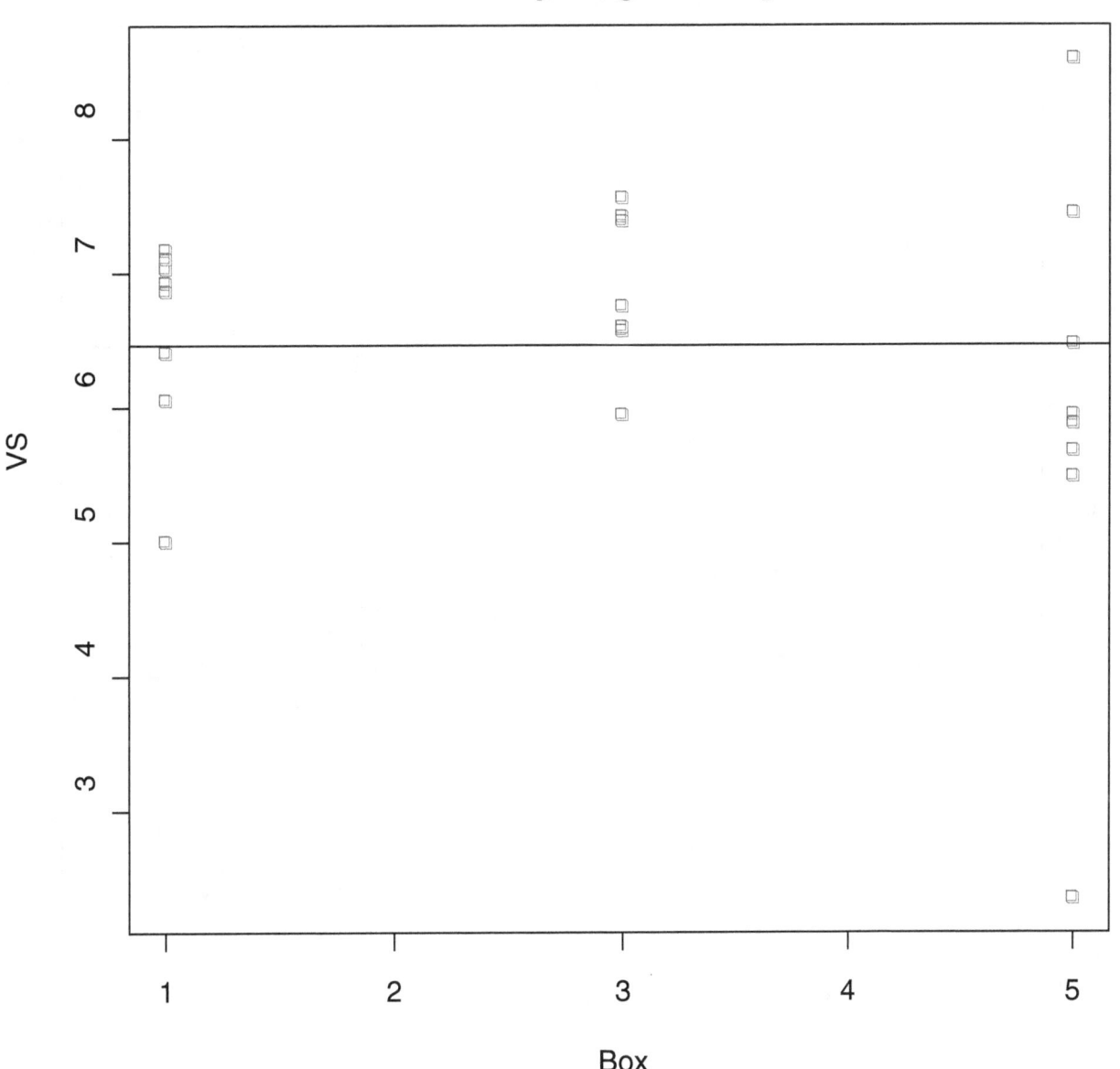

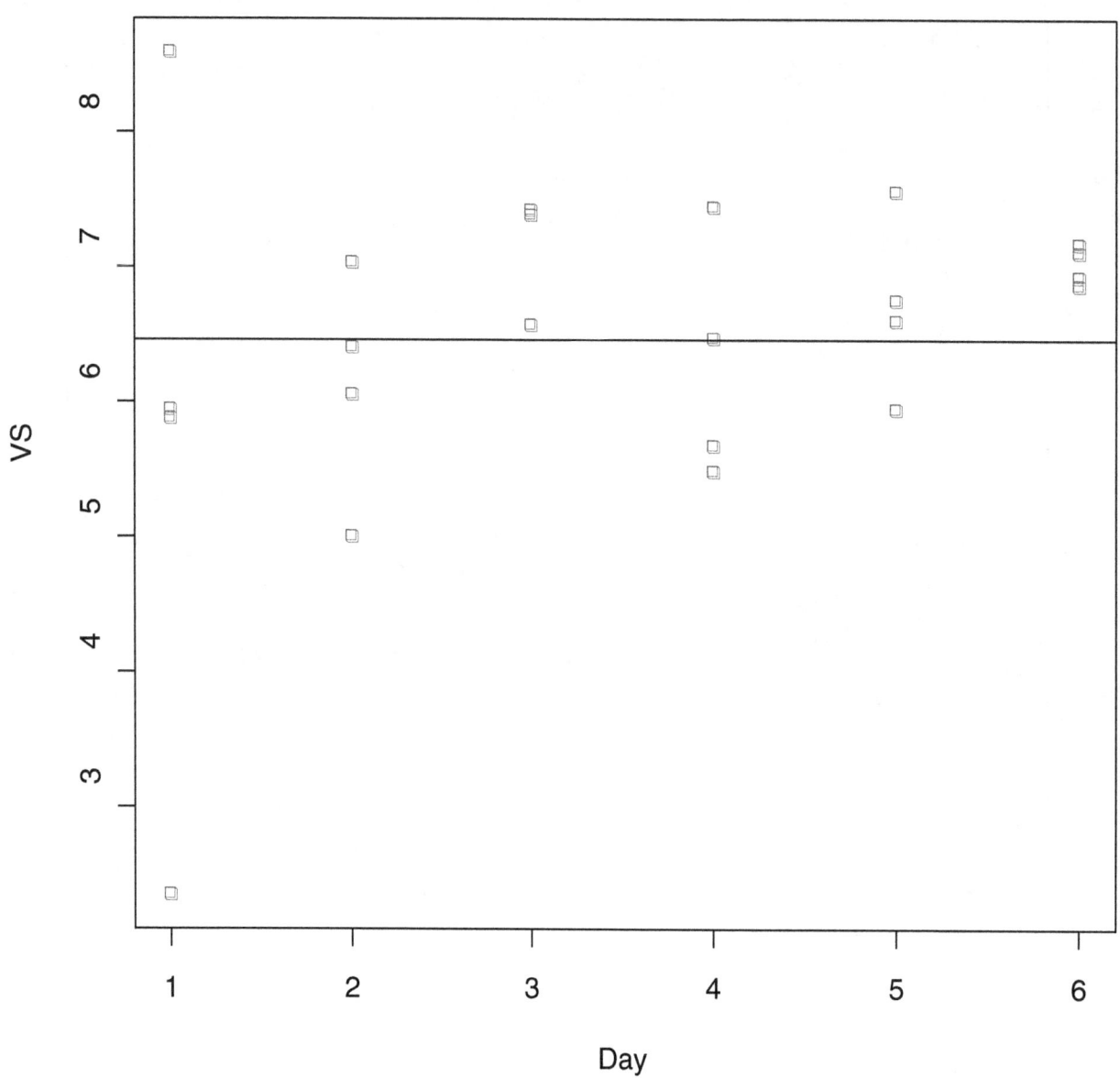

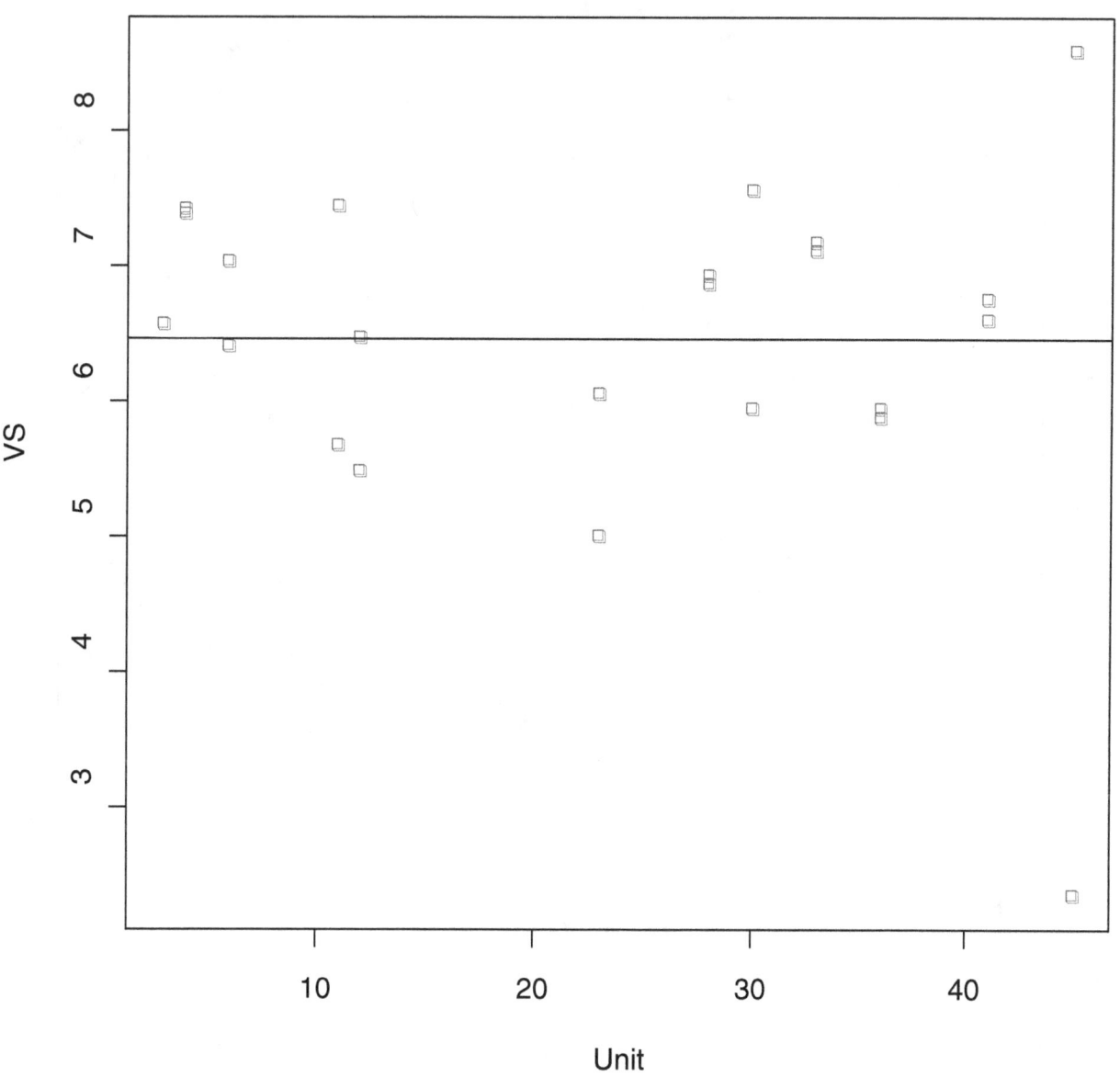

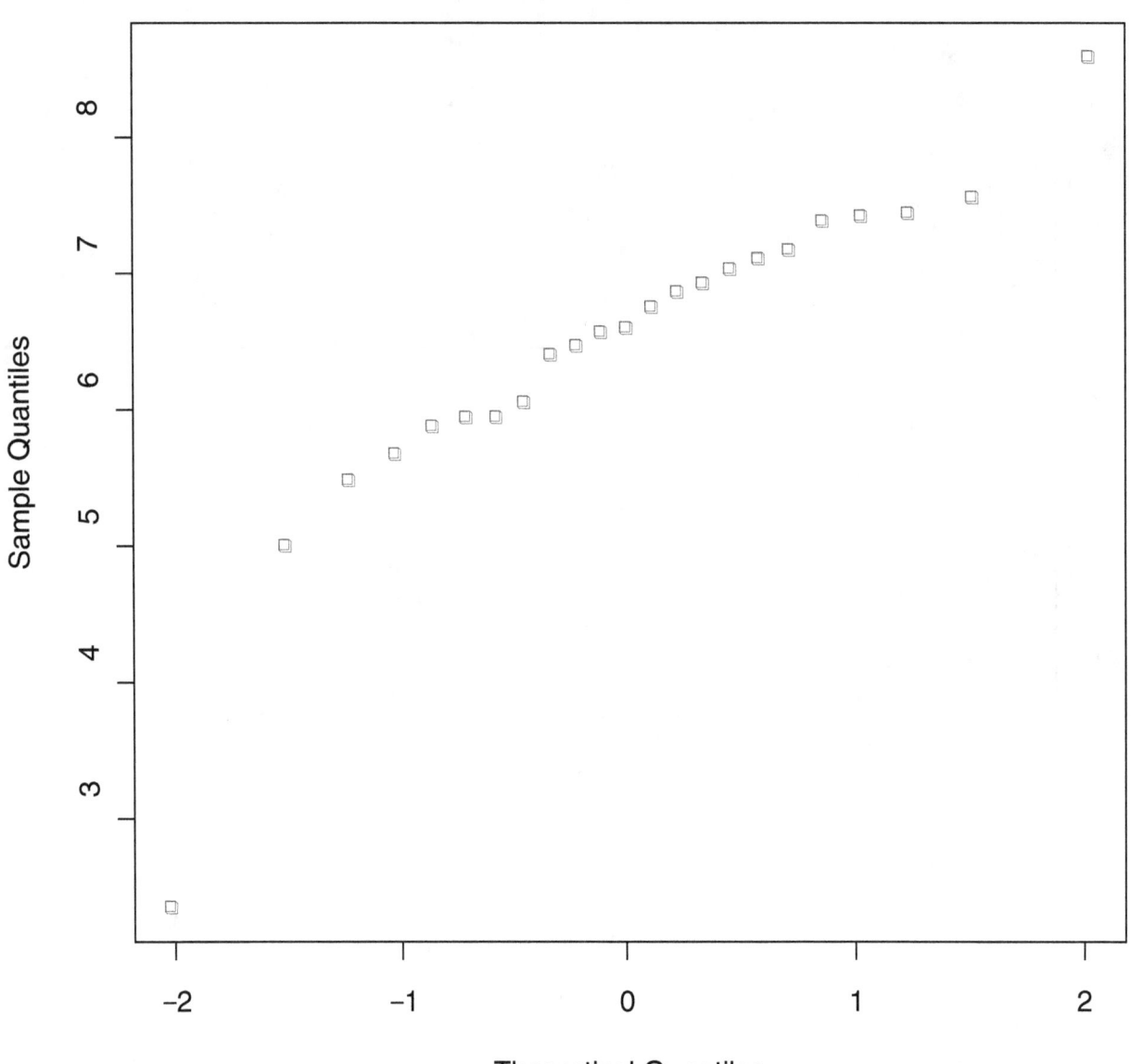

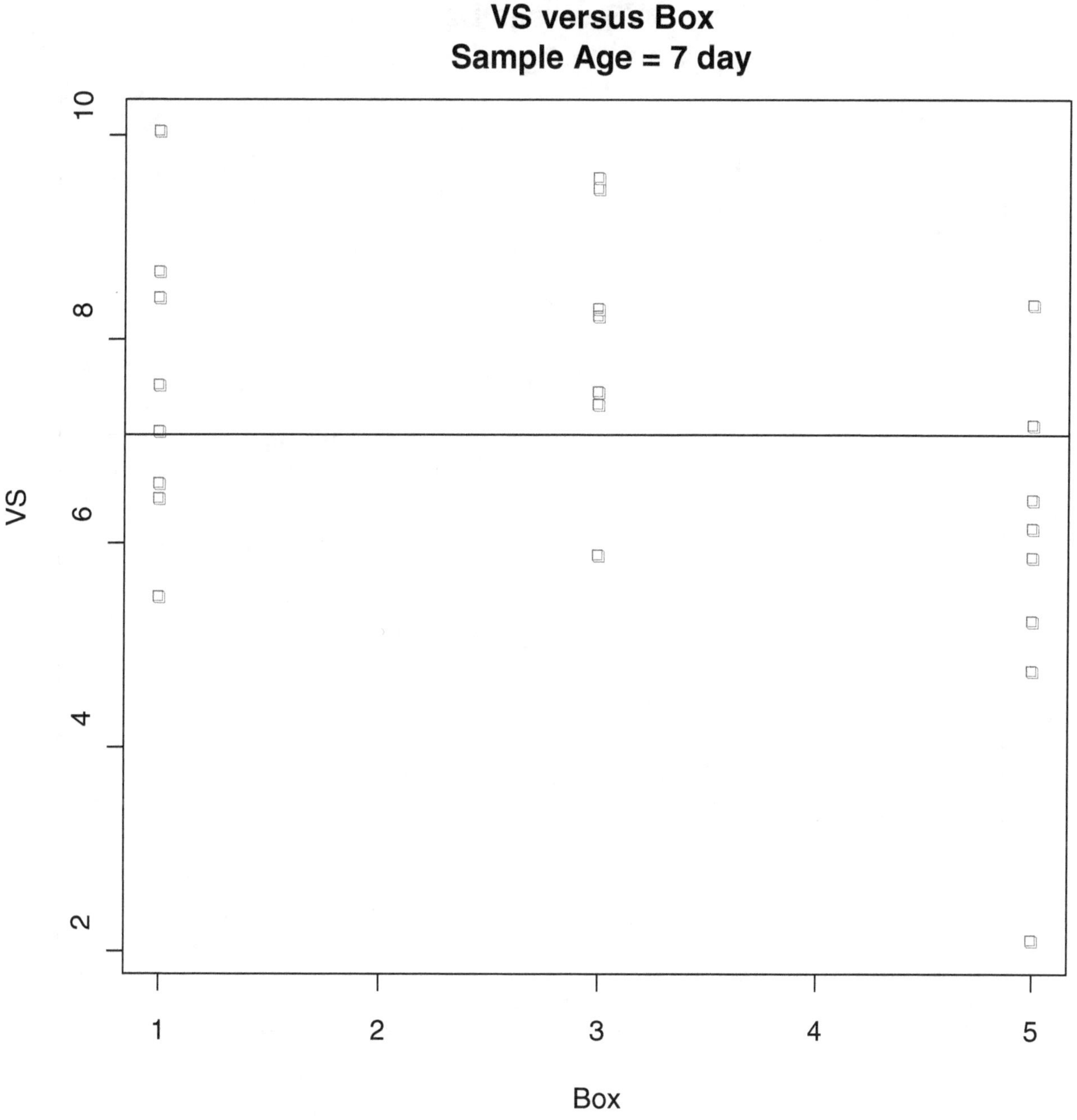
VS versus Box
Sample Age = 7 day
VS
10
8
6
4
2
Box
1
2
3
4
5

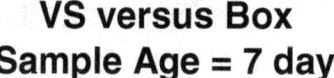

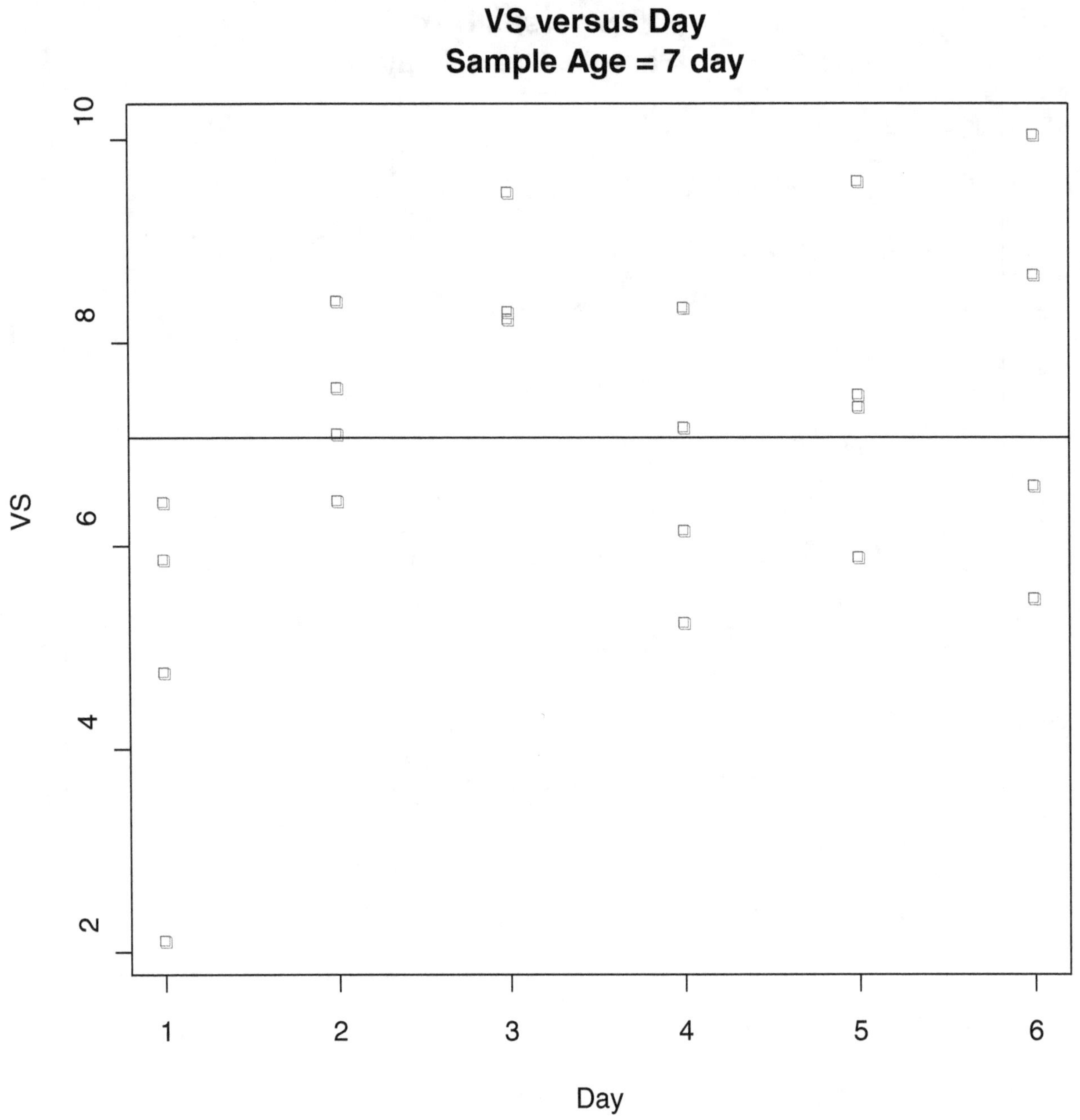
VS versus Day
Sample Age = 7 day
VS
10
8
6
4
2
Day
1
2
3
4
5
6

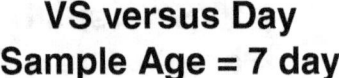

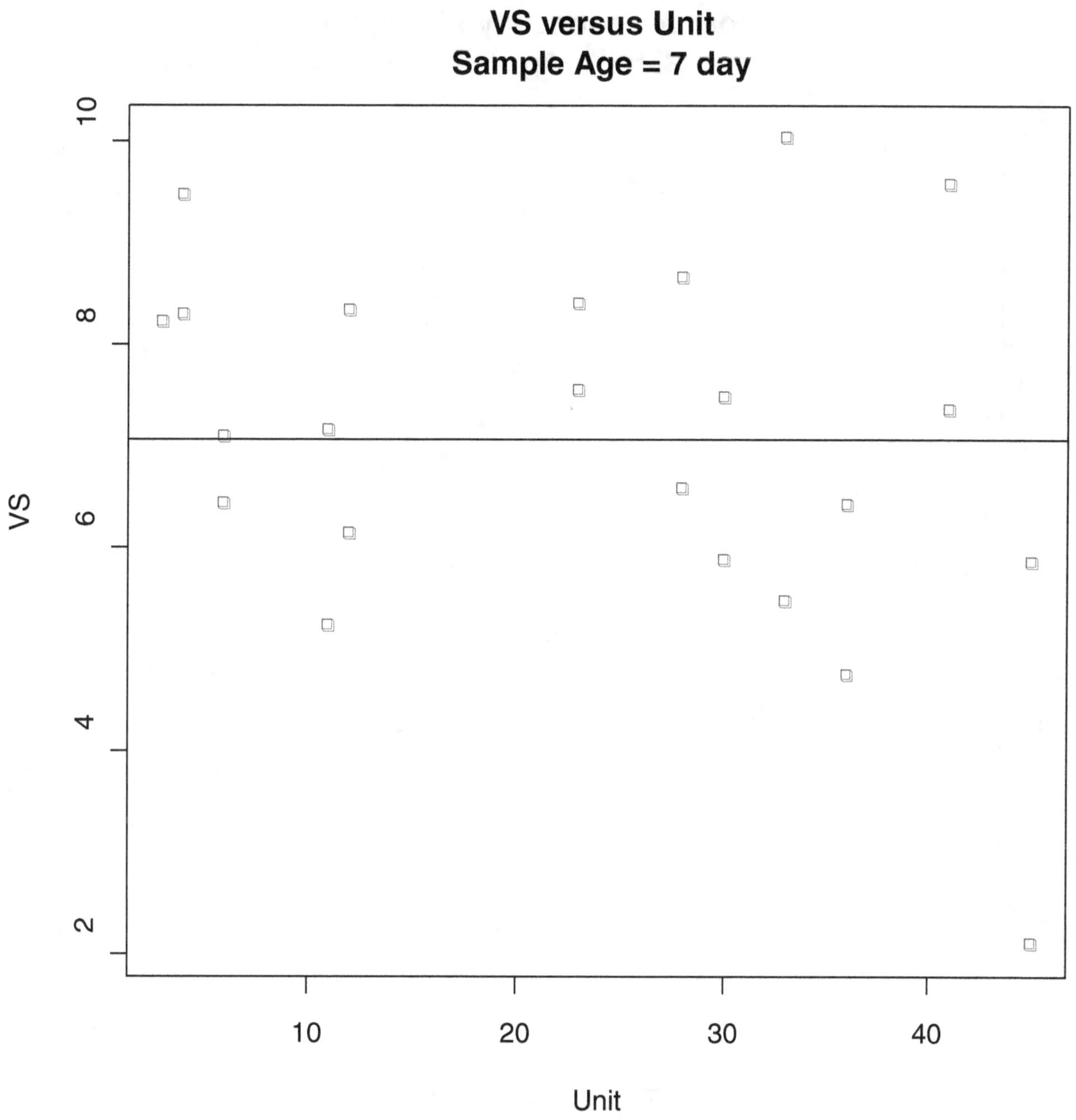

VS versus Unit
Sample Age = 7 day
VS
2
4
6
8
10
10
20
30
40
Unit

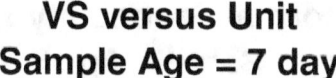

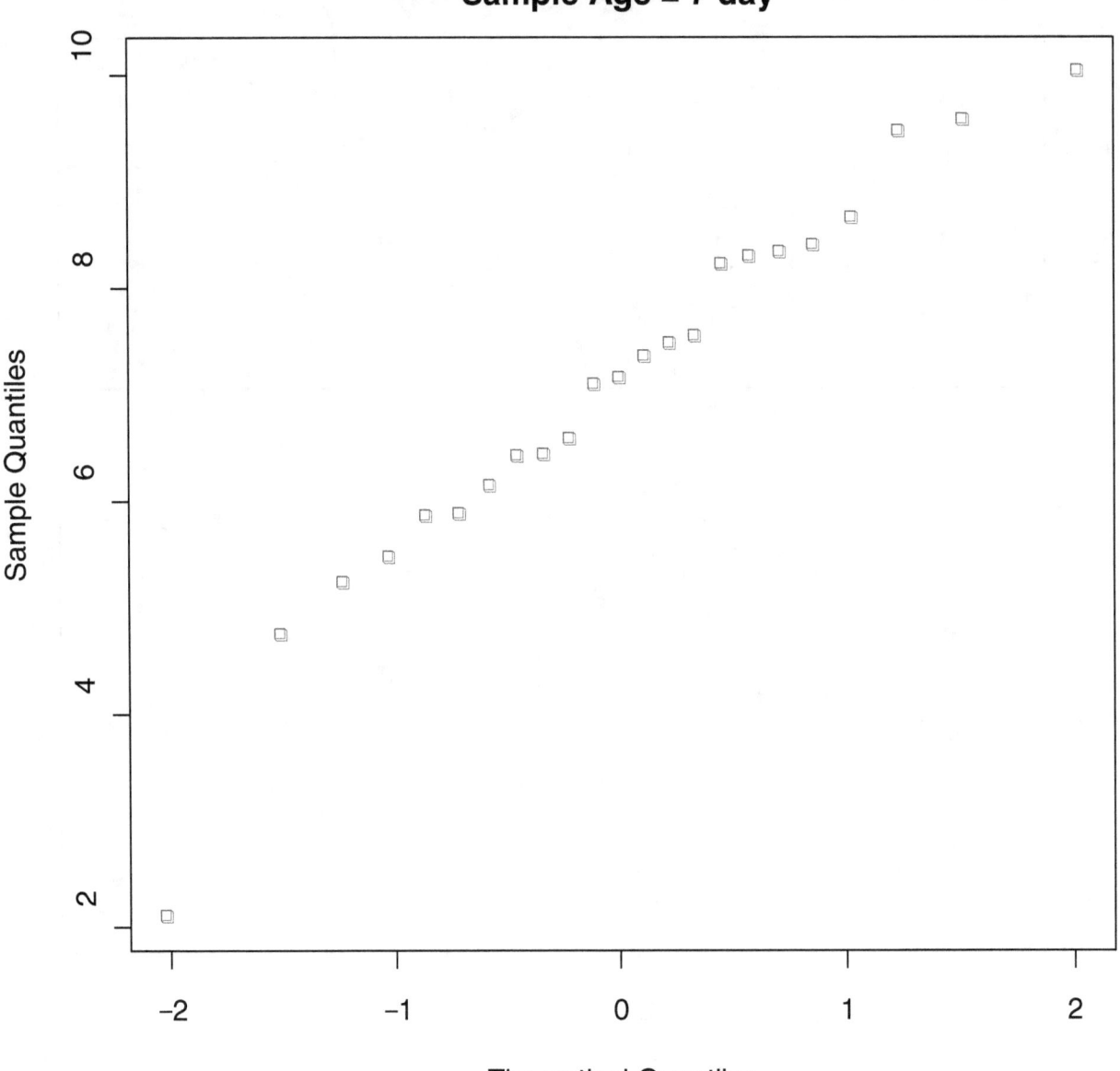

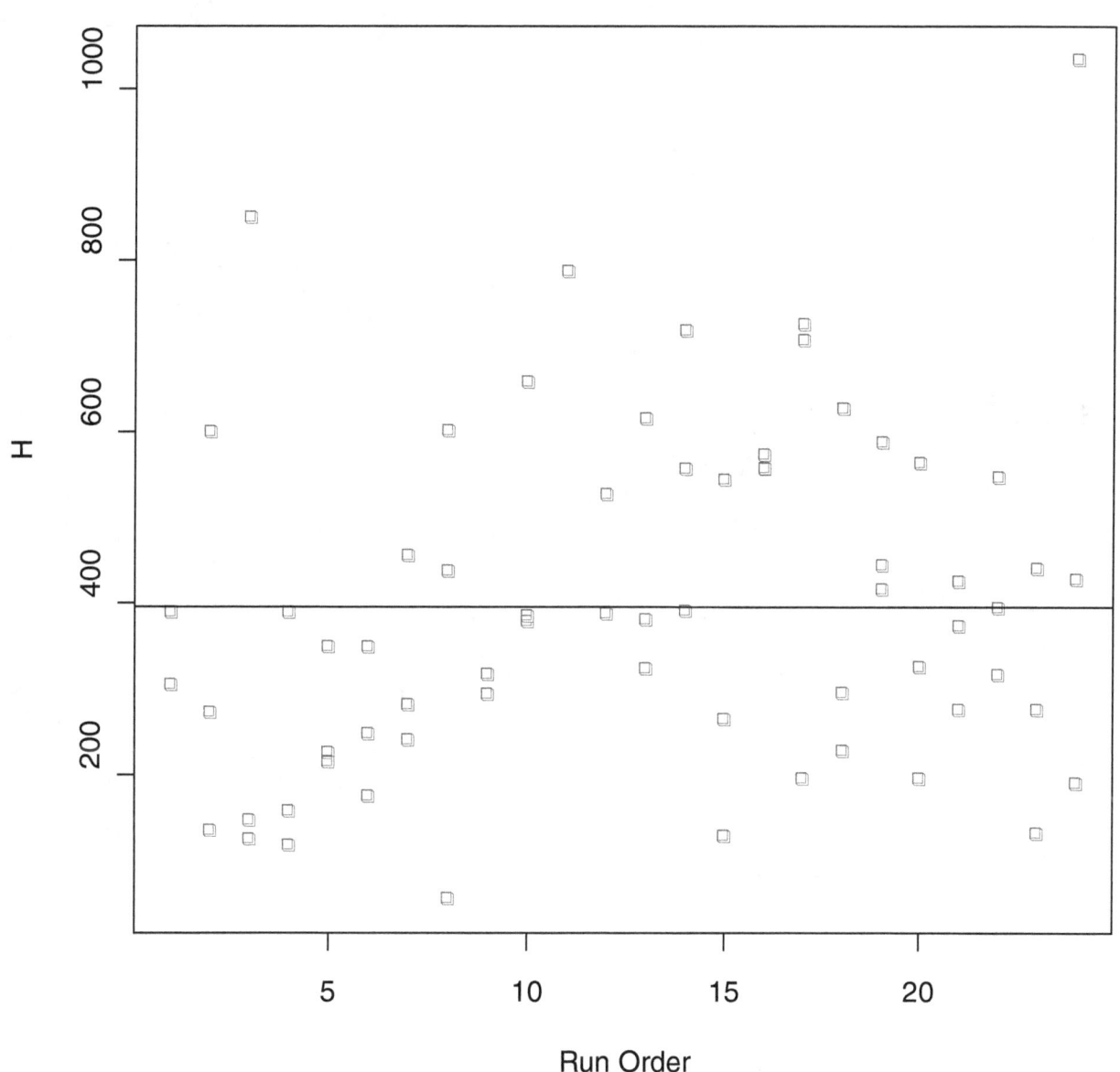

A-31

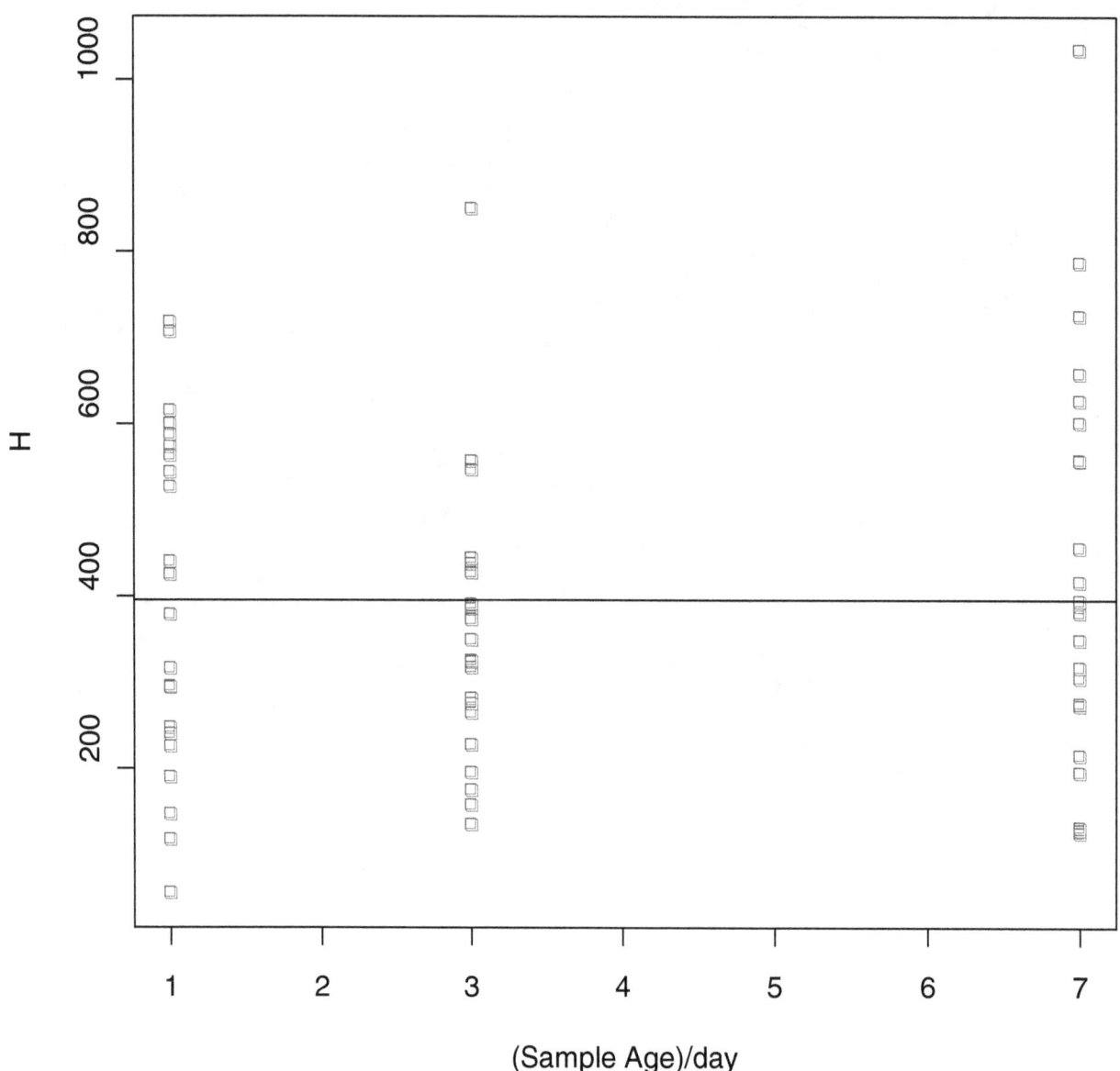

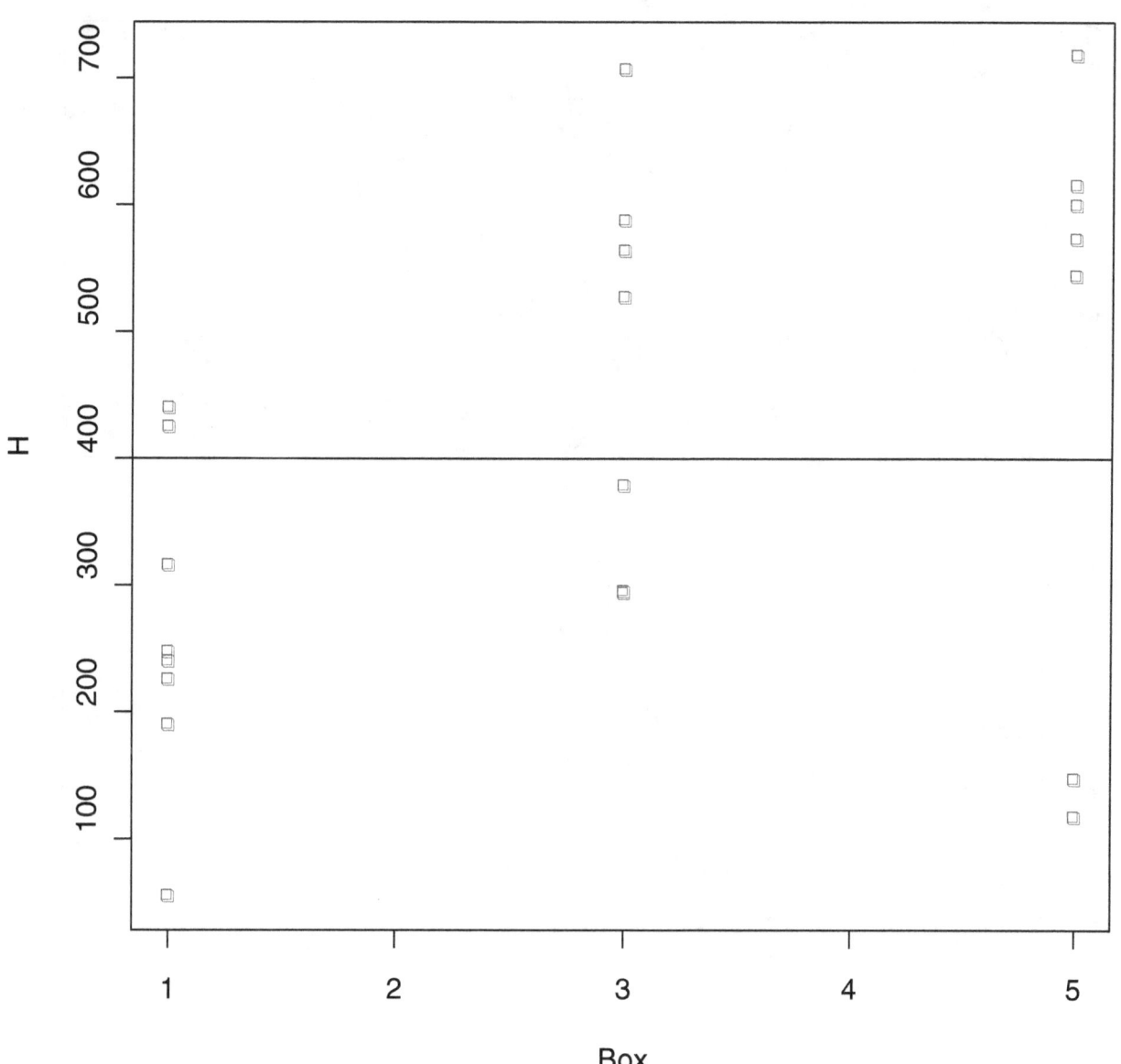

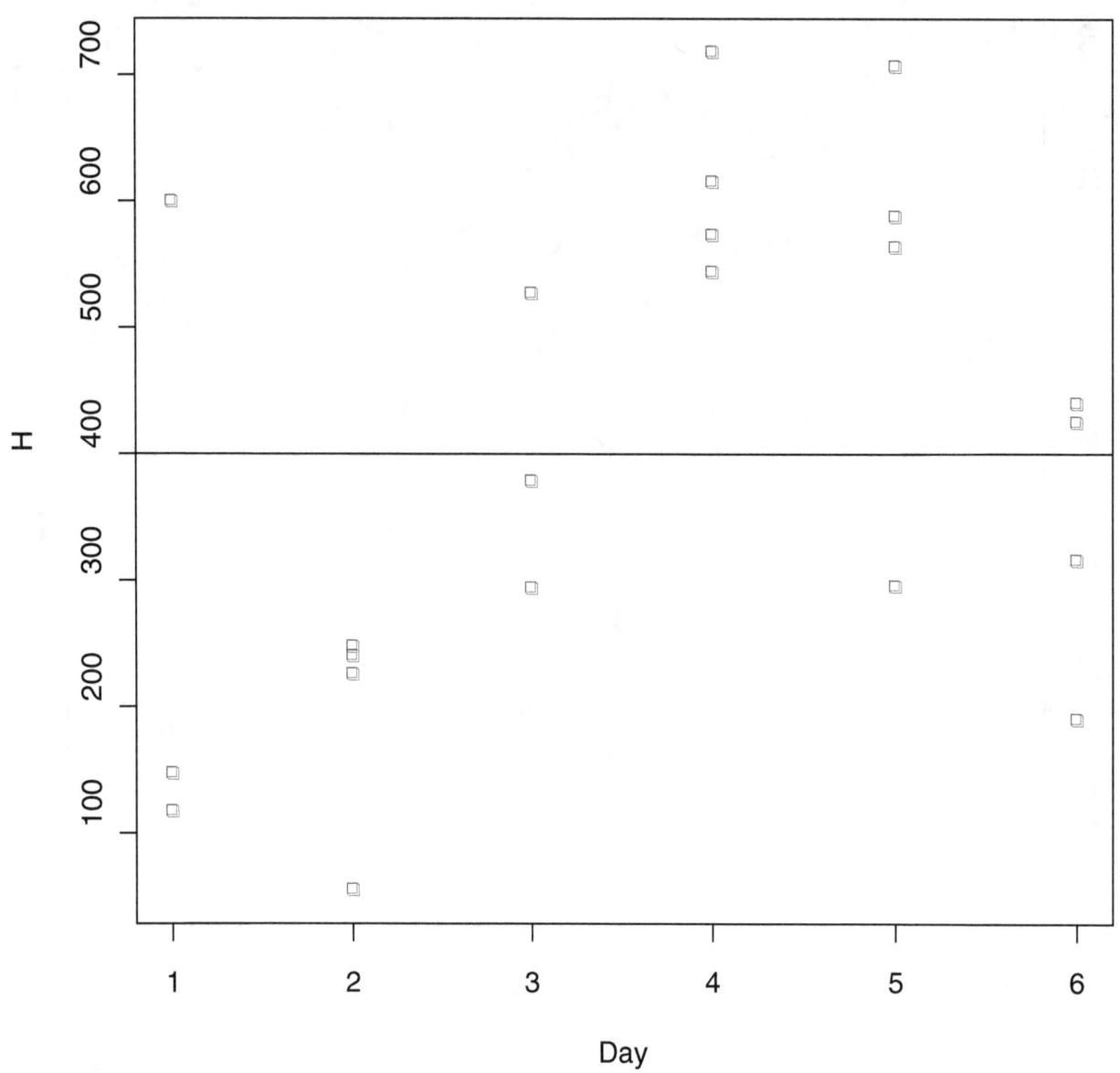

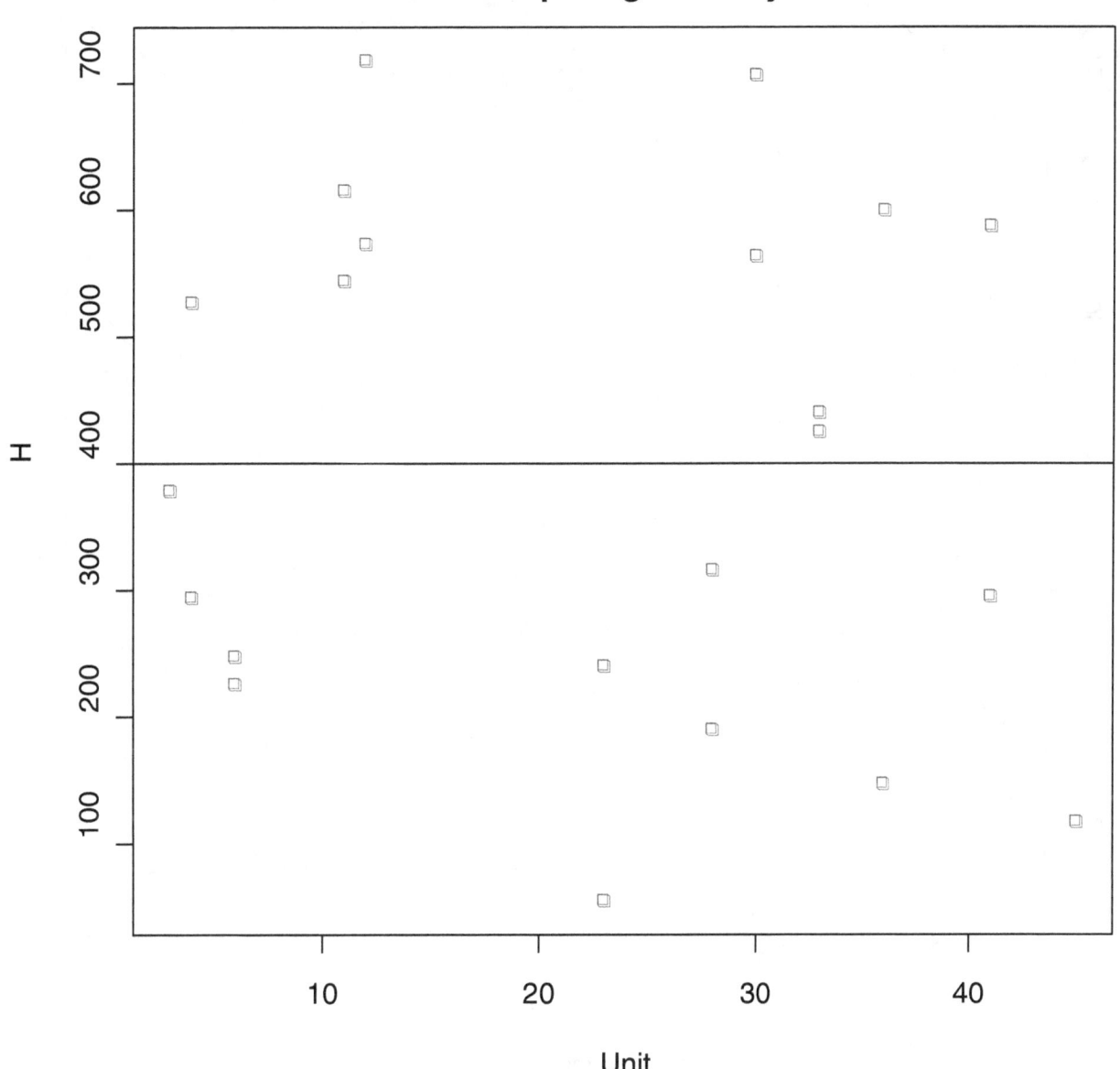

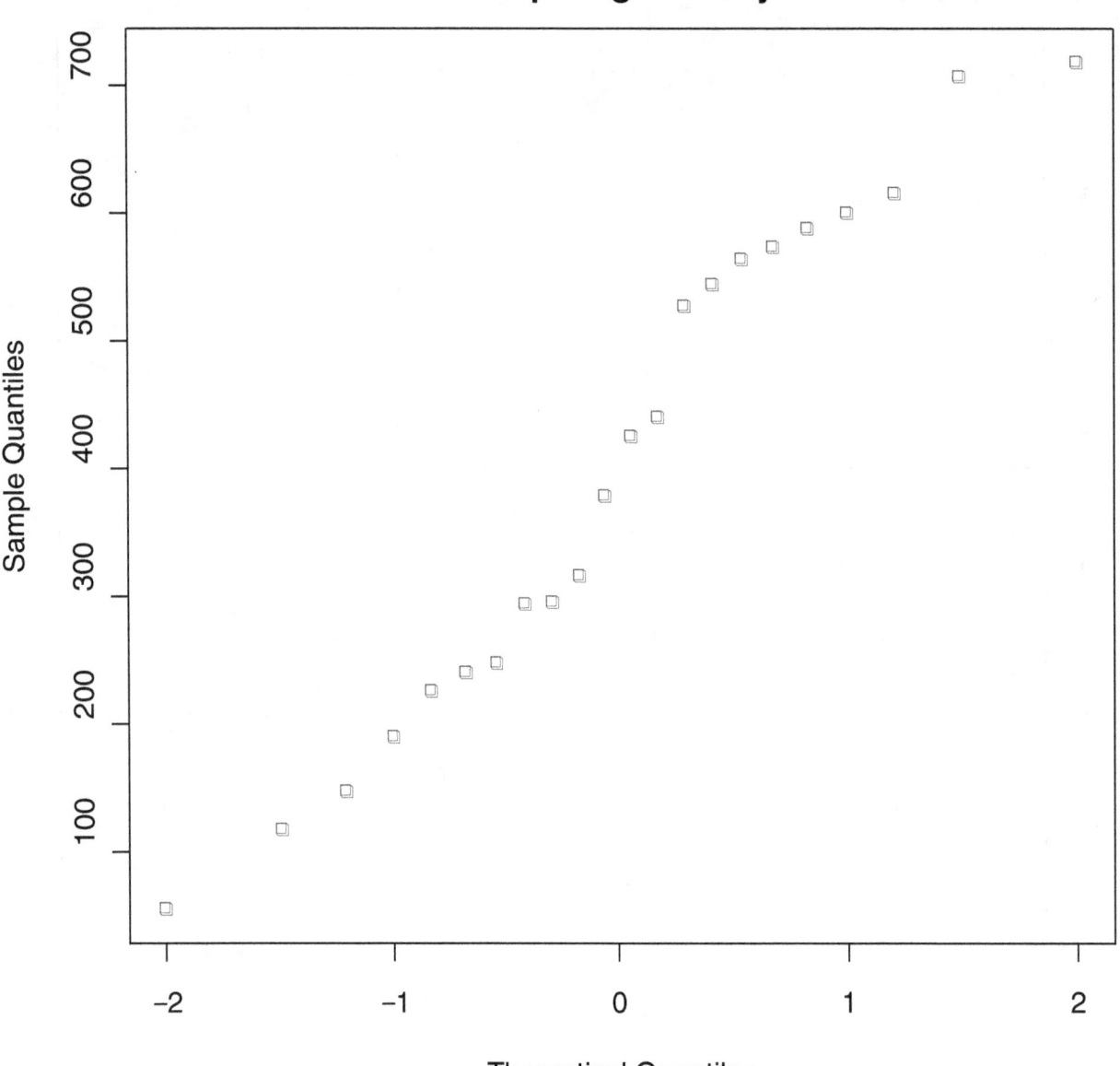

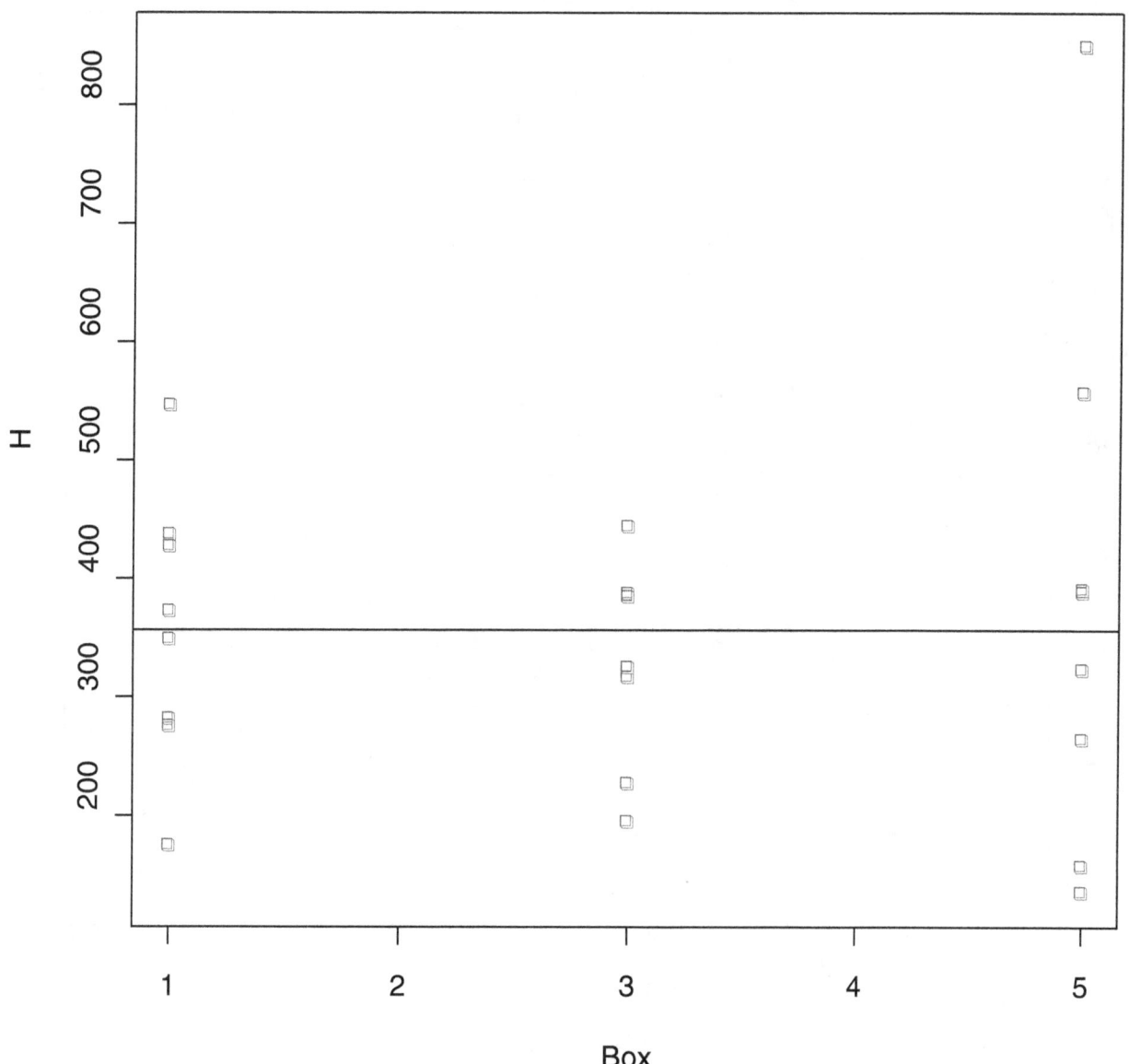

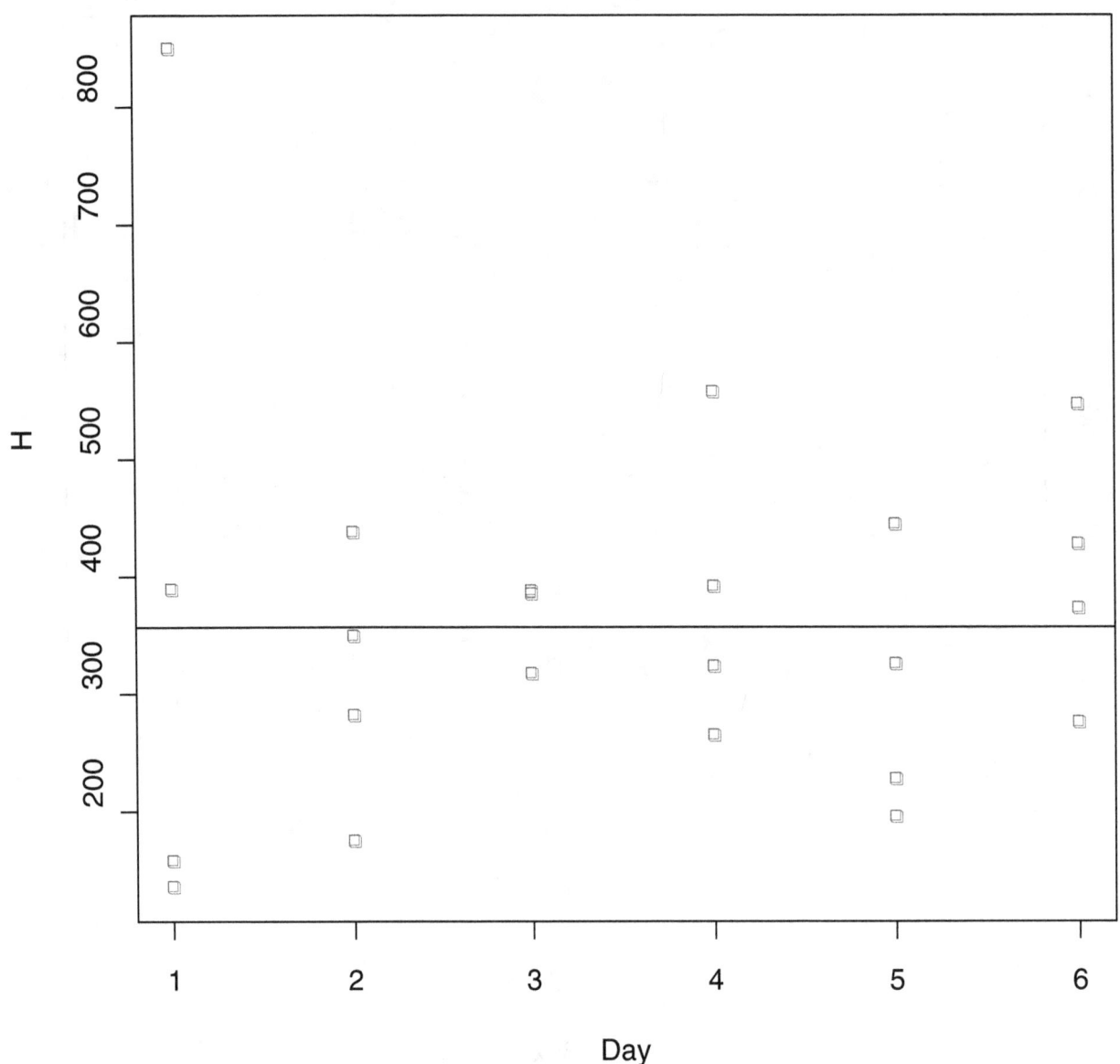

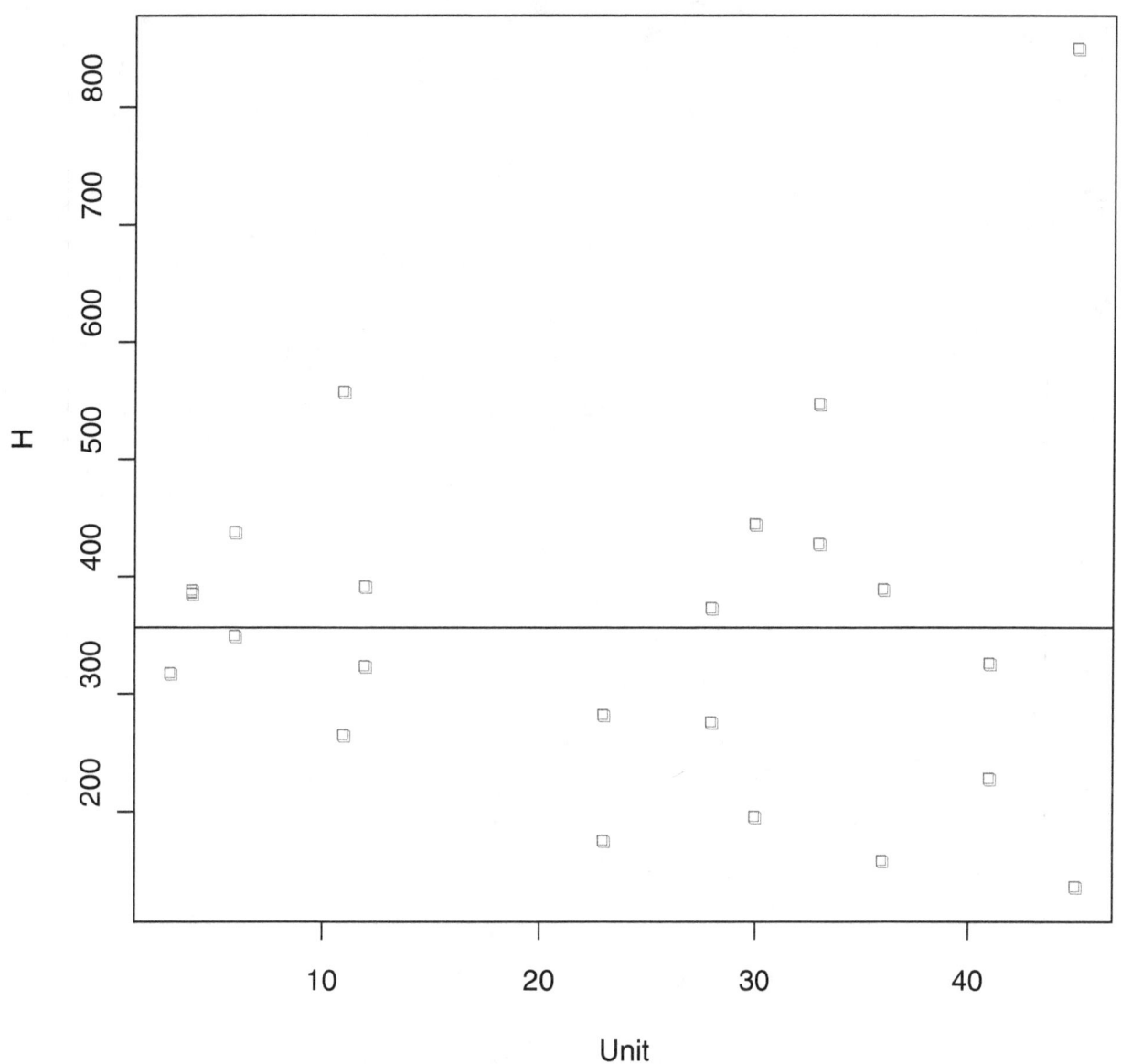

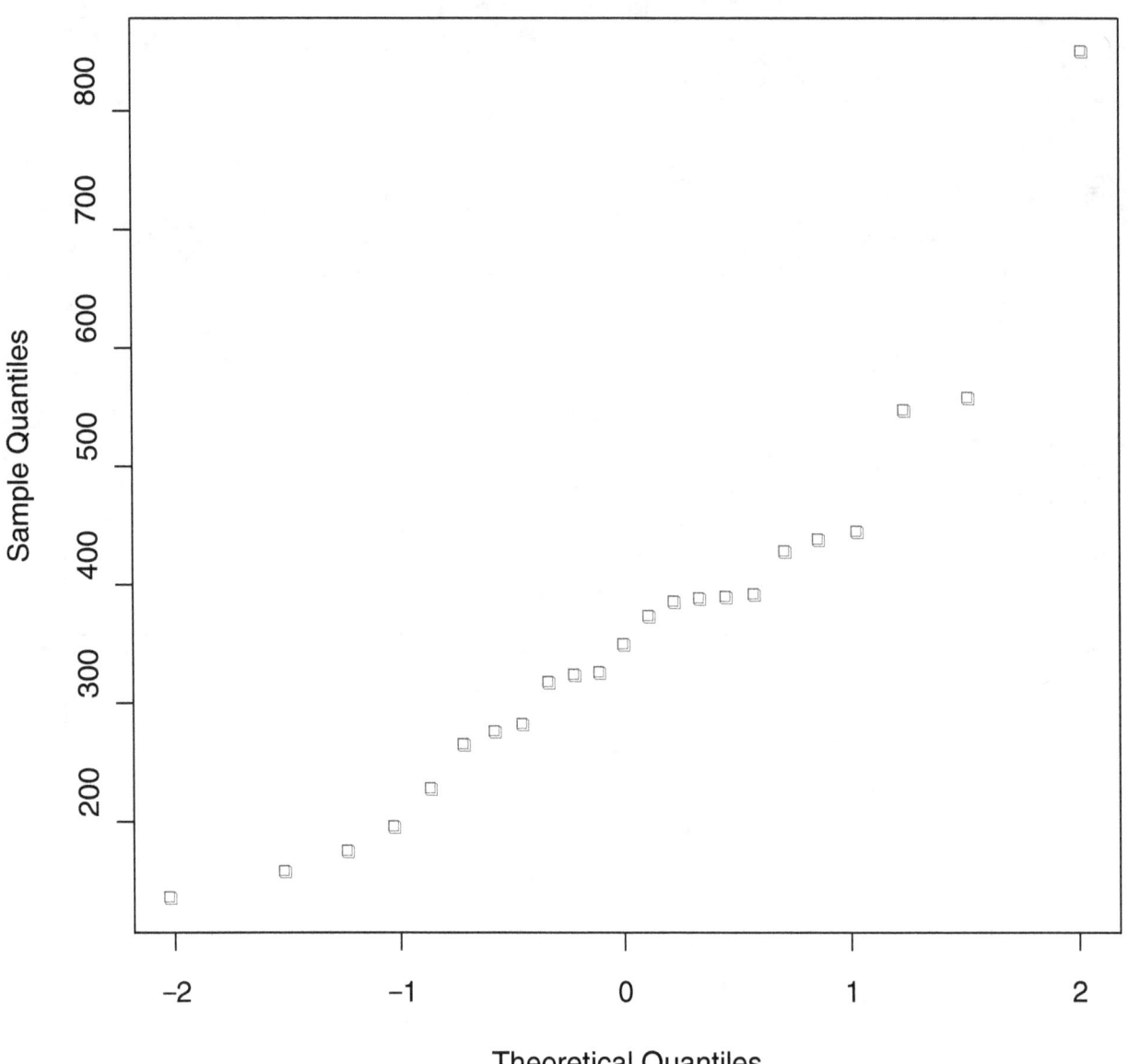

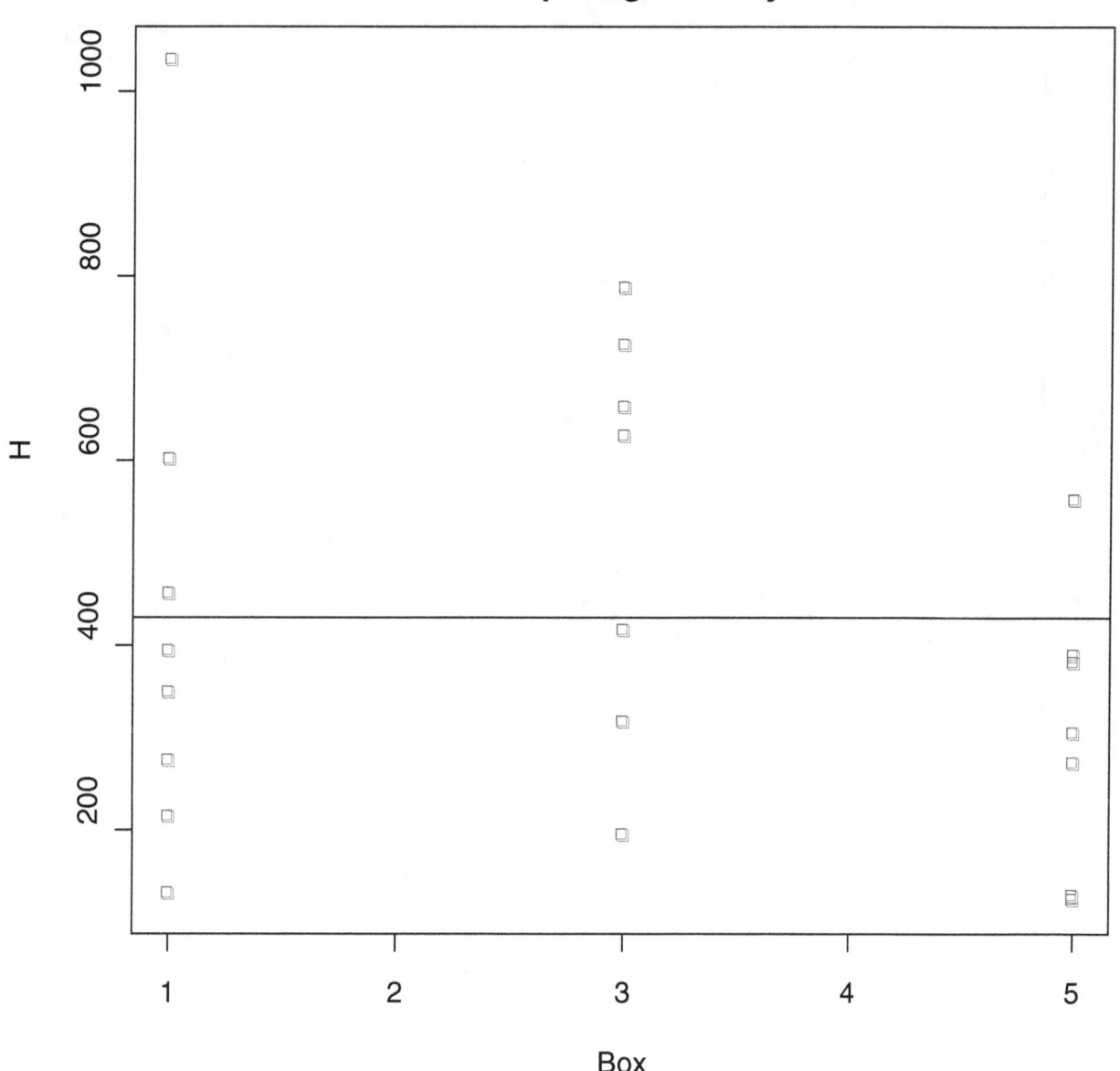

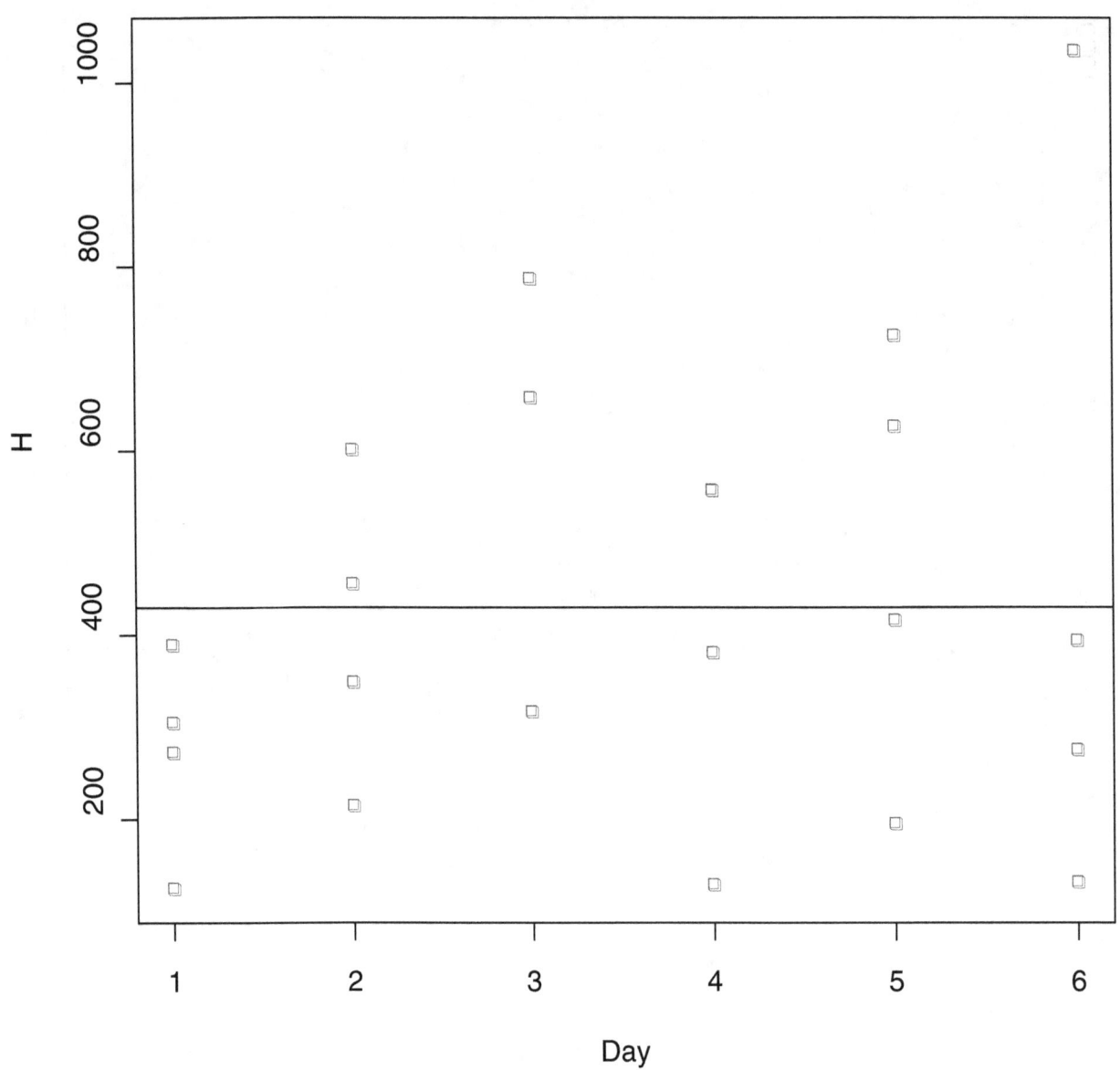

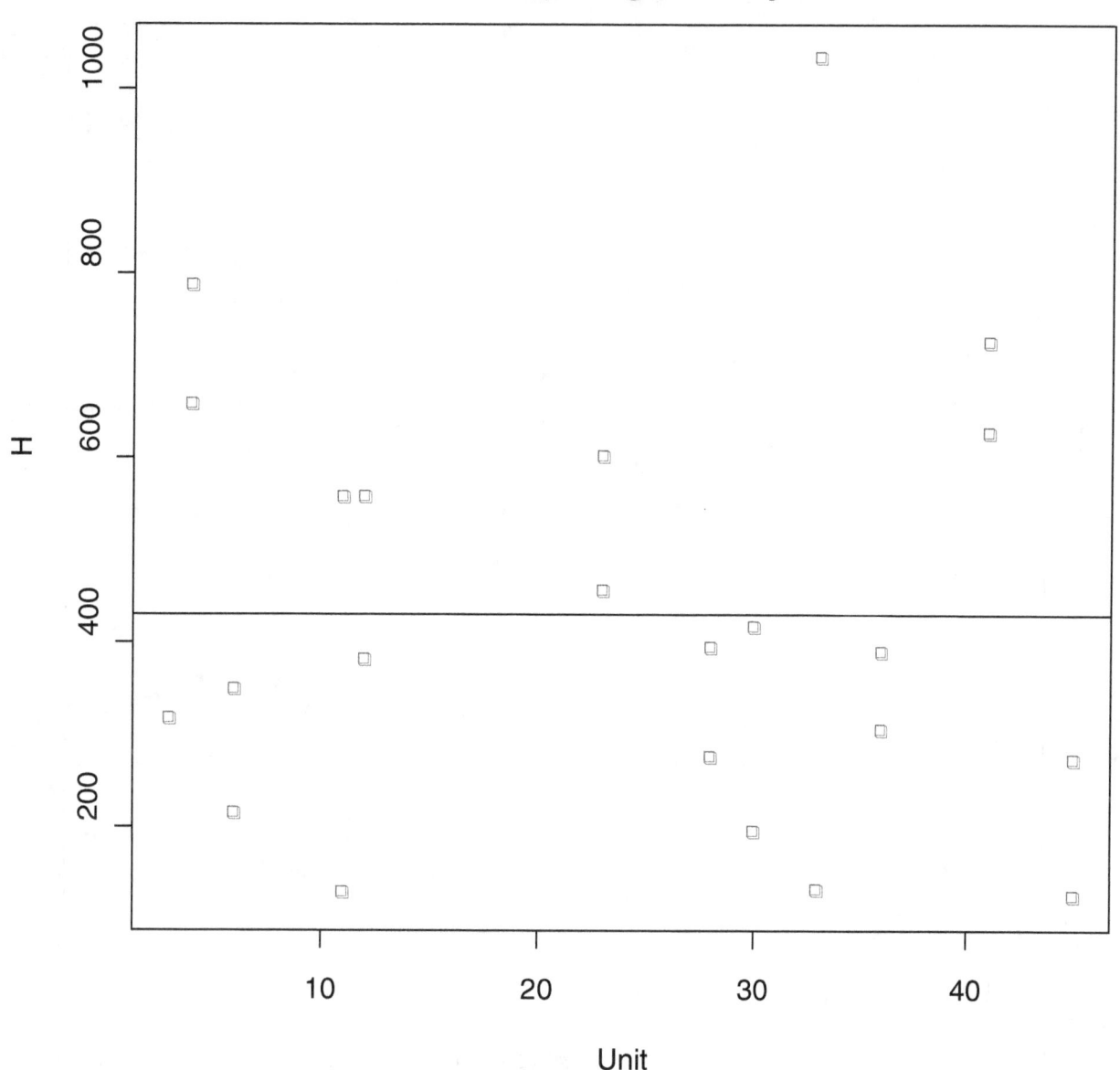

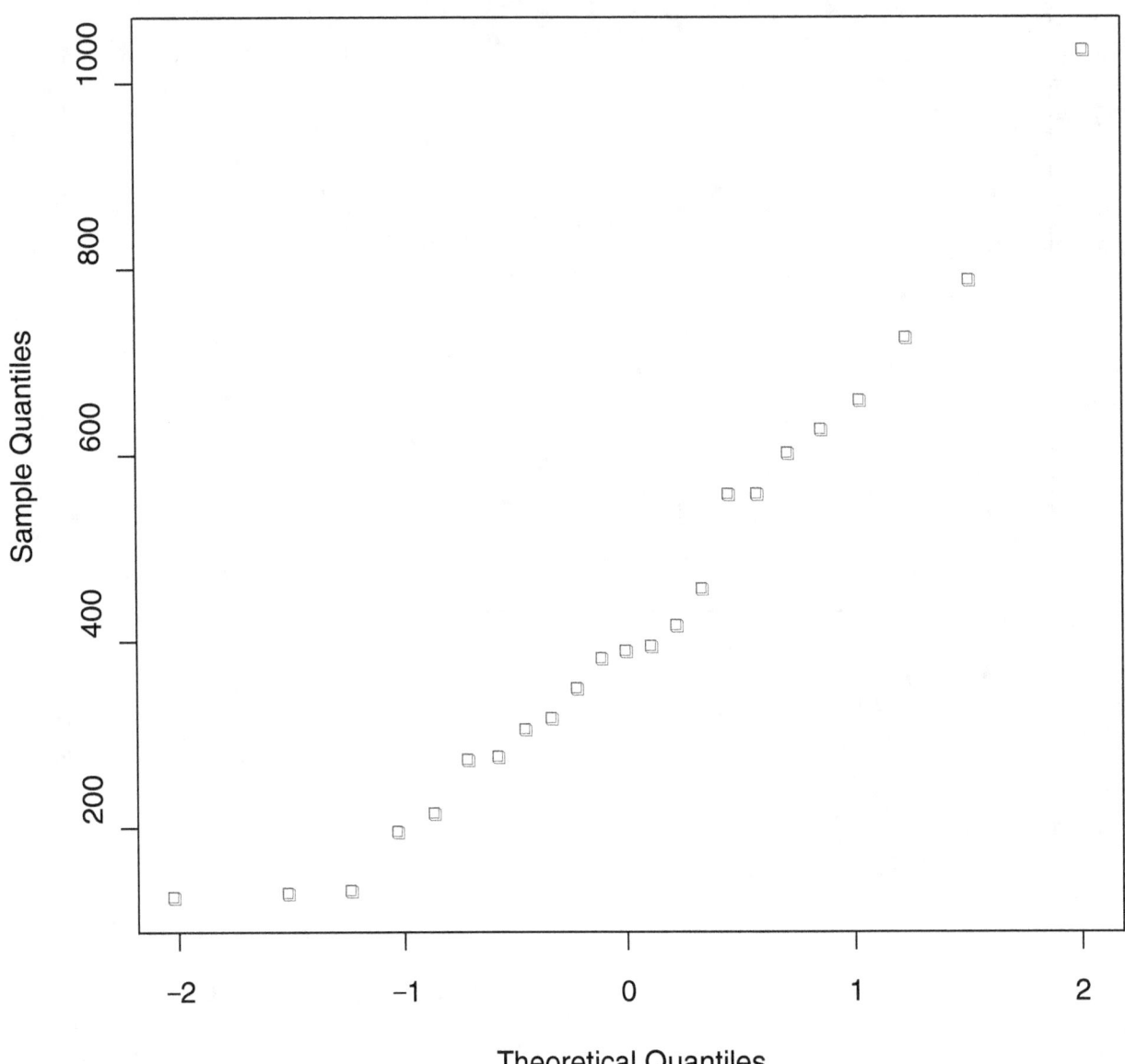

WinBUGS Implementation of Hierarchical Model for Certification of Rheological Quantities in SRM 2492

```
model
{
mu~dunif(-1000,1000)
sigma.day~dunif(0,1000)
sigma.btl~dunif(0,1000)
sigma.rme~dunif(0,1000)
tau.day<-1/(sigma.day*sigma.day)
tau.btl<-1/(sigma.btl*sigma.btl)
tau.rme<-1/(sigma.rme*sigma.rme)

for(i in 1:6)
{
mu.day[i]~dnorm(mu,tau.day)
}

for(i in 1:12)
{
mu.btl[i]~dnorm(mu.day[day[i]],tau.btl)
}

for(i in 1:n)
{
y[i]~dnorm(mu.btl[btl[i]],tau.rme)
pred[i]~dnorm(mu.btl[btl[i]],tau.rme)
res[i]<-y[i]-pred[i]
}

mu.nu~dnorm(mu,tau.btl)

}
```

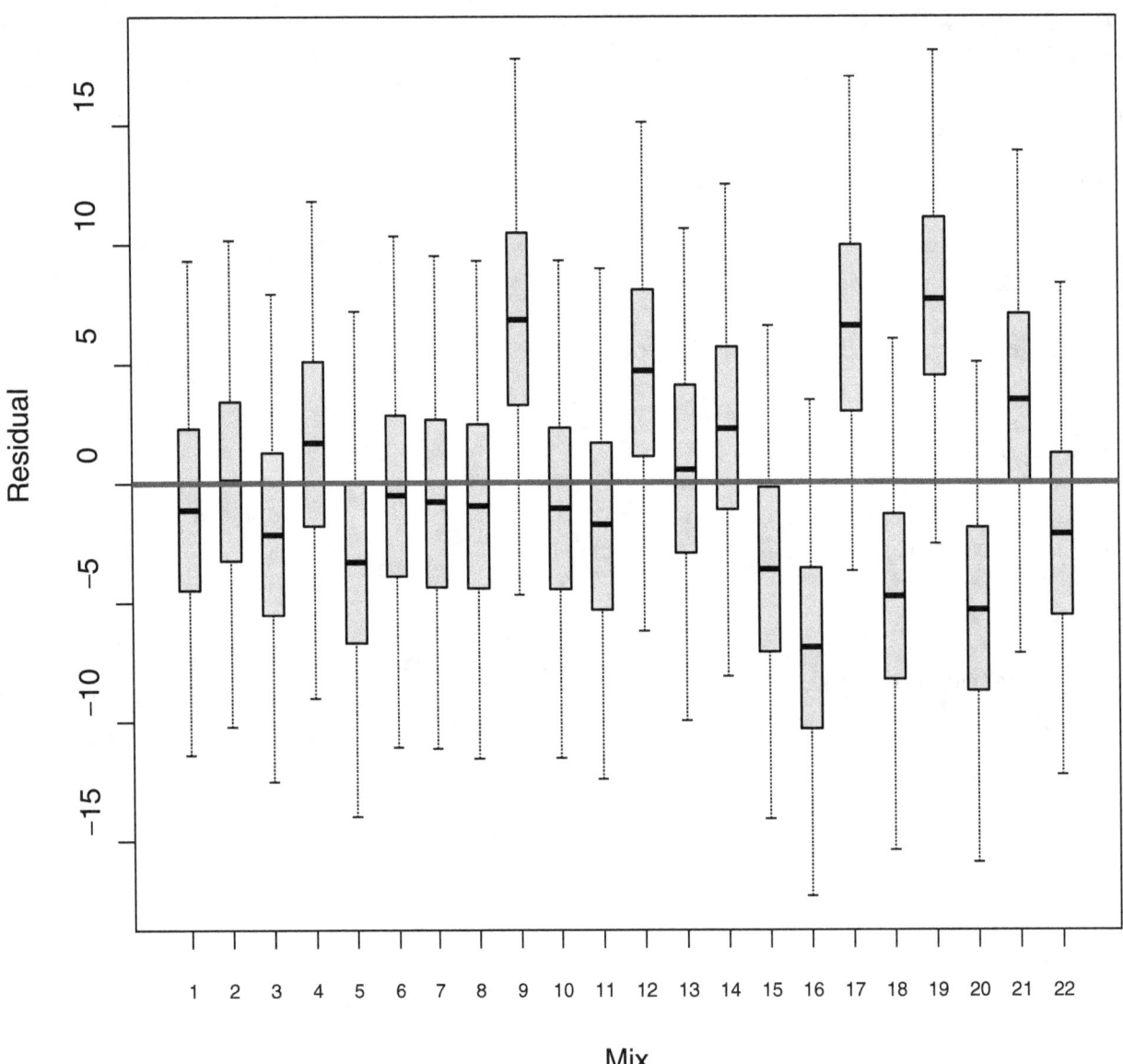

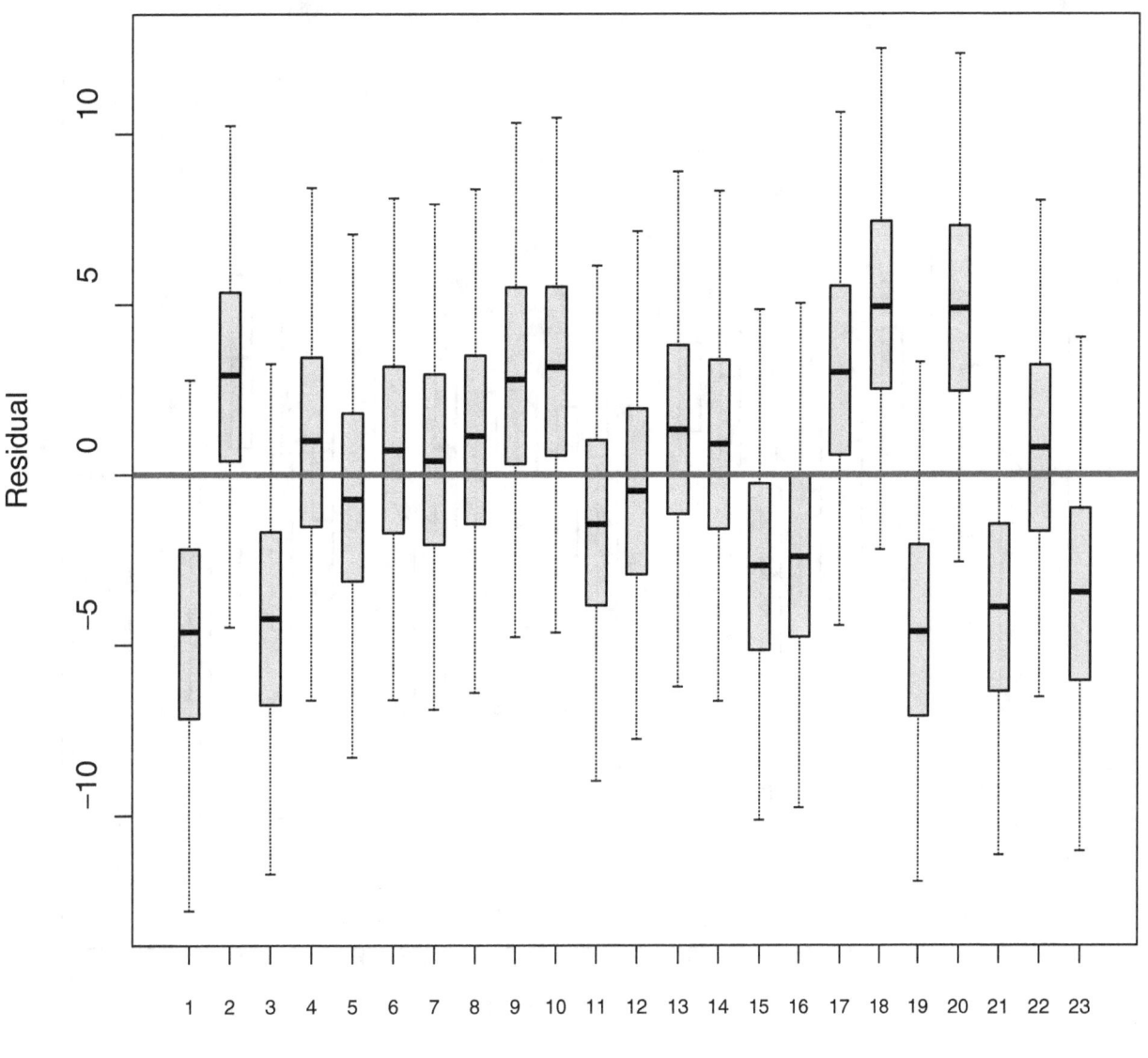

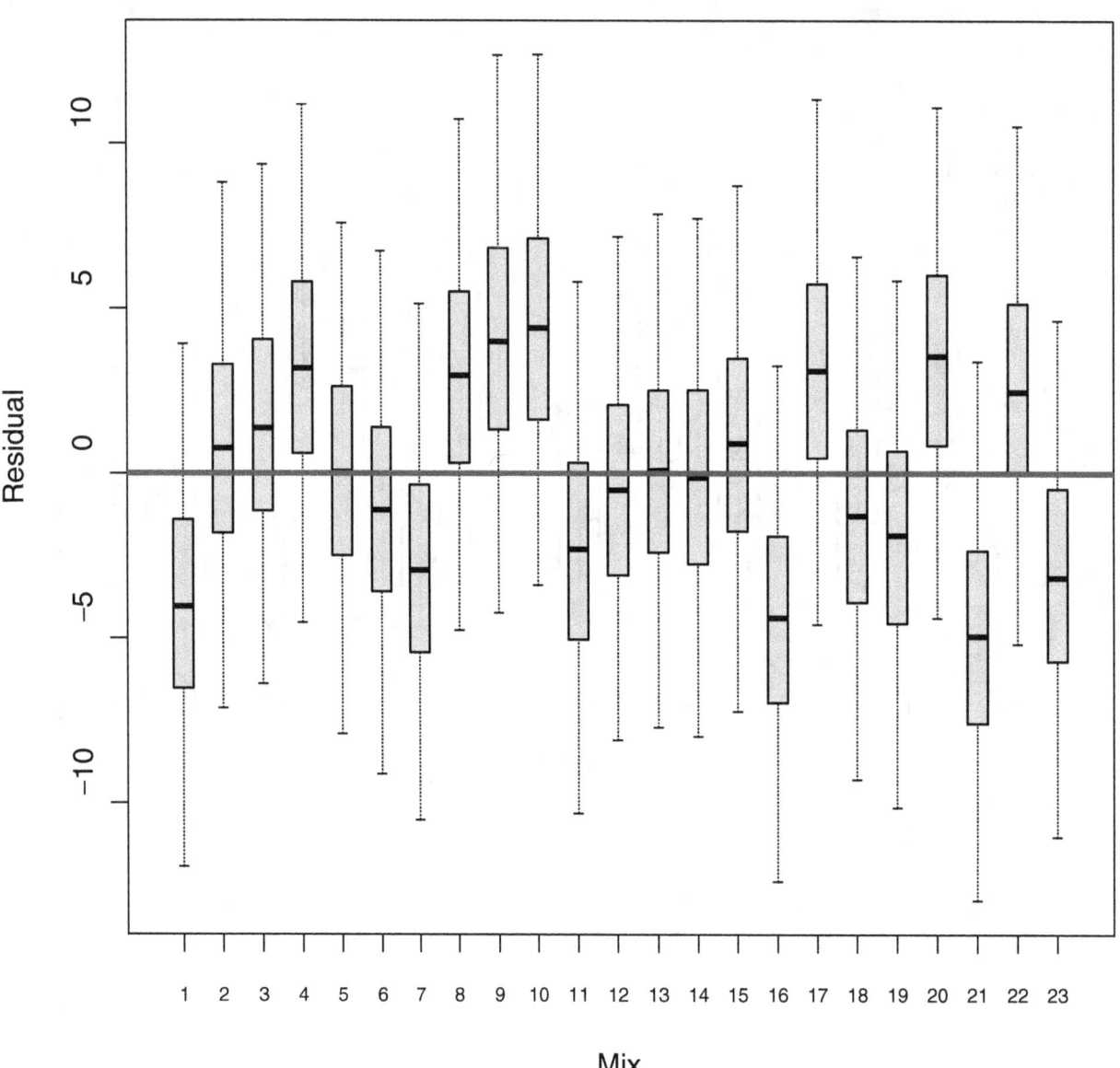

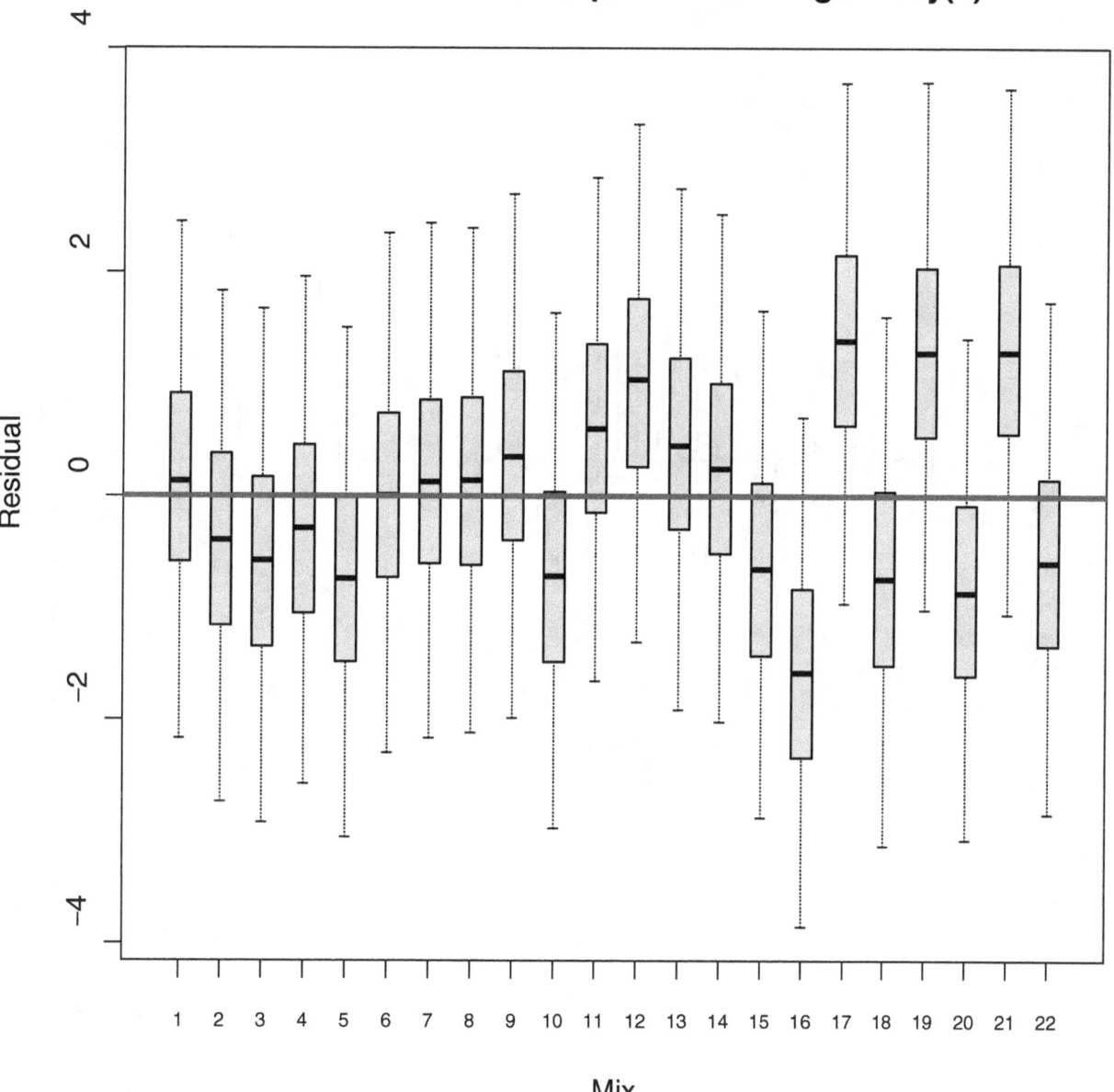

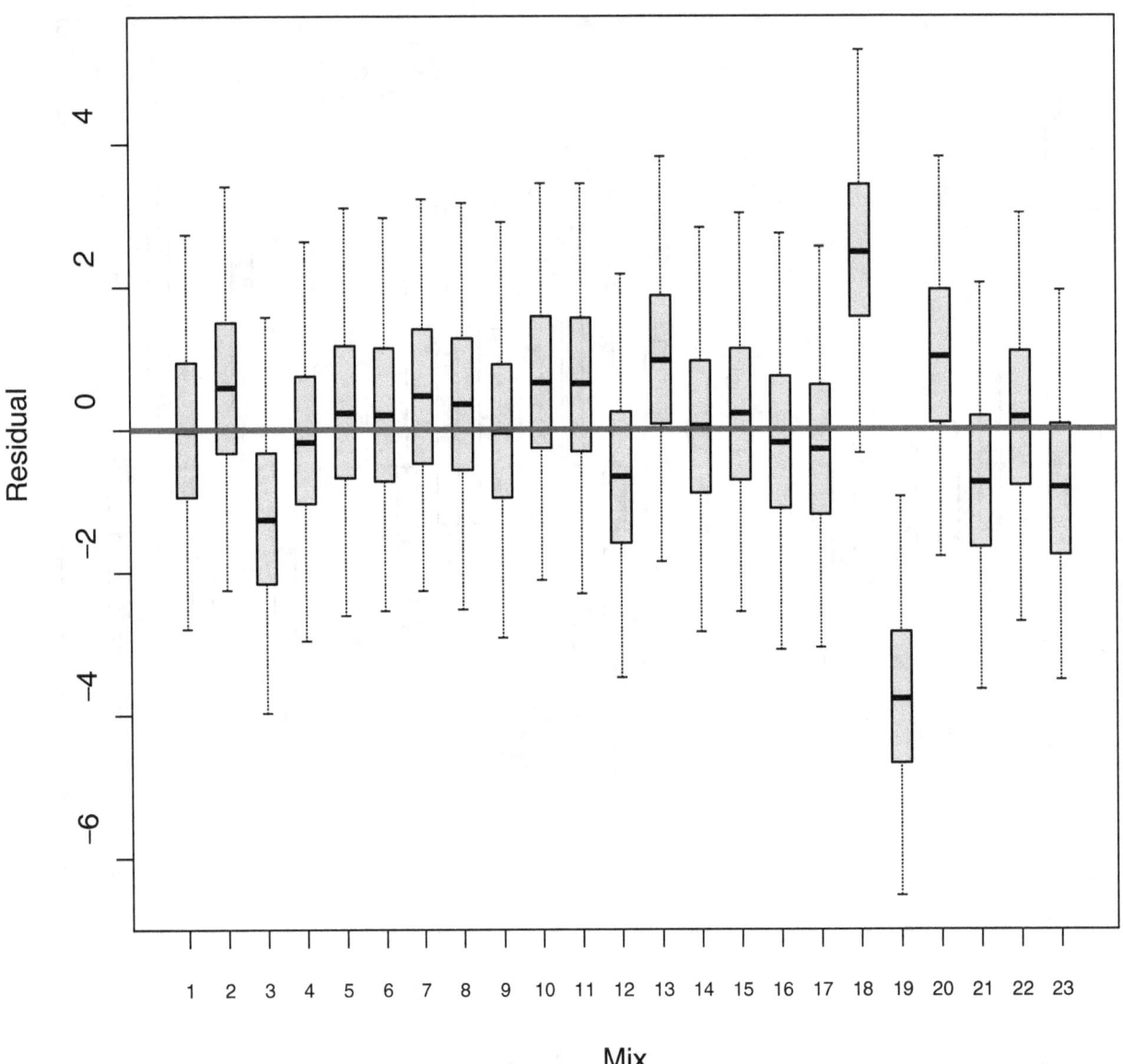

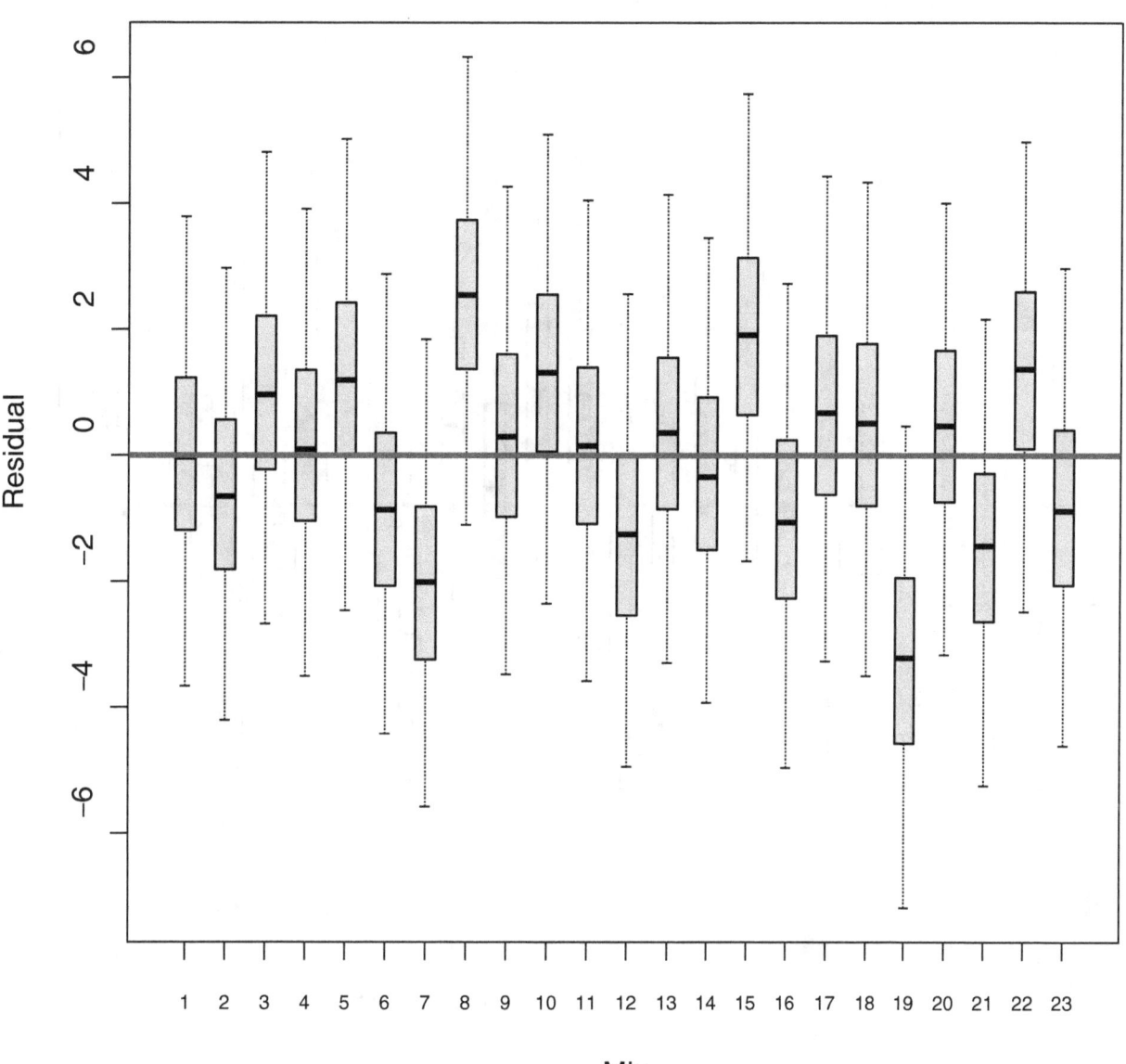

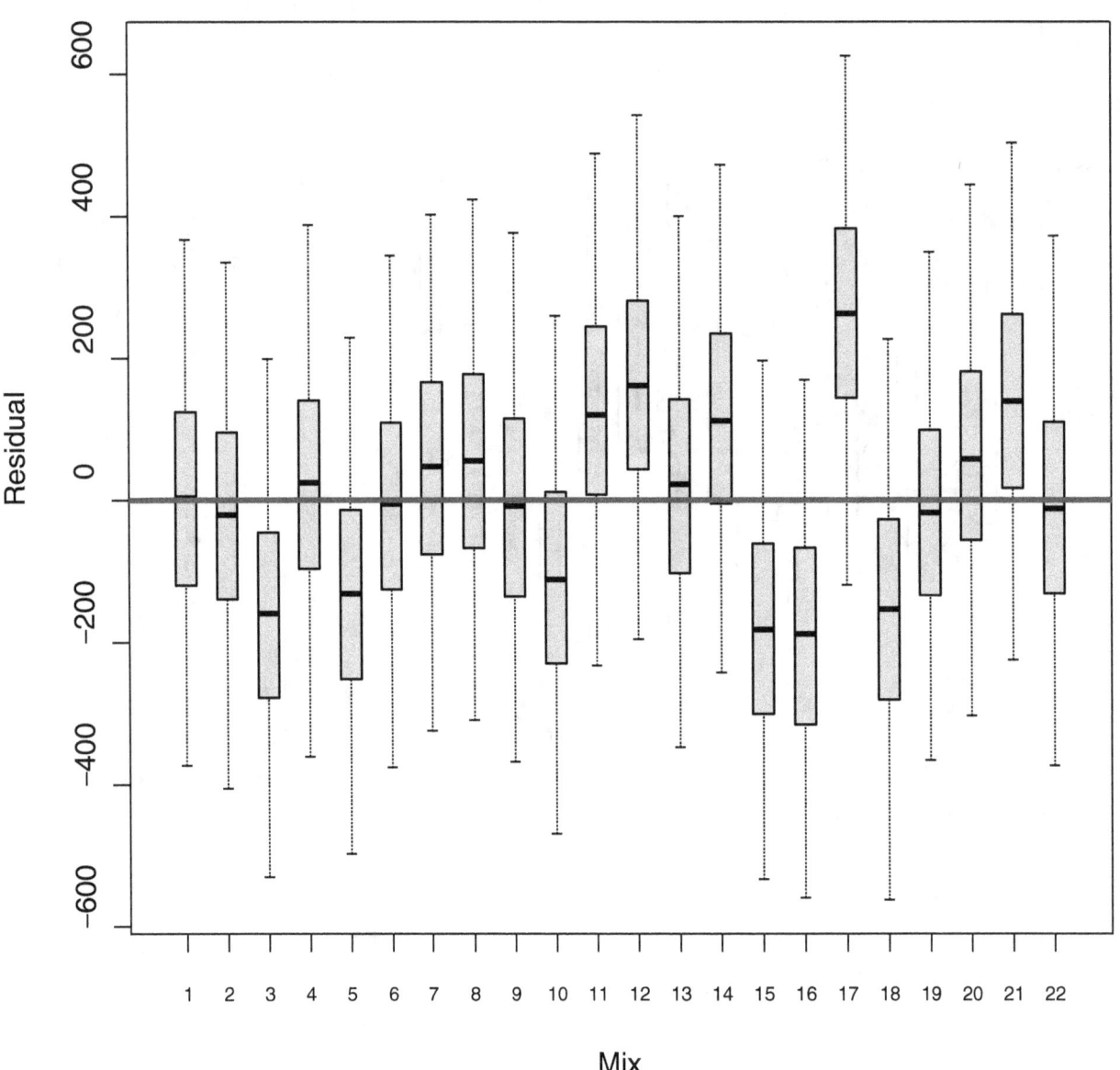

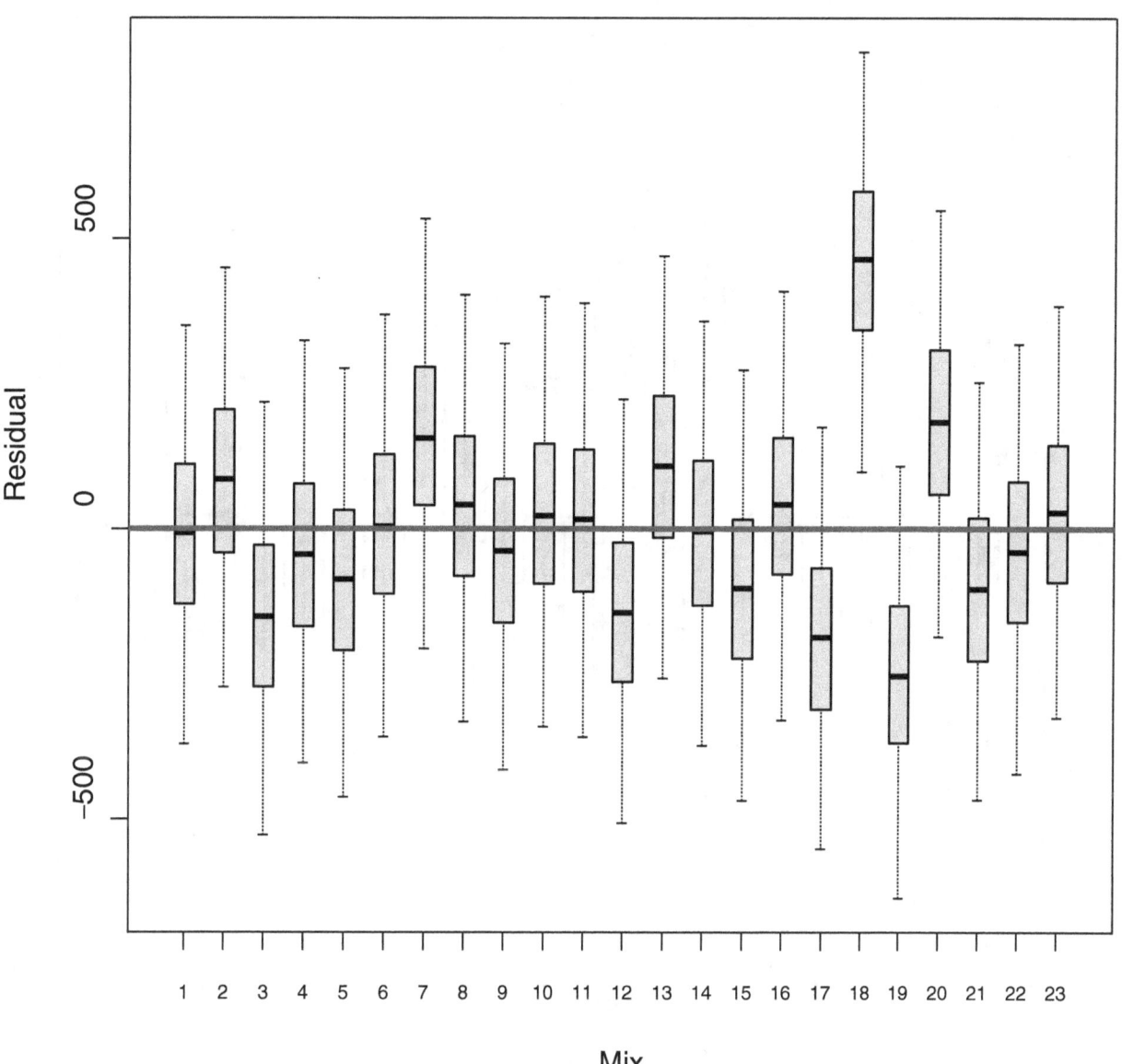

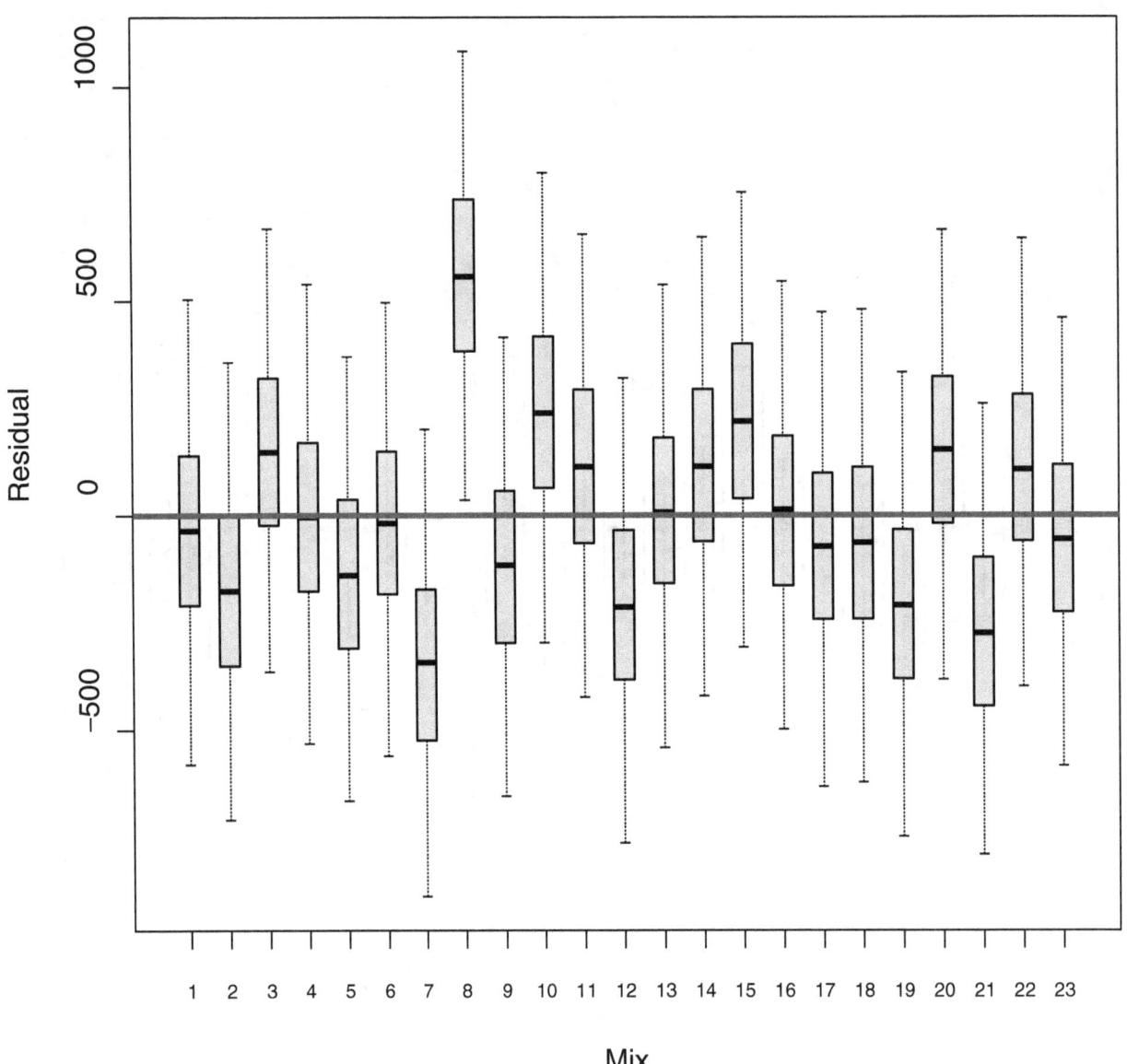

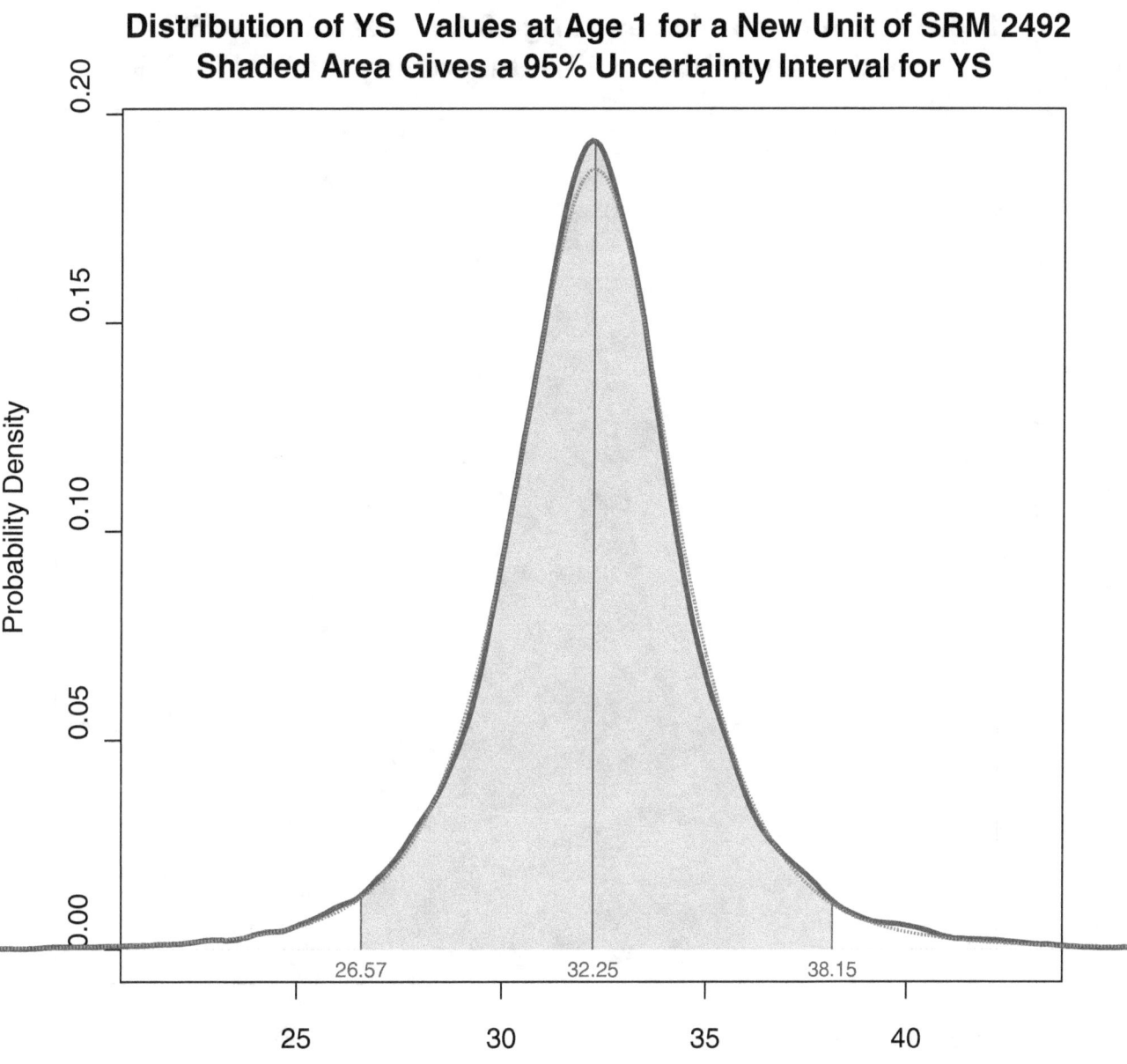

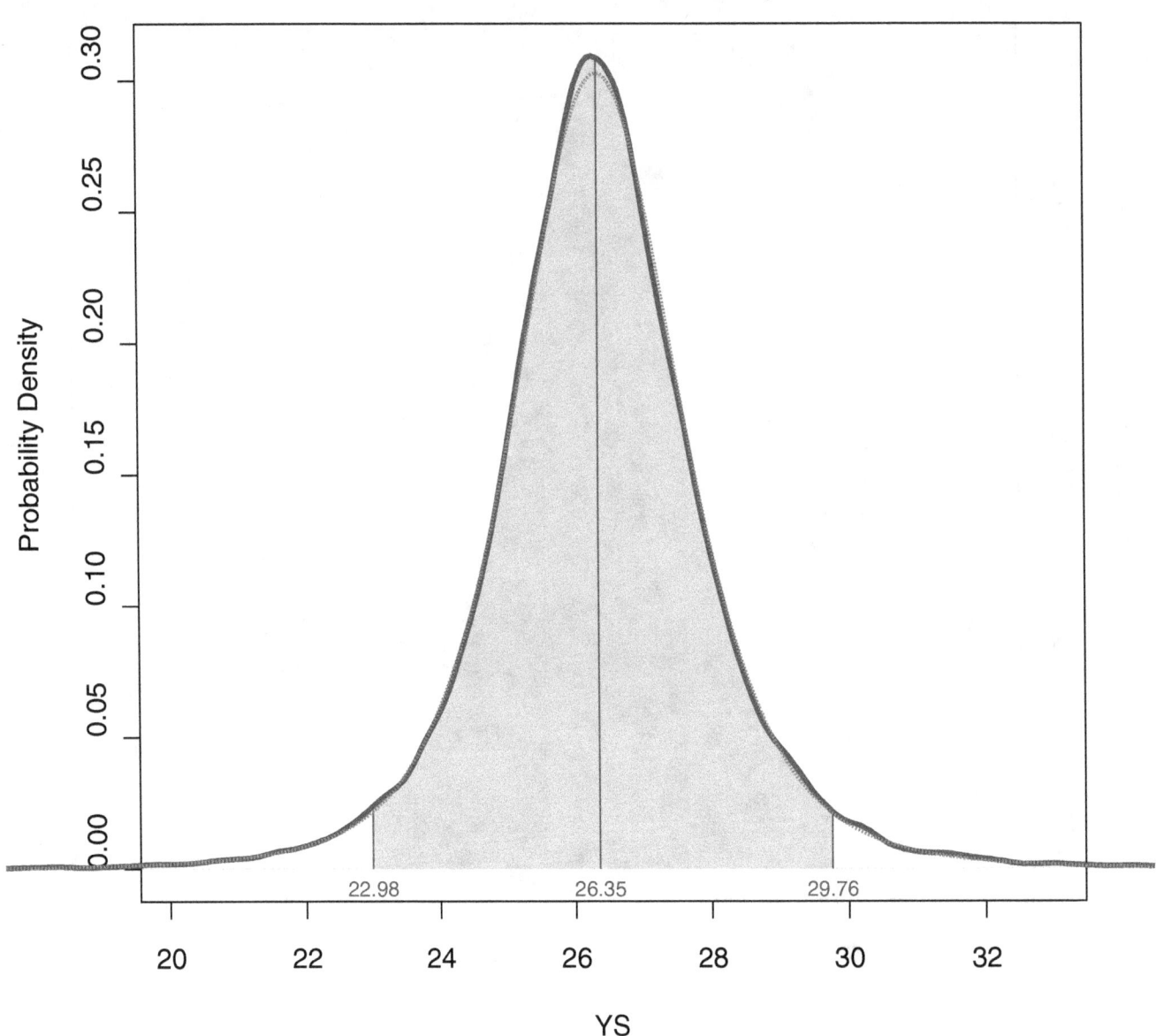

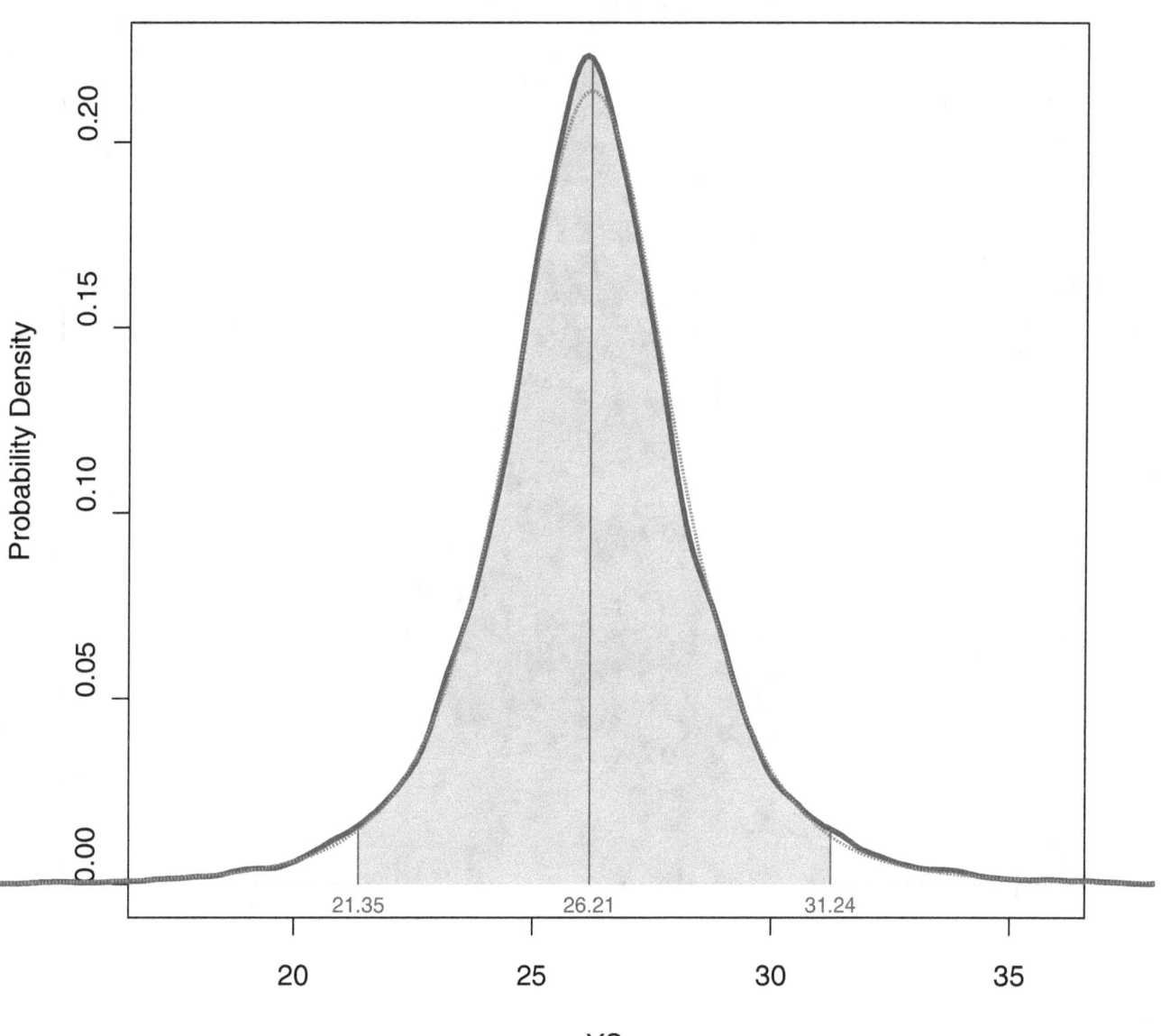

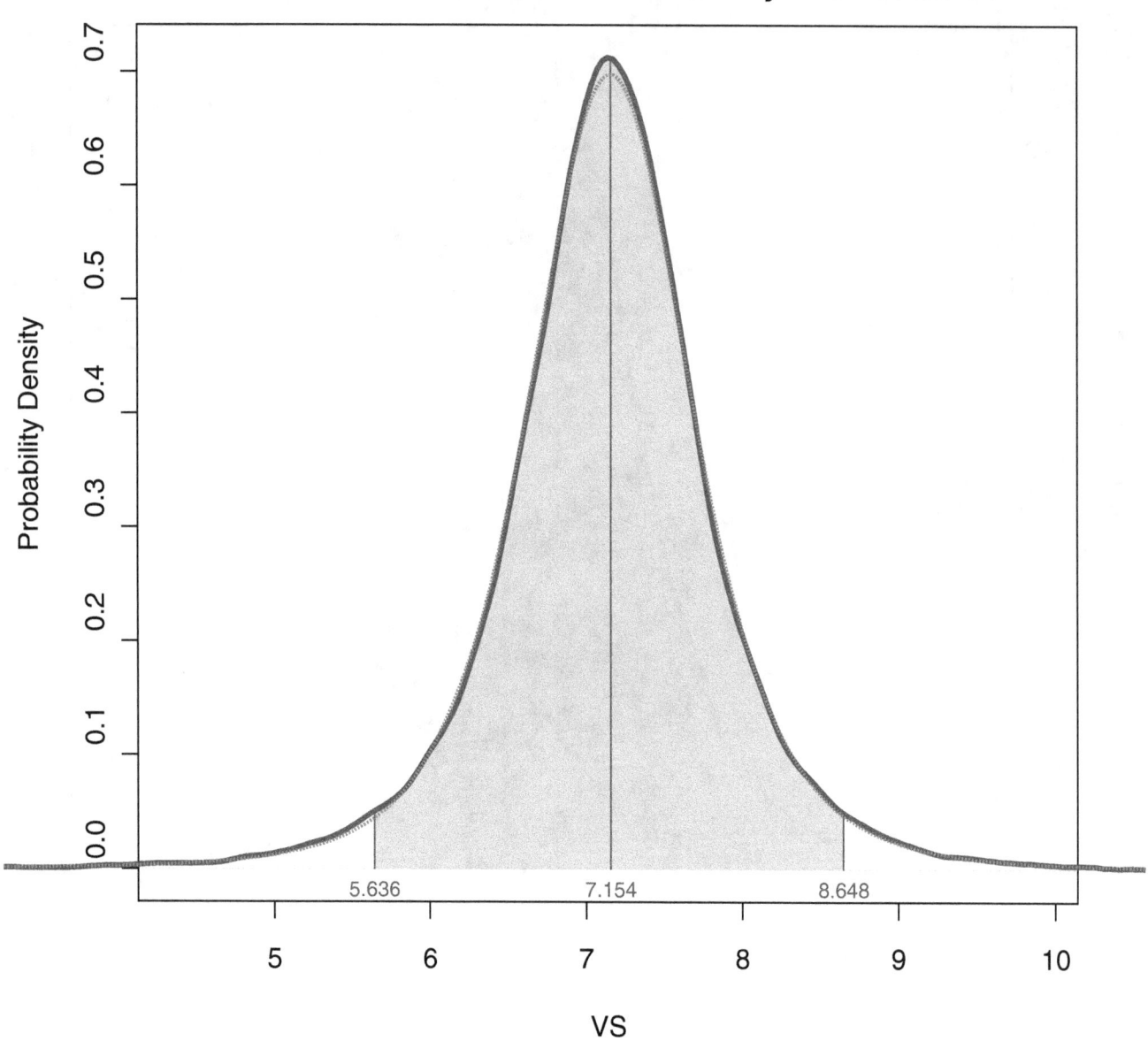

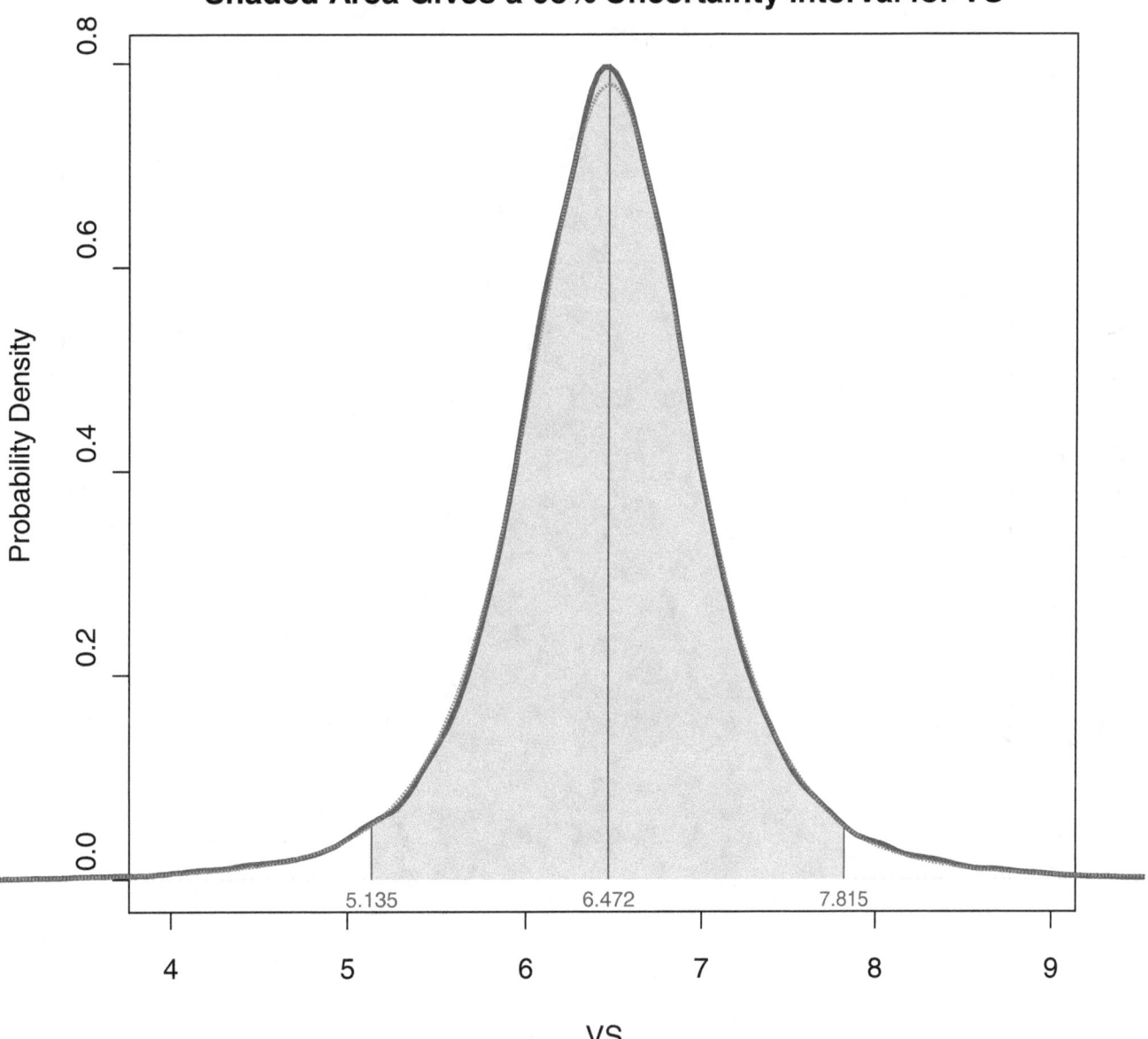

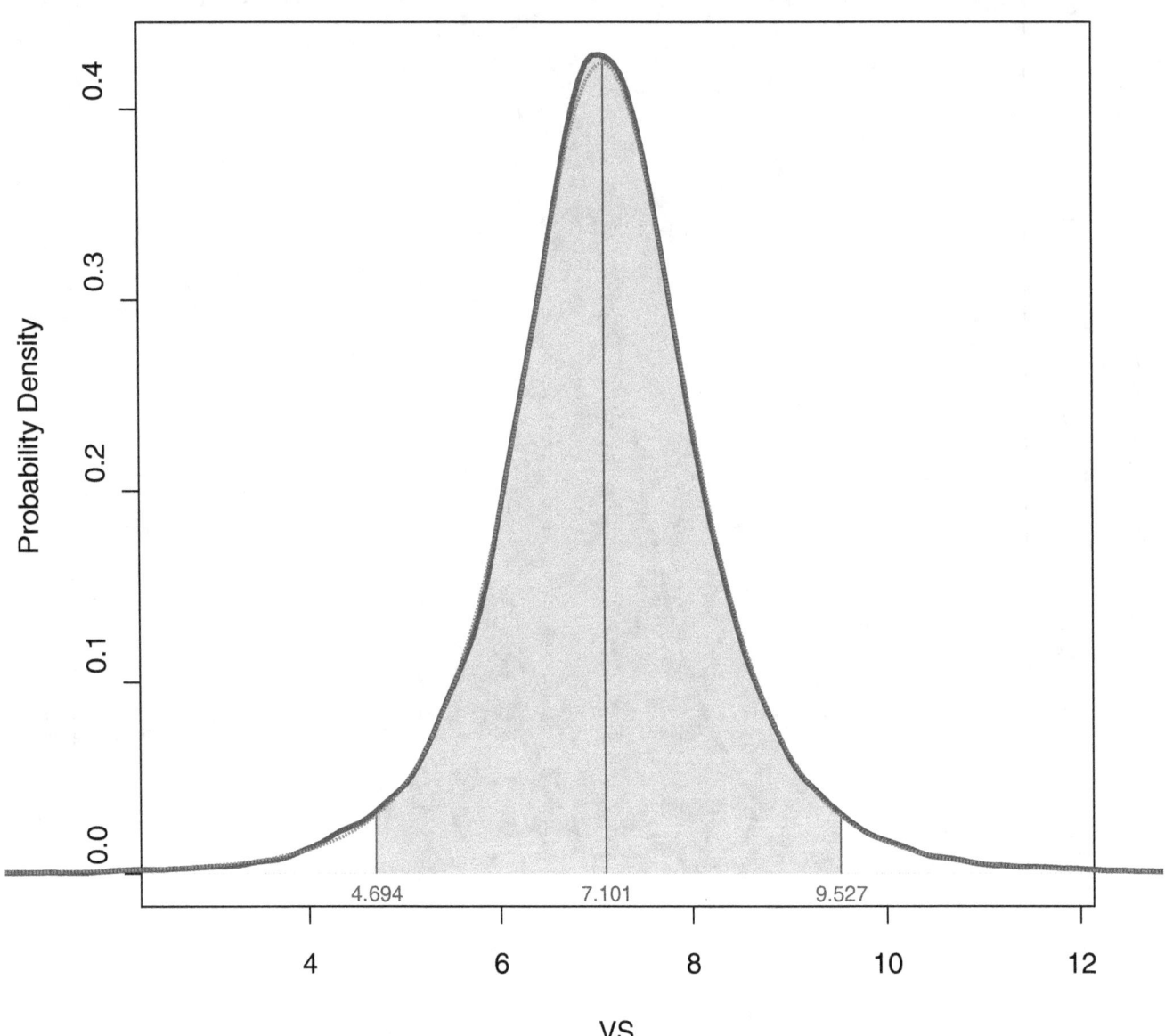

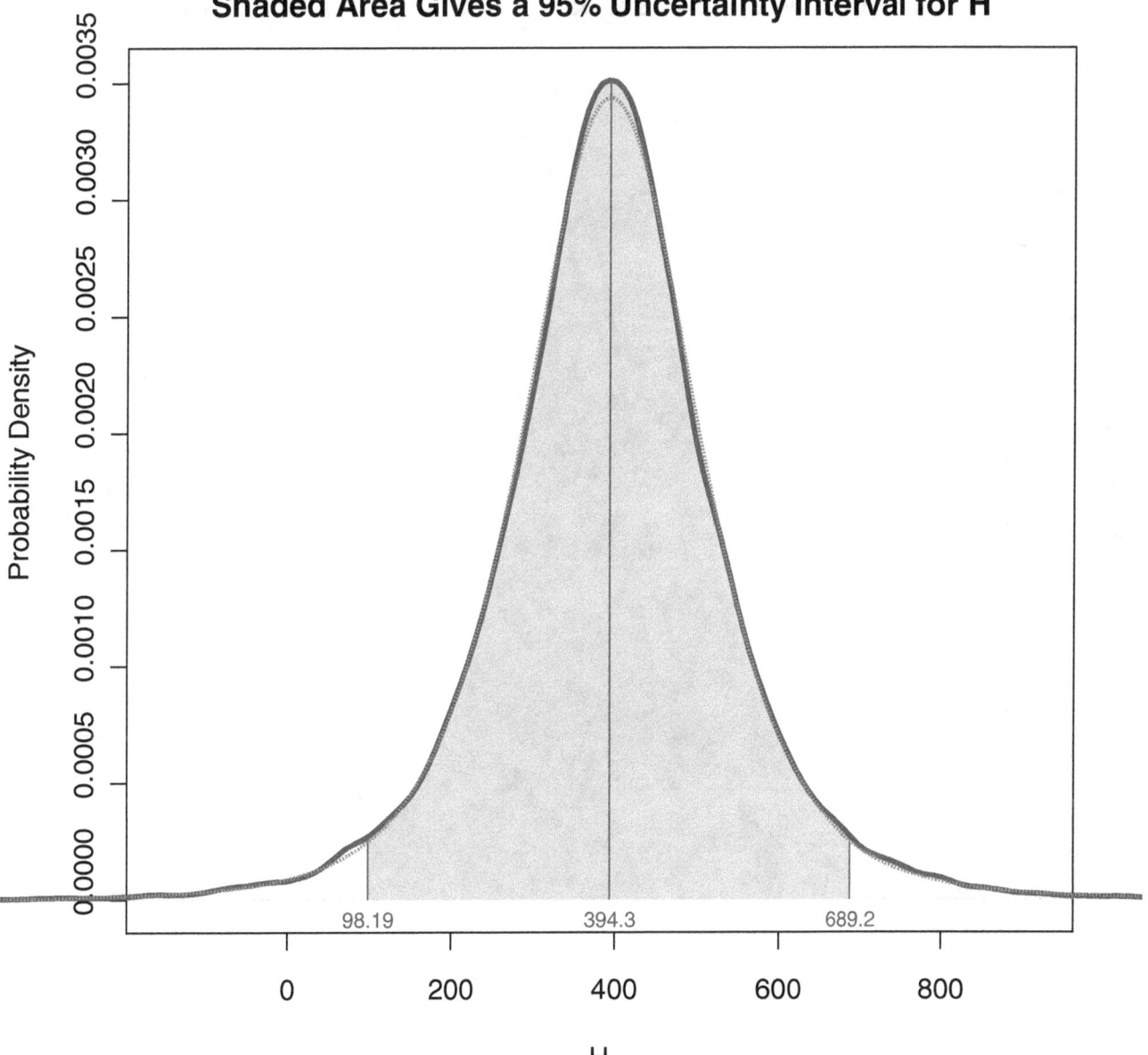

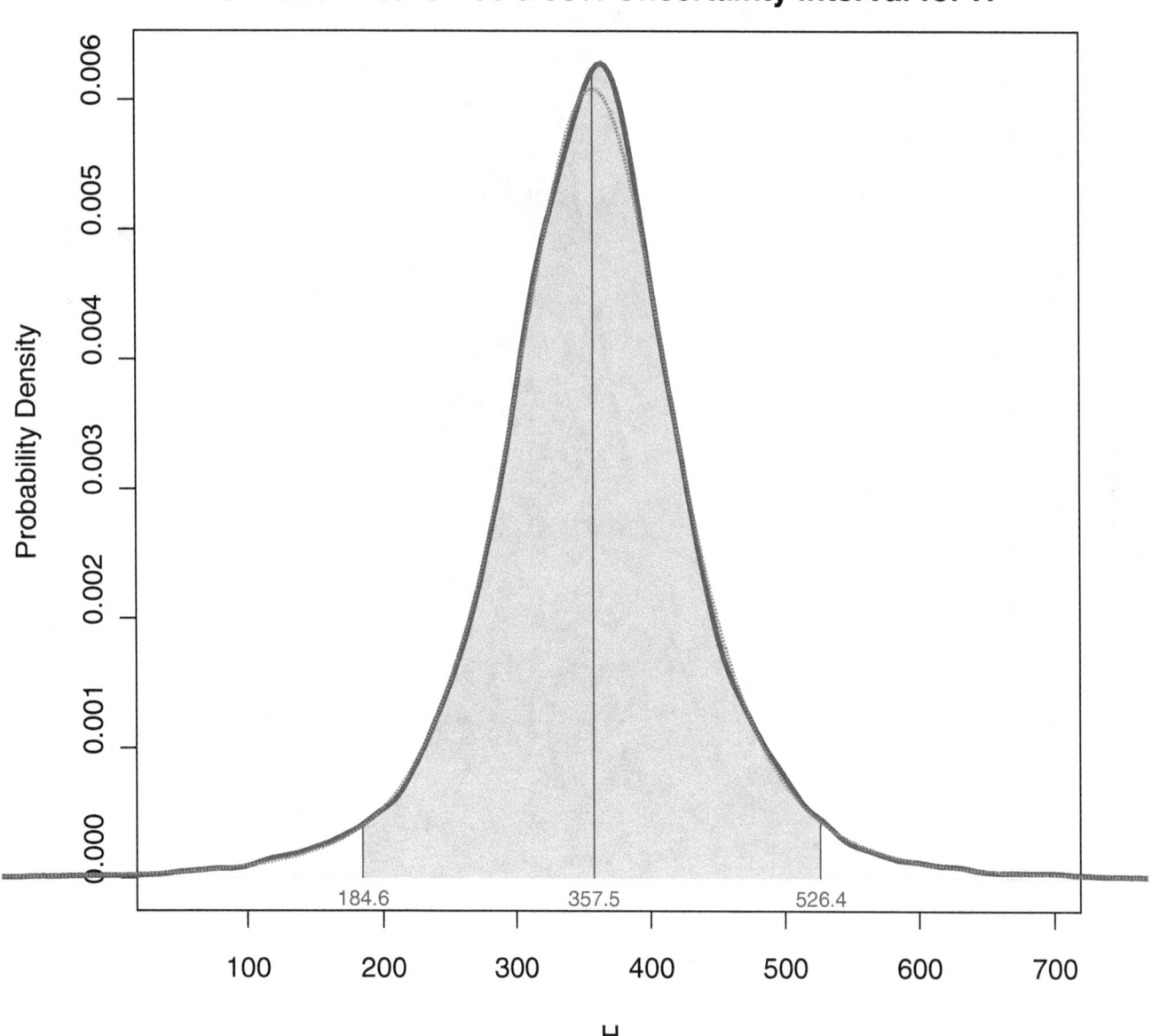

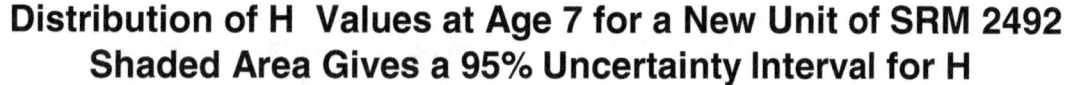

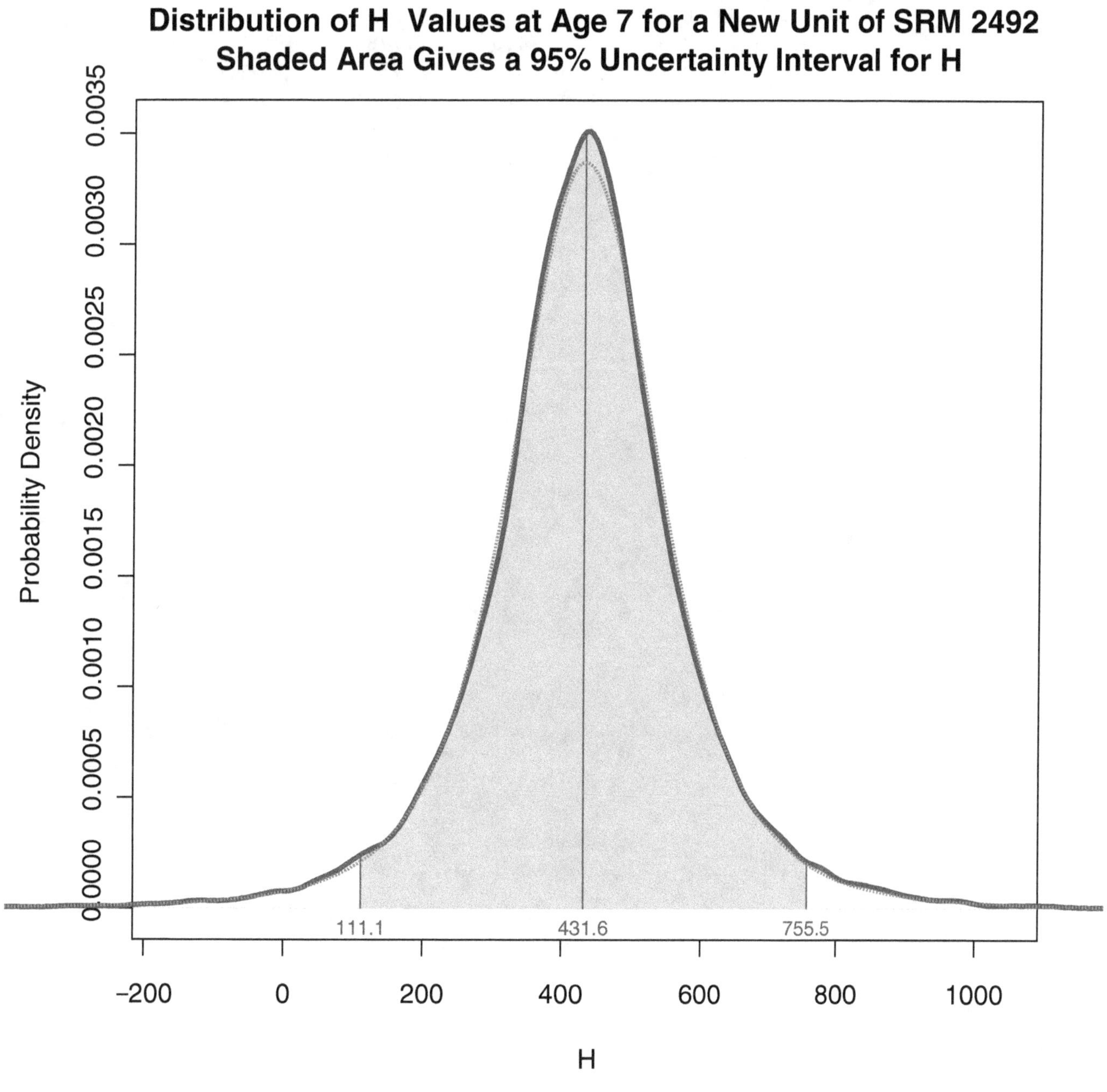
Distribution of H Values at Age 7 for a New Unit of SRM 2492
Shaded Area Gives a 95% Uncertainty Interval for H
Probability Density
0.0000
0.0005
0.0010
0.0015
0.0020
0.0025
0.0030
0.0035
111.1
431.6
755.5
-200
0
200
400
600
800
1000
H

Table 2: Certification Results for SRM 2492

Response	Age	Mean Value y	Standard Uncertainty $u(y)$	Degrees of Freedom v	Coverage Factor k	Expanded Uncertainty U	Lower Bound	Upper Bound
YS	1	32.2	1.999	3.7	2.8675	5.7	26.5	38.0
YS	3	26.4	1.242	4.2	2.7251	3.4	23.0	29.7
YS	7	26.2	1.753	4.0	2.7764	4.9	21.3	31.1
VS	1	7.2	0.537	4.0	2.7764	1.5	5.7	8.6
VS	3	6.5	0.481	4.0	2.7764	1.3	5.1	7.8
VS	7	7.1	0.885	4.1	2.7499	2.4	4.7	9.5
H	1	394	109.6	4.4	2.6905	295	99	689
H	3	358	61.5	3.9	2.8047	173	185	530
H	7	432	110.5	3.6	2.9024	321	111	752

Appendix B: Data for Newtonian calculations

Legend of the tables

YS = yield stress
VS = plastic viscosity

SR = Shear Rate
SS = Shear Stress

R2 = r^2 calculated using a Pearson function to determine the linearity of the data

Provides all the data for each test that was performed and that used for the Newtonian calculation for Section 5.1.2 and Appendix A. These data are generated using a Newtonian approach.

Set A1: CS-BX5 – BL45- L2 – Mixing Day – NIST code (folder SR 37-SR-36A)

SR-36A							
Run# A		Run# B		Run# C		Average	
SR	SS	SR	SS	SR	SS	SR	SS
0.28	20.07	0.21	25.76	0.21	23.76	0.23	23.20
2.65	45.03	2.65	45.59	2.65	41.52	2.65	44.05
5.09	59.78	5.09	59.96	5.08	54.45	5.09	58.06
7.52	71.88	7.52	72.81	7.59	67.29	7.54	70.66
10.00	84.16	10.00	85.54	10.00	79.47	10.00	83.06
12.41	96.6	12.41	98.46	12.41	91.32	12.41	95.46
14.90	109.2	14.90	111	14.90	102.9	14.90	107.70
17.31	122.3	17.31	123.9	17.38	114.4	17.33	120.20
19.79	134.4	19.79	136	19.79	125.9	19.79	132.10
22.21	145.9	22.21	148.2	22.21	137.6	22.21	143.90
24.69	157.6	24.69	160.1	24.69	148.6	24.69	155.43
27.10	169.8	27.10	172	27.10	158.4	27.10	166.73
29.59	181	29.59	183.5	29.59	169.3	29.59	177.93
32.00	191.4	32.07	194.7	32.00	179.3	32.02	188.47
34.48	200.7	34.48	204.3	34.48	190.5	34.48	198.50
34.48	200.4	34.48	204.3	34.48	188.8	34.48	197.83
32.69	191	32.69	194.9	32.69	180.5	32.69	188.80
30.83	182.4	30.90	184.7	30.90	173.7	30.87	180.27
29.10	172.9	29.03	175.5	29.03	165.3	29.06	171.23
27.24	166.4	27.24	167.4	27.24	157.2	27.24	163.67
25.45	157.1	25.45	157.6	25.45	149.3	25.45	154.67
23.66	149	23.66	149.3	23.66	140.7	23.66	146.33
21.86	138.5	21.86	139.6	21.86	132.6	21.86	136.90
20.07	130.4	20.07	130.5	20.07	124.4	20.07	128.43
18.21	121	18.21	122.2	18.21	115	18.21	119.40
16.41	112.1	16.41	112.9	16.41	106.5	16.41	110.50
14.62	103	14.62	102.8	14.62	98.58	14.62	101.46
12.83	93.07	12.83	93.5	12.83	89.49	12.83	92.02
11.03	85.19	11.03	84.06	11.03	80.81	11.03	83.35
9.24	74.37	9.24	74.13	9.24	71.52	9.24	73.34
7.45	65.2	7.45	64.17	7.45	62.17	7.45	63.85
5.61	54.09	5.61	54.32	5.62	51.84	5.61	53.42
3.80	43.57	3.81	43.61	3.81	41.76	3.80	42.98
2.00	32.8	2.01	32.37	2.01	31.13	2.01	32.10
0.21	19.49	0.19	19.01	0.21	18.3	0.20	18.93

					Average	Stdev
YS	25.1	24.0	24.4	24.5	0.6
VS	5.2	5.3	4.9	5.1	0.2
R2	1.00	1.00	1.00	1.0	0.0
Hysteresis	163	219	58	147	81

Set A1: CS-BX5 – BL12- L2 – Mixing Day – NIST code (folder SR 37-SR-36B)

SR-36B

Run# D		Run# E		Run# F		Average	
SR	SS	SR	SS	SR	SS	SR	SS
0.21	40.11	0.20	34.89	0.19	43.47	0.20	39.49
2.66	80.21	2.65	56.8	2.64	78.06	2.65	71.69
5.09	110.3	5.10	73.48	5.09	105.7	5.09	96.49
7.52	140.7	7.52	89.41	7.52	137.6	7.52	122.57
10.00	164.4	10.00	104.9	10.00	162.5	10.00	143.93
12.41	183.4	12.41	120.7	12.41	186.1	12.41	163.40
14.90	204	14.90	137.9	14.90	209.2	14.90	183.70
17.31	223.4	17.31	153	17.31	230.1	17.31	202.17
19.79	244	19.79	169.2	19.79	251.6	19.79	221.60
22.21	262.2	22.21	181.8	22.21	270	22.21	238.00
24.69	280	24.69	196.4	24.69	288	24.69	254.80
27.10	298	27.10	213.9	27.10	306.9	27.10	272.93
29.59	312.7	29.59	226.1	29.59	321.4	29.59	286.73
32.00	330.3	32.00	241.4	32.00	338.9	32.00	303.53
34.48	342.8	34.48	250.2	34.48	350.6	34.48	314.53
34.48	342.4	34.48	253.1	34.48	350.2	34.48	315.23
32.69	326.8	32.69	242.1	32.69	333.3	32.69	300.73
30.83	309.2	30.83	227.2	30.90	314.5	30.85	283.63
29.03	295	29.03	216.7	29.03	298.9	29.03	270.20
27.24	279.2	27.24	209.1	27.24	285.5	27.24	257.93
25.45	264.4	25.45	196.2	25.45	269	25.45	243.20
23.66	249.5	23.66	188.1	23.66	255.5	23.66	231.03
21.86	234.9	21.86	174.6	21.86	238.5	21.86	216.00
20.00	219.4	20.07	164.4	20.07	223.5	20.05	202.43
18.28	206	18.21	155.6	18.28	209.3	18.25	190.30
16.41	190.3	16.41	144.4	16.41	193.6	16.41	176.10
14.62	173.1	14.62	131	14.62	176.5	14.62	160.20
12.83	157.9	12.83	119.3	12.83	160.1	12.83	145.77
11.03	140.9	11.03	108.8	11.03	144.6	11.03	131.43
9.24	124.8	9.24	95.39	9.24	126.7	9.24	115.63
7.45	107.5	7.45	83.77	7.45	109.9	7.45	100.39
5.61	90.54	5.61	70.53	5.61	92.03	5.61	84.37
3.81	72.07	3.81	56.87	3.81	73.12	3.81	67.35
1.99	52.08	2.00	43.06	2.00	53.28	2.00	49.47
0.19	30.37	0.20	26.53	0.20	30.9	0.20	29.27

	Run# D	Run# E	Run# F	Average	Stdev
YS	39.6	34.2	40.3	38.0	3.3
VS	8.9	6.4	9.0	8.1	1.5
R2	1.00	1.00	1.00	1.0	0.0
Hysteresis	753	269	777	600	287

Set A1: CS-BX5 – BL12- L1 – Mixing Day – NIST code (folder SR 37-SR-36C)

SR-36C							
Run# G		Run# H		Run# I		Average	
SR	SS	SR	SS	SR	SS	SR	SS
0.20	30.05	0.20	31.97	0.19	22.11	0.20	28.04
2.64	48.71	2.65	54.09	2.66	41.36	2.65	48.05
5.10	64.62	5.09	73.06	5.09	55.64	5.09	64.44
7.52	79.09	7.52	89.66	7.59	69.47	7.54	79.41
10.00	93.23	10.00	104	10.00	83.92	10.00	93.72
12.41	107.8	12.41	118.4	12.41	98.07	12.41	108.09
14.90	122.5	14.90	132.8	14.90	111.8	14.90	122.37
17.31	136.5	17.38	147.7	17.31	126.2	17.33	136.80
19.79	150.7	19.79	161.2	19.79	139.5	19.79	150.47
22.21	164.7	22.21	176.1	22.21	153.9	22.21	164.90
24.69	178.2	24.69	189.3	24.69	166.9	24.69	178.13
27.17	190.3	27.10	199.6	27.10	177.9	27.13	189.27
29.59	203.1	29.59	212.1	29.59	191.5	29.59	202.23
32.00	214.6	32.00	221.2	32.00	202.7	32.00	212.83
34.48	227.2	34.48	234.9	34.48	216.7	34.48	226.27
34.48	224.5	34.48	229	34.48	213.9	34.48	222.47
32.69	214.1	32.69	218	32.69	204.3	32.69	212.13
30.83	205.8	30.90	210.8	30.90	196.7	30.87	204.43
29.03	195.8	29.03	199.6	29.03	187.3	29.03	194.23
27.24	185.4	27.24	189.4	27.24	176.2	27.24	183.67
25.45	176.1	25.45	180.2	25.45	168	25.45	174.77
23.66	165.7	23.66	169.1	23.66	157.1	23.66	163.97
21.86	155.7	21.86	159.2	21.86	148.7	21.86	154.53
20.07	146.4	20.07	149.5	20.07	138.6	20.07	144.83
18.21	135.2	18.21	136.8	18.21	127.7	18.21	133.23
16.41	125	16.41	126.4	16.41	117.8	16.41	123.07
14.62	115.4	14.62	118.1	14.62	108.6	14.62	114.03
12.83	104.2	12.83	106.5	12.83	98.11	12.83	102.94
11.03	94.4	11.03	96.48	11.03	87.4	11.03	92.76
9.24	82.73	9.24	84.77	9.24	77.07	9.24	81.52
7.45	72.06	7.45	74.02	7.45	65.93	7.45	70.67
5.61	59.7	5.61	60.99	5.61	54.48	5.61	58.39
3.82	47.75	3.80	49.04	3.81	42.95	3.81	46.58
2.01	35.23	2.01	36.62	2.02	30.59	2.01	34.15
0.20	21.11	0.19	22.53	0.20	16.71	0.20	20.12

							Average	Stdev
YS		26.9		27.9		22.6	25.8	2.9
VS		5.8		5.9		5.7	5.8	0.1
R2		1.00		1.00		1.00	1.0	0.0
Hysteresis		115		230		6	117	112

Set A1: CS-BX5 – BL45- L1 – Mixing Day – NIST code (folder SR 37-SR-36D)

SR-36D

Run# J		Run# K		Run# L		Average	
SR	SS	SR	SS	SR	SS	SR	SS
0.21	2.532	0.19	2.485	0.20	2.495	0.20	2.50
2.66	4.245	2.63	4.349	2.64	4.068	2.64	4.22
5.10	5.545	5.10	5.492	5.08	5.429	5.09	5.49
7.52	6.39	7.52	6.471	7.52	6.239	7.52	6.37
10.00	7.345	10.00	7.419	10.00	7.389	10.00	7.38
12.41	8.319	12.41	8.355	12.41	8.404	12.41	8.36
14.90	9.352	14.90	9.551	14.90	9.414	14.90	9.44
17.31	10.15	17.31	10.52	17.38	10.58	17.33	10.42
19.79	11.29	19.79	11.51	19.79	11.58	19.79	11.46
22.21	12.11	22.28	12.35	22.21	12.52	22.23	12.33
24.69	13.01	24.69	13.35	24.69	13.51	24.69	13.29
27.10	14.09	27.17	14.44	27.10	14.63	27.13	14.39
29.59	14.88	29.59	15.25	29.59	15.44	29.59	15.19
32.00	15.93	32.00	16.4	32.00	16.61	32.00	16.31
34.48	16.76	34.48	17.35	34.48	17.42	34.48	17.18
34.48	16.77	34.48	17.37	34.48	17.56	34.48	17.23
32.69	16.08	32.69	16.7	32.69	16.87	32.69	16.55
30.90	15.5	30.83	16.06	30.90	16.12	30.87	15.89
29.10	14.81	29.03	15.42	29.03	15.38	29.06	15.20
27.24	14.26	27.24	14.48	27.24	14.7	27.24	14.48
25.45	13.48	25.45	13.99	25.45	14.01	25.45	13.83
23.66	12.86	23.66	13.09	23.66	13.28	23.66	13.08
21.86	12.16	21.86	12.65	21.86	12.59	21.86	12.47
20.07	11.46	20.07	12	20.07	11.9	20.07	11.79
18.28	10.6	18.28	11.2	18.21	11.22	18.25	11.01
16.41	9.889	16.41	10.47	16.41	10.54	16.41	10.30
14.62	9.399	14.62	9.842	14.62	9.725	14.62	9.66
12.83	8.627	12.83	8.921	12.83	8.806	12.83	8.78
11.03	7.837	11.03	8.232	11.03	8.206	11.03	8.09
9.24	7.144	9.24	7.369	9.24	7.265	9.24	7.26
7.45	6.311	7.45	6.717	7.45	6.533	7.45	6.52
5.61	5.396	5.61	5.752	5.62	5.528	5.61	5.56
3.81	4.606	3.81	4.821	3.80	4.509	3.81	4.65
2.01	3.746	2.01	3.668	2.01	3.688	2.01	3.70
0.20	2.316	0.20	2.311	0.20	2.268	0.20	2.30

				Average	Stdev
YS	3.1	3.3	3.1	3.2	0.1
VS	0.4	0.4	0.4	0.4	0.0
R2	1.00	0.99	1.00	1.0	0.0
Hysteresis	1	6	0	2	3

Comment: Problem with mixer = material not mixed properly - a lot of sedimentation

Set A3: CS-BX5 – BL45- L2 – 3 day – NIST code (folder SR 38-SR-36A)

SR-36A							
Run# A		Run# B		Run# C		Average	
SR	SS	SR	SS	SR	SS	SR	SS
0.22	22.31	0.22	27.19	0.22	20.25	0.22	23.25
2.86	51.26	2.86	63.29	2.86	36.73	2.86	50.43
5.53	70.43	5.51	90.65	5.53	50.01	5.52	70.36
8.22	91.68	8.22	123.3	8.15	62.63	8.20	92.54
10.84	111	10.84	144.2	10.84	74.39	10.84	109.86
13.46	128.6	13.46	159.9	13.46	86.27	13.46	124.92
16.15	147.5	16.15	174.9	16.15	98.42	16.15	140.27
18.77	164.1	18.77	191.5	18.77	110.4	18.77	155.33
21.46	181.1	21.46	205.9	21.46	122.2	21.46	169.73
24.07	195.8	24.07	223.1	24.07	133.8	24.07	184.23
26.77	210.9	26.77	237.8	26.77	145	26.77	197.90
29.38	226	29.38	248.8	29.46	156.5	29.41	210.43
32.07	239.2	32.07	264.2	32.07	166.9	32.07	223.43
34.69	252	34.69	273.6	34.69	177.6	34.69	234.40
37.38	263.6	37.38	289.4	37.38	188.1	37.38	247.03
37.38	262.3	37.38	281.3	37.38	187.4	37.38	243.67
35.44	249.7	35.44	267	35.44	178.7	35.44	231.80
33.50	236.5	33.50	256.9	33.42	170.8	33.47	221.40
31.48	224.8	31.48	243	31.48	162.4	31.48	210.07
29.53	213.2	29.53	231.2	29.53	153.7	29.53	199.37
27.59	201	27.59	218	27.59	145.9	27.59	188.30
25.64	189.6	25.64	205.2	25.64	137.1	25.64	177.30
23.70	177.6	23.70	191.5	23.70	128.8	23.70	165.97
21.76	165.4	21.76	179.1	21.76	120.6	21.76	155.03
19.74	154.2	19.74	163.9	19.81	111.7	19.76	143.27
17.79	142	17.79	151.1	17.79	103.1	17.79	132.07
15.85	129.2	15.85	139.4	15.85	94.54	15.85	121.05
13.91	117.3	13.91	125.3	13.91	85.72	13.91	109.44
11.96	104.3	11.96	112.8	11.96	77.03	11.96	98.04
10.02	91.56	10.02	98.08	10.02	67.71	10.02	85.78
8.07	78.25	8.07	84.2	8.07	58.39	8.07	73.61
6.09	64.93	6.08	68.47	6.08	48.83	6.08	60.74
4.12	50.96	4.13	53.4	4.14	39.01	4.13	47.79
2.18	35.94	2.19	37.92	2.18	28.51	2.19	34.12
0.22	18.84	0.22	19.25	0.21	16.19	0.22	18.09

				Average	Stdev
YS	25.3	26.2	21.0	24.2	2.8
VS	6.4	6.9	4.5	5.9	1.3
R2	1.0	1.0	1.0	1.0	0.0
Hysteresis	414	670	83	389	294

Set A3: CS-BX5 – BL12- L2 – 3 day – NIST code (folder SR 38-SR-36B)

SR-36B							
Run# D		Run# E		Run# F		Average	
SR	SS	SR	SS	SR	SS	SR	SS
0.20	30.46	0.20	28.89	0.20	37.25	0.20	32.20
2.66	50.8	2.63	48.38	2.65	79.13	2.65	59.44
5.09	66.68	5.08	63.77	5.08	107.9	5.09	79.45
7.59	82.17	7.52	78.03	7.59	142.1	7.56	100.77
10.00	96.75	10.00	92.33	10.00	167.2	10.00	118.76
12.41	111.1	12.41	107.1	12.41	191.1	12.41	136.43
14.90	125.8	14.90	121.5	14.90	216.2	14.90	154.50
17.31	140.7	17.31	135.5	17.38	235.6	17.33	170.60
19.79	155.3	19.79	149.5	19.79	258.4	19.79	187.73
22.21	168.6	22.21	163.2	22.28	271.6	22.23	201.13
24.69	182.1	24.69	176.4	24.69	288.5	24.69	215.67
27.10	196.7	27.10	189.7	27.10	311.8	27.10	232.73
29.59	209.4	29.59	202.5	29.59	323.3	29.59	245.07
32.00	222.4	32.00	214.7	32.07	343	32.02	260.03
34.48	232.6	34.48	226.2	34.48	348.1	34.48	268.97
34.48	233.5	34.48	225.7	34.48	353.7	34.48	270.97
32.69	222.8	32.69	216	32.69	335.5	32.69	258.10
30.90	210.8	30.90	206.2	30.90	308.8	30.90	241.93
29.03	200.7	29.03	196.6	29.03	293.7	29.03	230.33
27.24	192.2	27.24	186.6	27.24	278.6	27.24	219.13
25.45	180.6	25.45	177.2	25.45	260.2	25.45	206.00
23.66	171.9	23.66	167.2	23.66	197	23.66	178.70
21.86	160.5	21.86	157.8	21.86	230	21.86	182.77
20.07	150.1	20.07	147.7	20.07	212.6	20.07	170.13
18.21	141.3	18.21	137.7	18.21	201.9	18.21	160.30
16.41	130.8	16.41	127.6	16.41	185.5	16.41	147.97
14.62	119	14.62	117.3	14.62	165	14.62	133.77
12.83	108.7	12.83	106.6	12.83	150.7	12.83	122.00
11.03	97.86	11.03	95.85	11.03	132.6	11.03	108.77
9.24	86.61	9.24	85.11	9.24	117.3	9.24	96.34
7.45	75.03	7.45	74.04	7.45	99.27	7.45	82.78
5.61	64.12	5.61	62.48	5.61	84.06	5.61	70.22
3.81	51.58	3.79	50.29	3.79	65.57	3.80	55.81
2.02	38.55	2.02	37.45	2.01	45.87	2.02	40.62
0.20	23.74	0.20	22.92	0.20	24.7	0.20	23.79

				Average	Stdev
YS	29.7	29.5	29.5	29.6	0.1
VS	6.0	5.8	9.1	6.9	1.9
R2	1.0	1.0	1.0	1.0	0.0
Hysteresis	214	100	1439	584	742

Set A3: CS-BX5 – BL12- L1 – 3 day – NIST code (folder SR 38-SR-36C)

SR-36C							
Run# G		Run# H		Run# I		Average	
SR	SS	SR	SS	SR	SS	SR	SS
0.20	42.83	0.16	37.74	0.20	28.2	0.19	36.26
2.65	88.37	2.65	75.6	2.65	50.25	2.65	71.41
5.09	129.2	5.10	111.9	5.09	67.3	5.09	102.80
7.59	167.8	7.52	146.8	7.52	83.41	7.54	132.67
10.00	196	10.00	173.2	10.00	99.62	10.00	156.27
12.41	221.2	12.41	196.8	12.41	115.5	12.41	177.83
14.90	244.2	14.90	218.8	14.90	131	14.90	198.00
17.31	267	17.31	239.6	17.31	146.8	17.31	217.80
19.79	288.3	19.79	258.9	19.79	161.7	19.79	236.30
22.21	311.5	22.28	274.7	22.21	177.3	22.23	254.50
24.69	331.7	24.69	290.6	24.69	191.8	24.69	271.37
27.10	348.2	27.10	309.3	27.10	204.9	27.10	287.47
29.59	367.7	29.59	322.7	29.59	219.1	29.59	303.17
32.00	383.6	32.00	337.3	32.00	231.8	32.00	317.57
34.48	404.1	34.48	341.1	34.48	245.6	34.48	330.27
34.48	395.8	34.48	344.4	34.48	243.4	34.48	327.87
32.69	375.9	32.69	326.6	32.69	232.2	32.69	311.57
30.90	359.2	30.90	298.2	30.83	221.8	30.87	293.07
29.03	340.5	29.03	285.1	29.10	211.1	29.06	278.90
27.24	319.6	27.24	271.2	27.24	199.5	27.24	263.43
25.45	303.6	25.45	252.7	25.45	189.4	25.45	248.57
23.66	283.8	23.66	239.3	23.66	178	23.66	233.70
21.86	267	21.86	226	21.86	168.1	21.86	220.37
20.07	249.2	20.07	209.1	20.00	156.9	20.05	205.07
18.21	229	18.28	198.3	18.21	146	18.23	191.10
16.41	210.8	16.41	181.9	16.41	134.6	16.41	175.77
14.62	193.9	14.62	164.9	14.62	123.6	14.62	160.80
12.83	174.4	12.83	150.5	12.83	112	12.83	145.63
11.03	156.1	11.03	131	11.03	100.3	11.03	129.13
9.24	136.2	9.24	117.6	9.24	88.46	9.24	114.09
7.45	116.9	7.38	99.27	7.45	76.29	7.43	97.49
5.61	95.71	5.61	83.23	5.59	63.67	5.60	80.87
3.81	74.34	3.81	65.26	3.81	50.66	3.81	63.42
2.01	52.12	2.00	44.91	1.99	36.78	2.00	44.60
0.19	27.41	0.20	24.58	0.20	21.85	0.20	24.61

				Average	Stdev
YS	35.7	31.3	27.8	31.6	4.0
VS	10.5	8.9	6.3	8.6	2.1
R2	1.0	1.0	1.0	1.0	0.0
Hysteresis	963	1451	134	850	666

Set A3: CS-BX5 – BL45- L1 – 3 day – NIST code (folder SR 38-SR-36D)

SR-36D

Run# J		Run# K		Run# L		Average	
SR	SS	SR	SS	SR	SS	SR	SS
0.20	23.51	0.19	18.73	0.20	17.93	0.20	20.06
2.64	39.11	2.64	30.47	2.63	30.02	2.64	33.20
5.10	47.73	5.10	37.6	5.09	35.54	5.10	40.29
7.52	54.05	7.59	44.81	7.52	40.39	7.54	46.42
10.00	60.33	10.00	51.53	10.00	45.04	10.00	52.30
12.41	65.67	12.41	58.54	12.48	49.41	12.44	57.87
14.90	70.99	14.90	65.72	14.90	53.43	14.90	63.38
17.38	76.12	17.31	72.17	17.31	57.6	17.33	68.63
19.79	81.13	19.79	78.46	19.79	61.5	19.79	73.70
22.21	85.39	22.21	84.24	22.21	65.44	22.21	78.36
24.69	90.19	24.69	89.85	24.69	69.16	24.69	83.07
27.10	95.99	27.10	95.49	27.10	72.76	27.10	88.08
29.59	100.2	29.59	100.2	29.59	76.96	29.59	92.45
32.00	105.9	32.00	105.5	32.00	80.98	32.00	97.46
34.48	109.9	34.48	109.7	34.48	85.01	34.48	101.54
34.48	110.1	34.48	109.8	34.48	84.81	34.48	101.57
32.69	105.6	32.69	105.2	32.69	81.82	32.69	97.54
30.90	101.1	30.90	99.94	30.90	78.62	30.90	93.22
29.03	97.11	29.10	95.69	29.03	75.49	29.06	89.43
27.24	91.53	27.24	92.05	27.24	72.71	27.24	85.43
25.45	88.47	25.45	87.39	25.45	69.45	25.45	81.77
23.66	83.17	23.66	83.8	23.66	66.54	23.66	77.84
21.86	80.47	21.86	79.11	21.86	63.03	21.86	74.20
20.07	75.92	20.00	74.92	20.07	59.92	20.05	70.25
18.28	71.5	18.21	71.58	18.21	57.03	18.23	66.70
16.41	67.05	16.41	67.3	16.41	53.78	16.41	62.71
14.62	63.03	14.62	61.86	14.62	49.96	14.62	58.28
12.83	58.42	12.83	57.5	12.83	46.36	12.83	54.09
11.03	53.2	11.03	52.74	11.03	42.99	11.03	49.64
9.24	48.68	9.24	47.98	9.24	39.05	9.24	45.24
7.45	43.71	7.45	43.05	7.45	35.37	7.45	40.71
5.62	30.47	5.59	38.31	5.61	31.49	5.61	33.42
3.80	32.69	3.80	32.76	3.79	27.02	3.80	30.82
2.01	26.38	1.99	26.86	2.01	22.41	2.00	25.22
0.20	19.01	0.20	19.42	0.20	16.16	0.20	18.20

						Average	Stdev
YS	22.4		23.6		20.3	22.1	1.7
VS	2.6		2.5		1.9	2.3	0.4
R2	1.0		1.0		1.0	1.0	0.0
Hysteresis	238		86		80	135	89

Comment: Problem with mixer = material not mixed properly - a lot of sedimentation

Set A7: CS-BX5 – BL45- L2 – 7 day – NIST code (folder SR 39-SR-36A)

SR-36A

Run# G		Run# H		Run# I		Average	
SR	SS	SR	SS	SR	SS	SR	SS
0.21	19.03	0.20	19.05	0.20	19.23	0.20	19.10
2.65	35.97	2.63	35.64	2.63	36.01	2.64	35.87
5.10	49.66	5.10	49	5.08	48.8	5.09	49.15
7.52	62.15	7.52	61.22	7.52	60.65	7.52	61.34
10.00	74.61	10.00	72.81	10.00	72.08	10.00	73.17
12.41	86.5	12.41	84.48	12.41	83.58	12.41	84.85
14.90	98.09	14.90	96.85	14.90	94.82	14.90	96.59
17.31	109.7	17.31	108.4	17.38	106.6	17.33	108.23
19.79	121.4	19.79	120.1	19.79	117.3	19.79	119.60
22.21	132.9	22.21	129.2	22.21	128.6	22.21	130.23
24.69	144.1	24.69	139.5	24.69	139	24.69	140.87
27.17	155.1	27.10	152.5	27.10	148.3	27.13	151.97
29.59	166.1	29.59	160.9	29.59	159	29.59	162.00
32.00	176.6	32.00	172.5	32.00	168	32.00	172.37
34.48	187.2	34.48	178.6	34.48	178.4	34.48	181.40
34.48	187	34.48	181.8	34.48	176.6	34.48	181.80
32.69	178.7	32.69	173.5	32.69	168.3	32.69	173.50
30.83	170.4	30.83	161.5	30.90	160.9	30.85	164.27
29.03	162.3	29.03	154.7	29.03	152.7	29.03	156.57
27.24	154.4	27.24	146.5	27.24	145.2	27.24	148.70
25.45	145.8	25.45	137.9	25.45	137.4	25.45	140.37
23.66	137.9	23.66	130.7	23.66	129.4	23.66	132.67
21.86	129.3	21.86	123.5	21.86	121.2	21.86	124.67
20.07	120.8	20.07	114.7	20.07	113.3	20.07	116.27
18.28	112.4	18.28	108.6	18.21	104.5	18.25	108.50
16.41	103.7	16.41	100	16.41	96.57	16.41	100.09
14.62	94.82	14.62	90.77	14.62	88.75	14.62	91.45
12.83	86.14	12.83	83.23	12.83	79.8	12.83	83.06
11.03	76.99	11.03	72.76	11.03	72.02	11.03	73.92
9.24	68	9.24	65.6	9.24	62.99	9.24	65.53
7.38	58.22	7.45	55.42	7.45	54.62	7.43	56.09
5.61	48.79	5.61	47.04	5.61	45.16	5.61	47.00
3.82	38.96	3.83	37.37	3.80	35.74	3.82	37.36
2.01	28.14	2.01	26.28	2.02	26.12	2.01	26.85
0.20	15.85	0.20	14.81	0.20	14.84	0.20	15.17

				Average	Stdev
YS	21.0	19.8	18.9	19.9	1.1
VS	4.9	4.7	4.6	4.7	0.1
R2	1.0	1.0	1.0	1.0	0.0
Hysteresis	66	261	107	145	103

Set A7: CS-BX5 – BL12- L2 – 7 day – NIST code (folder SR 39-SR-36B)

SR-36B

Run# A		Run# B		Run# C		Average	
SR	SS	SR	SS	SR	SS	SR	SS
0.20	25.25	0.20	27.26	0.20	33.14	0.20	28.55
2.64	46.14	2.65	47.13	2.65	62.46	2.65	51.91
5.10	62.9	5.10	62.72	5.09	87.59	5.09	71.07
7.59	79.28	7.52	77.4	7.52	112.3	7.54	89.66
10.00	95.53	10.00	91.28	10.00	133.1	10.00	106.64
12.41	110.5	12.41	105	12.41	152.1	12.41	122.53
14.90	125	14.90	119.6	14.90	171.1	14.90	138.57
17.31	138.8	17.38	133.4	17.38	189.3	17.36	153.83
19.79	151.8	19.79	147.2	19.79	206.3	19.79	168.43
22.21	164.6	22.21	158.9	22.21	222.9	22.21	182.13
24.69	176.8	24.69	171.6	24.69	238.9	24.69	195.77
27.10	187.9	27.10	186.7	27.10	254.2	27.10	209.60
29.59	199.4	29.59	198.8	29.59	269.1	29.59	222.43
32.00	211	32.07	211.7	32.07	283	32.05	235.23
34.48	224	34.48	220	34.48	297.1	34.48	247.03
34.48	222.2	34.48	222.6	34.48	293	34.48	245.93
32.69	212.4	32.69	212.4	32.62	279.1	32.67	234.63
30.90	202	30.90	199	30.90	267	30.90	222.67
29.03	193.1	29.03	189.5	29.03	253.4	29.03	212.00
27.24	181.1	27.24	181.6	27.24	240.1	27.24	200.93
25.45	172.3	20.34	170.3	25.45	227.3	23.75	189.97
23.66	161.7	23.66	162.4	23.66	213.9	23.66	179.33
21.86	153.4	21.86	151.3	21.86	200.9	21.86	168.53
20.07	142.7	20.07	141.4	20.07	187.7	20.07	157.27
18.28	133.1	18.21	133.9	18.21	173.5	18.23	146.83
16.41	123	16.41	123.9	16.41	160.1	16.41	135.67
14.62	112.8	14.62	111.5	14.62	147.1	14.62	123.80
12.83	102.7	12.83	102	12.83	133.1	12.83	112.60
11.03	72.88	11.03	91.2	11.03	119.3	11.03	94.46
9.24	81.38	9.24	80.78	9.24	104.7	9.24	88.95
7.45	69.86	7.45	69.62	7.45	90.39	7.45	76.62
5.61	59.06	5.61	59.58	5.61	75.02	5.61	64.55
3.80	47.31	3.80	47.64	3.81	59.41	3.80	51.45
2.01	34.46	2.01	34.96	2.01	42.97	2.01	37.46
0.20	20.34	0.21	20.81	0.20	24.47	0.20	21.87

				Average	Stdev
YS	24.1	27.0	31.3	27.5	3.6
VS	5.8	5.8	7.7	6.4	1.1
R2	1.0	1.0	1.0	1.0	0.0
Hysteresis	241	231	441	304	119

Set A7: CS-BX5 – BL12- L1 – 7 day – NIST code (folder SR 39-SR-36C)

SR-36C

Run# J		Run# K		Run# L		Average	
SR	SS	SR	SS	SR	SS	SR	SS
0.20	19.76	0.20	27.17	0.21	19.76	0.20	22.23
2.64	36.73	2.65	61.63	2.66	37.35	2.65	45.24
5.08	51.02	5.10	86.46	5.10	50.3	5.10	62.59
7.59	64.19	7.52	109.4	7.52	62.91	7.54	78.83
10.00	76.36	10.00	132.3	10.00	74.69	10.00	94.45
12.41	88.47	12.48	151.6	12.41	86.52	12.44	108.86
14.90	100.9	14.90	170.2	14.90	98.79	14.90	123.30
17.38	113.2	17.38	187.7	17.31	110.4	17.36	137.10
19.79	125.2	19.79	204.6	19.79	122.2	19.79	150.67
22.21	137	22.21	220.2	22.21	132.9	22.21	163.37
24.69	148.3	24.69	235.6	24.69	144	24.69	175.97
27.10	159.5	27.10	251	27.10	155.7	27.10	188.73
29.59	170.6	29.59	264.6	29.59	166.2	29.59	200.47
32.00	181.2	32.00	278.9	32.00	176.9	32.00	212.33
34.48	192	34.48	292.1	34.48	186.1	34.48	223.40
34.48	191.3	34.48	289.6	34.48	186.5	34.48	222.47
32.62	182.8	32.69	275.1	32.69	178	32.67	211.97
30.90	174.4	30.83	260.9	30.83	168.7	30.85	201.33
29.03	166	29.03	247.3	29.03	160.5	29.03	191.27
27.24	157.9	27.24	233.6	27.24	152.9	27.24	181.47
25.45	149.4	25.45	220.6	25.45	144.1	25.45	171.37
23.66	141.1	23.66	207	23.66	136.4	23.66	161.50
21.86	132.3	21.86	194.4	21.86	127.5	21.86	151.40
20.07	123.8	20.07	181.2	20.07	119.1	20.07	141.37
18.21	115	18.21	167.7	18.21	111.2	18.21	131.30
16.41	106.3	16.41	154.3	16.41	102.6	16.41	121.07
14.62	97.25	14.62	140.8	14.62	93.43	14.62	110.49
12.83	88.1	12.83	127.4	12.83	84.81	12.83	100.10
11.03	79.14	11.03	113	11.03	76.03	11.03	89.39
9.24	69.48	9.24	99.35	9.24	66.74	9.24	78.52
7.45	60.07	7.38	84.46	7.45	57.63	7.43	67.39
5.61	50.15	5.60	69.6	5.59	48.36	5.60	56.04
3.79	39.8	3.82	54.31	3.81	38.44	3.81	44.18
2.01	28.87	2.01	37.96	1.99	27.85	2.00	31.56
0.20	16.28	0.21	19.53	0.20	15.9	0.20	17.24

						Average	Stdev
YS	21.7		25.7		20.5	22.6	2.7
VS	5.0		7.7		4.9	5.9	1.6
R2	1.0		1.0		1.0	1.0	0.0
Hysteresis	65		612		140	272	297

Set A7: CS-BX5 – BL45- L1 – 7 day – NIST code (folder SR 39-SR-36D)

SR-36D

Run# D		Run# E		Run# F		Average	
SR	SS	SR	SS	SR	SS	SR	SS
0.21	23.29	0.20	18.63	0.21	21	0.20	20.97
2.65	36.82	2.63	31	2.64	35.74	2.64	34.52
5.09	44.34	5.10	35.81	5.10	41.97	5.10	40.71
7.59	50.19	7.52	39.86	7.52	47.6	7.54	45.88
10.00	54.68	10.00	43.79	10.00	52.8	10.00	50.42
12.41	59.73	12.41	47.41	12.41	57.32	12.41	54.82
14.90	65.1	14.90	51.06	14.90	61.34	14.90	59.17
17.38	69.99	17.31	54.47	17.31	65.77	17.33	63.41
19.79	74.94	19.79	57.88	19.79	69.75	19.79	67.52
22.21	79.22	22.28	61.2	22.21	73.99	22.23	71.47
24.69	83.86	24.69	64.7	24.69	78.2	24.69	75.59
27.10	89.13	27.10	68.3	27.10	82.45	27.10	79.96
29.59	93.58	29.59	71.86	29.59	86.9	29.59	84.11
32.00	98.69	32.00	75.37	32.00	91.27	32.00	88.44
34.48	102.7	34.48	79.09	34.48	96.17	34.48	92.65
34.48	103.3	34.48	78.94	34.48	95.4	34.48	92.55
32.62	99.38	32.69	76.11	32.69	91.75	32.67	89.08
30.90	94.74	30.83	73.38	30.90	88.58	30.87	85.57
29.03	91.03	29.03	70.84	29.03	85.11	29.03	82.33
27.24	87.52	27.24	67.76	27.24	81.16	27.24	78.81
25.45	83.62	25.45	65.16	25.45	77.83	25.45	75.54
23.66	79.96	23.66	62.16	23.66	73.98	23.66	72.03
21.86	76.02	21.86	59.78	21.86	70.9	21.86	68.90
20.07	72.13	20.07	56.74	20.07	67.37	20.07	65.41
18.21	68.92	18.28	53.4	18.21	63.06	18.23	61.79
16.41	64.86	16.41	50.31	16.41	59.3	16.41	58.16
14.62	59.93	14.62	47.61	14.62	56.06	14.62	54.53
12.83	55.7	12.83	44.33	12.83	51.71	12.83	50.58
11.03	51.4	11.03	40.77	11.03	47.96	11.03	46.71
9.24	46.77	9.24	37.6	9.24	43.53	9.24	42.63
7.45	42.19	7.38	33.79	7.45	39.55	7.43	38.51
5.61	37.7	5.60	29.88	5.61	34.57	5.61	34.05
3.79	32.3	3.82	25.95	3.82	29.88	3.81	29.38
2.02	26.75	2.01	21.54	2.01	24.64	2.01	24.31
0.21	19.6	0.21	15.69	0.20	17.94	0.20	17.74

	Run# D	Run# E	Run# F	Average	Stdev
YS	24.0	19.9	22.2	22.0	2.1
VS	2.3	1.8	2.2	2.1	0.3
R2	1.0	1.0	1.0	1.0	0.0
Hysteresis	155	95	123	125	30

Comment: Problem with mixer = material not mixed properly - a lot of sedimentation

Set B1: CS-BX1 – BL23- L2 – Mixing Day – NIST code (folder SR 41-SR-40A)

SR-40A							
Run# A		Run# B		Run# C		Average	
SR	SS	SR	SS	SR	SS	SR	SS
0.28	24.84	0.20	28.25	0.20	32.03	0.23	28.37
2.64	53.58	2.66	48.80	2.64	68.97	2.65	57.12
5.08	70.61	5.10	64.91	5.10	95.38	5.09	76.97
7.59	86.67	7.52	79.40	7.52	124.00	7.54	96.69
10.00	101.10	10.00	94.58	10.00	149.70	10.00	115.13
12.41	115.90	12.41	109.30	12.41	172.30	12.41	132.50
14.90	131.20	14.90	124.20	14.90	193.20	14.90	149.53
17.31	146.10	17.31	139.10	17.31	209.20	17.31	164.80
19.79	160.70	19.79	153.40	19.79	224.70	19.79	179.60
22.21	174.80	22.21	167.70	22.21	240.20	22.21	194.23
24.69	188.60	24.69	181.80	24.69	255.20	24.69	208.53
27.10	202.10	27.10	195.60	27.17	267.20	27.13	221.63
29.59	215.30	29.59	209.00	29.59	280.20	29.59	234.83
32.00	228.50	32.00	222.10	32.00	292.90	32.00	247.83
34.48	240.90	34.48	234.50	34.48	311.60	34.48	262.33
34.48	241.10	34.48	234.50	34.48	301.70	34.48	259.10
32.69	230.90	32.69	224.40	32.69	286.90	32.69	247.40
30.90	220.30	30.83	214.00	30.83	278.70	30.85	237.67
29.03	210.30	29.03	204.40	29.03	265.70	29.03	226.80
27.24	200.20	27.24	194.10	27.24	246.80	27.24	213.70
25.45	190.00	25.45	183.90	25.45	237.50	25.45	203.80
23.66	179.90	23.66	173.90	23.66	220.20	23.66	191.33
21.86	169.70	21.86	163.70	21.86	211.00	21.86	181.47
20.07	159.00	20.07	153.10	20.07	197.10	20.07	169.73
18.21	148.60	18.28	142.80	18.28	179.40	18.25	156.93
16.41	137.60	16.41	132.10	16.41	165.50	16.41	145.07
14.62	126.30	14.62	121.10	14.62	154.60	14.62	134.00
12.83	114.90	12.83	110.10	12.83	139.50	12.83	121.50
11.03	103.30	11.03	98.55	11.03	124.80	11.03	108.88
9.24	91.21	9.24	87.15	9.24	109.70	9.24	96.02
7.45	79.12	7.45	75.16	7.45	94.24	7.45	82.84
5.62	66.55	5.61	62.93	5.60	76.72	5.61	68.73
3.81	52.95	3.81	50.19	3.82	60.43	3.81	54.52
2.01	38.90	1.99	36.47	2.01	43.03	2.01	39.47
0.20	22.77	0.19	21.18	0.21	23.47	0.20	22.47

					Average	Stdev
YS	31.2		28.5		32.3	30.7	2.0
VS	6.2		6.1		8.0	6.8	1.1
R2	1.00		1.00		1.00	1.0	0.0
Hysteresis	137		94		510	247	229

Set B1: CS-BX1 – BL23- L1 – Mixing Day – NIST code (folder SR 41-SR-40B)

SR-40B

Run# D		Run# E		Run# F		Average	
SR	SS	SR	SS	SR	SS	SR	SS
0.21	34.42	0.20	33.19	0.20	34.89	0.20	34.17
2.63	56.99	2.64	53.57	2.65	59.73	2.64	56.76
5.09	74.18	5.10	69.61	5.08	78.08	5.09	73.96
7.59	88.97	7.52	84.83	7.52	95.67	7.54	89.82
10.00	103.40	10.00	99.52	10.00	113.10	10.00	105.34
12.41	118.20	12.41	114.00	12.41	129.50	12.41	120.57
14.90	133.40	14.90	128.50	14.90	145.60	14.90	135.83
17.38	148.40	17.31	142.80	17.31	162.20	17.33	151.13
19.79	163.20	19.79	156.30	19.79	177.60	19.79	165.70
22.21	177.40	22.21	170.20	22.21	191.70	22.21	179.77
24.69	191.30	24.69	183.10	24.69	206.30	24.69	193.57
27.10	205.30	27.10	194.60	27.10	222.50	27.10	207.47
29.59	218.60	29.59	207.50	29.59	235.90	29.59	220.67
32.00	231.70	32.00	218.70	32.00	249.80	32.00	233.40
34.48	243.80	34.48	231.10	34.48	259.80	34.48	244.90
34.48	243.40	34.48	228.70	34.48	260.30	34.48	244.13
32.69	232.50	32.69	218.50	32.62	248.30	32.67	233.10
30.90	221.80	30.90	209.30	30.90	235.40	30.90	222.17
29.03	211.40	29.03	198.90	29.03	223.50	29.03	211.27
27.24	201.40	27.24	189.50	27.24	215.00	27.24	201.97
25.45	191.10	25.45	179.80	25.45	201.30	25.45	190.73
23.66	181.00	18.90	169.90	23.66	191.90	22.07	180.93
21.86	170.30	21.86	159.20	21.86	178.40	21.86	169.30
20.07	159.80	20.07	149.30	20.07	167.20	20.07	158.77
18.28	149.60	18.21	138.90	18.21	157.10	18.23	148.53
16.41	138.80	16.41	128.60	16.41	145.60	16.41	137.67
14.62	127.20	14.62	118.30	14.62	131.90	14.62	125.80
12.83	116.10	12.83	107.50	12.83	120.20	12.83	114.60
11.03	104.70	11.03	97.37	11.03	108.40	11.03	103.49
9.24	92.73	9.24	86.02	9.24	95.54	9.24	91.43
7.45	80.74	7.38	74.82	7.45	83.04	7.43	79.53
5.62	68.45	5.60	63.03	5.61	70.28	5.61	67.25
3.81	55.12	3.82	51.08	3.81	56.32	3.81	54.17
2.01	41.16	2.01	38.67	2.01	41.79	2.01	40.54
0.20	25.53	0.21	24.14	0.20	25.20	0.20	24.96

					Average	Stdev
YS	33.1	31.1	31.8	32.0	1.0
VS	6.2	5.9	6.7	6.3	0.4
R2	1.00	0.99	1.00	1.0	0.0
Hysteresis	174	137	365	225	122

Set B1: CS-BX1 – BL28- L2 – Mixing Day – NIST code (folder SR 41-SR-40C)

SR-40C

Run# G		Run# H		Run# I		Average	
SR	SS	SR	SS	SR	SS	SR	SS
0.20	28.24	0.19	27.00	0.19	26.25	0.19	27.16
2.66	47.24	2.65	46.90	2.65	45.98	2.65	46.71
5.10	62.69	5.11	63.54	5.09	61.24	5.10	62.49
7.52	77.32	7.52	79.70	7.59	76.80	7.54	77.94
10.00	92.55	10.00	95.45	10.00	91.03	10.00	93.01
12.41	107.10	12.41	110.50	12.41	105.10	12.41	107.57
14.90	121.50	14.90	124.50	14.90	119.70	14.90	121.90
17.31	136.40	17.31	139.90	17.38	134.30	17.33	136.87
19.79	150.60	19.79	153.70	19.79	148.40	19.79	150.90
22.21	165.40	22.21	168.90	22.21	161.50	22.21	165.27
24.69	179.40	24.69	182.90	24.69	174.80	24.69	179.03
27.10	192.40	27.10	196.10	27.10	189.20	27.10	192.57
29.59	206.10	29.59	210.60	29.59	201.80	29.59	206.17
32.00	219.10	32.00	222.80	32.00	214.90	32.00	218.93
34.48	232.60	34.48	236.40	34.48	224.60	34.48	231.20
34.48	231.70	34.48	234.50	34.48	225.60	34.48	230.60
32.69	221.90	32.69	225.00	32.69	215.60	32.69	220.83
30.83	213.00	30.90	214.50	30.90	204.80	30.87	210.77
29.03	203.60	29.03	203.50	29.03	194.40	29.03	200.50
27.24	193.10	27.24	196.10	27.24	187.40	27.24	192.20
25.45	183.80	25.45	184.70	25.45	176.70	25.45	181.73
23.66	173.60	23.66	176.00	23.66	168.10	23.66	172.57
21.86	164.10	21.86	163.70	21.86	156.30	21.86	161.37
20.00	153.50	20.07	154.00	20.07	147.20	20.05	151.57
18.28	142.80	18.28	145.10	18.21	137.60	18.25	141.83
16.41	132.30	16.41	134.40	16.41	127.50	16.41	131.40
14.62	122.20	14.62	121.90	14.62	116.20	14.62	120.10
12.83	111.20	12.83	111.00	12.83	104.90	12.83	109.03
11.03	99.96	11.03	100.60	11.03	95.77	11.03	98.78
9.24	88.71	9.24	88.24	9.24	83.39	9.24	86.78
7.45	76.76	7.38	76.65	7.45	72.96	7.43	75.46
5.61	64.56	5.60	64.88	5.61	60.78	5.61	63.41
3.81	51.96	3.82	51.87	3.80	48.22	3.81	50.68
1.99	38.22	2.01	38.10	2.01	36.10	2.00	37.47
0.20	23.08	0.20	22.43	0.20	21.27	0.20	22.26

						Average	Stdev
YS	30.9		30.4		28.0	29.8	1.6
VS	6.0		6.1		5.8	6.0	0.1
R2	1.00		1.00		1.00	1.0	0.0
Hysteresis	30		3		132	55	68

Set B1: CS-BX1 – BL28- L1 – Mixing Day – NIST code (folder SR 41-SR-40D)

SR-40D							
Run# J		Run# K		Run# L		Average	
SR	SS	SR	SS	SR	SS	SR	SS
0.19	38.14	0.21	37.07	0.21	35.02	0.20	36.74
2.63	62.06	2.64	59.36	2.64	57.10	2.64	59.51
5.10	77.06	5.10	73.85	5.10	74.31	5.10	75.07
7.52	91.77	7.52	88.68	7.52	90.87	7.52	90.44
10.00	106.70	10.00	103.00	10.00	107.10	10.00	105.60
12.41	122.00	12.41	117.70	12.41	121.40	12.41	120.37
14.90	137.70	14.90	132.90	14.90	137.00	14.90	135.87
17.31	153.20	17.31	147.10	17.31	152.30	17.31	150.87
19.79	168.20	19.79	161.50	19.79	167.40	19.79	165.70
22.21	182.00	22.21	174.10	22.21	181.00	22.21	179.03
24.69	196.20	24.69	187.10	24.69	195.20	24.69	192.83
27.10	211.60	27.17	201.80	27.17	210.40	27.15	207.93
29.59	225.40	29.59	213.20	29.59	222.80	29.59	220.47
32.00	238.70	32.00	226.90	32.00	237.50	32.00	234.37
34.48	250.00	34.48	236.80	34.48	249.20	34.48	245.33
34.48	250.10	34.48	237.40	34.48	249.60	34.48	245.70
32.69	239.10	32.69	226.80	32.69	238.70	32.69	234.87
30.90	226.10	30.90	215.60	30.83	227.30	30.87	223.00
29.10	215.40	29.03	206.50	29.03	217.10	29.06	213.00
27.24	207.00	27.24	194.60	27.24	204.90	27.24	202.17
25.45	194.50	25.45	185.80	25.45	195.90	25.45	192.07
23.66	185.90	23.66	174.30	23.66	183.90	23.66	181.37
21.86	173.50	21.86	166.00	21.86	174.60	21.86	171.37
20.07	162.70	20.07	155.40	20.07	163.60	20.07	160.57
18.21	154.00	18.28	144.60	18.28	151.70	18.25	150.10
16.41	142.80	16.41	134.00	16.41	140.40	16.41	139.07
14.62	129.50	14.62	124.00	14.62	130.20	14.62	127.90
12.83	118.60	12.83	113.30	12.83	118.60	12.83	116.83
11.03	107.30	11.03	101.80	11.03	106.80	11.03	105.30
9.24	94.60	9.24	90.99	9.24	95.13	9.24	93.57
7.45	82.78	7.45	79.16	7.38	82.61	7.43	81.52
5.61	70.56	5.59	66.99	5.61	69.68	5.60	69.08
3.81	56.98	3.82	54.71	3.81	56.58	3.82	56.09
1.99	42.80	2.01	41.11	2.01	42.57	2.00	42.16
0.20	26.71	0.20	26.50	0.21	26.88	0.20	26.70

				Average	Stdev
YS	34.2	33.0	33.8	33.6	0.6
VS	6.3	6.0	6.3	6.2	0.2
R2	1.00	1.00	1.00	1.0	0.0
Hysteresis	241	273	206	240	33

Set B3: CS-BX1 – BL23- L2 – 4 day – NIST code (folder SR 42-SR-40A)

SR-40A

Run# J		Run# K		Run# L		Average	
SR	SS	SR	SS	SR	SS	SR	SS
0.21	21.31	0.20	23.86	0.20	20.49	0.20	21.89
2.64	44.06	2.63	52.97	2.65	42.82	2.64	46.62
5.09	60.5	5.10	75.4	5.11	59.6	5.10	65.17
7.52	77.05	7.52	96.28	7.52	74.93	7.52	82.75
10.00	92.52	10.00	116.3	10.00	90.11	10.00	99.64
12.41	108.1	12.41	134.6	12.41	105.2	12.41	115.97
14.90	123.6	14.90	152.8	14.90	119.9	14.90	132.10
17.31	138.4	17.31	169.4	17.31	135	17.31	147.60
19.79	153.3	19.79	186.2	19.79	148.9	19.79	162.80
22.21	167.2	22.21	200.5	22.28	163.7	22.23	177.13
24.69	180.8	24.69	215	24.69	177.2	24.69	191.00
27.10	194.5	27.17	230.9	27.17	189.7	27.15	205.03
29.59	207.5	29.59	242.7	29.59	203.4	29.59	217.87
32.07	220.1	32.00	256.4	32.00	215	32.02	230.50
34.48	231.8	34.48	266.1	34.48	226.8	34.48	241.57
34.48	231.3	34.48	266.3	34.48	224.1	34.48	240.57
32.69	220.2	32.69	252.9	32.69	213.4	32.69	228.83
30.90	208.8	30.83	237.4	30.90	203.6	30.87	216.60
29.03	198	29.03	225.7	29.03	191.9	29.03	205.20
27.24	188	27.24	212.1	27.24	184.1	27.24	194.73
25.45	176.9	25.45	200.5	25.45	172.3	25.45	183.23
23.66	166.8	23.66	187.8	23.66	163.5	23.66	172.70
21.86	156.1	21.86	177.4	21.86	150.7	21.86	161.40
20.07	145.3	20.07	164.4	20.07	140.8	20.07	150.17
18.21	135.1	18.28	152.7	18.28	131.9	18.25	139.90
16.41	124.4	16.41	140.1	16.41	121.3	16.41	128.60
14.62	113	14.62	127.6	14.62	109.1	14.62	116.57
12.83	102.3	12.83	115.7	12.83	98.75	12.83	105.58
11.03	91.02	11.03	101.6	11.03	88.2	11.03	93.61
9.24	79.6	9.24	89.59	9.24	76.86	9.24	82.02
7.45	67.9	7.45	75.34	7.45	65.32	7.45	69.52
5.61	56.15	5.61	62.14	5.60	54.42	5.61	57.57
3.80	43.68	3.81	48.08	3.81	42.36	3.81	44.71
2.01	30.75	2.00	32.76	2.01	29.56	2.01	31.02
0.20	16.31	0.19	16.28	0.20	15.3	0.20	15.96

						Average	Stdev
YS		21.1		21.4		20.1	20.9	0.7
VS		6.1		7.1		6.0	6.4	0.6
R2		1.0		1.0		1.0	1.0	0.0
Hysteresis		241		624		181	349	240

Set B3: CS-BX1 – BL23- L1 – 4 day – NIST code (folder SR 42-SR-40B)

| SR-40B ||||||||
| Run# A || Run# B || Run# C || Average ||
SR	SS	SR	SS	SR	SS	SR	SS
0.23	30.32	0.21	26.19	0.20	25.58	0.21	27.36
2.63	75.51	2.65	46.92	2.64	45.09	2.64	55.84
5.10	114.3	5.09	62.89	5.10	62.02	5.10	79.74
7.52	144.6	7.59	78.55	7.52	77.08	7.54	100.08
10.00	168.1	10.00	93.19	10.00	91.58	10.00	117.62
12.41	191.9	12.41	107.9	12.41	105.9	12.41	135.23
14.90	214	14.90	123	14.90	120.6	14.90	152.53
17.31	235.7	17.38	137.3	17.31	133.9	17.33	168.97
19.79	256.5	19.79	151.5	19.79	147.9	19.79	185.30
22.28	276.9	22.21	163.1	22.21	161.1	22.23	200.37
24.69	295.5	24.69	176.4	24.69	173.7	24.69	215.20
27.17	314.8	27.10	189.4	27.10	186.3	27.13	230.17
29.59	331.6	29.59	201.1	29.59	197.1	29.59	243.27
32.00	347.9	32.07	214.3	32.00	210.3	32.02	257.50
34.48	361.5	34.48	226.2	34.48	220.9	34.48	269.53
34.48	359.4	34.48	226.4	34.48	222	34.48	269.27
32.69	342.5	32.69	216.6	32.69	212.2	32.69	257.10
30.90	322.2	30.90	204.5	30.83	199.8	30.87	242.17
29.03	305.1	29.03	195.8	29.03	191.1	29.03	230.67
27.24	292.3	27.24	184.3	27.24	181.3	27.24	219.30
25.45	272.8	25.45	174.8	25.45	170.7	25.45	206.10
23.66	259.2	23.66	164.6	23.66	162.3	23.66	195.37
21.86	240.3	21.86	156	21.86	151.8	21.86	182.70
20.07	223.9	20.00	145.2	20.00	141.6	20.02	170.23
18.21	209.6	18.21	136	18.28	134.1	18.23	159.90
16.41	193.3	16.41	125.5	16.41	123.9	16.41	147.57
14.62	174.4	14.62	114.6	14.62	111.6	14.62	133.53
12.83	158.1	12.83	104.7	12.83	101.9	12.83	121.57
11.03	140.5	11.03	92.72	11.03	91.27	11.03	108.16
9.24	123.5	9.24	82.67	9.24	80.52	9.24	95.56
7.38	105.1	7.45	70.82	7.45	69.35	7.43	81.76
5.60	87.79	5.61	59.99	5.60	58.87	5.60	68.88
3.81	68.81	3.81	47.95	3.81	46.87	3.81	54.54
2.01	48.49	2.02	34.58	2.00	34.2	2.01	39.09
0.20	26.01	0.20	20.3	0.20	20.08	0.20	22.13

				Average	Stdev
YS	33.2	26.3	25.8	28.4	4.2
VS	9.5	5.9	5.7	7.0	2.1
R2	1.0	1.0	1.0	1.0	0.0
Hysteresis	885	195	232	437	388

Set B3: CS-BX1 – BL28- L2 – 4 day – NIST code (folder SR 42-SR-40C)

SR-40C							
Run# G		Run# H		Run# I		Average	
SR	SS	SR	SS	SR	SS	SR	SS
0.20	22.45	0.21	20.89	0.20	21.96	0.20	21.77
2.65	39.94	2.64	38.11	2.66	39.65	2.65	39.23
5.10	54.21	5.09	51.27	5.09	52.45	5.09	52.64
7.52	67.14	7.52	64.34	7.59	64.59	7.54	65.36
10.00	80.7	10.00	76.83	10.00	76.54	10.00	78.02
12.41	93.67	12.41	88.95	12.41	88.6	12.41	90.41
14.90	105.5	14.90	101	14.90	100.4	14.90	102.30
17.38	119	17.38	112.8	17.38	112.9	17.38	114.90
19.79	130.3	19.79	124.2	19.79	124.1	19.79	126.20
22.28	142.4	22.21	135.2	22.21	135.4	22.23	137.67
24.69	153.9	24.69	146.1	24.69	146.6	24.69	148.87
27.10	166	27.10	157.7	27.10	158.2	27.10	160.63
29.59	178	29.59	168.5	29.59	169.4	29.59	171.97
32.00	188.7	32.00	179.4	32.00	179.8	32.00	182.63
34.48	197.3	34.48	188.8	34.48	189.1	34.48	191.73
34.48	199.3	34.48	188.9	34.48	188.6	34.48	192.27
32.69	190.1	32.69	180.4	32.69	180	32.69	183.50
30.90	178	30.90	171.2	30.90	171.2	30.90	173.47
29.03	169.4	29.03	162.6	29.03	162.1	29.03	164.70
27.24	162.7	27.24	155.2	27.24	155.6	27.24	157.83
25.45	152.2	25.45	146.3	25.45	145.9	25.45	148.13
23.66	145.2	23.66	138.3	23.66	138.5	23.66	140.67
21.86	134.9	21.86	128.9	21.86	128.5	21.86	130.77
20.07	125.8	20.07	120.6	20.07	120.3	20.07	122.23
18.21	119.6	18.21	112.4	18.21	112.4	18.21	114.80
16.41	110.5	16.41	103.8	16.41	103.8	16.41	106.03
14.62	99.08	14.62	94.33	14.62	94.15	14.62	95.85
12.83	90.5	12.83	85.51	12.83	85.31	12.83	87.11
11.03	80.27	11.03	76.94	11.03	76.94	11.03	78.05
9.24	71.44	9.24	67.35	9.24	67.27	9.24	68.69
7.45	60.95	7.45	58.29	7.45	58.24	7.45	59.16
5.60	51.97	5.61	49.05	5.62	48.94	5.61	49.99
3.82	41.39	3.79	39.05	3.80	38.96	3.80	39.80
2.01	29.64	2.01	28.64	2.01	28.65	2.01	28.98
0.20	17.38	0.19	16.87	0.20	16.79	0.20	17.01

	Run# G	Run# H	Run# I	Average	Stdev
YS	22.1	20.8	20.8	21.2	0.7
VS	5.2	4.9	4.9	5.0	0.1
R2	1.0	1.0	1.0	1.0	0.0
Hysteresis	230	150	144	175	48

Set B3: CS-BX1 – BL28- L1 – 4 day – NIST code (folder SR 42-SR-40D)

SR-40D							
Run# D		Run# E		Run# F		Average	
SR	SS	SR	SS	SR	SS	SR	SS
0.20	27.93	2.66	49.95	0.20	26.63	1.02	34.84
2.64	47.72	5.10	66.3	2.65	48.37	3.46	54.13
5.08	63.62	7.52	81.52	5.09	69.35	5.90	71.50
7.52	78.64	10.00	97.22	7.52	83.53	8.34	86.46
10.00	93.6	12.41	112.2	10.00	99.57	10.80	101.79
12.41	108	14.90	126.7	12.41	115.8	13.24	116.83
14.90	122.1	17.31	141.4	14.90	131.8	15.70	131.77
17.31	137.2	19.79	155.3	17.31	147.8	18.14	146.77
19.79	150.5	22.21	170.4	19.79	162.8	20.60	161.23
22.21	164.2	24.69	184.2	22.21	175.7	23.03	174.70
24.69	177.3	27.10	195.8	24.69	189.4	25.49	187.50
27.10	190.3	29.59	209.1	27.10	205	27.93	201.47
29.59	203.6	32.00	221.2	29.59	217.9	30.39	214.23
32.00	215.3	34.48	235.5	32.00	230.6	32.83	227.13
34.48	225.9	34.48	232.2	34.48	240.2	34.48	232.77
34.48	225	32.69	221.7	34.48	239.3	33.89	228.67
32.62	214.6	30.83	214.1	32.69	226.7	32.05	218.47
30.90	204.2	29.10	203.7	30.90	216	30.30	207.97
29.03	193.4	27.24	191.8	29.10	204	28.46	196.40
27.24	186.3	25.45	183.2	27.24	196.5	26.64	188.67
25.45	174.8	23.66	171.2	25.45	183.8	24.85	176.60
23.66	166.5	21.86	162.8	23.66	174.9	23.06	168.07
21.86	154.4	20.00	151.9	21.86	161.3	21.24	155.87
20.07	145	18.28	140.2	20.07	151.6	19.47	145.60
18.21	135.5	16.41	129.6	18.28	139.5	17.63	134.87
16.41	125.5	14.62	120	16.41	128.7	15.82	124.73
14.62	114.3	12.83	109.2	14.62	118.5	14.02	114.00
12.83	103.4	11.03	97.37	12.83	106.2	12.23	102.32
11.03	93.7	9.24	86.57	11.03	96.77	10.44	92.35
9.24	82.02	7.45	74.57	9.24	83.63	8.64	80.07
7.45	71.53	5.60	62.72	7.45	72.84	6.83	69.03
5.61	59.9	3.80	50.54	5.61	59.5	5.01	56.65
3.80	47.67	1.99	36.9	3.80	47.18	3.20	43.92
2.02	35.37	0.20	22.38	1.99	34.93	1.40	30.89
0.20	21.1	0.00	0	0.20	20.02	0.13	13.71

						Average	Stdev
YS	26.7		28.1		24.5	26.4	1.8
VS	5.8		6.1		6.3	6.1	0.2
R2	1.0		1.0		1.0	1.0	0.0
Hysteresis	185		332		327	281	84

Set B7: CS-BX1 – BL23- L2 – 7 day – NIST code (folder SR 43-SR-40A)

SR-40A							
Run# A		Run# C		Run# D		Average	
SR	SS	SR	SS	SR	SS	SR	SS
0.26	16.05	0.20	27.93	0.21	21.31	0.22	21.76
2.65	43.71	2.66	68.14	2.65	44.18	2.65	52.01
5.09	61.55	5.10	94.69	5.10	62.48	5.10	72.91
7.52	77.38	7.52	120.1	7.59	80.1	7.54	92.53
10.00	93.48	10.00	142.2	10.00	96.86	10.00	110.85
12.41	109.5	12.41	163	12.41	113.8	12.41	128.77
14.90	125	14.90	184.1	14.90	130.4	14.90	146.50
17.38	141.5	17.31	203.5	17.38	147.1	17.36	164.03
19.79	156.1	19.79	221.8	19.79	163.3	19.79	180.40
22.21	171.5	22.21	238.1	22.21	178.8	22.21	196.13
24.69	186.1	24.69	254.6	24.69	194	24.69	211.57
27.10	198.2	27.10	271	27.10	209.3	27.10	226.17
29.59	213.1	29.59	286.7	29.59	224	29.59	241.27
32.00	224.5	32.00	298.9	32.00	238.1	32.00	253.83
34.48	237.8	34.48	313.6	34.48	250.4	34.48	267.27
34.48	233	34.48	308.1	34.48	250	34.48	263.70
32.62	221.4	32.69	291.9	32.62	238.3	32.64	250.53
30.90	213.9	30.90	278	30.90	226.2	30.90	239.37
29.03	201.8	29.10	262.3	29.03	214	29.06	226.03
27.24	192.2	27.24	250.2	27.24	204.8	27.24	215.73
25.45	181.6	25.45	234.8	25.45	192.8	25.45	203.07
23.66	170.3	23.66	221.6	23.66	182.4	23.66	191.43
21.86	159.1	21.86	205.4	21.86	169.4	21.86	177.97
20.07	148.9	20.07	192	20.07	158.7	20.07	166.53
18.21	134.9	18.21	175.8	18.21	147.7	18.21	152.80
16.41	124.3	16.41	161.5	16.41	136.1	16.41	140.63
14.62	115.2	14.62	148.1	14.62	123.3	14.62	128.87
12.83	102.6	12.83	132.3	12.83	110.9	12.83	115.27
11.03	92.61	11.03	118.8	11.03	99.74	11.03	103.72
9.24	79.93	9.24	102.4	9.24	86.35	9.24	89.56
7.45	68.82	7.45	87.62	7.45	74.21	7.45	76.88
5.61	54.9	5.61	70.07	5.61	60.92	5.61	61.96
3.81	42.5	3.81	53.8	3.79	46.86	3.80	47.72
2.01	30.09	1.99	36.92	2.01	32.84	2.01	33.28
0.20	15.08	0.21	17.48	0.20	16.52	0.20	16.36

				Average	Stdev
YS	20.1	23.4	23.0	22.2	1.8
VS	6.3	8.3	6.7	7.1	1.1
R2	1.0	1.0	1.0	1.0	0.0
Hysteresis	119	718	166	334	333

Set B7: CS-BX1 – BL23- L1 – 7 day – NIST code (folder SR 43-SR-40B)

SR-40B							
Run# E		Run# F		Run# G		Average	
SR	SS	SR	SS	SR	SS	SR	SS
0.21	32.16	0.20	25.65	0.19	25.21	0.20	27.67
2.65	62.97	2.83	89.02	2.64	45.33	2.71	65.77
5.09	85.78	5.08	60.62	5.11	61.51	5.09	69.30
7.52	105.6	7.52	75.08	7.52	76.82	7.52	85.83
10.00	127.1	10.00	89.4	8.00	91.75	9.33	102.75
12.41	146.5	12.34	120.5	12.41	106.5	12.39	124.50
14.90	163.8	14.90	118.7	14.90	120.8	14.90	134.43
17.31	182.3	17.38	132.8	17.31	135.8	17.33	150.30
19.79	199	19.79	147.1	19.79	149.9	19.79	165.33
22.21	219.4	22.21	160.9	22.28	163.1	22.23	181.13
24.69	235.9	24.69	174.4	24.69	175.9	24.69	195.40
27.10	245.6	27.10	188	27.10	190.2	27.10	207.93
29.59	264.5	29.59	200.9	29.59	202.4	29.59	222.60
32.00	273.6	32.07	214.5	32.00	215	32.02	234.37
34.48	295.4	34.48	226.9	34.48	223.6	34.48	248.63
34.48	282.4	34.48	226.7	34.48	225.6	34.48	244.90
32.69	269.1	32.69	216.6	32.69	214.9	32.69	233.53
30.90	265.4	30.90	206.3	30.90	200.6	30.90	224.10
29.03	251.3	29.03	196.7	29.03	191	29.03	213.00
27.24	235.2	27.24	186	27.24	183	27.24	201.40
25.45	226.1	25.45	176.5	25.45	170.9	25.45	191.17
23.66	209.8	23.66	166.3	23.66	163	23.66	179.70
21.86	199.3	21.86	156.7	21.86	152	21.86	169.33
20.07	186.8	20.07	146.5	20.07	141.3	20.07	158.20
18.21	167.6	18.21	136.2	18.28	134.4	18.23	146.07
16.41	154.7	16.41	125.7	16.41	124.1	16.41	134.83
14.62	145.8	14.62	115.2	14.62	111.1	14.62	124.03
12.83	131	12.83	104.2	12.83	101.9	12.83	112.37
11.03	118.4	11.03	93.54	11.03	89.96	11.03	100.63
9.24	103.2	9.24	82.28	9.24	80.29	9.24	88.59
7.45	89.28	7.45	71.17	7.38	68.07	7.43	76.17
5.61	72.09	5.61	59.41	5.61	58.02	5.61	63.17
3.80	56.96	3.80	47.13	3.83	46.02	3.81	50.04
2.01	41.03	2.01	34.32	2.01	32.69	2.01	36.01
0.21	22.5	0.19	20.06	0.19	18.79	0.20	20.45

				Average	Stdev
YS	30.6	25.9	24.1	26.8	3.3
VS	7.5	5.9	5.8	6.4	1.0
R2	1.0	1.0	1.0	1.0	0.0
Hysteresis	67	228	348	215	141

Set B7: CS-BX1 – BL28- L2 – 7 day – NIST code (folder SR 43-SR-40C)

SR-40C							
Run# H		Run# I		Run# J		Average	
SR	SS	SR	SS	SR	SS	SR	SS
0.20	28.07	0.20	29.87	0.20	31.67	0.20	29.87
2.66	60.27	2.65	60.77	2.66	80.9	2.65	67.31
5.10	82.95	5.10	85.29	5.10	119.2	5.10	95.81
7.52	105.7	7.59	110.7	7.52	163.9	7.54	126.77
10.00	127.1	10.00	129.6	10.00	193	10.00	149.90
12.41	147.1	12.41	147.9	12.41	214.6	12.41	169.87
14.90	164.2	14.90	166	14.90	234.9	14.90	188.37
17.31	183.2	17.31	183.8	17.31	255.5	17.31	207.50
19.79	198.7	19.79	201.3	19.79	273.3	19.79	224.43
22.21	218.9	22.28	218.1	22.21	292	22.23	243.00
24.69	235.1	24.69	234.7	24.69	309	24.69	259.60
27.10	245	27.10	251.4	27.10	323.7	27.10	273.37
29.59	261.7	29.59	266.4	29.59	342.6	29.59	290.23
32.00	272.2	32.07	281.6	32.00	356.1	32.02	303.30
34.48	292.8	34.48	293.7	34.48	375.5	34.48	320.67
34.48	285.6	34.48	293.6	34.48	365.3	34.48	314.83
32.69	273.1	32.69	279.2	32.69	347.3	32.69	299.87
30.83	261.5	30.90	263.6	30.83	334.9	30.85	286.67
29.03	249.7	29.03	250.8	29.10	316.9	29.06	272.47
27.24	230.4	27.24	237.9	27.24	298.2	27.24	255.50
25.45	220.9	25.45	223.9	25.45	283.3	25.45	242.70
23.66	205	23.66	211.6	23.66	264.3	23.66	226.97
21.86	197.5	21.86	198.4	21.86	247.4	21.86	214.43
20.00	182.6	20.07	184.5	20.07	230.2	20.05	199.10
18.28	170.6	18.21	172.4	18.28	212.9	18.25	185.30
16.41	157.2	16.41	158.9	16.41	195.7	16.41	170.60
14.62	143	14.62	144.2	14.62	178.2	14.62	155.13
12.83	130.3	12.83	131	12.83	159.7	12.83	140.33
11.03	113.4	11.03	115.9	11.03	143.4	11.03	124.23
9.17	101.5	9.24	102.1	9.24	123.9	9.22	109.17
7.38	85.37	7.45	86.79	7.45	106.2	7.43	92.79
5.61	71.95	5.61	72.24	5.61	86.22	5.61	76.80
3.81	56.14	3.81	56.3	3.81	66.46	3.81	59.63
2.00	38.35	2.01	39.48	1.99	46.1	2.00	41.31
0.20	20.29	0.21	20.77	0.20	23.04	0.20	21.37

	Run# H	Run# I	Run# J	Average	Stdev
YS	28.3	27.8	30.5	28.9	1.4
VS	7.6	7.7	9.9	8.4	1.3
R2	1.0	1.0	1.0	1.0	0.0
Hysteresis	293	547	964	601	339

Set B7: CS-BX1 – BL28- L1 – 7 day – NIST code (folder SR 43-SR-40D)

SR-40D							
Run# M		Run# N				Average	
SR	SS	SR	SS	SR	SS	SR	SS
0.20	27.26	0.19	39.65			0.20	33.46
2.63	47.44	2.66	77.68			2.64	62.56
5.10	63.21	5.09	107.1			5.09	85.16
7.52	78.3	7.52	136.7			7.52	107.50
10.00	93.25	10.00	158.8			10.00	126.03
12.41	107.8	12.41	180.9			12.41	144.35
14.90	122.9	14.90	203.1			14.90	163.00
17.31	137.2	17.31	222.7			17.31	179.95
19.79	151.9	19.79	243.4			19.79	197.65
22.21	165.4	22.21	260.4			22.21	212.90
24.69	179.3	24.69	278.5			24.69	228.90
27.17	193.4	27.10	298.4			27.14	245.90
29.59	205.8	29.59	313.5			29.59	259.65
32.00	219.5	32.00	330.7			32.00	275.10
34.48	231.6	34.48	342			34.48	286.80
34.48	231.8	34.48	341.8			34.48	286.80
32.69	221.6	32.69	325.5			32.69	273.55
30.83	210.9	30.90	306.4			30.86	258.65
29.03	201.6	29.03	290.9			29.03	246.25
21.79	190.3	27.24	278.1			24.52	234.20
25.45	181.2	25.45	260.9			25.45	221.05
23.66	170.2	23.66	247.6			23.66	208.90
21.86	161.4	21.86	230			21.86	195.70
20.07	150.9	20.07	215.1			20.07	183.00
18.28	140.2	18.21	200.7			18.24	170.45
16.41	129.4	16.41	184.9			16.41	157.15
14.62	119.1	14.62	168.2			14.62	143.65
12.83	107.9	12.83	151.8			12.83	129.85
11.03	96.57	11.03	136.6			11.03	116.59
9.24	85.48	9.24	119			9.24	102.24
7.45	73.58	7.45	102.6			7.45	88.09
5.59	61.56	5.61	84.46			5.60	73.01
3.82	49.06	3.81	66.18			3.81	57.62
2.01	35.41	1.99	47.26			2.00	41.34
0.21	20.69	0.20	25.66			0.20	23.18

						Average	Stdev
YS	27.7		33.4			30.6	4.0
VS	6.1		9.0			7.5	2.0
R2	1.0		1.0			1.0	0.0
Hysteresis	59		852			456	561

Set C1: CS-BX3 – BL30- L1 – Mixing Day – NIST code (folder SR 45-SR-44A)

SR-44A							
Run# A		Run# B		Run# C		Average	
SR	SS	SR	SS	SR	SS	SR	SS
0.22	36.72	2.65	65.05	0.21	46.15	1.03	49.31
2.65	68.35	5.09	82.07	2.66	81.98	3.46	77.47
5.08	87.49	7.59	98.28	5.10	108.4	5.92	98.06
7.59	105.7	10.00	114.8	7.52	135.7	8.37	118.73
10.00	123.5	12.41	131.2	10.00	160.1	10.80	138.27
12.41	141.6	14.90	147.6	12.41	183.5	13.24	157.57
14.90	161.4	17.38	164.6	14.90	207.7	15.72	177.90
17.31	179.3	19.79	180.2	17.31	229.8	18.14	196.43
19.79	197.7	22.21	196.7	19.79	251.4	20.60	215.27
22.21	212.5	24.69	211.9	22.21	269.8	23.03	231.40
24.69	228.7	27.10	225.4	24.69	289	25.49	247.70
27.10	247.8	29.59	240.2	27.10	310.1	27.93	266.03
29.59	262	32.00	252.5	29.59	328.2	30.39	280.90
32.00	277.8	34.48	267.1	32.00	344.6	32.83	296.50
34.48	286.9	34.48	262.8	34.48	357.7	34.48	302.47
34.48	288.8	32.69	251.1	34.48	356	33.89	298.63
32.62	275.7	30.90	241.6	32.69	339.8	32.07	285.70
30.90	260.6	29.03	229.6	30.90	322.9	30.28	271.03
29.03	247.9	27.24	218.3	29.10	306.9	28.46	257.70
27.24	239.6	25.45	207.8	27.24	298	26.64	248.47
25.45	224.5	23.66	196	25.45	279.1	24.85	233.20
23.66	215.3	21.86	184	23.66	268.4	23.06	222.57
21.86	199.5	20.07	173.4	21.86	248	21.26	206.97
20.07	188	18.21	160.4	20.07	234.6	19.45	194.33
18.21	177.9	16.41	148.9	18.21	219.6	17.61	182.13
16.41	165.5	14.62	137.8	16.41	203.9	15.82	169.07
14.62	149.5	12.83	125	14.62	187.2	14.02	153.90
12.83	136.4	11.03	114	12.83	169.4	12.23	139.93
11.03	124	9.24	100.4	11.03	156.3	10.44	126.90
9.24	109.2	7.45	88.3	9.24	135.5	8.64	111.00
7.45	95.56	5.61	74.02	7.45	119.4	6.84	96.33
5.61	81.6	3.81	60.03	5.60	98.87	5.01	80.17
3.80	65.59	2.01	45.57	3.80	78.81	3.20	63.32
2.01	49.16	0.20	28.36	2.00	58.72	1.40	45.41
0.20	29.92	0.00	0	0.21	33.7	0.14	21.21

					Average	Stdev
YS	39.2		35.7		47.8	40.9	6.2
VS	7.3		6.7		9.1	7.7	1.2
R2	1.00		1.00		1.00	1.0	0.0
Hysteresis	367		302		466	378	83

Set C1: CS-BX3 – BL3- L1 – Mixing Day – NIST code (folder SR 45-SR-44B)

SR-44B

Run# D		Run# E		Run# F		Average	
SR	SS	SR	SS	SR	SS	SR	SS
0.20	6.916	0.21	5.697	0.20	6.112	0.20	6.24
2.65	9.652	2.65	8.415	2.65	9.636	2.65	9.23
5.09	11.98	5.10	10.27	5.09	11.85	5.09	11.37
7.52	13.9	7.52	11.92	7.52	13.75	7.52	13.19
10.00	15.95	10.00	13.41	10.00	15.55	10.00	14.97
12.41	17.91	12.41	15.01	12.41	17.1	12.41	16.67
14.90	19.85	14.90	16.83	14.90	18.7	14.90	18.46
17.31	21.66	17.38	18.19	17.31	20.15	17.33	20.00
19.79	23.52	19.79	19.78	19.79	21.47	19.79	21.59
22.21	25.17	22.21	21.03	22.21	22.62	22.21	22.94
24.69	26.85	24.69	22.41	24.69	23.94	24.69	24.40
27.10	28.72	27.17	23.9	27.10	25.39	27.13	26.00
29.59	30.36	29.59	24.81	29.59	26.68	29.59	27.28
32.00	32.16	32.00	25.58	32.00	28.03	32.00	28.59
34.48	33.75	34.48	26.22	34.48	29.22	34.48	29.73
34.48	33.68	34.48	25.7	34.48	29.33	34.48	29.57
32.69	32.44	32.69	24.73	32.69	28.26	32.69	28.48
30.90	31.26	30.90	24.05	30.83	27.13	30.87	27.48
29.03	30.03	29.03	23.08	29.03	26.2	29.03	26.44
27.24	29.03	27.24	22.01	27.24	25.05	27.24	25.36
25.45	27.51	25.45	21.28	25.45	23.82	25.45	24.20
23.66	26.48	23.66	20.19	23.66	22.87	23.66	23.18
21.86	25.02	21.86	19.24	21.86	21.76	21.86	22.01
20.00	23.66	20.07	18.29	20.00	20.49	20.02	20.81
18.28	22.32	18.21	17.1	18.21	19.47	18.23	19.63
16.41	20.95	16.41	16.06	16.41	18.33	16.41	18.45
14.62	19.73	14.62	15.21	14.62	17.08	14.62	17.34
12.83	18.38	12.83	14.13	12.83	16.02	12.83	16.18
11.03	17.04	11.03	13.19	11.03	14.46	11.03	14.90
9.24	15.5	9.24	11.95	9.24	13.38	9.24	13.61
7.45	13.95	7.45	10.81	7.45	11.76	7.45	12.17
5.61	12.42	5.60	9.577	5.60	10.51	5.60	10.84
3.81	10.76	3.82	8.329	3.81	9.135	3.81	9.41
2.00	9.064	2.01	7.108	1.99	7.369	2.00	7.85
0.20	6.615	0.19	5.181	0.20	5.263	0.20	5.69

						Average	Stdev
YS	8.0		6.3		6.6	7.0	0.9
VS	0.8		0.6		0.7	0.7	0.1
R2	1.00		1.00		0.99	1.0	0.0
Hysteresis	4		25		39	23	17

Set C1: CS-BX3 – BL3- L2 – Mixing Day – NIST code (folder SR 45-SR-44C)

SR-44C

Run# G		Run# H		Run# I		Average	
SR	SS	SR	SS	SR	SS	SR	SS
0.20	32.36	0.21	38.7	0.21	33.18	0.20	34.75
2.65	52.56	2.65	70	2.64	55.08	2.65	59.21
5.10	68	5.10	93.33	5.10	71.75	5.10	77.69
7.52	82.35	7.52	117.5	7.52	87.37	7.52	95.74
10.00	96.75	10.00	138.8	10.00	101.8	10.00	112.45
12.41	111	12.41	158.2	12.41	116.6	12.41	128.60
14.90	124.8	11.93	176.9	14.90	131.8	13.91	144.50
17.31	139.1	17.31	195.1	17.38	146.6	17.33	160.27
19.79	152.6	19.79	212.4	19.79	161.8	19.79	175.60
22.21	166.2	22.21	230.1	22.21	176.3	22.21	190.87
24.69	179.3	24.69	246.3	24.69	190.7	24.69	205.43
27.10	191.6	27.10	259.9	27.10	204.5	27.10	218.67
29.59	204.5	29.59	274.5	29.59	218.1	29.59	232.37
32.00	215.8	32.00	287.3	32.00	231.1	32.00	244.73
34.48	227.9	34.48	301.3	34.48	243.9	34.48	257.70
34.48	225.2	34.48	297.2	34.48	242	34.48	254.80
32.69	215.1	32.69	283.4	32.69	230.7	32.69	243.07
30.83	206.7	30.83	269.5	30.90	221.1	30.85	232.43
29.03	196.7	29.03	256.8	29.03	210.5	29.03	221.33
27.24	186.4	27.24	242	27.24	199.4	27.24	209.27
25.45	177.2	25.45	230	25.45	189.6	25.45	198.93
23.66	166.7	23.66	215.9	23.66	178.5	23.66	187.03
21.86	157.3	21.86	204.1	21.86	168.5	21.86	176.63
20.07	147.6	20.00	190.4	20.07	158	20.05	165.33
18.28	136.5	18.28	176.6	18.21	146.5	18.25	153.20
16.41	126.4	16.41	163.1	16.41	135.7	16.41	141.73
14.62	117.1	14.62	150.5	14.62	125.1	14.62	130.90
12.83	106.4	12.83	136.7	12.83	113.8	12.83	118.97
11.03	96.04	11.03	122.2	11.03	102.7	11.03	106.98
9.24	84.85	9.24	108.3	9.24	90.84	9.24	94.66
7.45	73.97	7.45	93.53	7.45	79.11	7.45	82.20
5.60	62	5.61	78.19	5.61	66.29	5.61	68.83
3.81	50.1	3.82	62.55	3.81	53.48	3.81	55.38
1.99	37.4	1.99	45.68	2.01	39.84	2.00	40.97
0.20	22.91	0.21	26.82	0.20	24.18	0.20	24.64

	Run# G	Run# H	Run# I	Average	Stdev
YS	29.3	34.2	31.1	31.5	2.5
VS	5.8	7.7	6.2	6.6	1.0
R2	1.00	1.00	1.00	1.0	0.0
Hysteresis	142	597	142	294	262

Set C1: CS-BX3 – BL30- L2 – Mixing Day – NIST code (folder SR 45-SR-44D)

SR-44D							
Run# J		Run# K		Run# L		Average	
SR	SS	SR	SS	SR	SS	SR	SS
0.20	34.94	0.20	33.52	0.21	37.21	0.20	35.22
2.64	70.15	2.63	63.05	2.63	82.12	2.64	71.77
5.10	94.66	5.09	88.1	5.10	114.9	5.10	99.22
7.52	119.7	7.52	112.9	7.52	148.5	7.52	127.03
10.00	141.3	10.00	133.2	10.00	173	10.00	149.17
12.41	162.6	12.41	153.2	12.41	196.6	12.41	170.80
14.90	183.3	14.90	172.8	14.90	218	14.90	191.37
17.31	202.7	17.38	190.7	17.31	239.6	17.33	211.00
19.79	221.5	19.79	208.2	19.79	257.7	19.79	229.13
22.21	239	22.21	224	22.28	275	22.23	246.00
24.69	256	24.69	239.8	24.69	291.9	24.69	262.57
27.10	272.8	27.10	254.8	27.10	309.1	27.10	278.90
29.59	288.6	29.59	268.4	29.59	324.6	29.59	293.87
32.00	302.1	32.00	280.9	32.00	339.8	32.00	307.60
34.48	316.7	34.48	293.4	34.48	349.8	34.48	319.97
34.48	310.4	34.48	289.4	34.48	347.9	34.48	315.90
32.69	295.5	32.62	275	32.69	330.3	32.67	300.27
30.90	283.7	30.90	262.2	30.90	309.1	30.90	285.00
29.03	268.7	29.03	248.1	29.03	292.4	29.03	269.73
27.24	255.5	27.24	236.6	27.24	279.1	27.24	257.07
25.45	241.6	25.45	223.1	25.45	260.9	25.45	241.87
23.66	227.5	23.66	210.6	23.66	246.7	23.66	228.27
21.86	213	21.86	196.4	21.86	230	21.86	213.13
20.07	199.5	20.07	184	20.07	214	20.07	199.17
18.28	183	18.21	170.4	18.21	201.4	18.23	184.93
16.41	168.7	16.41	157.6	16.41	185.1	16.41	170.47
14.62	156.3	14.62	143.9	14.62	166.9	14.62	155.70
12.83	141	12.83	129.7	12.83	151.8	12.83	140.83
11.03	126.4	11.03	117.1	11.03	134.1	11.03	125.87
9.24	110.9	9.24	102	9.24	118.5	9.24	110.47
7.38	95.55	7.45	88.3	7.45	100.5	7.43	94.78
5.60	78.47	5.61	73.01	5.61	84.18	5.61	78.55
3.81	62.02	3.81	57.29	3.82	65.84	3.81	61.72
2.00	44.4	2.02	41.42	2.01	45.78	2.01	43.87
0.20	23.98	0.21	22.5	0.21	24.26	0.21	23.58

					Average	Stdev
YS	32.3	29.6	30.9	30.9	1.4
VS	8.2	7.6	9.1	8.3	0.8
R2	1.00	1.00	1.00	1.0	0.0
Hysteresis	481	572	1184	746	382

Set C3: CS-BX3 – BL30- L1 – 3 day – NIST code (folder SR 46-SR-44A)

SR-44A

Run# K		Run# M		Run# N		Average	
SR	SS	SR	SS	SR	SS	SR	SS
0.28	26.45	0.20	32.94	0.20	40.73	0.23	33.37
2.65	58.31	2.64	57.33	2.65	87.18	2.65	67.61
5.08	75.69	5.10	75.47	4.06	120	4.75	90.39
7.59	91.88	7.52	92.52	7.59	154.4	7.56	112.93
10.00	108.1	10.00	109.2	10.00	182.6	10.00	133.30
12.41	124	12.41	125.8	12.41	207.9	12.41	152.57
14.90	139.4	14.90	142.4	14.90	232.2	14.90	171.33
17.38	155.7	17.31	158.2	17.38	253.7	17.36	189.20
19.79	170.4	19.79	174.1	19.79	274.4	19.79	206.30
22.21	185.7	22.21	189.1	22.21	292.6	22.21	222.47
24.69	200.1	24.69	203.9	24.69	310.2	24.69	238.07
27.10	214.2	27.10	219.2	27.10	328.8	27.10	254.07
29.59	228.8	29.59	232.6	29.59	344.4	29.59	268.60
32.00	242	32.00	246.5	32.00	361.1	32.00	283.20
34.48	253.8	34.48	258.3	34.48	375.3	34.48	295.80
34.48	253.6	34.48	258.3	34.48	372.2	34.48	294.70
32.69	241.7	32.69	246.4	32.62	353.9	32.67	280.67
30.90	228.9	30.90	233.1	30.90	335.4	30.90	265.80
29.03	217.5	29.03	221.8	29.03	317.5	29.03	252.27
27.24	207.4	27.24	211.5	27.24	301.9	27.24	240.27
25.45	195.5	25.45	199.4	25.45	284.2	25.45	226.37
23.66	185.1	23.66	188.8	23.66	268.3	23.66	214.07
21.86	173.2	21.86	177.3	21.86	250.6	21.86	200.37
20.07	162.1	20.07	165.7	20.07	234.1	20.07	187.30
18.21	151.8	18.21	155.4	18.21	218.2	18.21	175.13
16.41	140.5	16.41	115.1	16.41	201.4	16.41	152.33
14.62	127.9	14.62	131.3	14.62	183	14.62	147.40
12.83	116.3	12.83	120	12.83	165.9	12.83	134.07
11.03	104.9	11.03	107.2	11.03	148.6	11.03	120.23
9.24	92.48	9.24	95.57	9.24	130.4	9.24	106.15
7.45	80.3	7.38	82.27	7.45	112.4	7.43	91.66
5.61	67.88	5.60	69.87	5.61	93.75	5.61	77.17
3.81	54.53	3.81	56.39	3.81	73.99	3.81	61.64
2.01	40.59	2.01	41.5	2.01	53.57	2.01	45.22
0.21	24.33	0.20	24.72	0.20	30.46	0.20	26.50

						Average	Stdev
YS		30.4		30.2		37.8	32.8	4.3
VS		6.5		6.6		9.7	7.6	1.8
R2		1.0		1.0		1.0	1.0	0.0
Hysteresis		295		339		1059	564	429

Set C3: CS-BX3 – BL3- L1 – 3 day – NIST code (folder SR 46-SR-44B)

SR-44B							
Run# A		Run# B		Run# C		Average	
SR	SS	SR	SS	SR	SS	SR	SS
0.26	11.93	0.21	18.54	0.21	16.43	0.23	15.63
2.63	23.96	2.65	32.42	2.65	27.97	2.64	28.12
5.10	28.86	5.10	39.83	5.10	33.2	5.10	33.96
7.52	33	7.52	44.58	7.52	38.11	7.52	38.56
10.00	37.5	10.00	49.25	10.00	42.2	10.00	42.98
12.41	41.62	12.41	53.83	12.41	46.07	12.41	47.17
14.90	45.43	14.90	58.5	14.90	49.98	14.90	51.30
17.31	48.93	17.31	63.33	17.31	53.51	17.31	55.26
19.79	52.38	19.79	67.84	19.79	57.45	19.79	59.22
22.21	55.65	22.21	72.19	22.21	61.16	22.21	63.00
24.69	58.93	24.69	76.6	24.69	65.04	24.69	66.86
27.17	62.06	27.10	81.1	27.10	69.02	27.13	70.73
29.59	65.31	29.59	85.39	29.59	72.75	29.59	74.48
32.00	68.63	32.00	89.66	32.00	76.8	32.00	78.36
34.48	71.89	34.48	93.77	34.48	80.78	34.48	82.15
34.48	71.83	34.48	93.58	34.48	80.47	34.48	81.96
32.69	69.2	32.69	89.76	32.69	77.43	32.69	78.80
30.83	66.46	30.83	86.01	30.83	74.61	30.83	75.69
29.03	63.71	29.03	82.51	29.10	71.77	29.06	72.66
27.24	61.38	27.24	79.19	27.24	68.8	27.24	69.79
25.45	58.69	25.45	75.61	25.45	65.81	25.45	66.70
23.66	56.23	23.66	72.3	23.66	62.95	23.66	63.83
21.86	53.35	21.86	68.73	21.86	60.01	21.86	60.70
20.07	50.87	20.07	65.22	20.07	56.96	20.07	57.68
18.21	48.37	18.21	61.84	18.28	53.78	18.23	54.66
16.41	45.64	16.41	58.26	16.41	50.7	16.41	51.53
14.62	42.51	14.62	54.39	14.62	38.29	14.62	45.06
12.83	39.8	12.83	50.59	12.83	44.62	12.83	45.00
11.03	36.99	11.03	46.89	11.03	41.25	11.03	41.71
9.24	33.82	9.24	42.77	9.17	37.84	9.22	38.14
7.45	30.64	7.45	38.71	7.38	34.08	7.43	34.48
5.60	27.66	5.60	34.18	5.59	30.28	5.60	30.71
3.82	24.11	3.81	29.5	3.81	26.31	3.81	26.64
2.01	20.08	2.00	24.54	1.99	21.93	2.00	22.18
0.21	13.56	0.20	16.65	0.21	14.85	0.20	15.02

				Average	Stdev
YS	18.0	21.8	19.0	19.6	1.9
VS	1.6	2.1	1.8	1.8	0.3
R2	1.0	1.0	1.0	1.0	0.0
Hysteresis	50	111	65	75	32.1

Set C3: CS-BX3 – BL3- L2 – 3 day – NIST code (folder SR 46-SR-44C)

SR-44C

Run# G		Run# H		Run# I		Average	
SR	SS	SR	SS	SR	SS	SR	SS
0.20	41.75	0.20	33.85	0.21	33.67	0.20	36.42
2.63	92.66	2.65	64.25	2.64	62.01	2.64	72.97
5.10	142.9	5.10	86.09	5.10	82.4	5.10	103.80
7.52	187.5	7.52	108.5	7.52	100.2	7.52	132.07
10.00	219.7	10.00	129	10.00	118.2	10.00	155.63
12.41	248.5	12.41	147.5	12.41	136.1	12.41	177.37
14.90	271.1	14.90	165.7	14.90	153.7	14.90	196.83
17.31	283.9	17.31	183.6	17.31	170.7	17.31	212.73
19.79	299	19.79	200.7	19.79	187.9	19.79	229.20
22.21	318.5	22.21	217	22.21	204	22.21	246.50
24.69	336.1	24.69	233.2	24.69	220.1	24.69	263.13
27.10	348.7	27.10	249.4	27.17	235.1	27.13	277.73
29.59	368.5	29.59	265	29.59	250.2	29.59	294.57
32.00	381.4	32.00	279.5	32.00	264.8	32.00	308.57
34.48	401.4	34.48	292.9	34.48	279.3	34.48	324.53
34.48	392	34.48	290.4	34.48	277.4	34.48	319.93
32.69	372.6	32.69	276.2	32.69	264.6	32.69	304.47
30.90	354.3	30.90	263.1	30.83	252.2	30.87	289.87
29.03	333.8	29.10	249.8	29.03	239.7	29.06	274.43
27.24	320.7	27.24	237.8	27.24	227.8	27.24	262.10
25.45	299.3	25.45	224.1	25.45	214.9	25.45	246.10
23.66	284.3	23.66	211.5	23.66	202.8	23.66	232.87
21.86	262.6	21.86	198	21.86	189.9	21.86	216.83
20.07	245.5	20.07	184.9	20.07	177.4	20.07	202.60
18.21	229.5	18.21	171.3	18.28	165.1	18.23	188.63
16.41	211.5	16.41	158.1	16.41	152.3	16.41	173.97
14.62	191.1	14.62	145	14.62	139.4	14.62	158.50
12.83	173	12.83	105.1	12.83	126.7	12.83	134.93
11.03	155.1	11.03	118	11.03	113.5	11.03	128.87
9.24	135.5	9.24	103.7	9.24	100.2	9.24	113.13
7.38	116.1	7.45	89.51	7.38	86.29	7.40	97.30
5.60	96.62	5.59	74.78	5.61	72.49	5.60	81.30
3.81	75.96	3.81	59.73	3.82	58.14	3.82	64.61
2.02	54.13	1.99	43.49	2.01	42.44	2.01	46.69
0.20	28.97	0.20	25.25	0.20	24.76	0.20	26.33

						Average	Stdev
YS	37.3		29.4		31.2	32.6	4.1
VS	10.3		7.6		7.2	8.4	1.7
R2	1.0		1.0		1.0	1.0	0.0
Hysteresis	1349		477		297	708	563

Set C3: CS-BX3 – BL30- L2 – 3 day – NIST code (folder SR 46-SR-44D)

SR-44D							
Run# D		Run# E		Run# F		Average	
SR	SS	SR	SS	SR	SS	SR	SS
0.21	23.22	0.20	27.58	0.19	28.18	0.20	26.33
2.64	47.56	2.65	58.5	2.64	64.12	2.64	56.73
5.10	67.39	5.08	82.8	5.08	91.87	5.09	80.69
7.52	85.44	7.52	105.8	7.52	118.2	7.52	103.15
10.00	102.6	10.00	127.5	10.00	139.4	10.00	123.17
12.41	117.7	12.41	147.6	12.41	159	12.41	141.43
14.90	132.9	14.90	166.9	14.90	177.7	14.90	159.17
17.31	147.3	17.38	185.7	17.38	195.8	17.36	176.27
19.79	162	19.79	203.6	19.79	212.9	19.79	192.83
22.21	174.3	22.21	221.4	22.21	231.2	22.21	208.97
24.69	187.9	24.69	238.2	24.69	247.6	24.69	224.57
27.17	202.8	27.10	253.5	27.10	261.4	27.13	239.23
29.59	213.4	29.59	268.6	29.59	276.8	29.59	252.93
32.00	228.2	32.07	226.9	32.00	290.1	32.02	248.40
34.48	239.4	34.48	299	34.48	306.9	34.48	281.77
34.48	239.6	34.48	295.1	34.48	300.2	34.48	278.30
32.69	228.4	32.69	280.9	32.69	285.1	32.69	264.80
30.83	215.4	30.83	266.8	30.90	274.2	30.85	252.13
29.03	206.2	29.03	253.9	29.03	259.5	29.03	239.87
27.24	192.9	27.24	237.8	27.24	244.2	27.24	224.97
25.45	183.4	25.45	224.9	25.45	232.2	25.45	213.50
23.66	171.7	23.66	210.3	23.66	216.5	23.66	199.50
21.86	163.5	21.86	198.4	21.86	204.2	21.86	188.70
20.07	151.6	20.07	184	20.07	190.5	20.07	175.37
18.28	142	18.21	169.9	18.21	174.3	18.23	162.07
16.41	130.8	16.41	156	16.41	160.2	16.41	149.00
14.62	119.3	14.62	142.9	14.62	147.9	14.62	136.70
12.83	108.6	12.83	128.7	12.83	133	12.83	123.43
11.03	95.58	11.03	113.9	11.03	119.2	11.03	109.56
9.24	85.25	9.24	100.3	9.24	103.8	9.24	96.45
7.45	72.43	7.45	85.55	7.45	89.04	7.45	82.34
5.61	60.55	5.61	70.59	5.61	72.44	5.61	67.86
3.81	47.72	3.81	55.25	3.81	56.48	3.81	53.15
2.01	33.54	2.01	38.94	2.01	39.94	2.01	37.47
0.21	18.17	0.20	20.6	0.20	20.69	0.20	19.82

						Average	Stdev
YS	24.5		25.5		27.3	25.8	1.4
VS	6.3		7.9		8.0	7.4	1.0
R2	1.0		1.0		1.0	1.0	0.0
Hysteresis	328		313		512	385	111

B - 33

Set C7: CS-BX3 – BL30- L1 – 7 day – NIST code (folder SR 47-SR-44A)

SR-44A							
Run# G		Run# H		Run# I		Average	
SR	SS	SR	SS	SR	SS	SR	SS
0.20	49.15	0.19	33.64	0.21	33.31	0.20	38.70
2.64	111.9	2.64	58.53	2.65	58.15	2.64	76.19
5.08	160	5.10	76.71	5.10	78.96	5.09	105.22
7.52	206.7	7.52	93.84	7.52	96.77	7.52	132.44
10.00	237.5	10.00	111.1	10.00	113.8	10.00	154.13
12.41	266.7	12.41	128.3	12.48	131	12.44	175.33
14.90	288.6	14.90	144.8	14.90	149.4	14.90	194.27
17.31	315	17.31	161.9	17.31	166.2	17.31	214.37
19.79	333.3	19.79	177.9	19.79	183.4	19.79	231.53
22.28	357.5	22.28	193.4	22.21	196.5	22.25	249.13
24.69	376	24.69	208.4	24.69	211.3	24.69	265.23
27.10	385.8	27.10	222.7	27.17	229.9	27.13	279.47
29.59	410.1	29.59	237.1	29.59	241.5	29.59	296.23
32.00	416.8	32.00	249.1	32.00	257.5	32.00	307.80
34.48	440.2	34.48	261.1	34.48	266	34.48	322.43
34.41	415.6	34.48	257.4	34.48	269.7	34.46	314.23
32.62	393.1	32.62	244.4	32.69	258	32.64	298.50
30.90	383.5	30.90	234.5	30.83	240.3	30.87	286.10
29.10	354.7	29.03	221.3	29.03	230	29.06	268.67
27.24	346.8	27.24	212.1	27.24	217.5	27.24	258.80
25.45	318.5	25.45	199.8	25.45	204.8	25.45	241.03
23.66	307.1	23.66	189.2	23.66	194.1	23.66	230.13
21.86	276.9	21.86	175.4	21.86	183.2	21.86	211.83
20.07	261.4	20.07	165.1	20.07	170.2	20.07	198.90
18.21	243.3	18.21	152.9	18.21	162.3	18.21	186.17
16.41	225.2	16.41	141.7	16.41	149.9	16.41	172.27
14.62	202	14.62	129.6	14.62	135.1	14.62	155.57
12.83	181.1	12.83	116.8	12.83	124.7	12.83	140.87
11.03	165.9	11.03	106.7	11.03	109.7	11.03	127.43
9.24	142	9.24	92.65	9.24	98.83	9.24	111.16
7.45	123.3	7.45	81.02	7.45	84.03	7.45	96.12
5.60	102	5.61	67.38	5.60	72.17	5.60	80.52
3.79	79.64	3.81	53.54	3.82	57.99	3.81	63.72
2.01	57.57	2.01	40.3	2.01	41.66	2.01	46.51
0.20	31.12	0.21	24.09	0.20	25.08	0.20	26.76

	Run# G	Run# H	Run# I	Average	Stdev
YS	38.5	29.5	31.9	33.3	4.7
VS	11.1	6.7	6.9	8.2	2.5
R2	1.0	1.0	1.0	1.0	0.0
Hysteresis	1301	298	470	690	536

Set C7: CS-BX3 – BL3- L1 – 7 day – NIST code (folder SR 47-SR-44B)

SR-44B							
Run# A		Run# B		Run# C		Average	
SR	SS	SR	SS	SR	SS	SR	SS
0.28	14.89	0.21	16.07	0.20	16.15	0.23	15.70
2.65	32.13	2.63	26.05	2.64	25.53	2.64	27.90
5.10	38.02	5.10	32.27	5.10	30.37	5.10	33.55
7.52	42.75	7.52	38.01	7.52	34.68	7.52	38.48
10.00	46.95	10.00	43.27	10.00	38.16	10.00	42.79
12.41	51.24	12.41	48.57	12.41	41.36	12.41	47.06
14.90	55.28	14.90	53.98	14.90	44.58	14.90	51.28
17.31	59.68	17.38	59.08	17.31	47.92	17.33	55.56
19.79	63.66	19.79	64.04	19.79	51.01	19.79	59.57
22.21	54.33	22.28	68.98	22.21	54.39	22.23	59.23
24.69	71.93	24.69	73.84	24.69	58.11	24.69	67.96
27.17	75.96	27.17	78.55	27.17	62.27	27.17	72.26
29.59	80.38	29.59	83.23	29.59	65.77	29.59	76.46
32.00	84.12	32.00	87.81	32.00	69.97	32.00	80.63
34.48	88.19	34.48	92.87	34.48	73.41	34.48	84.82
34.48	87.81	34.48	92.52	34.48	74.32	34.48	84.88
32.69	84.38	32.69	88.96	32.69	72.03	32.69	81.79
30.83	81.08	30.83	68.65	30.83	68.98	30.83	72.90
29.03	77.75	29.03	82.08	29.03	66.62	29.03	75.48
27.24	74.63	27.24	78.79	27.24	64.42	27.24	72.61
25.45	71.1	25.45	75.45	25.45	61.84	25.45	69.46
23.66	68	23.66	71.86	23.66	59.58	23.66	66.48
21.86	64.64	21.86	68.26	21.86	56.85	21.86	63.25
20.07	61.17	20.07	64.96	20.07	54.39	20.07	60.17
18.28	57.93	18.28	61.44	18.28	52.18	18.28	57.18
16.41	54.53	16.41	57.85	16.41	49.38	16.41	53.92
14.62	50.96	14.62	54.09	14.62	46.18	14.62	50.41
12.83	47.36	12.83	50.53	12.83	43.52	12.83	47.14
11.03	43.5	11.03	46.89	11.03	40.15	11.03	43.51
9.24	40.01	9.24	42.73	9.24	37.08	9.24	39.94
7.45	35.87	7.38	38.62	7.38	33.22	7.40	35.90
5.61	31.76	5.61	34.2	5.61	29.91	5.61	31.96
3.81	27.4	3.81	29.58	3.82	25.9	3.82	27.63
2.02	22.56	2.01	24.56	2.00	21.14	2.01	22.75
0.20	15.19	0.21	16.66	0.20	14.58	0.20	15.48

	Run# A	Run# B	Run# C	Average	Stdev
YS	19.9	22.9	20.3	21.0	1.6
VS	2.0	2.0	1.6	1.9	0.2
R2	1.0	1.0	1.0	1.0	0.0
Hysteresis	76	3	5	28	42

Set C7: CS-BX3 – BL3- L2 – 7 day – NIST code (folder SR 47-SR-44C)

SR-44C

Run# J		Run# K		Run# L		Average	
SR	SS	SR	SS	SR	SS	SR	SS
0.20	34.26	0.20	27.14	0.20	47.65	0.20	36.35
2.63	73.36	2.65	48.71	2.66	103.7	2.65	75.26
5.10	105.5	5.10	65.51	5.09	159.2	5.09	110.07
7.52	139.2	7.52	81.33	7.59	204.6	7.54	141.71
10.00	163.1	10.00	96.67	10.00	241.1	10.00	166.96
12.41	186.3	12.41	111.7	12.41	277.1	12.41	191.70
14.90	204.2	14.90	126	14.90	309.8	14.90	213.33
17.38	218.3	17.31	141.5	17.38	340.1	17.36	233.30
19.79	234.6	19.79	154.8	19.79	366	19.79	251.80
22.21	252.2	22.21	170.2	22.21	392	22.21	271.47
24.69	269.2	24.69	184.1	24.69	418.5	24.69	290.60
27.17	285.3	27.10	196	27.10	448.4	27.13	309.90
29.59	302.3	29.59	210.7	29.59	469.8	29.59	327.60
32.00	317.1	32.00	221.5	32.00	494.5	32.00	344.37
34.48	332.1	34.48	236.1	34.48	511.4	34.48	359.87
34.48	328.7	34.48	230.7	34.48	512.4	34.48	357.27
32.69	313	32.69	219.9	32.62	487.5	32.67	340.13
30.90	297.3	30.90	213.4	30.90	457.2	30.90	322.63
29.03	282	29.10	202.7	29.03	432.2	29.06	305.63
27.24	269.2	27.24	191.3	27.24	411	27.24	290.50
25.45	252.8	25.45	182.4	25.45	384.9	25.45	273.37
23.66	239.3	23.66	170.6	23.66	364.1	23.66	258.00
21.86	222.9	21.86	161.5	21.86	338.4	21.86	240.93
20.07	208.4	20.00	151.2	20.07	314.2	20.05	224.60
18.21	194.5	18.28	138	18.21	294.5	18.23	209.00
16.41	179.4	16.41	127.6	16.41	270.6	16.41	192.53
14.62	162.9	14.62	119.4	14.62	243.1	14.62	175.13
12.83	147.7	12.83	108	12.83	219.8	12.83	158.50
11.03	132.2	11.03	96.74	11.03	195.5	11.03	141.48
9.24	116.1	9.24	85.62	9.24	169.4	9.24	123.71
7.45	99.45	7.45	73.89	7.45	143.9	7.45	105.75
5.61	82.92	5.61	61.27	5.61	118.5	5.61	87.56
3.82	65.32	3.81	49.16	3.80	90.32	3.81	68.27
2.01	46.6	1.99	35.94	2.02	60.98	2.01	47.84
0.20	25.46	0.20	21.21	0.19	28.25	0.20	24.97

	Run# J	Run# K	Run# L	Average	Stdev
YS	33.4	27.5	38.8	33.3	5.7
VS	8.6	6.0	13.7	9.5	3.9
R2	1.0	1.0	1.0	1.0	0.0
Hysteresis	772	30	1558	787	764

Set C7: CS-BX3 – BL30- L2 – 7 day – NIST code (folder SR 47-SR-44D)

SR-44D

Run# D		Run# E		Run# F		Average	
SR	SS	SR	SS	SR	SS	SR	SS
0.21	21.88	0.21	28.07	0.20	30.64	0.21	26.86
2.65	46.86	2.66	71.07	2.65	73.76	2.65	63.90
5.08	66.15	5.10	107.4	5.10	108	5.09	93.85
7.59	83.98	7.52	144.5	7.52	140.8	7.54	123.09
10.00	101.1	10.00	177.1	10.00	166.2	10.00	148.13
12.41	118.3	12.41	207	12.41	189.8	12.41	171.70
14.90	134.9	14.90	232.5	14.90	208.9	14.90	192.10
17.38	151.9	17.31	257.9	17.31	228.4	17.33	212.73
19.79	167.6	19.79	278.2	19.79	242.9	19.79	229.57
22.21	183.8	22.21	294.7	22.21	264	22.21	247.50
24.69	198.8	24.69	307.1	24.69	280.7	24.69	262.20
27.10	212	27.10	318.3	27.10	289.5	27.10	273.27
29.59	227.2	29.59	331.9	29.59	308.6	29.59	289.23
32.00	240	32.00	343.5	32.00	316.9	32.00	300.13
34.48	255.4	34.48	358	34.48	339.7	34.48	317.70
34.48	252.4	34.48	350	34.48	324.3	34.48	308.90
32.69	241	32.69	331.5	32.69	306.8	32.69	293.10
30.90	231.6	30.83	315.2	30.90	300.2	30.87	282.33
29.03	219.7	29.03	298.7	29.10	282.3	29.06	266.90
27.24	207.5	27.24	279.9	27.24	265.6	27.24	251.00
25.45	197.3	25.45	265.4	25.45	253.2	25.45	238.63
23.66	184.7	23.66	247.7	23.66	234.6	23.66	222.33
21.86	174.2	21.86	233.6	21.86	221.1	21.86	209.63
20.07	162.5	20.00	216.7	20.07	206.7	20.05	195.30
18.21	149.6	18.28	200.1	18.28	185.4	18.25	178.37
16.41	137.9	16.41	183.6	16.41	170.2	16.41	163.90
14.62	126.8	14.62	167.9	14.62	160	14.62	151.57
12.83	114.4	12.83	151.2	12.83	142.7	12.83	136.10
11.03	101.9	11.03	133.9	11.03	127.4	11.03	121.07
9.24	89.4	9.24	117	9.24	111	9.24	105.80
7.45	76.66	7.45	99.36	7.45	94.9	7.45	90.31
5.61	63.02	5.61	81.08	5.60	75.95	5.61	73.35
3.81	49.35	3.81	62.41	3.81	58.98	3.81	56.91
2.01	34.92	1.99	42.63	1.99	40.82	2.00	39.46
0.21	18.14	0.20	20.94	0.20	20.51	0.20	19.86

						Average	Stdev
YS	25.0		27.5		27.0	26.5	1.3
VS	6.7		9.4		8.8	8.3	1.4
R2	1.0		1.0		1.0	1.0	0.0
Hysteresis	101		1198		675	658	549

Set D1: CS-BX5 – BL11- L2 – Mixing Day – NIST code (folder SR 49-SR-48A)

SR-48A

Run# A		Run# B		Run# C		Average	
SR	SS	SR	SS	SR	SS	SR	SS
0.21	49.19	0.20	35.38	0.21	42.46	0.21	42.34
2.65	111.4	2.66	57.63	2.64	75.44	2.65	81.49
5.10	161.8	5.08	75.93	5.10	102.6	5.09	113.44
7.52	219.3	7.52	93.73	7.52	129.4	7.52	147.48
10.00	253.7	10.00	110.5	10.00	152.1	10.00	172.10
12.48	284.8	12.41	127.1	12.41	173.3	12.44	195.07
14.90	310.6	14.90	143.9	14.90	192.9	14.90	215.80
17.31	333.9	17.38	160	17.31	212.8	17.33	235.57
19.79	348.7	19.79	175.8	19.79	230.8	19.79	251.77
22.21	374.8	22.21	191	22.28	249.7	22.23	271.83
24.69	396.2	24.69	206.2	24.69	266.6	24.69	289.67
27.10	410	27.10	221.5	27.10	283.1	27.10	304.87
29.59	439.2	29.59	236	29.59	299.9	29.59	325.03
32.00	447.1	32.07	250.5	32.00	313.8	32.02	337.13
34.48	474	34.48	263.9	34.48	328	34.48	355.30
34.48	449	34.48	263.2	34.48	323.3	34.48	345.17
32.69	427	32.69	251.8	32.69	308	32.69	328.93
30.90	422.6	30.90	239.9	30.90	296.4	30.90	319.63
29.10	397.1	29.03	228.8	29.03	280.2	29.06	302.03
27.24	377.6	27.24	217.6	27.24	268.7	27.24	287.97
25.45	359.8	25.45	206.3	25.45	253.5	25.45	273.20
23.66	336.7	23.66	195.1	23.66	240.3	23.66	257.37
21.86	315.6	21.86	183.6	21.86	223.3	21.86	240.83
20.07	298	20.07	172.2	20.07	210.3	20.07	226.83
18.21	265.8	18.21	160.8	18.28	195.2	18.23	207.27
16.41	245.9	16.41	149.1	16.41	180.5	16.41	191.83
14.62	234.4	14.62	136.5	14.62	165.7	14.62	178.87
12.83	210.2	12.83	124.6	12.83	149.5	12.83	161.43
11.03	189.8	11.03	112.2	11.03	136	11.03	146.00
9.24	166	9.24	99.42	9.24	118.5	9.24	127.97
7.38	143.8	7.45	86.32	7.45	103.1	7.43	111.07
5.61	115.8	5.62	73.06	5.60	85.58	5.61	91.48
3.81	91.67	3.80	58.84	3.82	68.27	3.81	72.93
1.99	65.04	2.01	43.66	2.02	50.01	2.01	52.90
0.20	35.54	0.20	26.7	0.19	29.1	0.20	30.45

	Run# A	Run# B	Run# C	Average	Stdev
YS	50.0	34.6	38.2	40.9	8.1
VS	12.0	6.7	8.4	9.0	2.7
R2	1.00	1.00	1.00	1.0	0.0
Hysteresis	946	156	529	544	395

Set D1: CS-BX5 – BL36- L1 – Mixing Day – NIST code (folder SR 49-SR-48B)

SR-48B

Run# D		Run# E		Run# F		Average	
SR	SS	SR	SS	SR	SS	SR	SS
0.20	29.36	0.20	32.12	0.19	27.99	0.20	29.82
2.63	57.83	2.64	63.62	2.63	53.53	2.64	58.33
5.10	78.62	5.10	88.3	5.10	71.41	5.10	79.44
7.52	105.6	7.52	114.8	7.52	87.86	7.52	102.75
10.00	127.7	10.00	131.7	10.00	104.3	10.00	121.23
12.41	148.9	12.41	149.4	12.48	119.3	12.44	139.20
14.90	169.1	14.90	167.5	14.90	133.4	14.90	156.67
17.31	186.9	17.31	184.5	17.31	148.5	17.31	173.30
19.79	203.5	19.79	200.8	19.79	161.9	19.79	188.73
22.21	217.3	22.28	215.8	22.28	175.5	22.25	202.87
24.69	231.4	24.69	230.8	24.69	188.6	24.69	216.93
27.17	246.3	27.10	247.4	27.10	202	27.13	231.90
29.59	256.5	29.59	260.7	29.59	215	29.59	244.07
32.00	268.8	32.00	274.3	32.00	227.2	32.00	256.77
34.48	278	34.48	282.9	34.48	236.9	34.48	265.93
34.48	276.5	34.48	284.1	34.48	236.4	34.48	265.67
32.69	262.3	32.69	270.2	32.69	225.2	32.69	252.57
30.83	245.6	30.90	252.1	30.90	212.8	30.87	236.83
29.03	234.6	29.03	240.3	29.03	202	29.03	225.63
27.24	219.4	27.24	228.5	27.24	193.2	27.24	213.70
25.45	208.1	25.45	214.6	25.45	181.4	25.45	201.37
23.66	195	23.66	203.6	23.66	172	23.66	190.20
21.86	186	21.86	190.8	21.86	160.4	21.86	179.07
20.07	172.7	20.07	177.4	20.07	150.1	20.07	166.73
18.28	161.5	18.28	167.5	18.21	141.1	18.25	156.70
16.41	149	16.41	154.5	16.41	130.4	16.41	144.63
14.62	136.6	14.62	139.8	14.62	118.1	14.62	131.50
12.83	124.2	12.83	127.6	12.83	107.4	12.83	119.73
11.03	109.3	11.03	112.7	11.03	95.84	11.03	105.95
9.24	97.99	9.24	100.5	9.24	84.92	9.24	94.47
7.38	83.36	7.45	85.53	7.38	72.89	7.40	80.59
5.61	69.92	5.60	72.23	5.61	61.54	5.60	67.90
3.81	55.4	3.82	57.08	3.82	48.94	3.82	53.81
2.01	38.99	2.01	40.19	2.01	35.02	2.01	38.07
0.20	21.58	0.19	22.29	0.20	20.12	0.20	21.33

	Run# D	Run# E	Run# F	Average	Stdev
YS	28.4	29.3	26.1	28.0	1.7
VS	7.1	7.4	6.1	6.9	0.7
R2	1.00	1.00	1.00	1.0	0.0
Hysteresis	722	741	381	615	202

Set D1: CS-BX5 – BL11- L1 – Mixing Day – NIST code (folder SR 49-SR-48C)

SR-48C

Run# G		Run# H		Run# I		Average	
SR	SS	SR	SS	SR	SS	SR	SS
0.20	43.53	0.20	39.4	0.20	39.78	0.20	40.90
2.65	93.52	2.65	75.85	2.65	79.57	2.65	82.98
5.10	141.4	5.10	108.5	5.10	106.9	5.10	118.93
7.52	185.4	7.52	140.3	7.52	138.1	7.52	154.60
10.00	216.9	10.00	164.9	10.00	163.1	10.00	181.63
12.41	246.5	12.41	187.3	12.41	186.2	12.41	206.67
14.90	275.1	14.90	207.5	14.90	209.3	14.90	230.63
17.31	296.4	17.31	228.7	17.31	230.2	17.31	251.77
19.79	319.2	19.79	247.4	19.79	250.8	19.79	272.47
22.21	332.4	22.21	268	22.28	269	22.23	289.80
24.69	350.4	24.69	285.5	24.69	287	24.69	307.63
27.10	377.1	27.10	297.7	27.17	306.8	27.13	327.20
29.59	393.2	29.59	314.6	29.59	322.4	29.59	343.40
32.00	412.9	32.00	327.2	32.00	339.8	32.00	359.97
34.48	419.7	34.48	347.3	34.48	350.8	34.48	372.60
34.41	419.4	34.48	338.7	34.48	352	34.46	370.03
32.69	398.1	32.69	323.2	32.69	335.1	32.69	352.13
30.90	377.1	30.83	311.3	30.90	315.3	30.87	334.57
29.10	355.1	29.03	296.4	29.03	300.6	29.06	317.37
27.24	346	27.24	276.9	27.24	288.4	27.24	303.77
25.45	322.8	25.45	265.1	25.45	270.2	25.45	286.03
23.66	307.9	23.66	246.6	23.66	257.1	23.66	270.53
21.86	282.4	21.86	235.4	21.86	238.8	21.86	252.20
20.07	266.6	20.00	218.7	20.07	223.5	20.05	236.27
18.21	244.5	18.28	202	18.28	210.3	18.25	218.93
16.41	226	16.41	186.3	16.41	193.9	16.41	202.07
14.62	207.4	14.62	171.9	14.62	175.2	14.62	184.83
12.83	185.3	12.83	156	12.83	159.5	12.83	166.93
11.03	169.6	11.03	137.7	11.03	142.4	11.03	149.90
9.24	145.5	9.17	122.5	9.24	125.3	9.22	131.10
7.45	126.3	7.38	104.4	7.45	107.2	7.43	112.63
5.61	101.9	5.61	87.01	5.61	89.81	5.61	92.91
3.81	79.52	3.81	68.46	3.81	70.85	3.81	72.94
2.00	57.02	1.99	47.97	2.01	49.98	2.00	51.66
0.21	29.59	0.20	26.42	0.21	27.3	0.21	27.77

				Average	Stdev
YS	39.9	36.1	37.0	37.7	2.0
VS	11.1	8.9	9.2	9.8	1.2
R2	1.00	1.00	1.00	1.0	0.0
Hysteresis	1493	594	842	976	464

Set D1: CS-BX5 – BL36- L2 – Mixing Day – NIST code (folder SR 49-SR-48D)

SR-48D

Run# J		Run# K		Run# M		Average	
SR	SS	SR	SS	SR	SS	SR	SS
0.20	37.07	0.19	32.35	0.21	31.87	0.20	33.76
2.64	69.64	2.65	57.1	2.63	64.66	2.64	63.80
5.10	91.97	5.10	76.69	5.10	87.66	5.10	85.44
7.52	116.5	7.59	96.97	7.52	109.7	7.54	107.72
10.00	136.6	10.00	113.9	10.00	129.1	10.00	126.53
12.41	156.2	12.41	130.4	12.41	146.8	12.41	144.47
14.90	176.8	14.90	147.2	14.90	165	14.90	163.00
17.38	193.9	17.38	162.6	17.31	181	17.36	179.17
19.79	212.6	19.79	178.1	19.79	198	19.79	196.23
22.21	226.8	22.21	190.7	22.21	211.9	22.21	209.80
24.69	242	24.69	203.9	24.69	227.3	24.69	224.40
27.17	259.7	27.10	218.9	27.17	243	27.15	240.53
29.59	272.5	29.59	230.2	29.59	255	29.59	252.57
32.00	288.6	32.00	242.9	32.00	269.7	32.00	267.07
34.48	299.1	34.48	250.9	34.48	281.9	34.48	277.30
34.48	301	34.48	251.2	34.48	280.3	34.48	277.50
32.69	286.9	32.62	238.8	32.69	266.4	32.67	264.03
30.83	270.3	30.90	224.7	30.83	255.9	30.85	250.30
29.03	258.8	29.03	213	29.03	243.7	29.03	238.50
27.24	244.3	27.24	204.9	27.24	227.2	27.24	225.47
25.45	231.5	25.45	192.1	25.45	217.7	25.45	213.77
23.66	217.8	23.66	182.8	23.66	202.4	23.66	201.00
21.86	207	21.86	169.5	21.86	192.2	21.86	189.57
20.07	193	20.07	159	20.07	179.6	20.07	177.20
18.21	180.7	18.21	149.6	18.28	164.8	18.23	165.03
16.41	166.7	16.41	138.5	16.41	151.8	16.41	152.33
14.62	153.5	14.62	125.1	14.62	140.6	14.62	139.73
12.83	139.2	12.83	113.4	12.83	126.9	12.83	126.50
11.03	124.1	11.03	102.8	11.03	113.9	11.03	113.60
9.24	110	9.24	89.83	9.24	100.1	9.24	99.98
7.38	94.92	7.45	78.16	7.38	86.45	7.40	86.51
5.61	78.92	5.61	65.61	5.60	71.44	5.61	71.99
3.81	62.69	3.81	51.98	3.82	56.89	3.81	57.19
2.01	45.03	2.01	38.5	2.01	41.19	2.01	41.57
0.21	25.59	0.20	22.4	0.20	23.26	0.20	23.75

				Average	Stdev
YS	34.7	28.3	29.8	31.0	3.4
VS	7.8	6.5	7.3	7.2	0.7
R2	1.00	1.00	1.00	1.0	0.0
Hysteresis	634	548	537	573	53

Set D3: CS-BX5 – BL11- L2 – 3 day – NIST code (folder SR 50-SR-48A)

SR-48A							
Run# G		Run# I		Run# J		Average	
SR	SS	SR	SS	SR	SS	SR	SS
0.20	29.44	0.21	34.11	0.20	39.4	0.20	34.32
2.63	50.18	2.65	67.47	2.64	81.05	2.64	66.23
5.10	66.09	5.10	92.42	5.09	110.3	5.10	89.60
7.52	81.5	7.52	119	7.52	144.3	7.52	114.93
10.00	95.8	10.00	140.2	10.00	164	10.00	133.33
12.41	110.3	12.41	160	12.48	183.8	12.44	151.37
14.90	125.2	14.90	179.1	14.90	203.2	14.90	169.17
17.38	139	17.31	196	17.31	222.2	17.33	185.73
19.79	153.2	19.79	213.9	19.79	239.6	19.79	202.23
22.21	165.9	22.21	229.9	22.28	258	22.23	217.93
24.69	178.5	24.69	245.3	24.69	274.7	24.69	232.83
27.17	192	27.10	260.9	27.10	291.3	27.13	248.07
29.59	203.2	29.59	273	29.59	309.2	29.59	261.80
32.00	216	32.00	288.3	32.00	321.4	32.00	275.23
34.48	226.9	34.48	298.9	34.48	336.7	34.48	287.50
34.48	227.5	34.48	298.9	34.48	328.2	34.48	284.87
32.69	217.3	32.69	284.4	32.62	311.7	32.67	271.13
30.83	205.8	30.83	266.1	30.90	301.8	30.85	257.90
29.03	196.1	29.03	253.4	29.03	284.2	29.03	244.57
27.24	186.1	27.24	240.7	27.24	271.8	27.24	232.87
25.45	176.3	25.45	225.9	25.45	256.6	25.45	219.60
23.66	166.2	23.66	213.9	23.66	241.8	23.66	207.30
21.86	156.7	21.86	199.4	17.52	224.7	20.41	193.60
20.07	146.4	20.07	185.9	20.07	211.3	20.07	181.20
18.21	136.8	18.21	175	18.21	193.3	18.21	168.37
16.41	126.3	16.41	161.3	16.41	178.6	16.41	155.40
14.62	115.7	14.62	145.4	14.62	164.8	14.62	141.97
12.83	105.6	12.83	132.1	12.83	147.6	12.83	128.43
11.03	94.26	11.03	118.1	11.03	134.3	11.03	115.55
9.24	83.93	9.24	103.5	9.24	116.2	9.24	101.21
7.38	72.21	7.45	89	7.45	101.2	7.43	87.47
5.61	60.96	5.60	74.81	5.62	82.77	5.61	72.85
3.82	49.19	3.81	59.08	3.80	65.07	3.81	57.78
2.01	36.36	1.99	42.48	2.02	47.79	2.01	42.21
0.20	21.85	0.19	24.06	0.21	26.85	0.20	24.25

					Average	Stdev
YS	27.7		29.7		35.8	31.1	4.2
VS	5.9		7.8		8.7	7.4	1.4
R2	1.0		1.0		1.0	1.0	0.0
Hysteresis	251		793		626	557	278

Set D3: CS-BX5 – BL36- L1 – 3 day – NIST code (folder SR 50-SR-48B)

SR-48B							
Run# A		Run# B		Run# C		Average	
SR	SS	SR	SS	SR	SS	SR	SS
0.26	17.12	0.20	20.13	0.20	27.19	0.22	21.48
2.65	40	2.65	37.94	2.65	56.48	2.65	44.81
5.09	53.53	5.08	51.9	5.08	78.99	5.09	61.47
7.52	66.48	7.52	64.91	7.59	101.3	7.54	77.56
10.00	79.01	10.00	77.01	10.00	119.3	10.00	91.77
12.41	91.83	12.41	89.1	12.41	136.5	12.41	105.81
14.90	104.6	14.90	101.6	14.90	152.5	14.90	119.57
17.38	117.5	17.31	113.7	17.31	168.6	17.33	133.27
19.79	129.8	19.79	125.5	19.79	183.2	19.79	146.17
22.21	141.9	22.21	136.4	22.21	198.4	22.21	158.90
24.69	153.5	24.69	147.6	24.69	212.7	24.69	171.27
27.10	165.1	27.10	159.7	27.10	225.7	27.10	183.50
29.59	176.3	29.59	170.4	29.59	240.3	29.59	195.67
32.00	187.1	32.00	181.5	32.00	252	32.00	206.87
34.48	197	34.48	190.3	34.48	265.1	34.48	217.47
34.48	196.7	34.48	191.3	34.48	261.2	34.48	216.40
32.62	187.5	32.69	182.3	32.62	247.7	32.64	205.83
30.90	178.6	30.90	172.3	30.90	235.7	30.90	195.53
29.03	169.4	29.03	163.6	29.03	222.4	29.03	185.13
27.24	162	27.24	156.2	27.24	212.6	27.24	176.93
25.45	152.7	25.45	146.7	25.45	200	25.45	166.47
23.66	144.5	23.66	139.5	23.66	188.8	23.66	157.60
21.86	134.8	21.86	130.3	21.86	175.3	21.86	146.80
20.07	126.3	20.07	121.5	20.07	164.3	20.07	137.37
18.21	117.7	18.21	114.3	18.21	151.5	18.21	127.83
16.41	108.7	16.41	105.6	16.41	139.8	16.41	118.03
14.62	99.06	14.62	95.73	14.62	127.6	14.62	107.46
12.83	89.66	12.83	87.31	12.83	114.5	12.83	97.16
11.03	80.97	11.03	77.93	11.03	103.6	11.03	87.50
9.24	70.59	9.24	68.87	9.24	89.52	9.24	76.33
7.45	61.29	7.45	59.12	7.45	77.52	7.45	65.98
5.61	51.13	5.61	50.13	5.61	63.35	5.61	54.87
3.81	40.39	3.81	39.83	3.81	49.29	3.81	43.17
2.02	29.49	2.01	28.69	2.01	35.37	2.02	31.18
0.20	16.32	0.20	16.07	0.20	18.51	0.20	16.97

	Run# A	Run# B	Run# C	Average	Stdev
YS	21.7	21.3	24.0	22.3	1.4
VS	5.1	5.0	6.9	5.7	1.1
R2	1.0	1.0	1.0	1.0	0.0
Hysteresis	130	175	487	264	195

Set D3: CS-BX5 – BL11- L1 – 3 day – NIST code (folder SR 50-SR-48C)

SR-48C

Run# K		Run# L		Run# N		Average	
SR	SS	SR	SS	SR	SS	SR	SS
0.21	27.47	0.19	27.84	0.20	29.75	0.20	28.35
2.64	49.13	2.65	52.13	2.64	53.93	2.64	51.73
5.09	67.17	5.09	69.74	5.09	71.97	5.09	69.63
7.52	83.59	7.59	86.52	7.52	89.38	7.54	86.50
10.00	99.84	10.00	102.7	10.00	106.4	10.00	102.98
12.41	115.8	12.41	118.9	12.41	123.2	12.41	119.30
14.90	131.5	14.90	135.5	14.90	139.8	14.90	135.60
17.38	146.6	17.38	151.6	17.31	156.3	17.36	151.50
19.79	161.4	19.79	167.5	19.79	171.7	19.79	166.87
22.21	175.1	22.21	181.4	22.28	185.7	22.23	180.73
24.69	188.7	24.69	196	24.69	200.6	24.69	195.10
27.10	202.9	27.10	211.9	27.10	216.6	27.10	210.47
29.59	216.2	29.59	225.6	29.59	230.4	29.59	224.07
32.00	229	32.07	239.3	32.00	244.5	32.02	237.60
34.48	240.4	34.48	249.6	34.48	252.8	34.48	247.60
34.48	239.6	34.48	249.9	34.48	254.9	34.48	248.13
32.69	228.4	32.62	237.5	32.62	243.1	32.64	236.33
30.90	217	30.90	225.3	30.90	228	30.90	223.43
29.03	206	29.03	213.3	29.03	216.3	29.03	211.87
27.24	196.4	27.24	204.2	27.24	208.9	27.24	203.17
25.45	185.1	25.45	192	25.45	194.9	25.45	190.67
23.66	175.1	23.66	181.8	23.66	186.3	23.66	181.07
21.86	163.7	21.86	169	21.86	171.8	21.86	168.17
20.07	152.9	20.07	158.2	20.07	160.9	20.07	157.33
18.21	142.7	18.21	147	18.21	152	18.21	147.23
16.41	131.9	16.41	135.6	16.41	140.5	16.41	136.00
14.62	120.2	14.62	123.5	14.62	126.2	14.62	123.30
12.83	108.9	12.83	111.5	12.83	114.4	12.83	111.60
11.03	97.92	11.03	100.6	11.03	103.3	11.03	100.61
9.24	85.89	9.24	87.94	9.24	89.99	9.24	87.94
7.45	74.33	7.45	75.99	7.45	78.02	7.45	76.11
5.62	62.34	5.61	63.05	5.61	65.64	5.62	63.68
3.79	49.48	3.80	49.89	3.81	51.76	3.80	50.38
2.01	36.13	2.01	36.43	2.01	37.75	2.01	36.77
0.20	21.01	0.19	20.78	0.21	21.65	0.20	21.15

						Average	Stdev
YS	26.6		25.9		27.4	26.6	0.8
VS	6.2		6.5		6.6	6.5	0.2
R2	1.0		1.0		1.0	1.0	0.0
Hysteresis	245		318		407	323	81

Set D3: CS-BX5 – BL36- L2 – 3 day – NIST code (folder SR 50-SR-48D)

SR-48D							
Run# D		Run# E		Run# F		Average	
SR	SS	SR	SS	SR	SS	SR	SS
0.20	27.42	0.21	27.4	0.20	21.53	0.20	25.45
2.64	61.44	2.64	56.41	2.63	39.22	2.64	52.36
5.08	89.47	5.10	81.65	5.10	53.11	5.09	74.74
7.52	115.4	7.52	106	7.52	65.15	7.52	95.52
10.00	137.4	10.00	127.2	10.00	77.41	10.00	114.00
12.41	156.8	12.41	146.6	12.48	89.11	12.44	130.84
14.90	174.7	14.90	164.9	14.90	100.8	14.90	146.80
17.38	192.3	17.31	179.4	17.31	112.9	17.33	161.53
19.79	209.2	19.79	191	19.79	124.2	19.79	174.80
22.21	227	22.21	201.6	22.28	136.1	22.23	188.23
24.69	242.5	24.69	212.7	24.69	147.2	24.69	200.80
27.10	253.8	27.10	225.4	27.17	157.8	27.13	212.33
29.59	267.9	29.59	235.8	29.59	168.8	29.59	224.17
32.07	279.3	32.00	248.3	32.00	178.6	32.02	235.40
34.48	294.8	34.48	258.1	34.48	187.9	34.48	246.93
34.48	289.2	34.48	256.6	34.48	188.1	34.48	244.63
32.69	274.6	32.69	243.6	32.69	179.3	32.69	232.50
30.90	261.9	30.83	228.9	30.90	169.1	30.87	219.97
29.03	248.9	29.10	217.3	29.03	160.9	29.06	209.03
27.24	231.9	27.24	205.9	27.24	154	27.24	197.27
25.45	221	25.45	193.5	25.45	144.6	25.45	186.37
23.66	205.6	23.66	183.1	23.66	137.3	23.66	175.33
21.86	195.4	21.86	171	21.86	127.9	21.86	164.77
20.07	181.6	20.07	159.1	20.07	119.5	20.07	153.40
18.21	167.4	18.21	148.9	18.28	112.5	18.23	142.93
16.41	154	16.41	137.1	16.41	103.9	16.41	131.67
14.62	141.6	14.62	124.3	14.62	94.09	14.62	120.00
12.83	127.9	12.83	112.7	12.83	85.8	12.83	108.80
11.03	113.5	11.03	100.8	11.03	76.42	11.03	96.91
9.24	99.95	9.24	88.35	9.24	67.84	9.24	85.38
7.45	85.34	7.45	75.85	7.45	58.15	7.45	73.11
5.61	70.28	5.60	63.37	5.60	49.27	5.60	60.97
3.81	54.95	3.81	50.03	3.82	39.25	3.81	48.08
2.01	38.78	1.99	35.93	2.02	28.39	2.01	34.37
0.20	20.83	0.21	20.13	0.20	16.46	0.20	19.14

	Run# D	Run# E	Run# F	Average	Stdev
YS	21.1	24.7	21.1	22.3	2.1
VS	4.9	6.7	4.9	5.5	1.1
R2	1.0	1.0	1.0	1.0	0.0
Hysteresis	187	798	187	391	352

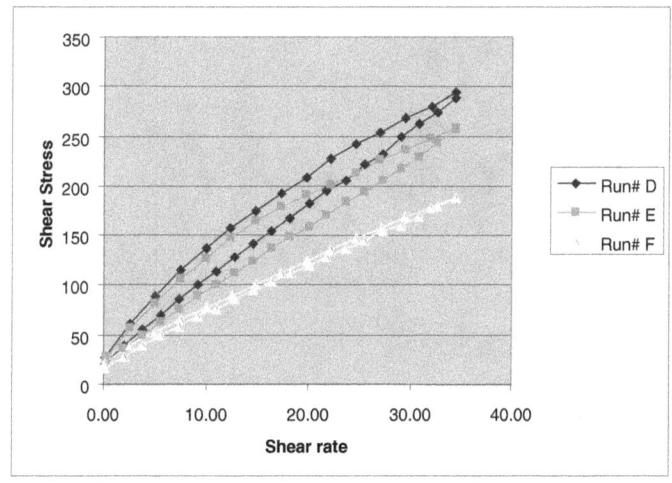

Set D7: CS-BX5 – BL11- L2 – 7 day – NIST code (folder SR 51-SR-48A)

SR-48A

Run# G		Run# H		Run# I		Average	
SR	SS	SR	SS	SR	SS	SR	SS
0.21	33.04	0.19	31.7	0.20	27.53	0.20	30.76
2.64	63.28	2.64	61.32	2.63	49.47	2.64	58.02
5.10	89.22	5.08	83	5.10	67.22	5.10	79.81
7.52	116.5	7.52	103.7	7.52	85.11	7.52	101.77
10.00	137	10.00	121.8	10.00	100.9	10.00	119.90
12.41	156.8	12.41	139.8	12.41	116	12.41	137.53
14.90	176.3	14.90	157.3	14.90	131.2	14.90	154.93
17.31	195.7	17.38	174.8	17.31	147	17.33	172.50
19.79	213.6	19.79	191.3	19.79	161.8	19.79	188.90
22.28	231.5	22.21	207.8	22.28	173.9	22.25	204.40
24.69	248.2	24.69	223.5	24.69	187.2	24.69	219.63
27.17	263.6	27.10	239.2	27.17	204.6	27.15	235.80
29.59	278.6	29.59	254.6	29.59	214.3	29.59	249.17
32.00	292	32.00	268.4	32.00	229.4	32.00	263.27
34.48	306.8	34.48	281.9	34.48	237	34.48	275.23
34.48	301.7	34.48	278.6	34.48	240.6	34.48	273.63
32.69	286.3	32.62	265.3	32.69	229	32.67	260.20
30.90	272.1	30.90	254.4	30.83	215.2	30.87	247.23
29.03	257.7	29.03	241.3	29.03	207	29.03	235.33
27.24	244.8	27.24	229.6	27.24	191.5	27.24	221.97
25.45	230.4	25.45	216.9	25.45	185.1	25.45	210.80
23.66	217.2	23.66	204.8	23.66	171.3	23.66	197.77
21.86	202.8	21.86	191.5	21.86	165.4	21.86	186.57
20.07	189.6	20.07	179.2	20.07	154.4	20.07	174.40
18.28	176.2	18.21	165.6	18.28	139.9	18.25	160.57
16.41	162.3	16.41	153.1	16.41	128.8	16.41	148.07
14.62	147.7	14.62	140.4	14.62	121.9	14.62	136.67
12.83	133.6	12.83	126.7	12.83	109.7	12.83	123.33
11.03	119.6	11.03	114.2	11.03	99.14	11.03	110.98
9.24	104.7	9.24	100.1	9.24	87	9.24	97.27
7.38	89.83	7.45	86.59	7.45	75.65	7.43	84.02
5.61	74.6	5.61	71.51	5.61	61.14	5.61	69.08
3.81	58.71	3.80	56.58	3.82	49.05	3.81	54.78
2.00	41.68	2.02	41.32	2.01	36.55	2.01	39.85
0.21	22.97	0.20	23.6	0.19	21.33	0.20	22.63

						Average	Stdev
YS	29.1		30.3		26.9	28.8	1.7
VS	7.9		7.3		6.2	7.2	0.9
R2	1.0		1.0		1.0	1.0	0.0
Hysteresis	546		328		406	426	110

Set D7: CS-BX5 – BL36- L1 – 7 day – NIST code (folder SR 51-SR-48B)

SR-48B							
Run# J		Run# K		Run# L		Average	
SR	SS	SR	SS	SR	SS	SR	SS
0.20	22.47	0.20	18.64	0.21	19	0.20	20.04
2.66	48.88	2.65	35.01	2.65	36.66	2.65	40.18
5.10	65.64	5.10	48.25	5.10	50.17	5.10	54.69
7.52	82.13	7.52	60.38	7.59	62.54	7.54	68.35
10.00	98.8	10.00	72.34	10.00	73.91	10.00	81.68
12.41	114.8	12.41	84.21	12.41	85.49	12.41	94.83
14.90	129	14.90	96.21	14.90	96.91	14.90	107.37
17.31	144.8	17.38	107.9	17.31	108.8	17.33	120.50
19.79	157.3	19.79	119.6	19.79	120	19.79	132.30
22.21	172.9	22.28	130.1	22.28	131.4	22.25	144.80
24.69	186.2	24.69	141.1	24.69	142.2	24.69	156.50
27.10	196	27.17	153.3	27.10	152.2	27.13	167.17
29.59	211.4	29.59	163.9	29.59	163.3	29.59	179.53
32.00	219.7	32.00	174.5	32.00	172.9	32.00	189.03
34.48	236	34.48	183	34.48	183.1	34.48	200.70
34.48	227.5	34.48	184.1	34.48	182.4	34.48	198.00
32.69	216.4	32.69	175.6	32.69	173.8	32.69	188.60
30.90	211.4	30.90	165.4	30.90	165.4	30.90	180.73
29.10	200.1	29.03	157.3	29.03	156.4	29.06	171.27
27.24	188.7	27.24	150.1	27.24	150.1	27.24	162.97
25.45	179.6	25.45	141.1	25.45	141.1	25.45	153.93
23.66	166.9	23.66	133.8	23.66	133.8	23.66	144.83
21.86	158.1	21.86	124.9	21.86	124.1	21.86	135.70
20.00	147.5	20.07	116.6	20.07	116.4	20.05	126.83
18.28	132.8	18.28	109.5	18.21	108.4	18.25	116.90
16.41	122.1	16.41	100.9	16.41	100	16.41	107.67
14.62	115.1	14.62	91.32	14.62	90.81	14.62	99.08
12.83	103.7	12.83	83.26	12.83	82	12.83	89.65
11.03	92.03	11.03	74.02	11.03	74.16	11.03	80.07
9.24	81.06	9.24	65.45	9.24	64.4	9.24	70.30
7.38	69.12	7.45	55.93	7.45	55.78	7.43	60.28
5.61	56.28	5.60	47.3	5.61	46.35	5.60	49.98
3.81	44.34	3.82	37.6	3.81	36.47	3.81	39.47
1.99	31.08	2.01	26.74	2.02	26.41	2.01	28.08
0.20	16.44	0.20	14.98	0.21	14.69	0.20	15.37

	Run# J	Run# K	Run# L	Average	Stdev
YS	22.3	19.5	19.0	20.3	1.7
VS	6.1	4.8	4.8	5.2	0.8
R2	1.0	1.0	1.0	1.0	0.0
Hysteresis	100	150	134	128	26

Set D7: CS-BX5 – BL11- L1 – 7 day – NIST code (folder SR 51-SR-48C)

SR-48C

Run# D		Run# E		Run# F		Average	
SR	SS	SR	SS	SR	SS	SR	SS
0.21	26.33	0.20	34.92	0.20	32.78	0.20	31.34
2.65	49.22	2.64	74.88	2.65	71.27	2.65	65.12
5.08	67.52	5.11	107.9	5.10	100.5	5.10	91.97
7.52	84.35	7.52	140.1	7.59	126.4	7.54	116.95
10.00	101	10.00	166.5	10.00	145.9	10.00	137.80
12.41	117.3	12.41	192.5	12.48	166.1	12.44	158.63
14.90	133.3	14.90	216.5	14.90	187.2	14.90	179.00
17.38	149.8	17.31	240.2	17.38	206.2	17.36	198.73
19.79	165.3	19.79	261.5	19.79	225.3	19.79	217.37
22.21	179.6	22.21	283.1	22.21	241.7	22.21	234.80
24.69	193.9	24.69	302.4	24.69	259.2	24.69	251.83
27.10	209.7	27.10	320.2	27.10	277.6	27.10	269.17
29.59	223.1	29.59	338.9	29.59	293.7	29.59	285.23
32.00	236.2	32.00	353.7	32.00	309.3	32.00	299.73
34.48	246	34.48	369.5	34.48	322.7	34.48	312.73
34.48	246	27.59	364	34.48	319.3	32.18	309.77
32.62	233.5	32.69	345.4	32.62	303.5	32.64	294.13
30.90	222.7	30.90	327.5	30.90	289	30.90	279.73
29.03	210.9	29.03	309.8	29.03	273.7	29.03	264.80
27.24	202.5	27.24	295.3	27.24	261	27.24	252.93
25.45	190.5	25.45	276.9	25.45	245.2	25.45	237.53
23.66	180.5	23.66	261.7	23.66	231.6	23.66	224.60
21.86	167.3	21.86	243.2	21.86	215.5	21.86	208.67
20.07	157.2	20.07	226.9	20.07	201.2	20.07	195.10
18.21	145.1	18.21	210.7	18.21	186.9	18.21	180.90
16.41	134.2	16.41	194	16.41	172.2	16.41	166.80
14.62	122.7	14.62	175.8	14.62	156.6	14.62	151.70
12.83	110.1	12.83	158.6	12.83	140.9	12.83	136.53
11.03	100.3	11.03	141.3	11.03	126.6	11.03	122.73
9.24	86.71	9.24	123.2	9.24	110.3	9.24	106.74
7.45	75.44	7.45	104.7	7.45	95.03	7.45	91.72
5.61	62.02	5.61	86.39	5.61	78.33	5.61	75.58
3.80	48.83	3.82	67.12	3.81	61.11	3.81	59.02
2.01	35.88	2.00	46.41	2.02	43.84	2.01	42.04
0.19	20.02	0.20	23.26	0.20	23.74	0.20	22.34

				Average	Stdev
YS	25.6	28.0	30.1	27.9	2.2
VS	6.5	10.1	8.5	8.3	1.8
R2	1.0	1.0	1.0	1.0	0.0
Hysteresis	284	750	637	557	243

Set D7: CS-BX5 – BL36- L2– 7 day – NIST code (folder SR 51-SR-48D)

SR-48D

Run# A		Run# B		Run# C		Average	
SR	SS	SR	SS	SR	SS	SR	SS
0.19	23.89	0.20	20.32	0.20	26.22	0.20	23.48
2.65	51.08	2.65	37.21	2.64	56.84	2.65	48.38
5.10	71.81	5.10	50.52	5.10	80.3	5.10	67.54
7.52	92.49	7.52	62.32	7.52	103.9	7.52	86.24
10.00	109.9	10.00	73.83	10.00	123.9	10.00	102.54
12.41	126.1	12.41	85.17	12.41	141.9	12.41	117.72
14.90	141.6	14.90	96.28	14.90	160.3	14.90	132.73
17.38	156.7	17.38	107.9	17.38	176.1	17.38	146.90
19.79	170.6	19.79	118.5	19.79	192.8	19.79	160.63
22.21	185	22.21	129.9	22.21	207.3	22.21	174.07
24.69	198.6	24.69	140.5	24.69	221.8	24.69	186.97
27.10	211.2	27.10	150.1	27.17	237.8	27.13	199.70
29.59	224	29.59	161.1	29.59	249.7	29.59	211.60
32.07	235.4	32.00	170.7	32.00	264.6	32.02	223.57
34.48	247.2	34.48	182	34.48	275.1	34.48	234.77
34.48	243.6	34.48	179.8	34.48	274.9	34.48	232.77
32.69	230.9	32.69	171.7	32.69	261.2	32.69	221.27
30.90	220.3	30.83	165.2	30.90	245.9	30.87	210.47
29.03	208.2	29.03	157.2	29.03	233.9	29.03	199.77
27.24	197.2	27.24	148.4	27.24	219.8	27.24	188.47
25.45	186.3	25.45	141	25.45	207.7	25.45	178.33
23.66	175	23.66	132.2	23.66	194.8	23.66	167.33
21.86	163.4	21.86	124.7	21.86	183.6	21.86	157.23
20.07	152.6	20.07	116.4	20.07	170.4	20.07	146.47
18.21	140.7	18.21	107.1	18.28	158.4	18.23	135.40
16.41	129.7	16.41	98.96	16.41	145.6	16.41	124.75
14.62	118.6	14.62	91.49	14.62	132.6	14.62	114.23
12.83	106.6	12.83	82.6	12.83	120.1	12.83	103.10
11.03	95.79	11.03	73.98	11.03	106.1	11.03	91.96
9.24	83.42	9.24	65.28	9.24	93.58	9.24	80.76
7.45	71.9	7.45	56.37	7.38	79.43	7.43	69.23
5.62	59.03	5.61	46.58	5.61	66.22	5.62	57.28
3.81	46.1	3.81	37.01	3.82	52	3.81	45.04
2.01	33.42	2.01	27.15	2.01	36.22	2.01	32.26
0.19	18.12	0.21	15.46	0.20	19.28	0.20	17.62

						Average	Stdev
YS	22.4		20.0		24.3	22.2	2.2
VS	6.4		4.7		7.3	6.1	1.3
R2	1.0		1.0		1.0	1.0	0.0
Hysteresis	442		59		641	381	296

Set E1: CS-BX5 – BL11- L2 – Mixing Day – NIST code (folder SR 53-SR-52A)

SR-52A

Run# A		Run# B		Run# C		Average	
SR	SS	SR	SS	SR	SS	SR	SS
0.21	34.66	0.19	37.79	0.21	45.5	0.20	39.32
2.63	76.01	2.64	73.46	2.65	89.33	2.64	79.60
5.10	101.9	5.09	97	5.08	136.7	5.09	111.87
7.52	130.3	7.52	122.1	7.52	182.4	7.52	144.93
10.00	152.9	10.00	143.2	10.00	213.9	10.00	170.00
12.41	173.9	12.41	163	12.41	244	12.41	193.63
14.90	194.8	14.90	181.9	14.90	265.6	14.90	214.10
17.31	213.7	17.38	201.4	17.31	286.2	17.33	233.77
19.79	231.4	19.79	217.9	19.79	302.7	19.79	250.67
22.21	249.1	22.21	235.9	22.21	324.5	22.21	269.83
24.69	266.1	24.69	251.6	24.69	341.9	24.69	286.53
27.10	283	27.10	266.2	27.10	353	27.10	300.73
29.59	299.4	29.59	282.9	29.59	374.5	29.59	318.93
32.00	314.4	32.00	294.1	32.00	386.2	32.00	331.57
34.48	328.5	34.48	309.1	34.48	407.9	34.48	348.50
34.48	326.1	34.48	302.6	34.48	396.2	34.48	341.63
32.69	310.8	32.62	287.9	32.62	375.6	32.64	324.77
30.90	294.9	30.90	278.4	30.90	360.1	30.90	311.13
23.24	280	29.03	263	29.03	339.8	27.10	294.27
27.24	267.3	27.24	251.5	27.24	326.1	27.24	281.63
25.45	252.1	25.45	237.6	25.45	306.4	25.45	265.37
23.66	238.7	23.66	224.4	23.66	290.3	23.66	251.13
21.86	223.6	21.86	208.7	21.86	269.7	21.86	234.00
20.07	209.5	20.07	196.1	20.07	253.3	20.07	219.63
18.28	196.1	18.21	180.5	18.21	232.7	18.23	203.10
16.41	181.3	16.41	167.1	16.41	215.3	16.41	187.90
14.62	165.8	14.62	154	14.62	197.9	14.62	172.57
12.83	150.8	12.83	138.8	12.83	178	12.83	155.87
11.03	135.6	11.03	126.2	11.03	162	11.03	141.27
9.24	119.7	9.24	110.2	9.24	140.6	9.24	123.50
7.38	103.7	7.45	96.04	7.45	122	7.43	107.25
5.61	87.23	5.62	79.53	5.61	100.2	5.62	88.99
3.82	69.79	3.81	63.28	3.79	78.85	3.81	70.64
2.00	50.86	2.01	47.13	2.01	57.41	2.00	51.80
0.21	29.74	0.20	27.34	0.20	31.48	0.20	29.52

	Run# A	Run# B	Run# C	Average	Stdev
YS	38.8	34.9	41.3	38.3	3.3
VS	8.6	7.9	10.4	9.0	1.3
R2	1.0	1.0	1.0	1.0	0.0
Hysteresis	520	489	1110	706	350

Set E1: CS-BX5 – BL36- L1 – Mixing Day – NIST code (folder SR 53-SR-52B)

SR-52B

Run# D		Run# E		Run# F		Average	
SR	SS	SR	SS	SR	SS	SR	SS
0.20	48.15	0.21	28.69	0.20	35.01	0.20	37.28
2.64	96.45	2.66	48.9	2.65	66.08	2.65	70.48
5.10	146.4	5.10	65.24	5.09	93.16	5.10	101.60
7.52	190.8	7.52	80.21	7.52	120.6	7.52	130.54
10.00	218.9	10.00	94.6	10.00	142.1	10.00	151.87
12.41	245.5	12.41	108.8	12.41	162.4	12.41	172.23
14.90	270.5	14.90	122.9	14.90	180.4	14.90	191.27
17.31	295.6	17.31	137.3	17.31	197.2	17.31	210.03
19.79	317.3	19.79	150.5	19.79	213.5	19.79	227.10
22.21	339.7	22.21	164.3	22.21	231.6	22.21	245.20
24.69	359.6	24.69	177.3	24.69	247.5	24.69	261.47
27.10	377	27.10	190.2	27.10	259.6	27.10	275.60
29.59	398.1	29.59	203.5	29.59	274.3	29.59	291.97
32.00	416.3	32.00	215	32.00	287.2	32.00	306.17
34.48	438.7	34.48	227.6	34.48	303.8	34.48	323.37
34.48	431.7	34.48	225.9	34.48	298.2	34.48	318.60
32.69	411.1	32.69	215.8	32.69	285.1	32.69	304.00
30.90	392.1	30.83	206.5	30.83	272.9	30.85	290.50
29.03	371.6	29.10	196.4	29.03	260.6	29.06	276.20
27.24	354.3	27.24	187.1	27.24	242.7	27.24	261.37
25.45	333.2	25.45	177.5	25.45	232.3	25.45	247.67
23.66	314.9	23.66	167.5	23.66	216.6	23.66	233.00
21.86	293.7	21.86	157.3	21.86	207.3	21.86	219.43
20.07	274.7	20.07	147.7	20.00	192.8	20.05	205.07
18.21	255.4	18.28	136.8	18.28	179.1	18.25	190.43
16.41	235.7	16.41	126.4	16.41	165.1	16.41	175.73
14.62	215	14.62	116.6	14.62	152	14.62	161.20
12.83	194.2	12.83	105.6	12.83	138.2	12.83	146.00
11.03	173.9	11.03	95.44	11.03	122	11.03	130.45
9.24	152	9.24	83.79	9.24	108.8	9.24	114.86
7.45	130.2	7.45	73	7.38	92.81	7.43	98.67
5.60	107.4	5.60	60.83	5.61	77.32	5.60	81.85
3.81	83.76	3.80	48.81	3.81	61.15	3.81	64.57
2.01	58.38	1.99	36.06	1.99	43.07	2.00	45.84
0.20	30.02	0.20	21.54	0.20	24	0.20	25.19

					Average	Stdev
YS	42.1	27.9	32.9	34.3	7.2
VS	11.4	5.8	7.8	8.4	2.8
R2	1.0	1.0	1.0	1.0	0.0
Hysteresis	1081	119	490	563	485

Set E1: CS-BX5 – BL11- L1 – Mixing Day – NIST code (folder SR 53-SR-52C)

SR-52C							
Run# G		Run# H		Run# I		Average	
SR	SS	SR	SS	SR	SS	SR	SS
0.20	33.2	0.20	42.05	0.21	41.18	0.20	38.81
2.63	54.55	2.64	73.69	2.65	81.21	2.64	69.82
5.11	71.47	5.10	104.6	5.10	110.8	5.10	95.62
7.52	87.72	7.52	133.4	7.52	142.6	7.52	121.24
10.00	103	10.00	157.6	10.00	166.8	10.00	142.47
12.41	118.2	12.41	176.3	12.41	188.3	12.41	160.93
14.90	133.2	14.90	193.5	14.90	208.8	14.90	178.50
17.31	149	17.31	211.8	17.31	228.5	17.31	196.43
19.79	163.7	19.79	228.8	19.79	248.2	19.79	213.57
22.28	177.7	22.21	245.3	22.21	267.1	22.23	230.03
24.69	191.8	24.69	260.5	24.69	284.7	24.69	245.67
27.10	207.8	27.17	275.4	27.17	300.6	27.15	261.27
29.59	221.5	29.59	285.5	29.59	316.2	29.59	274.40
32.00	234.9	32.00	298.5	32.00	331	32.00	288.13
34.48	244.3	34.48	310.1	34.48	350.7	34.48	301.70
34.48	246.5	34.48	308.4	34.48	345.2	34.48	300.03
32.69	235.8	32.69	293.4	32.69	328.9	32.69	286.03
30.83	221.7	30.83	279	30.83	317.8	30.83	272.83
29.03	212.7	29.03	266.6	29.03	302.5	29.03	260.60
27.24	201.7	27.24	249.2	27.24	284.6	27.24	245.17
25.45	191.8	25.45	238.3	25.45	271.5	25.45	233.87
23.66	180.8	23.66	222.5	23.66	254.3	23.66	219.20
21.86	172	21.86	212.6	21.86	240.3	21.86	208.30
20.07	160.6	20.07	197.5	20.07	225	20.07	194.37
18.21	151.3	18.28	184.9	18.21	206.1	18.23	180.77
16.41	140.1	16.41	170.8	16.41	190.2	16.41	167.03
14.62	128.4	14.62	157.2	14.62	176.6	14.62	154.07
12.83	117.6	12.83	142.6	12.83	127.7	12.83	129.30
11.03	104.7	11.03	126.5	11.03	143.7	11.03	124.97
9.24	93.83	9.24	112.8	9.24	126	9.24	110.88
7.38	81	7.45	96.39	7.45	108.9	7.43	95.43
5.61	68.86	5.61	81.83	5.61	89.6	5.61	80.10
3.82	55.49	3.81	65.17	3.82	71.3	3.82	63.99
2.01	40.42	2.01	46.7	2.00	51.72	2.01	46.28
0.20	24.57	0.20	26.92	0.21	28.97	0.20	26.82

					Average	Stdev
YS	32.9		35.7		36.0	34.9	1.7
VS	6.3		8.0		9.1	7.8	1.4
R2	1.0		1.0		1.0	1.0	0.0
Hysteresis	241		874		646	587	321

Set E1: CS-BX5 – BL36- L2 – Mixing Day – NIST code (folder SR 53-SR-52D)

SR-52D							
Run# J		Run# K		Run# L		Average	
SR	SS	SR	SS	SR	SS	SR	SS
0.19	30.55	0.20	34.84	0.20	27	0.20	30.80
2.65	51.92	2.65	74.77	2.64	48.48	2.65	58.39
5.09	66.75	5.10	104	5.10	65.18	5.10	78.64
7.59	81.94	7.59	134.1	7.52	80.63	7.56	98.89
10.00	96.82	10.00	158	10.00	95.57	10.00	116.80
12.41	111.3	12.41	179.7	12.41	110.5	12.41	133.83
14.90	125.1	14.90	199.6	14.90	125.7	14.90	150.13
17.31	139	17.31	219.3	17.31	140.2	17.31	166.17
19.79	152.4	19.79	237.3	19.79	155	19.79	181.57
22.21	167.1	22.21	257.3	22.21	168.1	22.21	197.50
24.69	180.4	24.69	274.6	24.69	181.8	24.69	212.27
27.10	190.9	27.10	287.9	27.17	196.5	27.13	225.10
29.59	204.5	29.59	305	29.59	208.9	29.59	239.47
32.00	214.8	32.00	318.4	32.00	222.5	32.00	251.90
34.48	229.5	34.48	337.2	34.48	233.1	34.48	266.60
34.48	224.9	34.48	329.9	34.48	234.2	34.48	263.00
32.69	214.6	32.69	314	32.69	223.7	32.69	250.77
30.90	208.2	30.90	302.2	30.83	211.7	30.87	240.70
29.03	197.9	29.03	287.1	29.03	202.4	29.03	229.13
27.24	186.9	27.24	269.3	27.24	191.6	27.24	215.93
25.45	178.3	25.45	256.7	25.45	181.3	25.45	205.43
23.66	167	23.66	239.3	23.66	171.1	23.66	192.47
21.86	158.3	21.86	227.3	21.86	162	21.86	182.53
20.07	148.1	20.07	212	20.07	151	20.07	170.37
18.21	135.8	18.28	195.4	18.28	141.1	18.25	157.43
16.48	125.5	16.41	180.2	16.41	130.2	16.44	145.30
14.62	117.2	14.62	166	14.62	119.3	14.62	134.17
12.83	106.1	12.83	149.9	12.83	108.5	12.83	121.50
11.03	95.1	11.03	133.5	11.03	96.23	11.03	108.28
9.24	84.31	9.24	117.5	9.24	85.54	9.24	95.78
7.45	72.89	7.45	100.6	7.38	73.14	7.43	82.21
5.61	60.3	5.61	82.56	5.61	61.18	5.61	68.01
3.81	48.23	3.81	64.27	3.81	48.56	3.81	53.69
2.01	35.43	2.01	45.08	2.01	34.54	2.01	38.35
0.20	20.8	0.19	23.97	0.20	19.6	0.20	21.46

				Average	Stdev
YS	27.5	33.0	26.5	29.0	3.5
VS	5.9	8.8	6.1	6.9	1.6
R2	1.0	1.0	1.0	1.0	0.0
Hysteresis	83	588	215	295	262

Set E3: CS-BX5 – BL11- L2 – 3 day – NIST code (folder SR 54-SR-52A)

SR-52A							
Run# A		Run# B		Run# C		Average	
SR	SS	SR	SS	SR	SS	SR	SS
0.28	21.07	0.20	26.63	0.20	26.3	0.23	24.67
2.64	48.35	2.65	50.84	2.65	47.78	2.65	48.99
5.10	65.33	5.09	67.35	5.10	64.06	5.09	65.58
7.52	80.42	7.59	81.93	7.52	79.27	7.54	80.54
10.00	94.88	10.00	97.16	10.00	93.23	10.00	95.09
12.41	108.8	12.41	112.7	12.41	107.6	12.41	109.70
14.90	122.8	14.90	127.7	14.90	121.6	14.90	124.03
17.31	137.5	17.38	143.2	17.31	135.8	17.33	138.83
19.79	151.1	19.79	157.9	19.79	149.3	19.79	152.77
22.21	165.2	22.21	172.7	22.21	162.6	22.21	166.83
24.69	178	24.69	186.9	24.69	175.4	24.69	180.10
27.10	191.3	27.10	200.2	27.10	187.9	27.10	193.13
29.59	204	29.59	214.4	29.59	200.6	29.59	206.33
32.00	216	32.00	227.3	32.00	211.9	32.00	218.40
34.48	226.7	34.48	240.3	34.48	223.2	34.48	230.07
34.48	225.7	34.48	239.2	34.48	220.9	34.48	228.60
32.69	215	32.69	227.8	32.62	210.2	32.67	217.67
30.83	204.7	30.90	216.2	30.90	201.9	30.87	207.60
29.03	193.7	29.03	205.3	29.03	191.4	29.03	196.80
27.24	185.6	27.24	195.7	27.24	182.4	27.24	187.90
25.45	174.7	25.45	184.4	25.45	172.5	25.45	177.20
23.66	165.5	23.66	174.2	23.66	162.8	23.66	167.50
21.86	153.9	21.86	162.6	21.86	152.1	21.86	156.20
20.07	144.7	20.07	152.1	20.07	142.8	20.07	146.53
18.21	134.8	18.21	141.6	18.21	131.6	18.21	136.00
16.41	124.6	16.48	130.8	16.41	121.9	16.44	125.77
14.62	113.5	14.62	119.1	14.62	112.2	14.62	114.93
12.83	102.6	12.83	107.9	12.83	101	12.83	103.83
11.03	93.21	11.03	96.95	11.03	91.88	11.03	94.01
9.24	81.34	9.24	85.09	9.24	80.14	9.24	82.19
7.45	70.76	7.45	73.65	7.45	70.06	7.45	71.49
5.61	59.46	5.61	61.92	5.61	57.88	5.61	59.75
3.82	47.51	3.81	49.49	3.80	46.14	3.81	47.71
2.01	35.08	2.01	36.26	2.01	34.57	2.01	35.30
0.19	20.29	0.20	20.79	0.21	20.22	0.20	20.43

	Run# A	Run# B	Run# C	Average	Stdev
YS	25.9	26.1	25.5	25.8	0.3
VS	5.9	6.2	5.8	5.9	0.2
R2	1.0	1.0	1.0	1.0	0.0
Hysteresis	212	193	179	195	17

Set E3: CS-BX5 – BL36- L1 – 3 day – NIST code (folder SR 54-SR-52B)

SR-52B							
Run# D		Run# E		Run# F		Average	
SR	SS	SR	SS	SR	SS	SR	SS
0.20	27.78	0.20	26.71	0.21	30.46	0.20	28.32
2.65	58.25	2.65	55.21	2.65	65.3	2.65	59.59
5.08	83.22	5.10	78.11	5.09	89.65	5.09	83.66
7.59	105.5	7.52	101.8	7.52	114	7.54	107.10
10.00	124.6	10.00	120.5	10.00	137.3	10.00	127.47
12.41	143.3	12.41	137.9	12.41	158.4	12.41	146.53
14.90	161.4	14.90	154.7	14.90	177.9	14.90	164.67
17.31	178.8	17.31	171.4	17.38	197.3	17.33	182.50
19.79	195.6	19.79	187.5	19.79	214.5	19.79	199.20
22.21	211.4	22.21	203.4	22.21	233.6	22.21	216.13
24.69	225.8	24.69	218.7	24.69	250.5	24.69	231.67
27.10	240.6	27.10	233	27.10	265.5	27.10	246.37
29.59	254.9	29.59	247.6	29.59	282.8	29.59	261.77
32.00	268.6	32.00	260.3	32.00	296.8	32.00	275.23
34.48	279.7	34.48	274.1	34.48	313.2	34.48	289.00
34.48	278.1	34.48	270.1	34.48	307	34.48	285.07
32.62	264.4	32.69	257	32.62	292.3	32.64	271.23
30.90	250.8	30.90	245.9	30.90	281	30.90	259.23
29.03	237.3	29.03	233.4	29.03	266.5	29.03	245.73
27.24	226.4	27.24	220.8	27.24	252.1	27.24	233.10
25.45	212.7	25.45	209.1	25.45	238.5	25.45	220.10
23.66	201	23.66	196.5	23.66	224	23.66	207.17
21.86	186.6	21.86	184.6	21.86	210.1	21.86	193.77
20.07	174.4	20.07	172.6	20.07	196.1	20.07	181.03
18.21	162.1	18.21	159.2	18.21	180	18.21	167.10
16.41	149.4	16.41	146.8	16.41	165.8	16.41	154.00
14.62	135.6	14.62	135.2	14.62	152.7	14.62	141.17
12.83	122.3	12.83	122.1	12.83	137.3	12.83	127.23
11.03	110	11.03	109.1	11.03	122.9	11.03	114.00
9.24	95.7	9.24	95.81	9.24	107.4	9.24	99.64
7.45	82.57	7.45	82.25	7.45	92.09	7.45	85.64
5.61	68.52	5.59	67.6	5.62	75.11	5.61	70.41
3.80	53.69	3.81	53.31	3.81	58.67	3.81	55.22
2.01	38.77	1.99	38.05	2.01	41.57	2.00	39.46
0.20	21.13	0.20	20.61	0.20	21.47	0.20	21.07

	Run# D	Run# E	Run# F	Average	Stdev
YS	26.4	27.4	28.9	27.6	1.3
VS	7.3	7.1	8.2	7.6	0.6
R2	1.0	1.0	1.0	1.0	0.0
Hysteresis	564	359	409	444	107

Set E3: CS-BX5 – BL11- L1 – 3 day – NIST code (folder SR 54-SR-52C)

SR-52C							
Run# J		Run# K		Run# L		Average	
SR	SS	SR	SS	SR	SS	SR	SS
0.20	28.26	0.20	28.06	0.20	25.04	0.20	27.12
2.63	55.12	2.65	54.07	2.66	48.43	2.64	52.54
5.10	76.25	5.09	73.92	5.08	69.55	5.09	73.24
7.52	96.6	7.59	93.3	7.59	90.67	7.56	93.52
10.00	115.4	10.00	110.4	10.00	109.1	10.00	111.63
12.41	132.6	12.41	127.1	12.41	125.5	12.41	128.40
14.90	149.7	14.90	142.7	14.90	141	14.90	144.47
17.31	165.5	17.31	159.3	17.38	156	17.33	160.27
19.79	181.1	19.79	174.1	19.79	170.9	19.79	175.37
22.21	195.8	22.21	189.8	22.21	186	22.21	190.53
24.69	210	24.69	203.9	24.69	200.1	24.69	204.67
27.17	223.1	27.10	216.2	27.10	212.3	27.13	217.20
29.59	236.5	29.59	230.8	29.59	225.6	29.59	230.97
32.00	248.8	32.00	241.5	32.07	237.7	32.02	242.67
34.48	262.5	34.48	253.3	34.48	252.1	34.48	255.97
34.48	258.5	34.48	250	34.48	248.3	34.48	252.27
32.69	246	32.69	237.9	32.69	236.7	32.69	240.20
30.83	234.5	30.90	227	30.90	226.8	30.87	229.43
29.03	223	29.03	214.7	29.03	215.6	29.03	217.77
27.24	209.9	27.24	205.5	27.24	202.3	27.24	205.90
25.45	199.4	25.45	193.3	25.45	192.6	25.45	195.10
23.66	186.8	23.66	182.8	23.66	180.1	23.66	183.23
21.86	175.8	21.86	170	21.86	170.5	21.86	172.10
20.07	164.5	20.07	159.3	20.07	159.1	20.07	160.97
18.21	151.7	18.21	147.5	18.21	146.7	18.21	148.63
16.41	139.8	16.41	136.3	16.41	135.4	16.41	137.17
14.62	128.6	14.62	124.4	14.62	124.9	14.62	125.97
12.83	116.3	12.83	112.4	12.83	112.9	12.83	113.87
11.03	104.4	11.03	101.6	11.03	101	11.03	102.33
9.24	91.55	9.24	88.54	9.24	89.05	9.24	89.71
7.45	79.07	7.45	76.81	7.45	76.95	7.45	77.61
5.61	65.52	5.61	63.97	5.61	63.95	5.61	64.48
3.81	52.17	3.81	50.77	3.81	50.78	3.81	51.24
2.00	37.8	2.01	37.37	2.01	37.05	2.00	37.41
0.20	21.65	0.20	21.39	0.19	21.27	0.20	21.44

				Average	Stdev
YS	27.1	26.7	27.0	26.9	0.2
VS	6.8	6.5	6.5	6.6	0.1
R2	1.0	1.0	1.0	1.0	0.0
Hysteresis	371	361	243	325	71

Set E3: CS-BX5 – BL36- L2 – 3 day – NIST code (folder SR 54-SR-52D)

SR-52D							
Run# G		Run# H		Run# I		Average	
SR	SS	SR	SS	SR	SS	SR	SS
0.19	22.96	0.21	21.46	0.20	26.65	0.20	23.69
2.64	46.35	2.65	42.96	2.64	58.13	2.64	49.15
5.08	64.35	5.10	60.7	5.08	80.92	5.09	68.66
7.52	80.49	7.52	76.37	7.52	95.16	7.52	84.01
10.00	96.16	10.00	91.42	10.00	126.2	10.00	104.59
12.41	111.2	12.41	106.1	12.41	152.6	12.41	123.30
14.90	125.7	14.90	119.9	14.90	172.7	14.90	139.43
17.31	140.4	17.31	134.3	17.38	193.2	17.33	155.97
19.79	154.3	19.79	147.7	19.79	212.5	19.79	171.50
22.21	168.6	22.21	161.5	22.21	232.7	22.21	187.60
24.69	181.9	24.69	174.2	24.69	251	24.69	202.37
27.10	194.2	27.10	186.6	27.10	266.9	27.10	215.90
29.59	207.9	29.59	199.5	29.59	284.8	29.59	230.73
32.00	219.6	32.00	210.3	32.00	299.5	32.00	243.13
34.48	232.2	34.48	222.8	34.48	316.5	34.48	257.17
34.48	229.3	34.48	219.1	34.48	311.1	34.48	253.17
32.62	218.2	32.69	208.5	32.62	295.8	32.64	240.83
30.90	208.9	30.90	200	30.90	282.5	30.90	230.47
29.03	197.8	29.10	189.3	29.03	267.2	29.06	218.10
27.24	187.7	27.24	179.8	27.24	254.2	27.24	207.23
25.45	177.7	25.45	170	25.45	239	25.45	195.57
23.66	167	23.66	159.7	23.66	225.3	23.66	184.00
21.86	156.6	21.86	149.3	21.86	209.5	21.86	171.80
20.07	146.3	20.07	139.8	20.07	195.4	20.07	160.50
18.21	134.7	18.21	128.3	18.21	180.4	18.21	147.80
16.41	124.3	16.41	118.2	16.41	166	16.41	136.17
14.62	114	14.62	108.9	14.62	151.2	14.62	124.70
12.83	102.4	12.83	97.81	12.83	135.9	12.83	112.04
11.03	92.16	11.03	88.21	11.03	121.6	11.03	100.66
9.24	80.3	9.24	76.64	9.24	105.3	9.24	87.41
7.45	69.36	7.45	66.3	7.45	90.14	7.45	75.27
5.61	56.9	5.61	53.94	5.61	73.72	5.61	61.52
3.81	44.48	3.81	42.38	3.81	56.71	3.81	47.86
2.02	32.16	1.99	30.57	2.01	39.3	2.01	34.01
0.21	17.48	0.20	16.72	0.20	18.92	0.20	17.71

					Average	Stdev
YS	22.6	21.4	25.9		23.3	2.3
VS	6.1	5.8	8.4		6.8	1.4
R2	1.0	1.0	1.0		1.0	0.0
Hysteresis	208	168	304		227	70

Set E7: CS-BX5 – BL11- L2 – 7 day – NIST code (folder SR 55-SR-52A)

SR-52A							
Run# L		Run# M		Run# N		Average	
SR	SS	SR	SS	SR	SS	SR	SS
0.21	25.67	0.20	25.35	0.20	25.05	0.20	25.36
2.65	47.05	2.65	45.51	2.65	45.3	2.65	45.95
5.10	63.92	5.10	61.21	5.10	61.96	5.10	62.36
7.52	79.83	7.52	75.21	7.52	77.07	7.52	77.37
10.00	95.18	10.00	88.82	10.00	91.36	10.00	91.79
12.41	109.9	12.41	102.6	12.41	105.7	12.41	106.07
14.90	124.5	14.90	117.1	14.90	120.4	14.90	120.67
17.31	138.8	17.38	131.1	17.31	134.7	17.33	134.87
19.79	153	19.79	144.6	19.79	149	19.79	148.87
22.21	167.1	22.21	156.5	22.21	162.9	22.21	162.17
24.69	180.7	24.69	169	24.69	176.5	24.69	175.40
27.17	193.5	27.17	183.7	27.10	189.9	27.15	189.03
29.59	206.5	29.59	195	29.59	202.8	29.59	201.43
32.00	218.9	32.00	208.3	32.00	215.5	32.00	214.23
34.48	232.8	34.48	216.8	34.48	227.9	34.48	225.83
34.48	230.5	34.48	219	34.48	226.5	34.48	225.33
32.69	220.2	32.69	209	32.69	216.3	32.69	215.17
30.83	211.4	30.83	196.9	30.83	206.8	30.83	205.03
29.03	201.4	29.03	188.5	29.03	196.9	29.03	195.60
27.24	189.8	27.24	177.8	27.24	187.1	27.24	184.90
25.45	180.6	25.45	168.7	25.45	177.2	25.45	175.50
23.66	169.2	23.66	158.6	23.66	167.1	23.66	164.97
21.86	159.9	21.86	150.5	21.86	157	21.86	155.80
20.07	149.6	20.07	140.2	20.07	146.8	20.07	145.53
18.28	137.5	18.21	130.6	18.21	135.8	18.23	134.63
16.41	127	16.41	120.5	16.41	125.4	16.41	124.30
14.62	117.4	14.62	110.7	14.62	115.6	14.62	114.57
12.83	105.9	12.83	100.9	12.83	104.7	12.83	103.83
11.03	95.48	11.03	89.27	11.03	94.04	11.03	92.93
9.24	83.85	9.24	79.74	9.24	82.79	9.24	82.13
7.45	72.58	7.38	68.47	7.45	71.51	7.43	70.85
5.60	59.85	5.61	57.03	5.60	59.34	5.60	58.74
3.82	47.73	3.81	45.64	3.81	47.39	3.81	46.92
2.01	35.15	2.01	33.08	2.00	34.56	2.01	34.26
0.20	20.37	0.20	19.37	0.20	20.12	0.20	19.95

				Average	Stdev
YS	26.0	25.0	26.1	25.7	0.6
VS	6.0	5.7	5.9	5.9	0.2
R2	1.0	1.0	1.0	1.0	0.0
Hysteresis	101	249	86	145	90

Set E7: CS-BX5 – BL36- L1 – 7 day – NIST code (folder SR 55-SR-52B)

SR-52B							
Run# A		Run# B		Run# D		Average	
SR	SS	SR	SS	SR	SS	SR	SS
0.20	28.46	0.21	26.61	0.26	16.57	0.22	23.88
2.65	69.06	2.65	59.3	2.63	40.53	2.64	56.30
5.09	102.6	5.10	87.05	5.09	57.15	5.09	82.27
7.52	133	7.52	118.1	7.52	72.38	7.52	107.83
10.00	157.3	10.00	141.2	10.00	86.84	10.00	128.45
12.41	177.8	12.41	165.3	12.41	100.9	12.41	148.00
14.90	197.5	14.90	182.4	14.90	114.1	14.90	164.67
17.31	218.1	17.31	195.8	17.31	127.3	17.31	180.40
19.79	236.9	19.79	211.8	19.79	139.6	19.79	196.10
22.21	256.7	22.21	229.6	22.21	152.9	22.21	213.07
24.69	274.4	24.69	246.3	24.69	164.9	24.69	228.53
27.10	289.4	27.10	261.2	27.10	174.8	27.10	241.80
29.59	306.8	29.59	278	29.59	187.2	29.59	257.33
32.00	321	32.00	290.5	32.00	197.9	32.00	269.80
34.48	338.5	34.48	307	34.48	211.2	34.48	285.57
34.48	332.7	34.48	300.7	34.48	207.8	34.48	280.40
32.69	316.6	32.69	285.9	32.69	198	32.69	266.83
30.90	303.3	30.83	274	30.90	191.2	30.87	256.17
29.03	287.7	29.10	259.5	29.03	181.4	29.06	242.87
27.24	272	27.24	244.6	27.24	171.4	27.24	229.33
25.45	257.5	25.45	231.7	25.45	162.9	25.45	217.37
23.66	241.4	23.66	216.6	23.66	152.7	23.66	203.57
21.86	226.7	21.86	204	21.86	143.5	21.86	191.40
20.07	211.2	20.07	190	20.07	134.3	20.07	178.50
18.21	194.5	18.21	174.8	18.21	122.8	18.21	164.03
16.41	179.1	16.41	160.8	16.41	113.3	16.41	151.07
14.62	164.2	14.62	147.7	14.62	104.9	14.62	138.93
12.83	147.6	12.83	133.2	12.83	94.49	12.83	125.10
11.03	131.9	11.03	118.5	11.03	85.08	11.03	111.83
9.24	114.8	9.24	103.8	9.24	74.25	9.24	97.62
7.45	98.23	7.45	88.69	7.45	64.24	7.45	83.72
5.61	80.18	5.61	72.94	5.61	52.63	5.61	68.58
3.80	62.03	3.81	57.1	3.79	41.58	3.80	53.57
2.01	43.42	1.99	39.92	2.02	30.22	2.01	37.85
0.20	21.73	0.20	21.13	0.20	16.53	0.20	19.80

	Run# A	Run# B	Run# D	Average	Stdev
YS	29.8	27.4	21.8	26.3	4.1
VS	8.9	8.0	5.5	7.5	1.8
R2	1.0	1.0	1.0	1.0	0.0
Hysteresis	630	523	95	416	283

Set E7: CS-BX5 – BL11- L1 – 7 day – NIST code (folder SR 55-SR-52C)

SR-52C							
Run# E		Run# F		Run# G		Average	
SR	SS	SR	SS	SR	SS	SR	SS
0.20	41.41	0.21	24.42	0.20	23.81	0.20	29.88
2.65	89.56	2.63	43.76	2.65	43.13	2.64	58.82
5.08	128.1	5.10	59.57	5.09	59.16	5.09	82.28
7.52	180.5	7.52	74.19	7.59	73.1	7.54	109.26
10.00	213.7	10.00	88.43	10.00	87.19	10.00	129.77
12.41	244.4	12.41	102.3	12.41	101.3	12.41	149.33
14.90	268.9	14.90	115.9	14.90	114.8	14.90	166.53
17.31	291.5	17.31	129.4	17.31	128.3	17.31	183.07
19.79	311.3	19.79	142.7	19.79	141.3	19.79	198.43
22.21	331.6	22.28	155.2	22.21	155.4	22.23	214.07
24.69	348.5	24.69	167.4	24.69	168.1	24.69	228.00
27.10	363	27.10	180.6	27.10	178.8	27.10	240.80
29.59	378.2	29.59	192.4	29.59	191.2	29.59	253.93
32.00	395.3	32.00	204.2	32.07	202.3	32.02	267.27
34.48	413.4	34.48	213.2	34.48	215.5	34.48	280.70
34.48	409.2	34.48	213.8	34.48	213.4	34.48	278.80
32.69	388.4	32.69	203.6	32.69	204	32.69	265.33
30.83	365.3	30.90	192	30.83	195	30.85	250.77
29.03	347.2	29.03	182	29.03	186	29.03	238.40
27.24	325.5	27.24	175	27.24	174.2	27.24	224.90
25.45	306.5	25.45	163.9	25.45	166.5	25.45	212.30
23.66	287.7	23.66	155.9	23.66	155.6	23.66	199.73
21.86	269.9	21.86	144.4	21.86	148.2	21.86	187.50
20.00	249.8	20.07	135.2	20.07	137.9	20.05	174.30
18.21	234.5	18.28	127.3	18.21	128.1	18.23	163.30
16.41	215.3	16.41	117.4	16.41	118	16.41	150.23
14.62	193.3	14.62	105.8	14.62	108.7	14.62	135.93
12.83	174.8	12.83	96.35	12.83	98.66	12.83	123.27
11.03	154.6	11.03	86.28	11.03	87.53	11.03	109.47
9.24	135	9.24	75.95	9.24	77.89	9.24	96.28
7.45	114.3	7.45	65.18	7.45	66.74	7.45	82.07
5.59	94.82	5.60	55.31	5.61	55.83	5.60	68.65
3.81	72.65	3.81	44	3.81	44.43	3.81	53.69
1.99	49.25	2.01	31.84	2.02	31.96	2.01	37.68
0.20	24.22	0.21	18.55	0.20	18.41	0.20	20.39

	Run# E	Run# F	Run# G	Average	Stdev
YS	31.2	23.2	24.1	26.1	4.4
VS	10.9	5.6	5.6	7.4	3.1
R2	1.0	1.0	1.0	1.0	0.0
Hysteresis	1521	266	94	627	779

Set E7: CS-BX5 – BL36- L2– 7 day – NIST code (folder SR 55-SR-52D)

SR-52D

Run# I		Run# J		Run# K		Average	
SR	SS	SR	SS	SR	SS	SR	SS
0.19	46.02	0.21	20.42	0.20	27.35	0.20	31.26
2.64	132.1	2.65	40.45	2.65	66.73	2.65	79.76
5.10	200.1	5.08	55.92	5.10	93.11	5.10	116.38
7.52	264.8	7.59	70.01	7.52	119.5	7.54	151.44
10.00	314.1	10.00	84.32	10.00	141	10.00	179.81
12.41	353.6	12.41	98.21	12.41	161.6	12.41	204.47
14.90	377.9	14.90	110.9	14.90	183	14.90	223.93
17.31	416.2	17.31	125.1	17.31	202.1	17.31	247.80
19.79	432.6	19.79	137.2	19.79	221.3	19.79	263.70
22.28	476.9	22.21	151.7	22.28	237.8	22.25	288.80
24.69	500.9	24.69	164	24.69	254.7	24.69	306.53
27.10	502.7	27.10	173.2	27.10	272.1	27.10	316.00
29.59	541.6	29.59	186.8	29.59	286.6	29.59	338.33
31.93	546.2	32.00	195.6	32.00	300.5	31.98	347.43
34.48	583.7	34.48	210.4	34.48	312.7	34.48	368.93
34.41	536.4	34.48	204.2	34.48	310.8	34.46	350.47
32.62	505.9	32.69	194.4	32.69	294.9	32.67	331.73
30.90	508.4	30.90	189.8	30.90	278.4	30.90	325.53
29.10	464.7	29.03	179.8	29.03	263.5	29.06	302.67
27.24	453.9	27.24	168.8	27.24	251.5	27.24	291.40
25.52	421.3	25.45	161	25.45	235.8	25.47	272.70
23.66	400.1	23.66	150.2	23.66	222.9	23.66	257.73
21.86	359.5	21.86	141.8	21.86	207	21.86	236.10
20.07	341	20.07	132.6	20.07	193.4	20.07	222.33
18.21	305.2	18.21	119.7	18.28	180.1	18.23	201.67
16.41	281	16.41	110.3	16.41	165.6	16.41	185.63
14.62	259.4	14.62	103.3	14.62	149.8	14.62	170.83
12.83	226.4	12.83	92.76	12.83	135.4	12.83	151.52
11.03	210.7	11.03	83.05	11.03	120.7	11.03	138.15
9.24	174.1	9.24	72.79	9.24	104.9	9.24	117.26
7.45	151.6	7.45	62.54	7.45	89.43	7.45	101.19
5.61	118.2	5.61	50.46	5.61	73.64	5.61	80.77
3.81	88.91	3.81	39.7	3.82	57.05	3.81	61.89
2.01	60.5	2.01	28.62	2.01	39.21	2.01	42.78
0.20	23.81	0.19	15.45	0.20	19.53	0.20	19.60

					Average	Stdev
YS	34.8	20.3	26.2	27.1	7.3
VS	15.0	5.5	8.3	9.6	4.9
R2	1.0	1.0	1.0	1.0	0.0
Hysteresis	1410	17	748	725	697

Set F1: CS-BX1 – BL33- L1 – Mixing Day – NIST code (folder SR 57-SR-56A)

SR-56A

Run# A		Run# B		Run# C		Average	
SR	SS	SR	SS	SR	SS	SR	SS
0.24	25.02	0.20	26.72	0.21	25.21	0.22	25.65
2.63	58.61	2.65	46.35	2.64	44.67	2.64	49.88
5.10	79.75	5.10	61.56	5.08	60.55	5.09	67.29
7.52	99.07	7.52	75.38	7.52	74.84	7.52	83.10
10.00	116.6	10.00	89.47	10.00	88.78	10.00	98.28
12.41	133.8	12.41	103.2	12.41	102.5	12.41	113.17
14.90	151.4	14.90	117	14.90	115.6	14.90	128.00
17.31	166.5	17.31	130.9	17.38	128.9	17.33	142.10
19.79	182.7	19.79	144.4	19.79	141.4	19.79	156.17
22.21	197.1	22.21	157	22.21	155.3	22.21	169.80
24.69	211.9	24.69	169.8	24.69	167.8	24.69	183.17
27.17	227.7	27.10	182.9	27.10	178.6	27.13	196.40
29.59	241.3	29.59	194.7	29.59	192	29.59	209.33
32.00	255.8	32.00	207.3	32.00	202.4	32.00	221.83
34.48	268.4	34.48	218.4	34.48	215.4	34.48	234.07
34.48	268.6	34.48	218.6	34.48	212.5	34.48	233.23
32.69	256.6	32.69	209	32.69	202.8	32.69	222.80
30.83	243.2	30.90	198.8	30.90	194.9	30.87	212.30
29.03	232.2	29.03	189.7	29.03	184.8	29.03	202.23
27.24	219.7	27.24	180.7	27.24	176.3	27.24	192.23
25.45	207.8	25.45	171.1	25.45	166.9	25.45	181.93
23.66	195.6	23.66	161.8	23.66	157.8	23.66	171.73
21.86	184.5	21.86	152.1	21.86	147.5	21.86	161.37
20.07	171.9	20.07	142.4	20.07	138.5	20.07	150.93
18.28	159.9	18.28	133.1	18.28	127.9	18.28	140.30
16.41	147.7	16.41	123.1	16.41	118.4	16.41	129.73
14.62	135.3	14.62	112.6	14.62	109	14.62	118.97
12.83	123.1	12.83	102.9	12.83	98.76	12.83	108.25
11.03	109.6	11.03	91.99	11.03	89.31	11.03	96.97
9.24	97.21	9.24	81.7	9.24	78.2	9.24	85.70
7.38	83.28	7.38	70.26	7.45	67.96	7.40	73.83
5.61	69.57	5.60	59.2	5.61	56.6	5.61	61.79
3.82	55.43	3.83	47.64	3.80	45.23	3.82	49.43
2.02	40.05	2.00	34.83	2.01	33.47	2.01	36.12
0.21	22.55	0.20	20.31	0.21	19.36	0.21	20.74

						Average	Stdev
YS		29.6		27.2		25.4	27.4	2.1
VS		7.0		5.6		5.5	6.1	0.8
R2		1.0		1.0		1.0	1.0	0.0
Hysteresis		369		124		76	190	157

Set F1: CS-BX1 – BL6- L2 – Mixing Day – NIST code (folder SR 57-SR-56B)

SR-56B

Run# D		Run# E		Run# G		Average	
SR	SS	SR	SS	SR	SS	SR	SS
0.19	28.77	0.21	35.43	0.20	32.33	0.20	32.18
2.65	46.8	2.65	65.97	2.65	58.15	2.65	56.97
5.09	61.53	5.10	92.14	5.10	80.68	5.09	78.12
7.52	74.96	7.52	117.9	7.52	102.2	7.52	98.35
10.00	88.17	10.00	138.3	10.00	120.6	10.00	115.69
12.41	101.6	12.41	158.5	12.41	137.8	12.41	132.63
14.90	114.9	14.90	178.1	14.90	154.5	14.90	149.17
17.31	128.2	17.31	196.3	17.31	170.9	17.31	165.13
19.79	141	19.79	214.6	19.79	187.3	19.79	180.97
22.21	153.9	22.21	232.9	22.21	202.2	22.21	196.33
24.69	166.1	24.69	249.8	24.69	216.9	24.69	210.93
27.10	177.7	27.10	265.2	27.10	232.4	27.10	225.10
29.59	189.7	29.59	281.3	29.59	246.3	29.59	239.10
32.00	200.9	32.00	294.9	32.00	260.3	32.00	252.03
34.48	212.3	34.48	310.7	34.48	272.7	34.48	265.23
34.48	211	34.48	305.5	34.48	271.7	34.48	262.73
32.69	201.6	32.69	290.7	32.69	258.8	32.69	250.37
30.90	193.3	30.83	278.6	30.90	245.6	30.87	239.17
29.03	183.7	29.03	264.4	29.03	233.3	29.03	227.13
27.24	175.2	27.24	250.4	27.24	222.4	27.24	216.00
25.45	166.1	25.45	237.2	25.45	209.5	25.45	204.27
23.66	157.1	23.66	222.7	23.66	198.2	23.66	192.67
21.86	147.3	21.86	209.4	21.86	185.3	21.86	180.67
20.07	138.6	20.00	195.7	20.07	173.5	20.05	169.27
18.21	129.2	18.28	180.3	18.21	161.3	18.23	156.93
16.41	119.7	16.41	166.3	16.41	149	16.41	145.00
14.62	110	14.62	153.4	14.62	136.4	14.62	133.27
12.83	99.79	12.83	138.3	12.83	123.6	12.83	120.56
11.03	90.62	11.03	124.3	11.03	111.4	11.03	108.77
9.24	79.83	9.24	109.1	9.24	97.83	9.24	95.59
7.45	69.99	7.45	94.24	7.45	84.81	7.45	83.01
5.61	58.68	5.59	77.69	5.61	70.48	5.60	68.95
3.80	47.21	3.81	61.46	3.81	56.27	3.80	54.98
2.01	35.8	1.99	44.5	1.99	41.24	2.00	40.51
0.20	21.98	0.20	24.96	0.20	23.92	0.20	23.62

						Average	Stdev
YS	28.2		32.3		30.5	30.3	2.1
VS	5.4		8.0		7.1	6.8	1.3
R2	1.0		1.0		1.0	1.0	0.0
Hysteresis	95		442		410	316	192

Set F1: CS-BX1 – BL33- L2 – Mixing Day – NIST code (folder SR 57-SR-56C)

SR-56C

Run# H		Run# I		Run# J		Average	
SR	SS	SR	SS	SR	SS	SR	SS
0.19	32.11	0.20	28.81	0.20	33.45	0.20	31.46
2.65	58.7	2.64	53.48	2.64	67.66	2.64	59.95
5.10	79.32	5.10	73.04	5.08	93.37	5.09	81.91
7.52	99.52	7.52	91.18	7.52	118.9	7.52	103.20
10.00	117.6	10.00	107	10.00	138.8	10.00	121.13
12.41	135	12.41	123.3	12.41	157.8	12.41	138.70
14.90	153.3	14.90	138.8	14.90	177.3	14.90	156.47
17.31	169.8	17.31	154	17.38	195.4	17.33	173.07
19.79	186.7	19.79	168.9	19.79	212.9	19.79	189.50
22.21	201.1	22.21	183.8	22.21	228.5	22.21	204.47
24.69	216.2	24.69	198.1	24.69	244.8	24.69	219.70
27.10	232.4	27.10	211.3	27.10	262.1	27.10	235.27
29.59	245.7	29.59	225.5	29.59	277.3	29.59	249.50
32.00	260.4	32.00	237.9	32.00	292.4	32.00	263.57
34.48	270.3	34.48	251.3	34.48	304.3	34.48	275.30
34.48	270.8	34.48	247.6	34.48	303.5	34.48	273.97
32.69	258.1	32.69	235.9	32.62	288.7	32.67	260.90
30.83	243.3	30.83	227	30.90	272.9	30.85	247.73
29.03	231.4	29.10	215.7	29.03	258.8	29.06	235.30
27.24	220.7	27.24	204.4	27.24	247.4	27.24	224.17
25.45	207.7	25.45	194.1	25.45	232.6	25.45	211.47
23.66	196.7	23.66	182.2	23.66	220.3	23.66	199.73
21.86	183.7	21.86	171.9	21.86	205.1	21.86	186.90
20.00	171.6	20.00	160.8	20.07	192	20.02	174.80
18.21	160.8	18.28	147.9	18.21	179.1	18.23	162.60
16.41	148.5	16.41	136.6	16.41	165.6	16.41	150.23
14.62	135.1	14.62	126.7	14.62	150.6	14.62	137.47
12.83	122.7	12.83	114.9	12.83	136	12.83	124.53
11.03	110.1	11.03	102.9	11.03	122.8	11.03	111.93
9.24	96.93	9.24	91.04	9.24	107.2	9.24	98.39
7.45	83.62	7.45	78.62	7.45	92.93	7.45	85.06
5.61	70.08	5.61	65.39	5.61	77.41	5.61	70.96
3.81	55.9	3.81	52.39	3.80	60.93	3.81	56.41
2.00	40.79	1.99	38.46	2.01	44.33	2.00	41.19
0.19	23.46	0.21	22.48	0.21	24.76	0.20	23.57

					Average	Stdev
YS	29.9	29.0	31.9		30.3	1.5
VS	7.0	6.4	7.9		7.1	0.7
R2	1.0	1.0	1.0		1.0	0.0
Hysteresis	461	193	620		425	216

Set F1: CS-BX1 – BL6- L1 – Mixing Day – NIST code (folder SR 57-SR-56D)

SR-56D							
Run# k		Run# L		Run# M		Average	
SR	SS	SR	SS	SR	SS	SR	SS
0.19	33.46	0.19	32.25	0.20	31.53	0.20	32.41
2.64	62.22	2.64	60.28	2.64	55.92	2.64	59.47
5.08	85.29	5.10	83.44	5.10	77.81	5.09	82.18
7.52	108	7.52	105.3	7.52	98.84	7.52	104.05
10.00	126.6	10.00	124	10.00	116.6	10.00	122.40
12.41	144.6	12.41	141.4	12.41	133.1	12.41	139.70
14.90	162.3	14.90	158.7	14.90	149.3	14.90	156.77
17.38	179.8	17.31	175.3	17.31	165.4	17.33	173.50
19.79	196.1	19.79	191.4	19.79	180.7	19.79	189.40
22.21	211.9	22.21	206.6	22.21	194.8	22.21	204.43
24.69	227.6	24.69	221.5	24.69	209	24.69	219.37
27.10	243.6	27.17	236.9	27.17	224.9	27.15	235.13
29.59	258.8	29.59	250.3	29.59	237.8	29.59	248.97
32.00	272.9	32.00	264.3	32.00	251.9	32.00	263.03
34.48	285.2	34.48	276.9	34.48	262.7	34.48	274.93
34.48	283.2	34.48	275	34.48	263.1	34.48	273.77
32.62	269.5	32.69	262.1	32.69	250.7	32.67	260.77
30.90	256.8	30.83	249	30.90	236.8	30.87	247.53
29.03	243.3	29.03	236.8	29.03	224.8	29.03	234.97
27.24	232.7	27.24	224.1	27.24	214.3	27.24	223.70
25.45	219.2	25.45	212.5	25.45	201.9	25.45	211.20
23.66	207.5	23.66	200.1	23.66	190.6	23.66	199.40
21.86	193.3	21.86	188.2	21.86	178.5	21.86	186.67
20.07	181.1	20.07	175.9	20.07	167	20.07	174.67
18.21	168.8	18.28	163.9	18.28	156.5	18.25	163.07
16.41	156.1	16.41	151.2	16.41	144.4	16.41	150.57
14.62	142.4	14.62	138.3	14.62	131.1	14.62	137.27
12.83	128.8	12.83	125.8	12.83	119.3	12.83	124.63
11.03	116.6	11.03	112.4	11.03	106.7	11.03	111.90
9.24	101.9	9.24	99.37	9.24	94.08	9.24	98.45
7.45	88.62	7.45	85.13	7.38	80.88	7.43	84.88
5.61	73.54	5.61	71.22	5.61	68.16	5.61	70.97
3.81	58.16	3.82	56.62	3.81	54.24	3.81	56.34
2.01	42.96	2.01	40.75	2.01	39.05	2.01	40.92
0.20	24.45	0.20	23.07	0.19	22.68	0.20	23.40

				Average	Stdev
YS	31.6	30.3	28.9	30.3	1.4
VS	7.4	7.2	6.8	7.1	0.3
R2	1.0	1.0	1.0	1.0	0.0
Hysteresis	428	440	451	440	12

Set F3: CS-BX1 – BL33- L1 – 3 day – NIST code (folder SR 58-SR-56A)

SR-56A							
Run# E		Run# F		Run# G		Average	
SR	SS	SR	SS	SR	SS	SR	SS
0.20	27.68	0.20	29.37	0.20	21.24	0.20	26.10
2.63	55.17	2.65	61.98	2.65	39.63	2.64	52.26
5.10	79.2	5.08	87.81	5.10	54.73	5.09	73.91
7.52	102.1	7.59	112.5	7.59	68.7	7.56	94.43
10.00	119.1	10.00	134.4	10.00	82.35	10.00	111.95
12.41	136	12.41	154.9	12.41	95.44	12.41	128.78
14.90	153.3	14.90	174.1	14.90	108.7	14.90	145.37
17.31	169	17.31	193.7	17.38	121.9	17.33	161.53
19.79	185.2	19.79	211.7	19.79	135	19.79	177.30
22.21	200.4	22.21	230.6	22.21	147.1	22.21	192.70
24.69	215.7	24.69	248.3	24.69	159.7	24.69	207.90
27.17	230.4	27.10	264.4	27.10	171.5	27.13	222.10
29.59	244	29.59	282.5	29.59	183.3	29.59	236.60
32.00	257.8	32.00	297	32.00	194.5	32.00	249.77
34.48	273.3	34.48	312.4	34.48	205.6	34.48	263.77
34.48	269.4	34.48	308.7	34.48	204.8	34.48	260.97
32.69	256.6	32.62	293.6	32.69	195.5	32.67	248.57
30.83	246.9	30.90	280.3	30.90	186.7	30.87	237.97
29.03	234	29.03	265	29.03	177.4	29.03	225.47
27.24	222.1	27.24	253.1	27.24	168.7	27.24	214.63
25.45	209.5	25.45	238.3	25.45	159.5	25.45	202.43
23.66	198	23.66	225	23.66	150.7	23.66	191.23
21.86	184.3	21.86	209	21.86	141.5	21.86	178.27
20.07	172.4	20.07	195.8	20.00	132	20.05	166.73
18.28	159.9	18.21	180.9	18.21	123.2	18.23	154.67
16.41	147.7	16.41	166.9	16.41	113.8	16.41	142.80
14.62	134.6	14.62	151.6	14.62	103.8	14.62	130.00
12.83	121.4	12.83	136.3	12.83	94.23	12.83	117.31
11.03	109.2	11.03	123	11.03	84.1	11.03	105.43
9.24	95.14	9.24	106.2	9.24	74.23	9.24	91.86
7.45	81.87	7.45	91.6	7.45	63.65	7.45	79.04
5.60	67.63	5.61	75.13	5.61	53.1	5.61	65.29
3.81	52.99	3.79	58.22	3.80	41.92	3.80	51.04
2.01	37.65	2.01	41.13	2.01	30.11	2.01	36.30
0.20	19.93	0.20	20.73	0.19	16.57	0.20	19.08

					Average	Stdev
YS	26.9	28.2	22.6		25.9	3.0
VS	7.2	8.2	5.4		6.9	1.4
R2	1.0	1.0	1.0		1.0	0.0
Hysteresis	303	425	97		275	166

Set F3: CS-BX1 – BL6- L2 – 3 day – NIST code (folder SR 58-SR-56B)

SR-56B							
Run# A		Run# C		Run# D		Average	
SR	SS	SR	SS	SR	SS	SR	SS
0.26	20.61	0.20	27.79	0.20	26.4	0.22	24.93
2.65	53.74	2.64	56.62	2.63	52.06	2.64	54.14
5.10	73.72	5.10	77.13	5.09	72.68	5.10	74.51
7.52	96.08	7.52	98.18	7.52	92.88	7.52	95.71
10.00	113	10.00	116.5	10.00	110.3	10.00	113.27
12.41	129.9	12.41	133.4	12.41	126.6	12.41	129.97
14.90	146.9	14.90	150.8	14.90	143.2	14.90	146.97
17.31	162.3	17.31	166.9	17.31	158.9	17.31	162.70
19.79	177.8	19.79	183.3	19.79	174.3	19.79	178.47
22.21	191.9	22.21	197.9	22.21	188.6	22.21	192.80
24.69	206.2	24.69	212.9	24.69	203	24.69	207.37
27.10	220.8	27.17	229.3	27.10	218.2	27.13	222.77
29.59	233.8	29.59	242.7	29.59	231.2	29.59	235.90
32.00	247	32.00	257.7	32.07	245.7	32.02	250.13
34.48	258.7	34.48	269.7	34.48	257.5	34.48	261.97
34.48	257.4	34.48	270.5	34.48	257.1	34.48	261.67
32.69	245.2	32.69	257.8	32.69	245.4	32.69	249.47
30.83	232.6	30.90	243.7	30.83	233.4	30.85	236.57
29.03	220.7	29.03	231.5	29.03	222.3	29.03	224.83
27.24	210.3	27.24	220.3	27.24	209.6	27.24	213.40
25.45	198.2	25.45	207.7	25.45	199.4	25.45	201.77
23.66	187.1	23.66	196.2	23.66	187.1	23.66	190.13
21.86	174.5	21.86	184	21.86	176.7	21.86	178.40
20.07	163.2	20.07	171.9	20.07	165	20.07	166.70
18.21	151.6	18.28	160.9	18.21	152.4	18.23	154.97
16.41	139.6	16.41	148.3	16.41	140.5	16.41	142.80
14.62	127.5	14.62	134.9	14.62	129.2	14.62	130.53
12.83	115.1	12.83	122.8	12.83	116.9	12.83	118.27
11.03	103.4	11.03	109.5	11.03	104.6	11.03	105.83
9.24	90.33	9.24	96.43	9.24	91.79	9.24	92.85
7.45	78.05	7.38	82.51	7.45	78.85	7.43	79.80
5.61	64.14	5.61	69.29	5.61	65.07	5.61	66.17
3.81	50.5	3.83	54.64	3.05	51.1	3.56	52.08
1.99	36.24	2.01	38.65	2.01	36.56	2.01	37.15
0.20	19.69	0.19	21.12	0.20	19.82	0.20	20.21

				Average	Stdev
YS	25.7	28.6	27.6	27.3	1.4
VS	6.8	7.1	6.7	6.9	0.2
R2	1.0	1.0	1.0	1.0	0.0
Hysteresis	403	401	313	372	52

Set F3: CS-BX1 – BL33- L2 – 3 day – NIST code (folder SR 58-SR-56C)

SR-56C

Run# K		Run# L		Run# M		Average	
SR	SS	SR	SS	SR	SS	SR	SS
0.21	28.42	0.20	33.57	0.20	23.35	0.20	28.45
2.65	58.79	2.64	77.55	2.65	42.11	2.65	59.48
5.10	80.44	5.10	111.2	5.10	56.62	5.10	82.75
7.52	99.87	7.52	147.1	7.52	69.93	7.52	105.63
10.00	118.5	10.00	170.5	10.00	83.74	10.00	124.25
12.41	136.3	12.41	191	12.41	97.04	12.41	141.45
14.90	153.7	14.90	211.1	14.90	110	14.90	158.27
17.31	170.6	17.31	229.7	17.38	122.8	17.33	174.37
19.79	185.9	19.79	248.3	19.79	135.4	19.79	189.87
22.28	200.9	22.21	267	22.21	147	22.23	204.97
24.69	215.2	24.69	284.9	24.69	158.7	24.69	219.60
27.10	230.7	27.10	302.2	27.10	170.8	27.10	234.57
29.59	244.8	29.59	318.6	29.59	182	29.59	248.47
32.00	258.4	32.00	334.6	32.00	193.4	32.00	262.13
34.48	269	34.48	350.1	34.48	202.7	34.48	273.93
34.48	270	34.48	346.6	34.48	203	34.48	273.20
32.69	257.1	32.69	329.3	32.62	193.7	32.67	260.03
30.90	241.9	30.90	312.2	30.90	182.9	30.90	245.67
29.03	230	29.03	296.1	29.03	173.8	29.03	233.30
27.24	219.4	27.24	280.8	27.24	166.4	27.24	222.20
25.45	205.5	25.45	264.3	25.45	156.3	25.45	208.70
23.66	195.1	23.66	249	23.66	148.5	23.66	197.53
21.86	182.1	21.86	232.6	21.86	138.4	21.86	184.37
20.07	169.5	20.07	216.9	20.07	129.2	20.07	171.87
18.28	159.4	18.28	201.2	18.21	121.5	18.25	160.70
16.41	146.9	16.41	185.2	16.41	112.2	16.41	148.10
14.62	132.9	14.62	168.8	14.62	101.5	14.62	134.40
12.83	120.8	12.83	152.4	12.83	92.53	12.83	121.91
11.03	107.2	11.03	135.8	11.03	82.87	11.03	108.62
9.24	94.85	9.24	118.9	9.24	72.97	9.24	95.57
7.45	80.89	7.38	101.6	7.45	62.94	7.43	81.81
5.61	67.96	5.61	83.92	5.61	53.24	5.61	68.37
3.82	53.65	3.81	65.62	3.79	42.4	3.81	53.89
2.01	38.02	2.01	46.16	2.02	30.74	2.01	38.31
0.20	21.05	0.19	24.33	0.20	18.04	0.20	21.14

	Run# K	Run# L	Run# M	Average	Stdev
YS	27.2	31.4	22.9	27.2	4.3
VS	7.1	9.2	5.3	7.2	2.0
R2	1.0	1.0	1.0	1.0	0.0
Hysteresis	535	894	210	546	342

Set E3: CS-BX1 – BL6- L1 – 3 day – NIST code (folder SR 58-SR-56D)

SR-56D

Run# H		Run# I		Run# J		Average	
SR	SS	SR	SS	SR	SS	SR	SS
0.20	31.37	0.19	30.4	0.20	23.54	0.20	28.44
2.65	67.72	2.66	64.05	2.63	42.71	2.64	58.16
5.10	96	5.09	85.09	5.10	60.03	5.10	80.37
7.52	123.4	7.52	106	7.52	75.19	7.52	101.53
10.00	144.8	10.00	125.3	10.00	88.59	10.00	119.56
12.41	165.3	12.41	143.4	12.41	101.8	12.41	136.83
14.90	185.3	14.90	161.5	14.90	115.8	14.90	154.20
17.31	203.1	17.38	179.3	17.31	129	17.33	170.47
19.79	221.1	19.79	195.3	19.79	142.5	19.79	186.30
22.21	237.5	22.28	211.2	22.21	155.2	22.23	201.30
24.69	253.8	24.69	227.1	24.69	167.7	24.69	216.20
27.10	270.1	27.10	242.7	27.10	180.5	27.10	231.10
29.59	285.2	29.59	258	29.59	192.2	29.59	245.13
32.00	300.3	32.00	272.6	32.00	204.3	32.00	259.07
34.48	314.1	34.48	284.7	34.48	215.8	34.48	271.53
34.48	310.7	34.48	284.4	34.48	215.4	34.48	270.17
32.69	295.8	32.62	270.6	32.69	205.6	32.67	257.33
30.90	281.7	30.90	255.8	30.90	195.8	30.90	244.43
29.03	267.5	29.03	242.5	29.03	186.4	29.03	232.13
27.24	253.9	27.24	232.4	27.24	176.4	27.24	220.90
25.45	239.8	25.45	218.4	25.45	167.4	25.45	208.53
23.66	225.8	23.66	207.2	23.66	157.5	23.66	196.83
21.86	211.5	21.86	192.7	21.86	148.5	21.86	184.23
20.07	197.3	20.07	180.2	20.07	138.7	20.07	172.07
18.21	182.8	18.21	168.6	18.21	128.7	18.21	160.03
16.41	168.3	16.41	155.6	16.41	118.8	16.41	147.57
14.62	154.1	14.62	140.8	14.62	109	14.62	134.63
12.83	139.1	12.83	127.5	12.83	98.97	12.83	121.86
11.03	124.2	11.03	114.5	11.03	88.54	11.03	109.08
9.24	108.7	9.24	99.96	9.24	78.18	9.24	95.61
7.45	93.09	7.45	86.18	7.45	67.29	7.45	82.19
5.61	76.49	5.61	71.71	5.61	56.01	5.61	68.07
3.81	59.9	3.81	56.23	3.82	44.74	3.81	53.62
1.99	42.34	2.01	40.1	2.01	32.6	2.01	38.35
0.21	22.62	0.20	21.69	0.21	18.95	0.20	21.09

					Average	Stdev
YS	30.0	28.9	24.3	27.7	3.0
VS	8.2	7.5	5.6	7.1	1.3
R2	1.0	1.0	1.0	1.0	0.0
Hysteresis	626	499	156	427	243

Set F7: CS-BX1 – BL33- L1 – 7 day – NIST code (folder SR 59-SR-56A)

SR-56A

Run# H		Run# I		Run# J		Average	
SR	SS	SR	SS	SR	SS	SR	SS
0.20	39.64	0.20	20.4	0.20	25.97	0.20	28.67
2.64	101.2	2.64	38.22	2.65	58.06	2.64	65.83
5.10	153.2	5.09	52.12	5.09	80.16	5.09	95.16
7.52	207.2	7.59	64.83	7.59	102.8	7.56	124.94
10.00	244.5	10.00	77.08	10.00	123.6	10.00	148.39
12.41	279.5	12.41	89.28	12.41	142.1	12.41	170.29
14.90	308.2	14.90	101.7	14.90	160.5	14.90	190.13
17.31	341.6	17.38	113.4	17.31	178	17.33	211.00
19.79	365	19.79	125.4	19.79	195.2	19.79	228.53
22.21	398.4	22.21	136.5	22.21	210.9	22.21	248.60
24.69	423.9	24.69	147.6	24.69	227.1	24.69	266.20
27.10	440.2	27.10	159.3	27.10	243.4	27.10	280.97
29.59	469.9	29.59	169.9	29.59	258.3	29.59	299.37
32.00	486	32.07	180.7	32.00	273	32.02	313.23
34.48	507.6	34.48	190.1	34.48	285.3	34.48	327.67
34.48	498.6	34.48	190.4	34.48	284.1	34.48	324.37
32.62	473.4	32.69	181.6	32.62	270.1	32.64	308.37
30.90	439.7	30.90	171.9	30.90	255.5	30.90	289.03
29.03	413.8	29.03	163.2	29.03	242.1	29.03	273.03
27.24	400.2	27.24	155.5	27.24	229.1	27.24	261.60
25.45	369.4	25.45	146.4	25.45	215.9	25.45	243.90
23.66	353.1	23.66	138.4	23.66	203.2	23.66	231.57
21.86	323	21.86	129.1	21.86	189.9	21.86	214.00
20.07	300.8	20.07	120.6	20.07	176.8	20.07	199.40
18.21	285.2	18.21	112.6	18.21	164.4	18.21	187.40
16.41	262.2	16.41	103.8	16.41	151.2	16.41	172.40
14.62	231.6	14.62	94.23	14.62	136.8	14.62	154.21
12.83	208.9	12.83	85.23	12.83	123.7	12.83	139.28
11.03	185.1	11.03	76.44	11.03	110	11.03	123.85
9.24	160.1	9.24	66.89	9.24	96.22	9.24	107.74
7.38	135	7.45	57.67	7.45	81.92	7.43	91.53
5.60	111.3	5.60	48.3	5.61	68.05	5.60	75.88
3.82	83.84	3.79	38.06	3.79	52.88	3.80	58.26
2.01	54.99	2.02	27.52	2.01	36.9	2.01	39.80
0.20	23	0.20	15.69	0.21	19.02	0.20	19.24

						Average	Stdev
YS	33.0		19.6		24.4	25.7	6.8
VS	13.4		5.0		7.6	8.7	4.3
R2	1.0		1.0		1.0	1.0	0.0
Hysteresis	1574		187		523	761	724

Set F7: CS-BX1 – BL6- L2 – 7 day – NIST code (folder SR 59-SR-56B)

SR-56B							
Run# D		Run# E		Run# G		Average	
SR	SS	SR	SS	SR	SS	SR	SS
0.19	28.04	0.21	22.52	0.20	27.98	0.20	26.18
2.65	56.67	2.65	41.75	2.64	59.57	2.65	52.66
5.10	78.14	5.10	56.82	5.10	85.73	5.10	73.56
7.52	98.19	7.52	70.5	7.52	113.6	7.52	94.10
10.00	116.6	10.00	83.43	10.00	132.9	10.00	110.98
12.41	134.2	12.41	96.3	12.41	150.8	12.41	127.10
14.90	151.7	14.90	109.5	14.90	167.4	14.90	142.87
17.38	167.9	17.38	121.5	17.31	184.5	17.36	157.97
19.79	184.1	19.79	134.8	19.79	199.7	19.79	172.87
22.21	199.3	22.21	147	22.21	216.5	22.21	187.60
24.69	214.1	24.69	159.1	24.69	231.1	24.69	201.43
27.17	229.3	27.10	170.9	27.10	244	27.13	214.73
29.59	243.2	29.59	181.6	29.59	259	29.59	227.93
32.00	256.3	32.07	193.4	32.00	270	32.02	239.90
34.48	268.4	34.48	205.4	34.48	283.6	34.48	252.47
34.48	265.7	34.48	204.6	34.48	278.9	34.48	249.73
32.69	252.6	32.69	195.4	32.69	265.1	32.69	237.70
30.90	240.3	30.83	186.4	30.90	250.8	30.87	225.83
29.03	227.3	29.03	177.7	29.03	237.4	29.03	214.13
27.24	216.7	27.24	166.5	27.24	227.4	27.24	203.53
25.45	203.7	25.45	158.7	25.45	212.4	25.45	191.60
23.66	192.3	23.66	148.4	23.66	201.4	23.66	180.70
21.86	179	21.86	141.1	21.86	186.4	21.86	168.83
20.07	167.4	20.07	131.4	20.07	174	20.07	157.60
18.28	155.7	18.28	122.2	18.21	162.7	18.25	146.87
16.41	143.5	16.41	112.7	16.41	149.8	16.41	135.33
14.62	130.4	14.62	103.4	14.62	135.2	14.62	123.00
12.83	117.6	12.83	93.84	12.83	122.1	12.83	111.18
11.03	105.8	11.03	83.54	11.03	109	11.03	99.45
9.24	92.19	9.24	73.94	9.24	95.34	9.24	87.16
7.45	79.19	7.45	63.62	7.38	81.4	7.43	74.74
5.60	65.88	5.61	53.14	5.60	67.76	5.60	62.26
3.83	51.76	3.79	42.03	3.81	52.94	3.81	48.91
2.01	36.86	2.01	30.41	2.01	37.25	2.01	34.84
0.20	20.07	0.20	17.48	0.20	20.11	0.20	19.22

	Run# D	Run# E	Run# G	Average	Stdev
YS	25.6	22.6	25.4	24.5	1.7
VS	7.0	5.3	7.4	6.6	1.1
R2	1.0	1.0	1.0	1.0	0.0
Hysteresis	432	126	624	394	251

Set F7: CS-BX1 – BL33- L2 – 7 day – NIST code (folder SR 59-SR-56C)

SR-56C

Run# K		Run# L		Run# M		Average	
SR	SS	SR	SS	SR	SS	SR	SS
0.20	22.65	0.20	22.66	0.21	22.81	0.20	22.71
2.65	40.94	2.65	41.46	2.65	43	2.65	41.80
5.10	56.34	5.09	57	5.09	58.94	5.09	57.43
7.52	70.07	7.52	71.2	7.52	73.77	7.52	71.68
10.00	82.93	10.00	84.9	10.00	88.09	10.00	85.31
12.41	95.84	12.41	98.73	12.41	101.9	12.41	98.82
14.90	108.9	14.90	113	14.90	115.1	14.90	112.33
17.31	121.5	17.38	126.4	17.38	129.1	17.36	125.67
19.79	134.2	19.79	140.2	19.79	142.1	19.79	138.83
22.21	146.8	22.21	152.5	22.21	155.5	22.21	151.60
24.69	158.8	24.69	165	24.69	168	24.69	163.93
27.10	170.2	27.10	177.3	27.10	179.6	27.10	175.70
29.59	181.8	29.59	188.7	29.59	192.1	29.59	187.53
32.00	193	32.07	200.7	32.00	202.9	32.02	198.87
34.48	204.6	34.48	212.3	34.48	214.9	34.48	210.60
34.48	203.1	34.48	210.9	34.48	213.1	34.48	209.03
32.69	193.6	32.69	201.2	32.69	203.1	32.69	199.30
30.83	185	30.90	192.3	30.90	193.6	30.87	190.30
29.03	176.1	29.03	182.9	29.03	183.8	29.03	180.93
27.24	166.2	27.24	172.4	27.24	175	27.24	171.20
25.45	157.7	25.45	164	25.45	164.9	25.45	162.20
23.66	148.1	23.66	153.9	23.66	156.1	23.66	152.70
21.86	139.7	21.86	145.2	21.86	145.8	21.86	143.57
20.00	130.3	20.07	135.5	20.07	136.3	20.05	134.03
18.28	121.1	18.21	125.3	18.21	126.5	18.23	124.30
16.41	111.6	16.41	115.5	16.41	116.9	16.41	114.67
14.62	102.3	14.62	106.2	14.62	106.8	14.62	105.10
12.83	92.81	12.83	96.35	12.83	96.84	12.83	95.33
11.03	82.75	11.03	86.15	11.03	86.94	11.03	85.28
9.24	73.13	9.24	75.89	9.24	76.35	9.24	75.12
7.45	62.9	7.45	65.33	7.45	65.78	7.45	64.67
5.60	52.43	5.61	54.5	5.61	54.91	5.61	53.95
3.81	41.78	3.81	43.29	3.81	43.64	3.81	42.90
2.01	30.24	2.01	31.51	2.02	31.82	2.01	31.19
0.20	17.65	0.21	17.99	0.21	18.28	0.20	17.97

						Average	Stdev
YS	22.3		23.1		23.2	22.9	0.5
VS	5.3		5.5		5.6	5.5	0.1
R2	1.0		1.0		1.0	1.0	0.0
Hysteresis	120		118		155	131	21

Set F7: CS-BX1 – BL6- L1 – 7 day – NIST code (folder SR 59-SR-56D)

SR-56D							
Run# A		Run# B		Run# C		Average	
SR	SS	SR	SS	SR	SS	SR	SS
0.28	16.67	0.20	52.37	0.19	20.63	0.22	29.89
2.63	40.2	2.66	153.1	2.65	38.28	2.65	77.19
5.10	55.69	5.10	226.6	5.10	52.63	5.10	111.64
7.52	69.86	7.59	320.8	7.52	65.48	7.54	152.05
10.00	83.46	10.00	368.8	10.00	78.2	10.00	176.82
12.41	96.94	12.41	420.7	12.41	90.57	12.41	202.74
14.90	110.4	14.90	468.1	14.90	102.4	14.90	226.97
17.31	123.8	17.31	512.1	17.31	115	17.31	250.30
19.79	136.6	19.79	551.6	19.79	126.5	19.79	271.57
22.21	148.8	22.21	581.7	22.21	139	22.21	289.83
24.69	160.6	24.69	614.1	24.69	150.4	24.69	308.37
27.10	172.3	27.10	653.6	27.10	160.9	27.10	328.93
29.59	183.5	29.59	684.7	29.59	172.5	29.59	346.90
32.00	194.9	32.00	711	32.00	182.9	32.00	362.93
34.48	206.2	34.48	733.6	34.48	194.2	34.48	378.00
34.48	205	34.48	725.7	34.48	193.3	34.48	374.67
32.69	195.6	32.62	685.5	32.69	184.7	32.67	355.27
30.83	186.7	30.90	640.8	30.90	175	30.87	334.17
29.03	177.7	29.10	604.5	29.03	166.3	29.06	316.17
27.24	168.1	27.24	579.8	27.24	159.1	27.24	302.33
25.45	159.2	25.45	538.2	25.45	149.4	25.45	282.27
23.66	149.6	23.66	510.7	23.66	141.8	23.66	267.37
21.86	140.7	21.86	469.5	21.86	132	21.86	247.40
20.07	131.3	20.07	437.4	20.07	123.5	20.07	230.73
18.28	121.5	18.21	407.9	18.21	115.5	18.23	214.97
16.41	111.9	16.41	373.8	16.41	106.6	16.41	197.43
14.62	102.7	14.62	335.6	14.62	96.7	14.62	178.33
12.83	92.71	12.83	300.1	12.83	87.79	12.83	160.20
11.03	83.12	11.03	268.4	11.03	78.78	11.03	143.43
9.24	73.04	9.24	230.5	9.24	69.16	9.24	124.23
7.45	62.89	7.45	195.9	7.45	59.21	7.45	106.00
5.61	52.09	5.59	157.2	5.61	49.69	5.60	86.33
3.82	41.41	3.81	117.6	3.82	39.37	3.82	66.13
2.01	29.9	2.01	77	2.01	28.46	2.01	45.12
0.20	16.84	0.21	29.48	0.19	16	0.20	20.77

	Run# A	Run# B	Run# C	Average	Stdev
YS	21.5	43.7	20.8	28.7	13.0
VS	5.4	19.6	5.1	10.0	8.3
R2	1.0	1.0	1.0	1.0	0.0
Hysteresis	139	2849	114	1034	1571

Appendix C: Statistical analysis for Non-Newtonian calculations

Provides all the graphs needed for the interpretation of the results and the extraction of the non-Newtonian values (Table 8).

Table 1: Data Used for Analysis of Rheological Quantities in SRM 2492

Box	Day	Unit	Run Order	Set	Mix	Sample Age	YS	VS	H
5	1	36	3	A-A	SR-36A	1	19.3064199	4.9975396	91.5480028
5	1	36	2	A-B	SR-36B	1	29.1662483	8.0212475	280.2616425
5	1	45	4	A-C	SR-36C	1	20.6727873	5.6778243	153.2836974
1	2	6	6	B-A	SR-40A	1	25.0966409	6.5626316	203.7850420
1	2	6	5	B-B	SR-40B	1	25.0481254	6.1495963	122.2930032
1	2	23	8	B-C	SR-40C	1	24.2140165	5.7646911	31.9522212
1	2	23	7	B-D	SR-40D	1	26.0465144	6.1368060	104.5553066
3	3	3	10	C-A	SR-44A	1	32.4249565	7.5430304	200.1295053
3	3	4	9	C-C	SR-44C	1	24.5803305	6.4623221	200.5767660
3	3	4	12	C-D	SR-44D	1	23.3224192	8.2778063	472.7525037
5	4	11	15	D-A	SR-48A	1	33.4651166	8.7658072	528.2914642
5	4	11	13	D-B	SR-48B	1	20.2635688	6.9259024	307.7473006
5	4	12	14	D-C	SR-48C	1	29.2572367	9.6299466	556.7189354
5	4	12	16	D-D	SR-48D	1	23.5995673	7.1397625	281.9765655
3	5	30	17	E-A	SR-52A	1	29.7893455	8.8359725	509.3005499
3	5	30	20	E-B	SR-52B	1	27.5356258	8.1859882	405.1682756
3	5	41	19	E-C	SR-52C	1	27.2523805	7.6746132	330.4198266
3	5	41	18	E-D	SR-52D	1	23.3495891	6.7447280	237.8220784
1	6	28	24	F-A	SR-56A	1	21.8544397	5.9304506	112.6469520
1	6	28	22	F-B	SR-56B	1	23.6524221	6.7265001	221.5057333
1	6	33	21	F-C	SR-56C	1	23.5187875	7.0357733	249.1711148
1	6	33	23	F-D	SR-56D	1	23.5977287	7.0174218	250.8748781
5	1	36	1	A-A	SR-36A	3	18.6890537	5.8773721	283.1595794
5	1	36	4	A-B	SR-36B	3	21.4386488	7.0448216	220.9322999
5	1	45	3	A-C	SR-36C	3	22.9017911	8.6331887	482.9083653
5	1	45	2	A-D	SR-36D	3	17.1488751	2.2883394	65.1217671
1	2	6	5	B-A	SR-40A	3	15.7096706	6.3836834	195.6812180
1	2	6	8	B-B	SR-40B	3	21.6862982	6.9743657	220.6756558
1	2	23	6	B-C	SR-40C	3	16.1741501	4.9636549	70.2085966
1	2	23	7	B-D	SR-40D	3	22.8365409	5.7745906	119.2855205
3	3	3	9	C-A	SR-44A	3	24.8232588	7.5790606	310.9187905
3	3	4	12	C-C	SR-44C	3	24.9741271	8.3294252	469.2950691
3	3	4	10	C-D	SR-44D	3	19.6503882	7.3297032	276.2035683
5	4	11	16	D-A	SR-48A	3	23.9800112	7.3683777	331.9426032
5	4	11	15	D-B	SR-48B	3	17.0345993	5.6325033	153.8899520
5	4	12	13	D-C	SR-48C	3	20.2483012	6.4242668	143.4271823
5	4	12	14	D-D	SR-48D	3	18.0357110	6.3945586	326.6226030
3	5	30	17	E-A	SR-52A	3	20.1247702	5.8589626	133.9268194
3	5	30	19	E-B	SR-52B	3	21.9814558	7.4209182	324.2353297
3	5	41	20	E-C	SR-52C	3	20.7897916	6.5279639	253.5568971
3	5	41	18	E-D	SR-52D	3	18.6348805	6.6284021	213.2981225
1	6	28	23	F-A	SR-56A	3	20.8439344	6.7789771	206.2433202
1	6	28	21	F-B	SR-56B	3	21.0483733	6.7876283	194.9406918
1	6	33	22	F-C	SR-56C	3	20.4308499	7.1445562	289.7368003
1	6	33	24	F-D	SR-56D	3	21.7570672	7.0029645	246.5515718
5	1	36	4	A-A	SR-36A	7	15.5361239	4.6775444	59.3795843
5	1	36	1	A-B	SR-36B	7	21.4029677	6.3342544	168.0009222
5	1	45	2	A-C	SR-36C	7	17.6003594	5.7803670	159.0549592
5	1	45	3	A-D	SR-36D	7	17.2876817	2.0217890	63.8531682
1	2	6	6	B-A	SR-40A	7	17.9185800	6.9589998	258.0594469
1	2	6	5	B-B	SR-40B	7	21.3495931	6.3069751	199.2255447
1	2	23	8	B-C	SR-40C	7	22.8562218	8.2655517	444.4045981
1	2	23	7	B-D	SR-40D	7	23.6039568	7.4161522	235.8165445
3	3	3	9	C-A	SR-44A	7	25.3134951	8.1673146	560.6808423
3	3	4	11	C-C	SR-44C	7	25.5922443	9.3827809	455.6381540
3	3	4	10	C-D	SR-44D	7	20.8883642	8.1792238	906.2229008
5	4	11	14	D-A	SR-48A	7	21.6203608	7.1263480	247.5195673
5	4	11	15	D-B	SR-48B	7	15.8771034	5.1574202	129.6630455
5	4	12	16	D-C	SR-48C	7	22.1501211	8.1390299	364.3580627
5	4	12	13	D-D	SR-48D	7	17.0126234	6.0910298	242.2908669
3	5	30	20	E-A	SR-52A	7	20.3873427	5.7598697	85.1299548
3	5	30	19	E-B	SR-52B	7	21.1317456	7.3303978	338.5755449
3	5	41	18	E-C	SR-52C	7	19.6244611	7.3328384	402.6905175
3	5	41	17	E-D	SR-52D	7	22.3475634	9.3734880	884.4920402
1	6	28	21	F-A	SR-56A	7	18.7562898	8.6796266	461.3903596
1	6	28	22	F-B	SR-56B	7	18.7114924	6.5360503	264.3368318
1	6	33	23	F-C	SR-56C	7	18.2019711	5.3596391	106.9575936
1	6	33	24	F-D	SR-56D	7	20.5929528	10.0893716	597.8741723

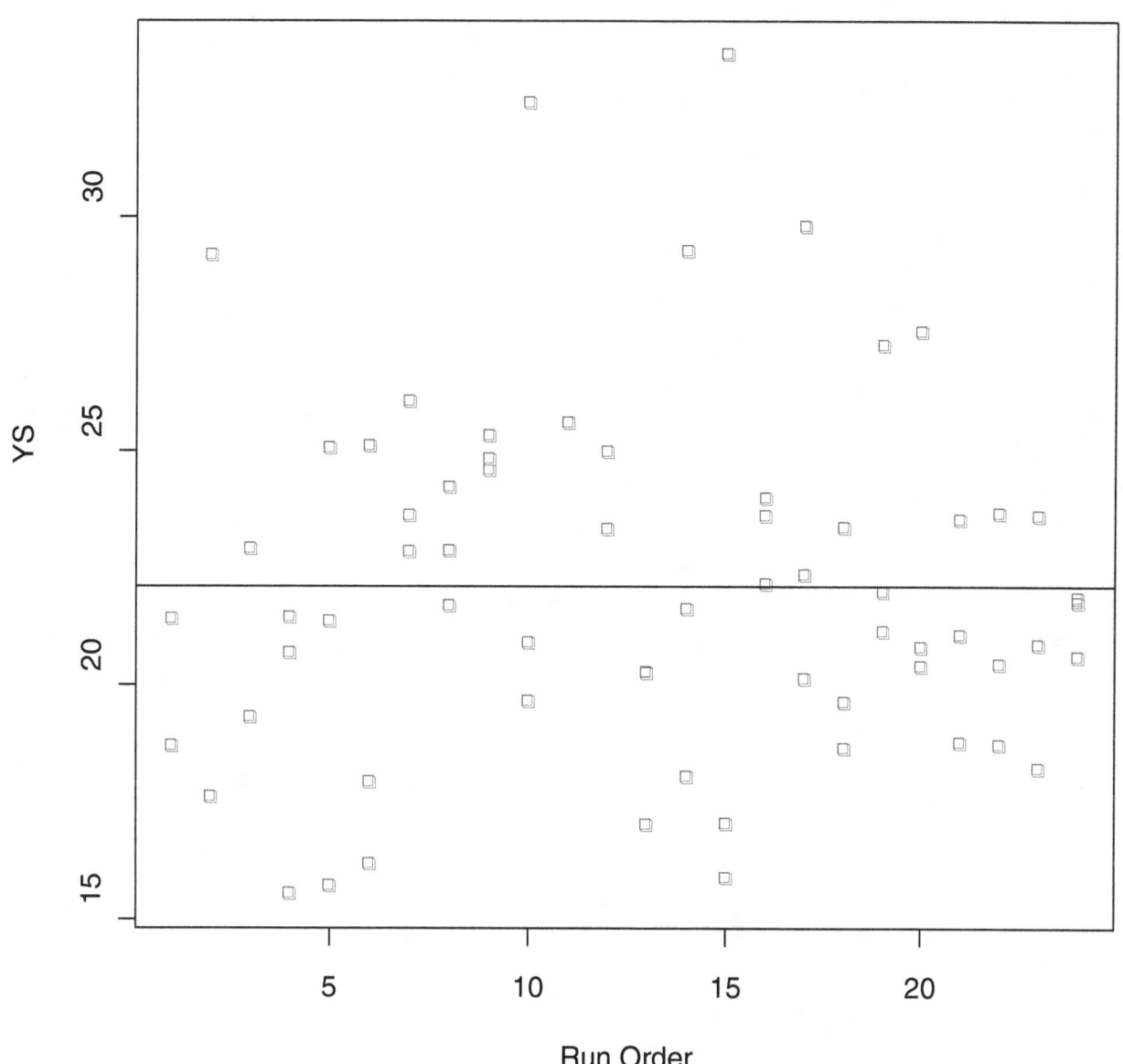

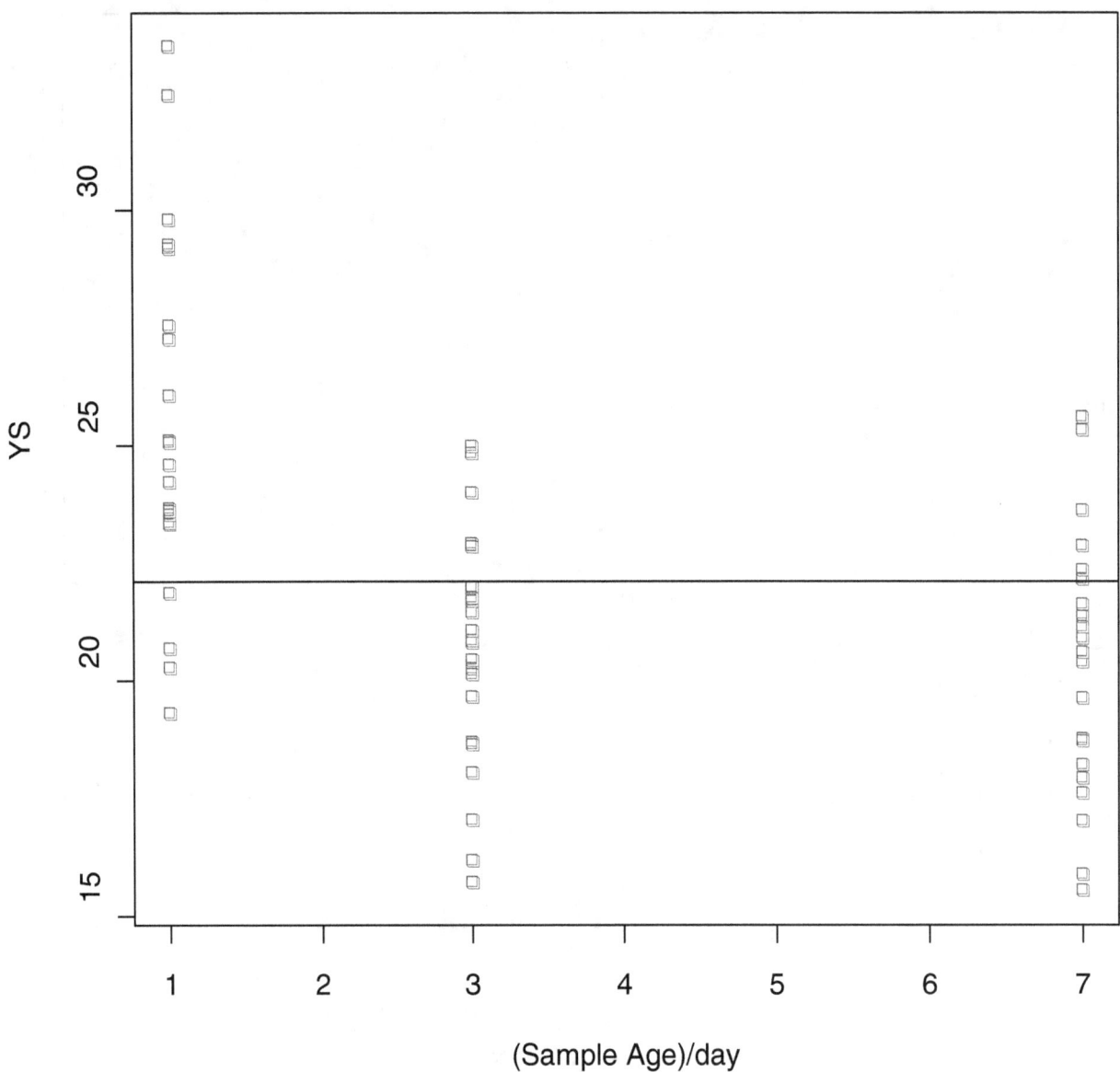

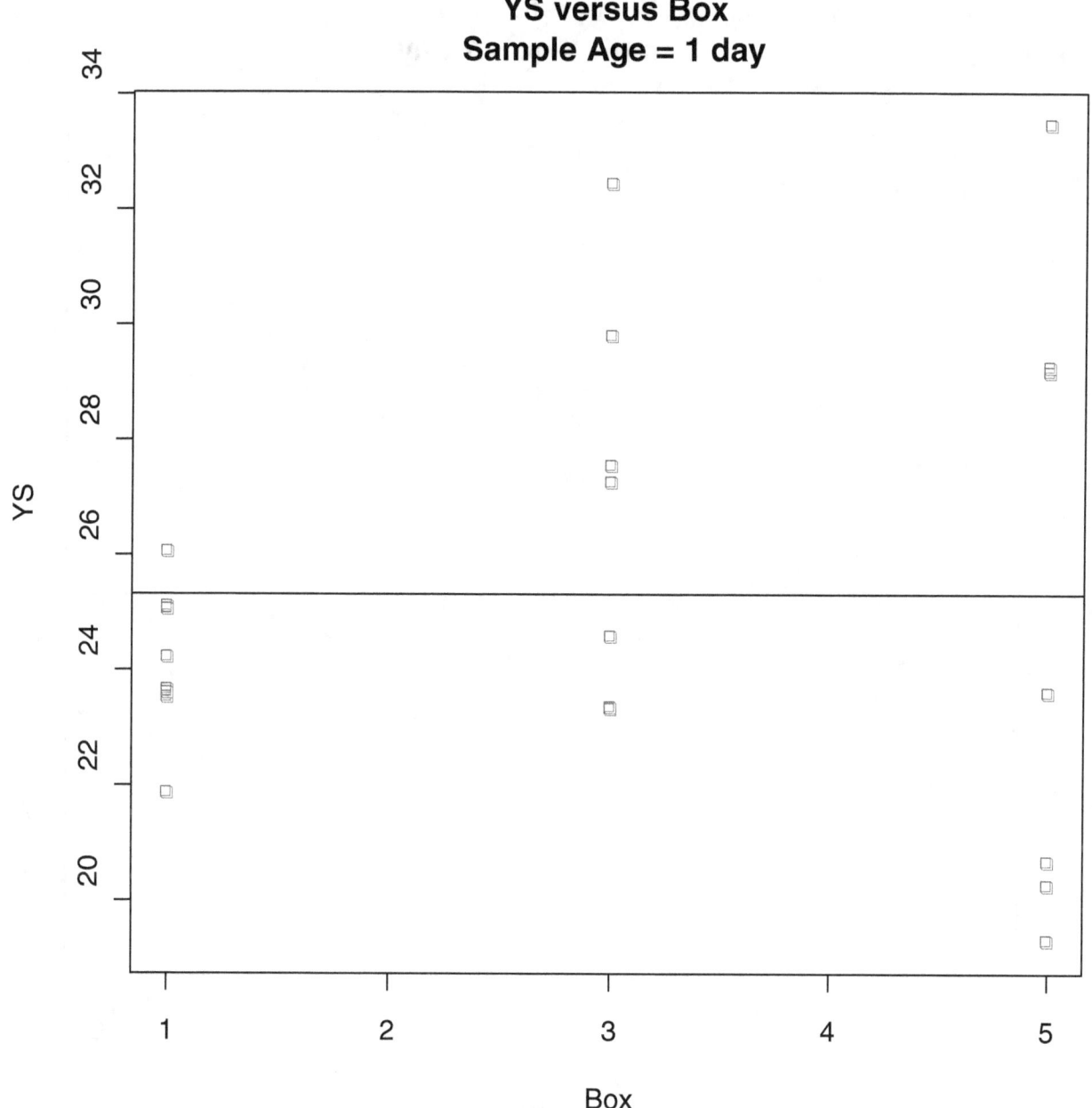

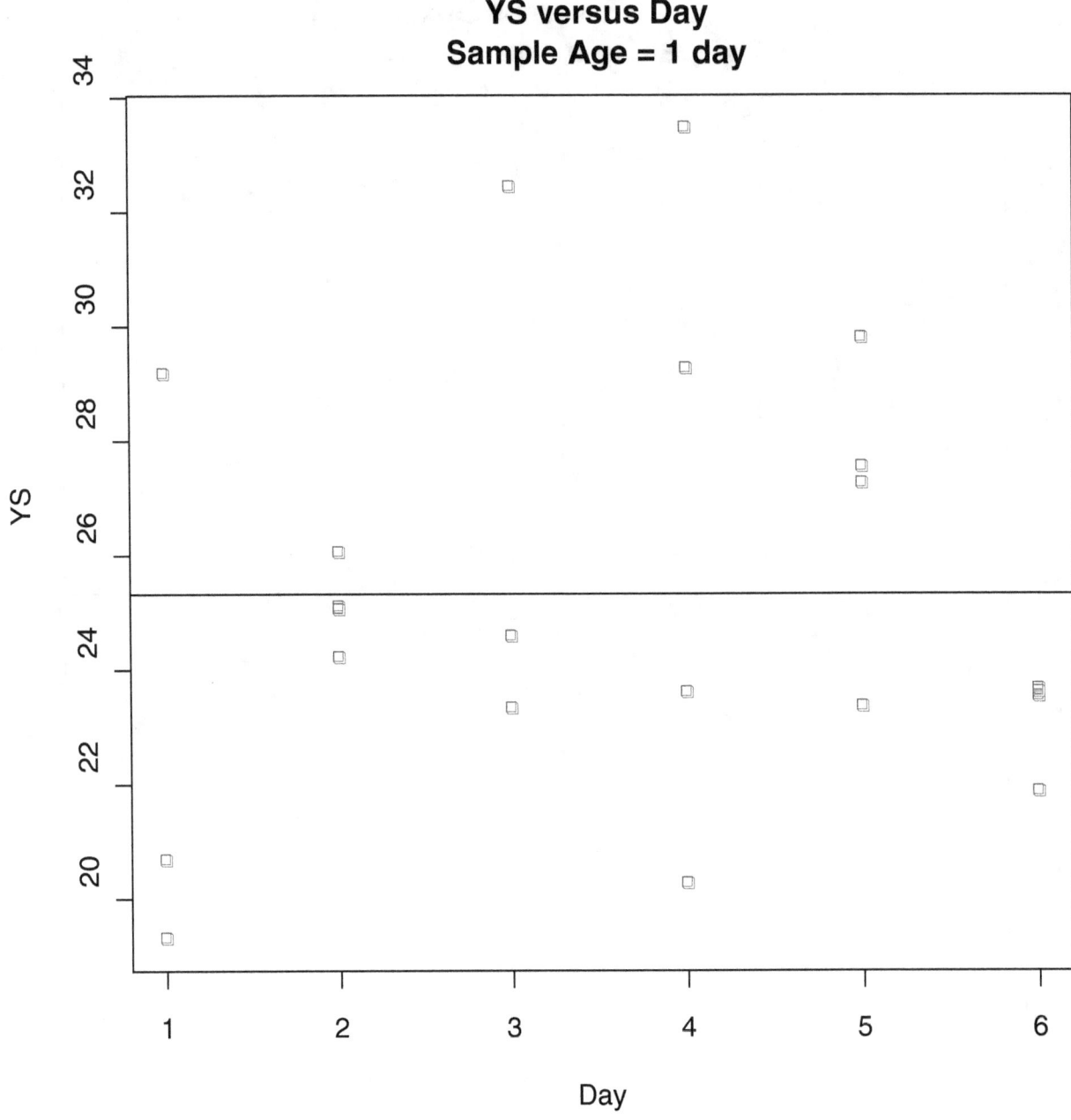

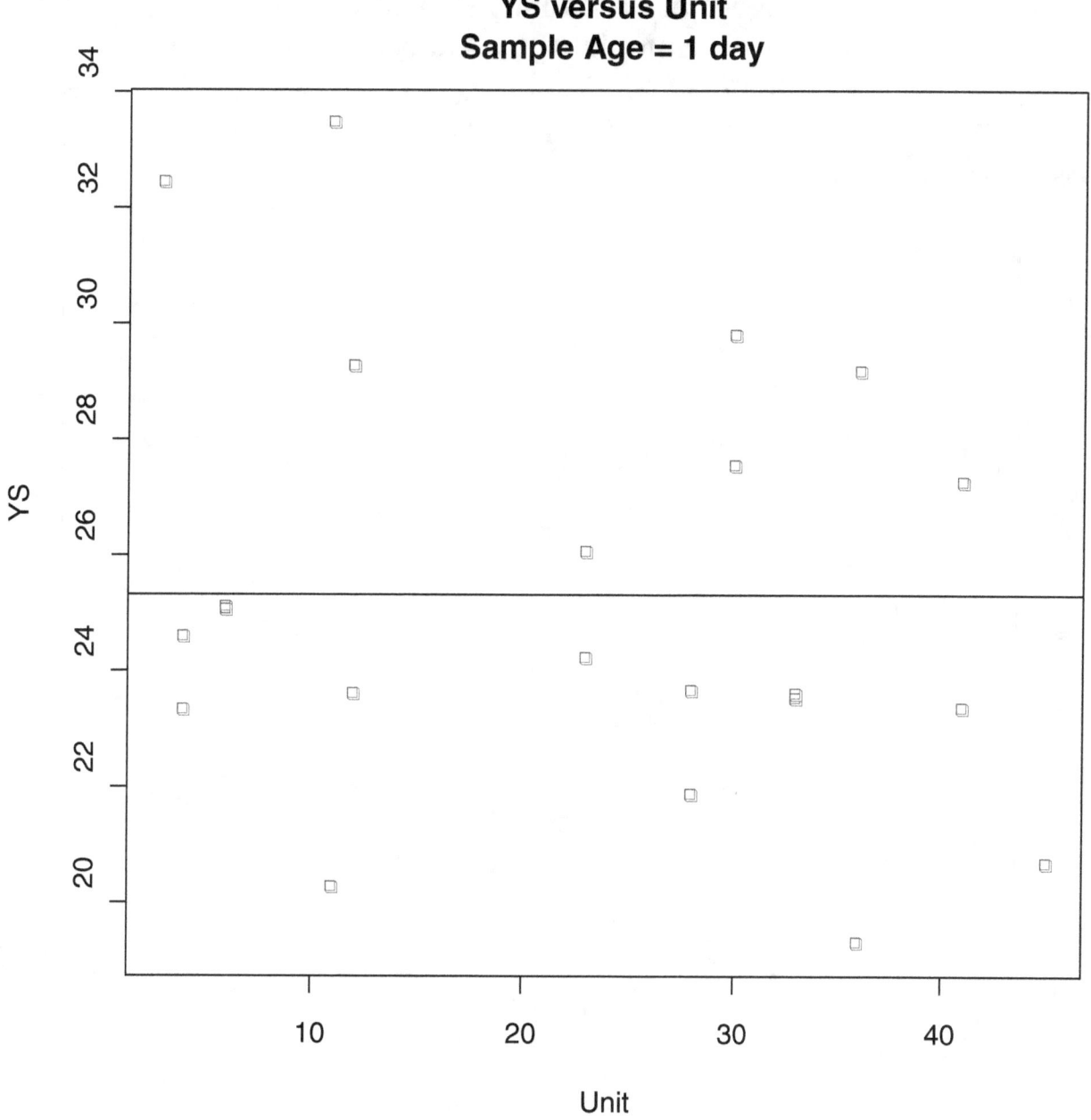

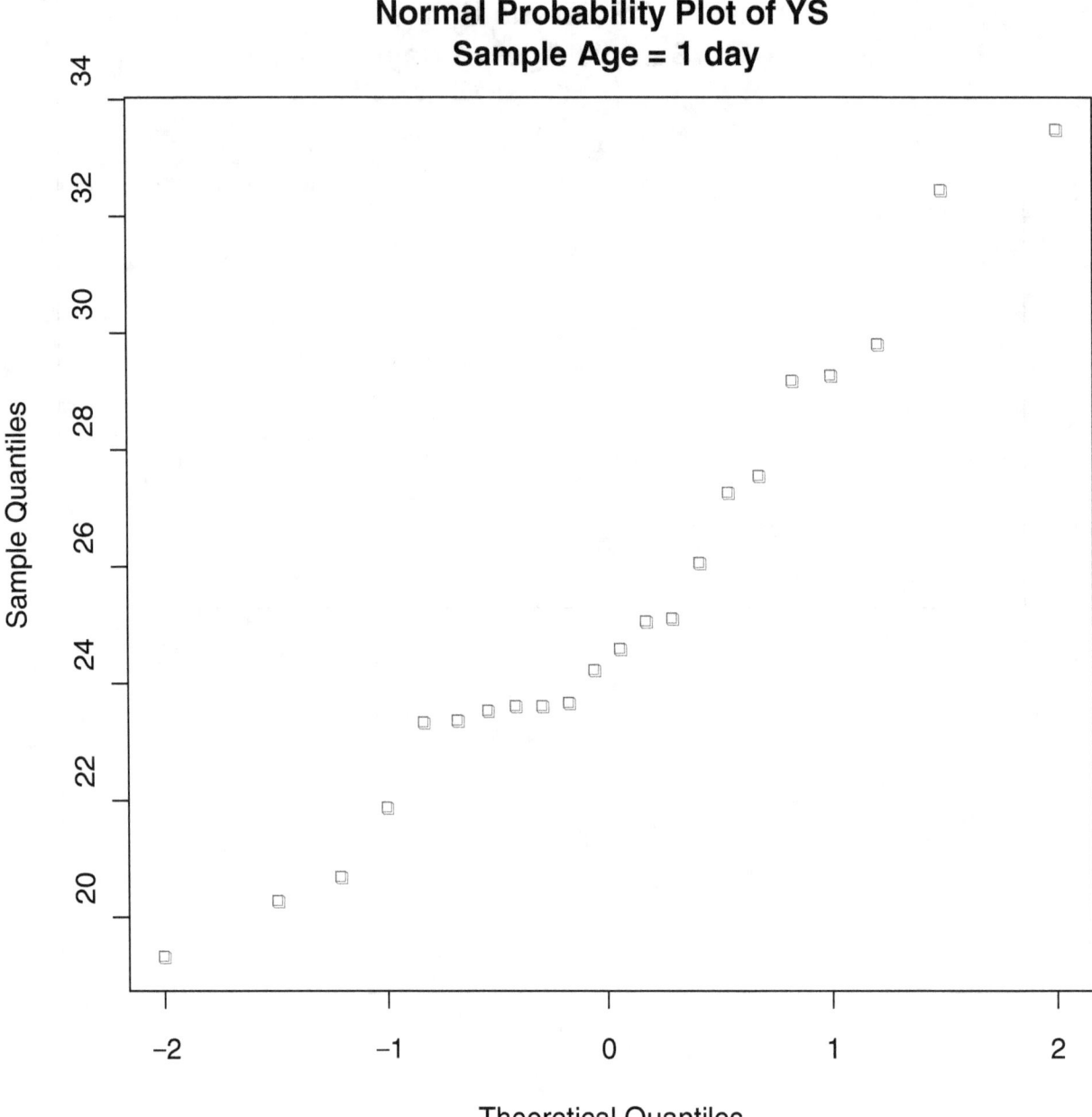

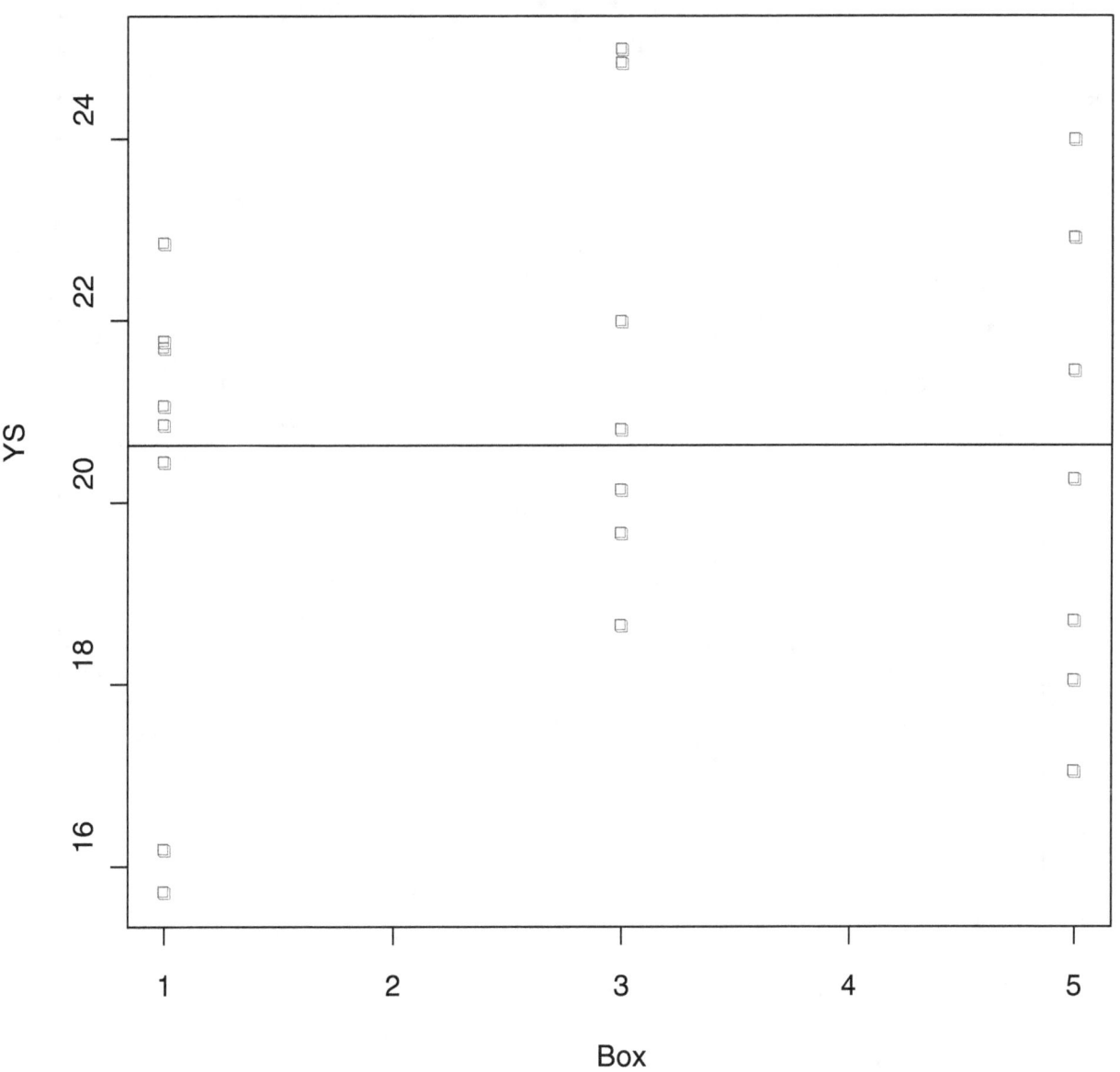

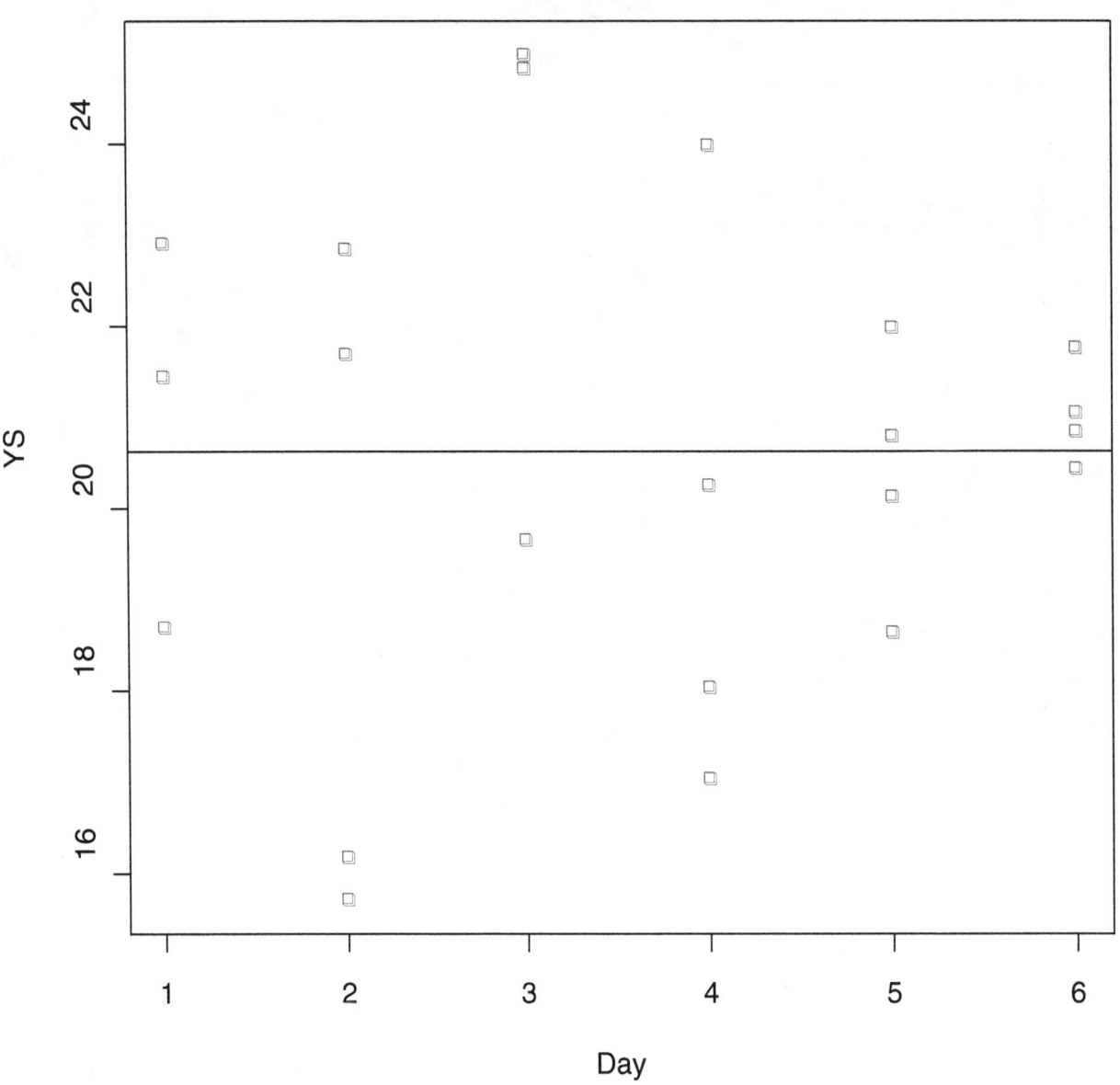

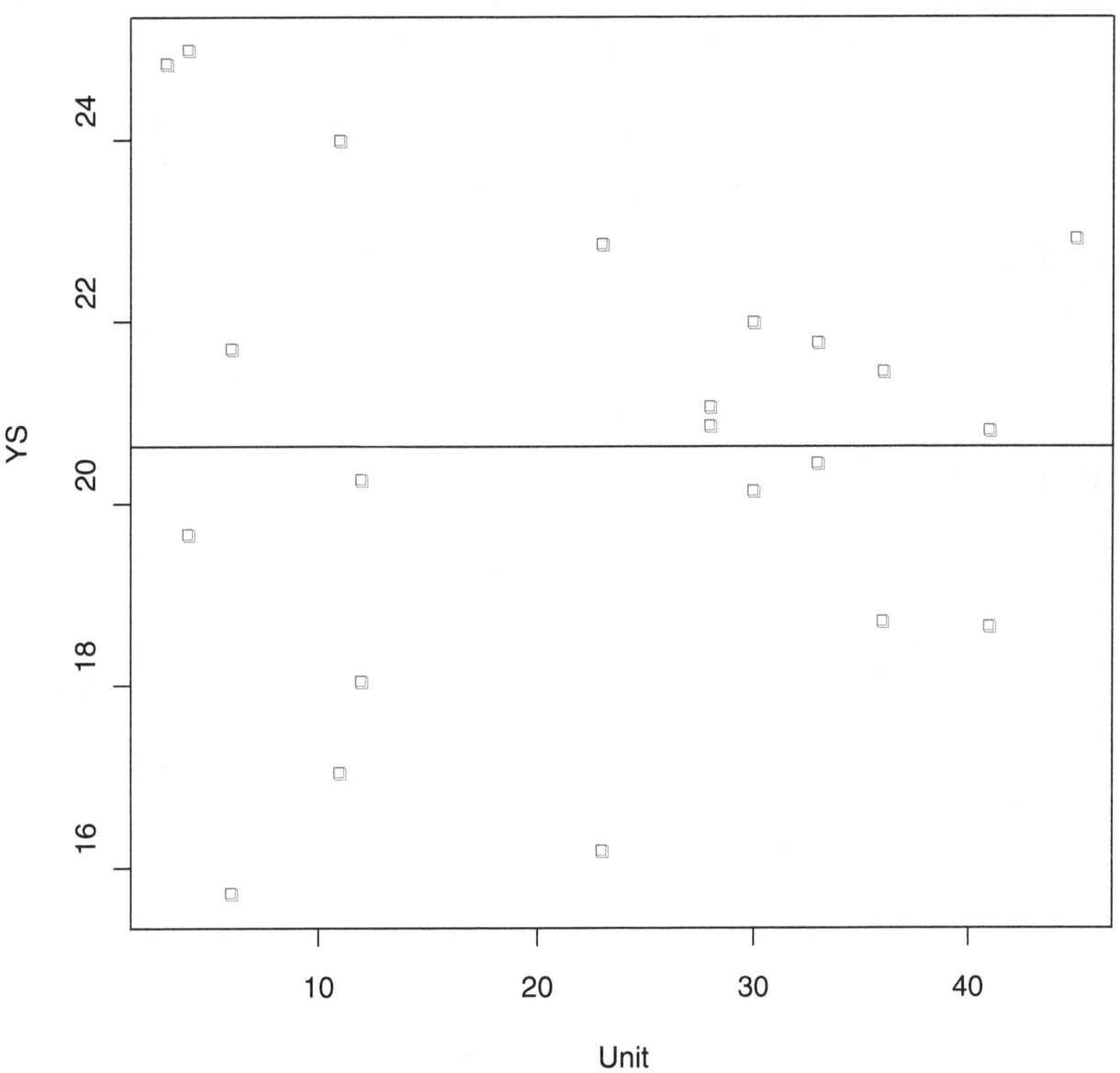

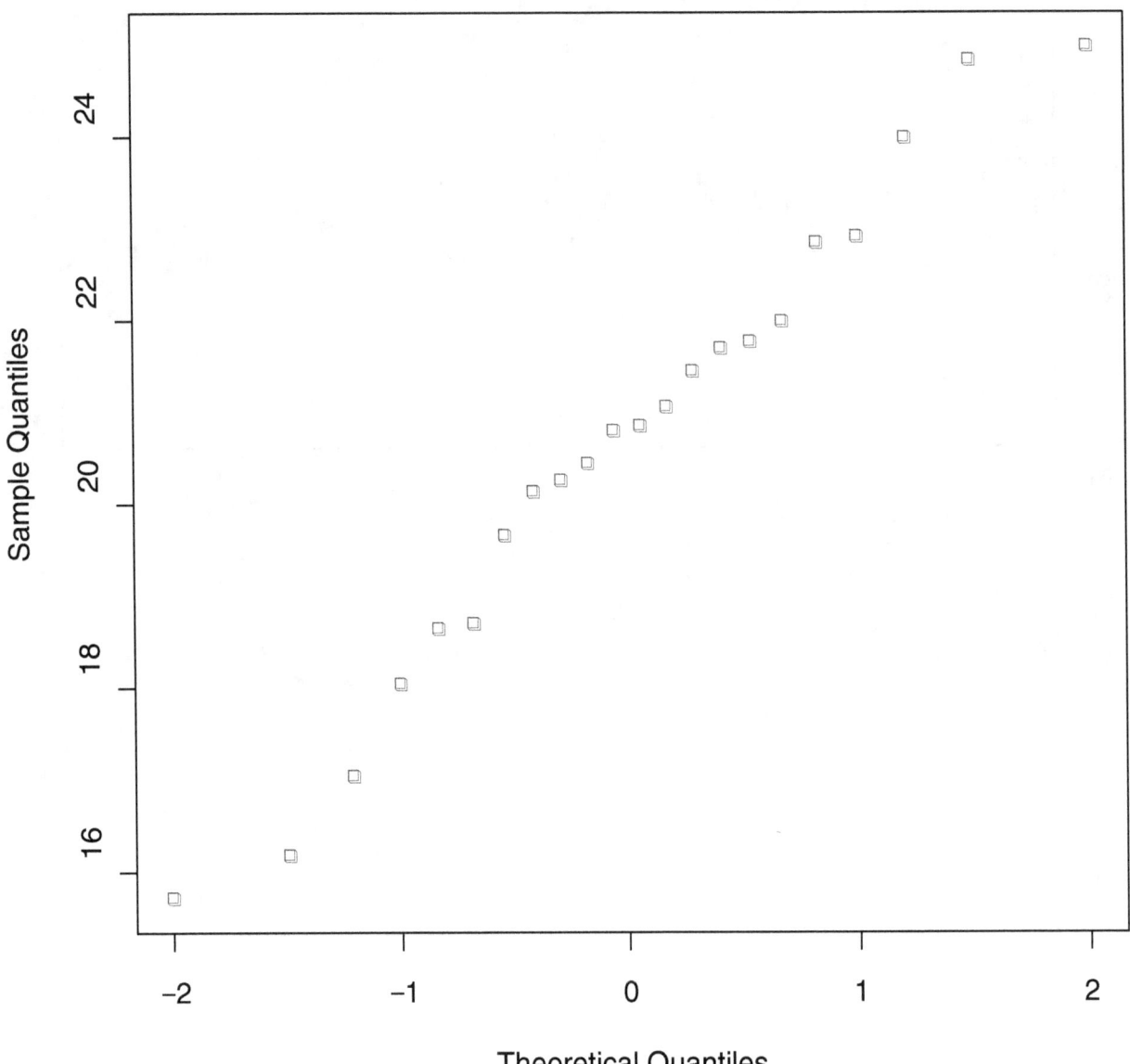

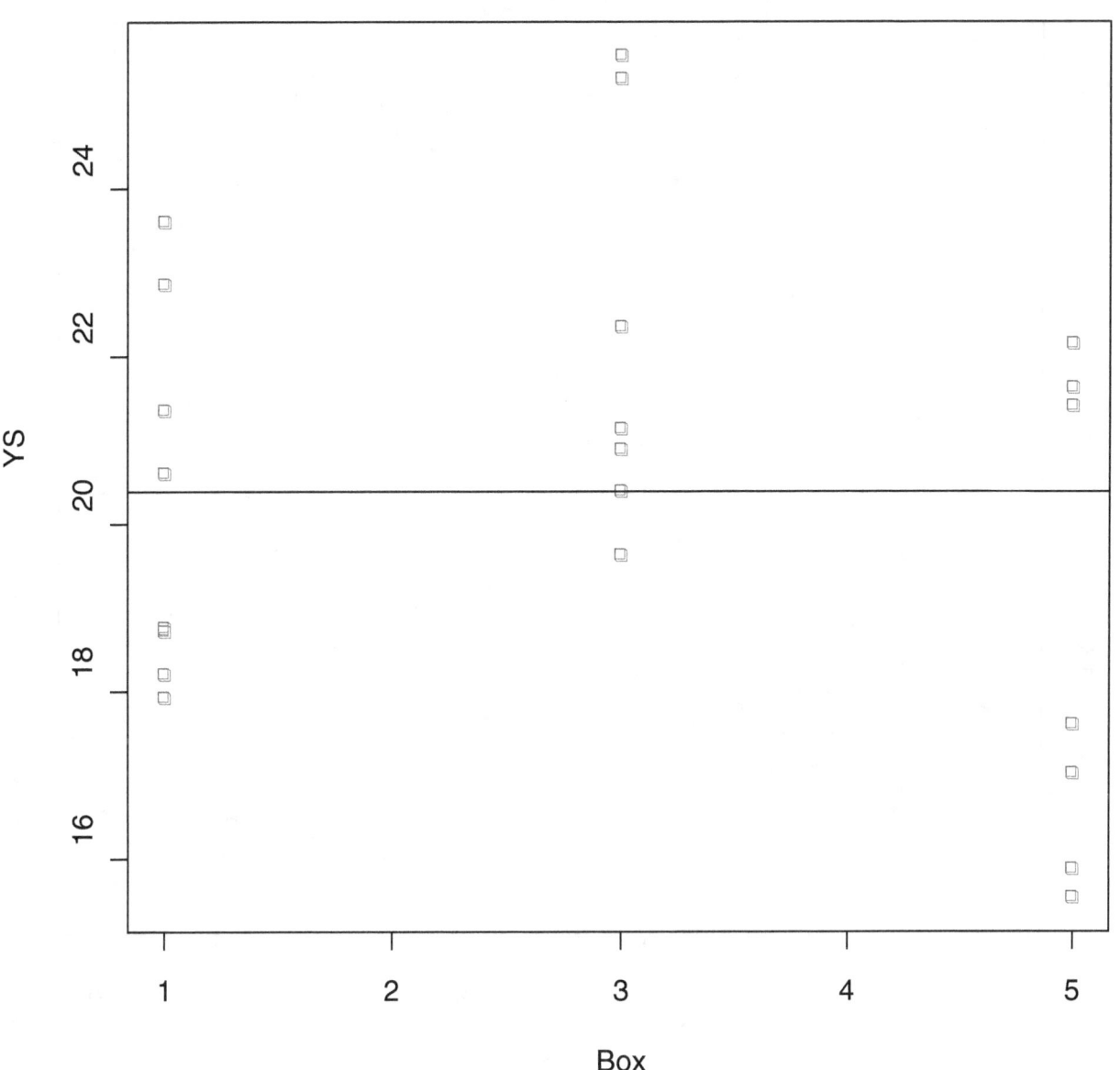

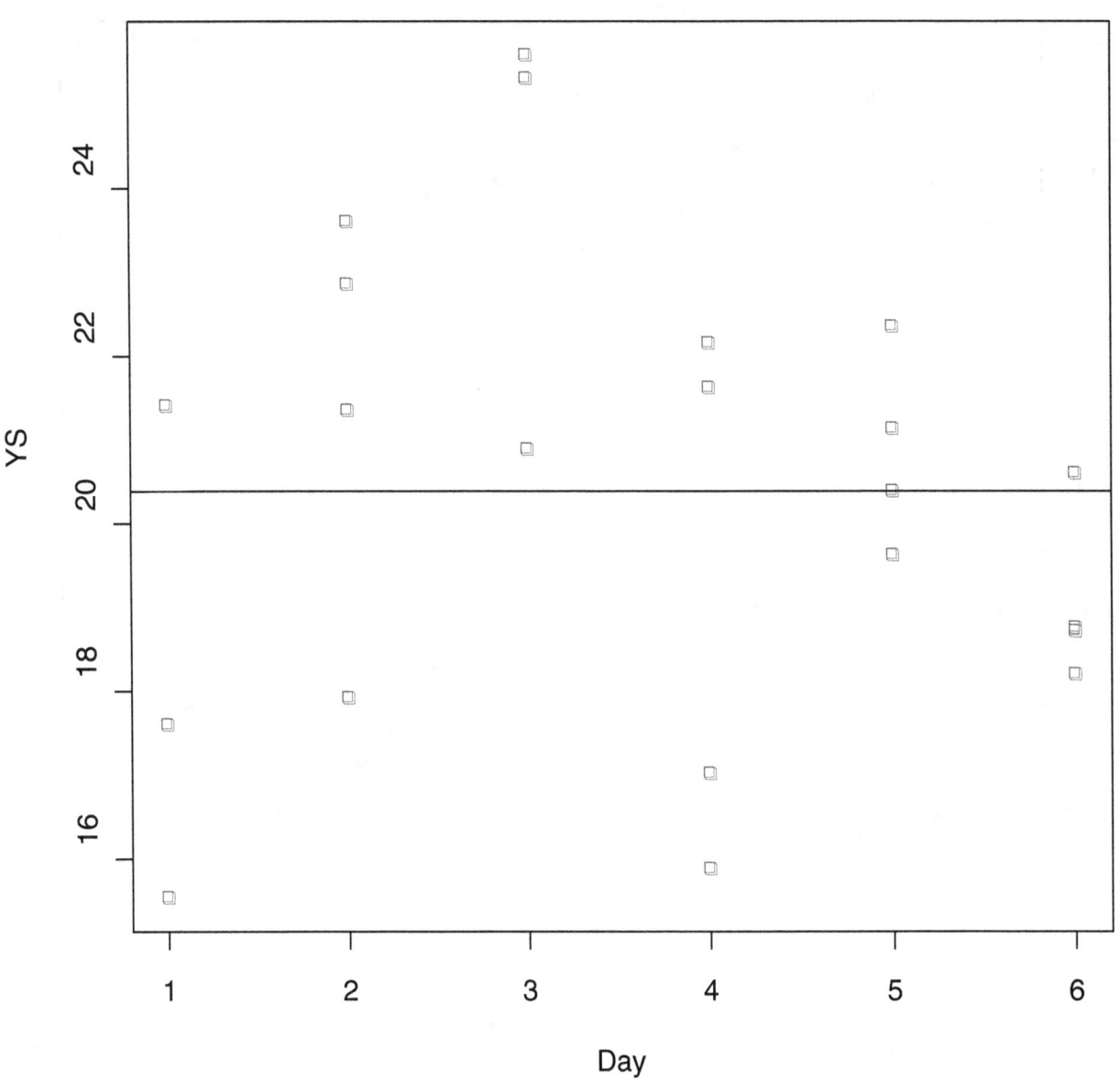

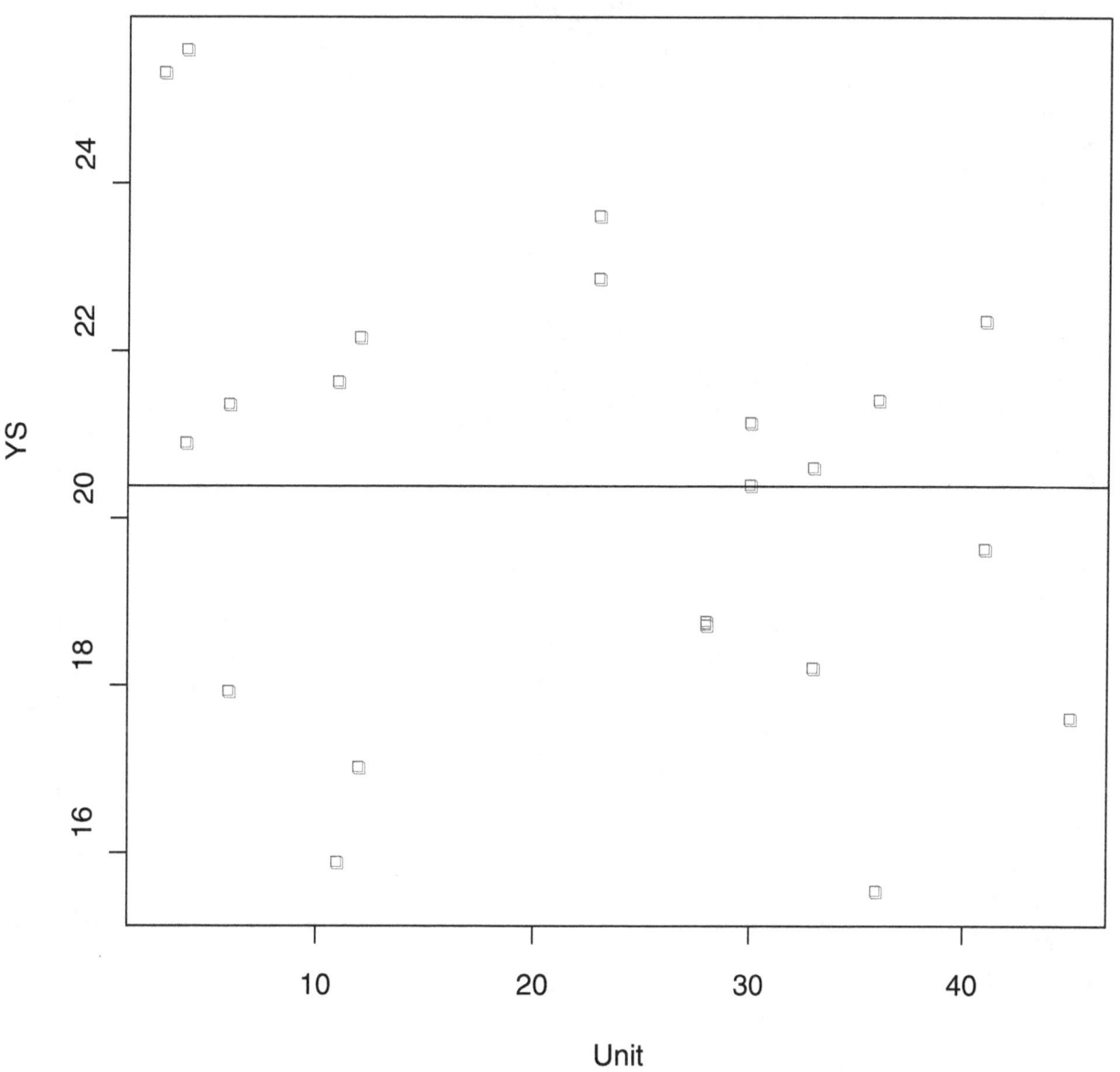

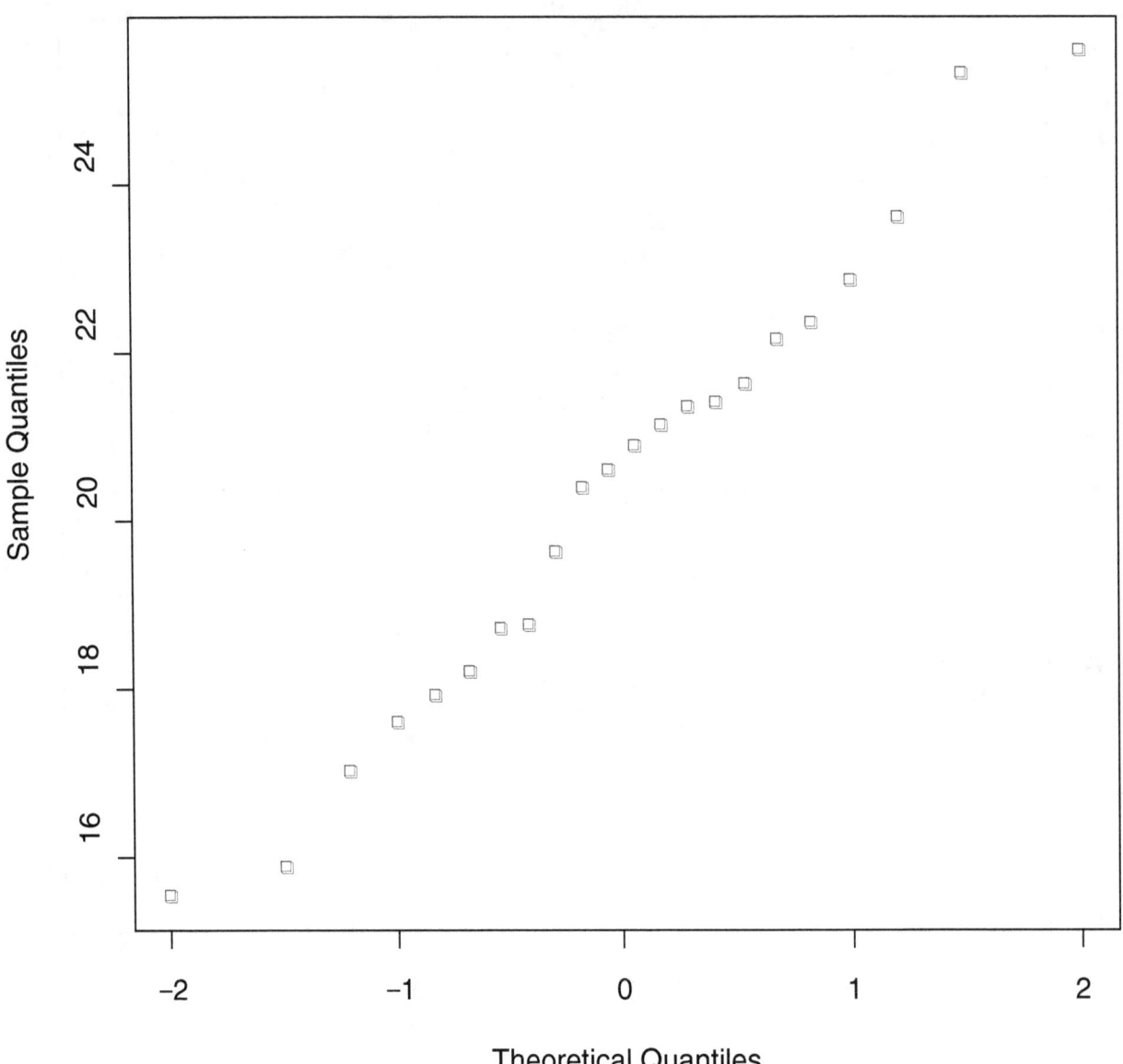

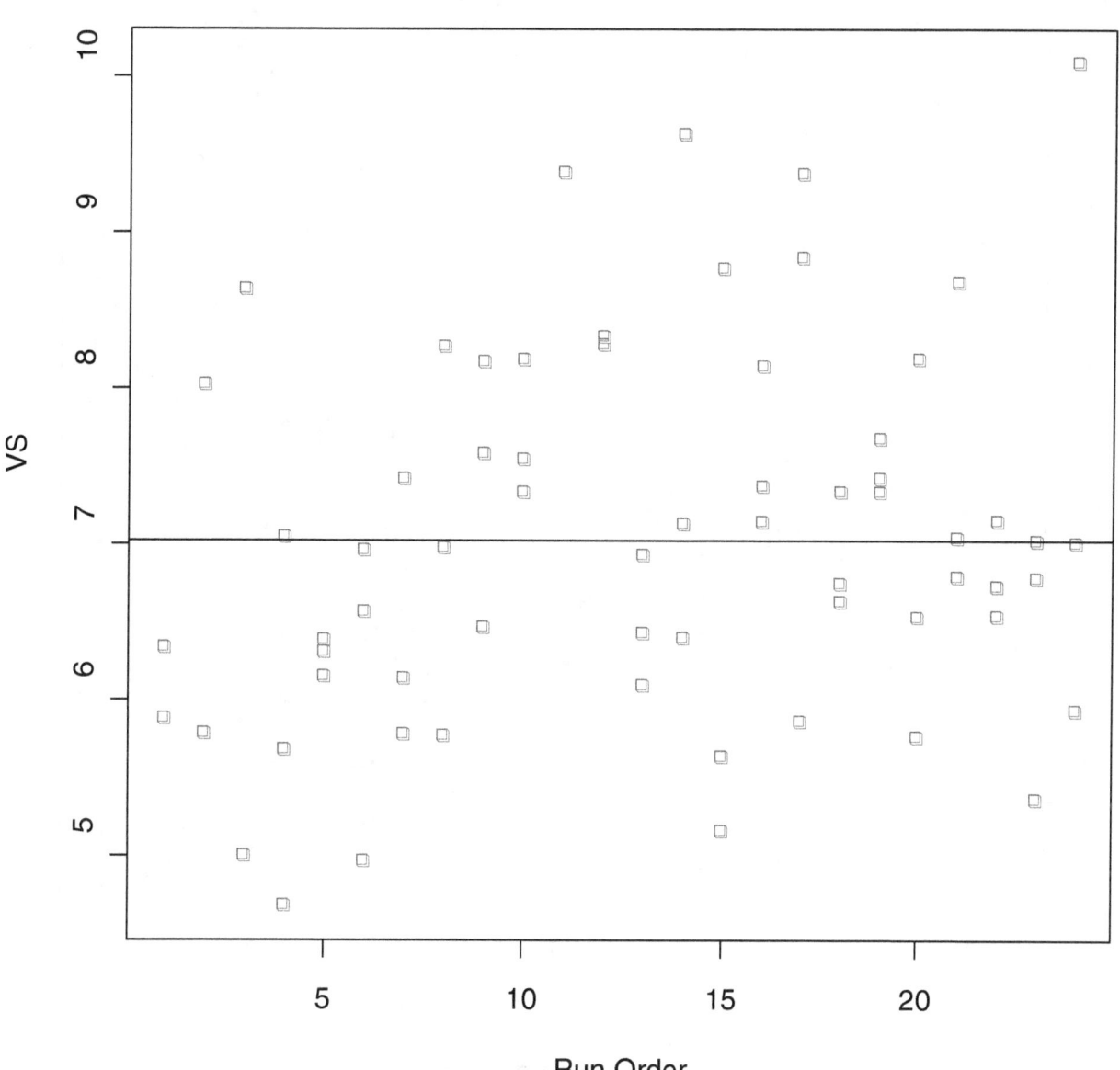

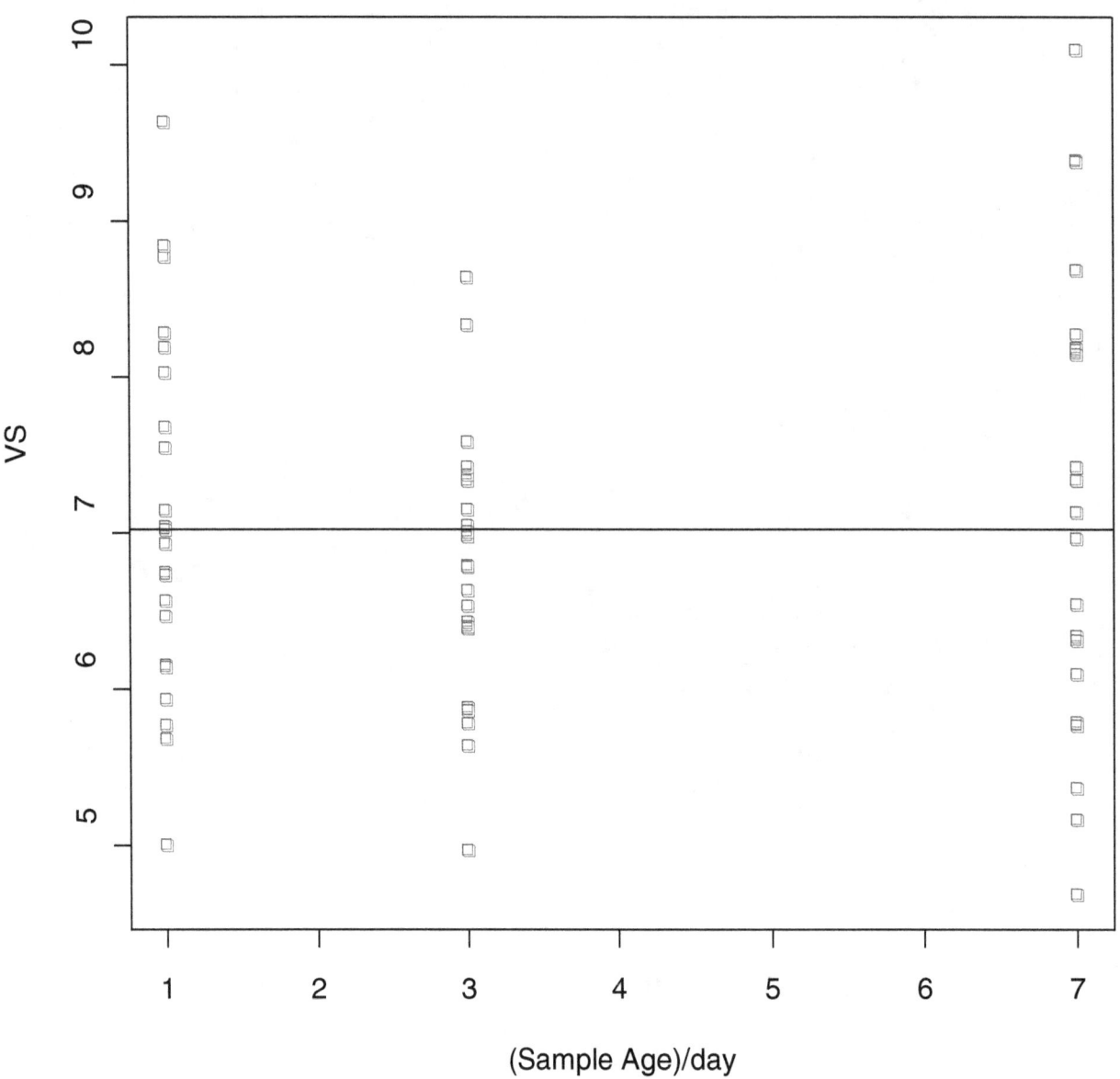

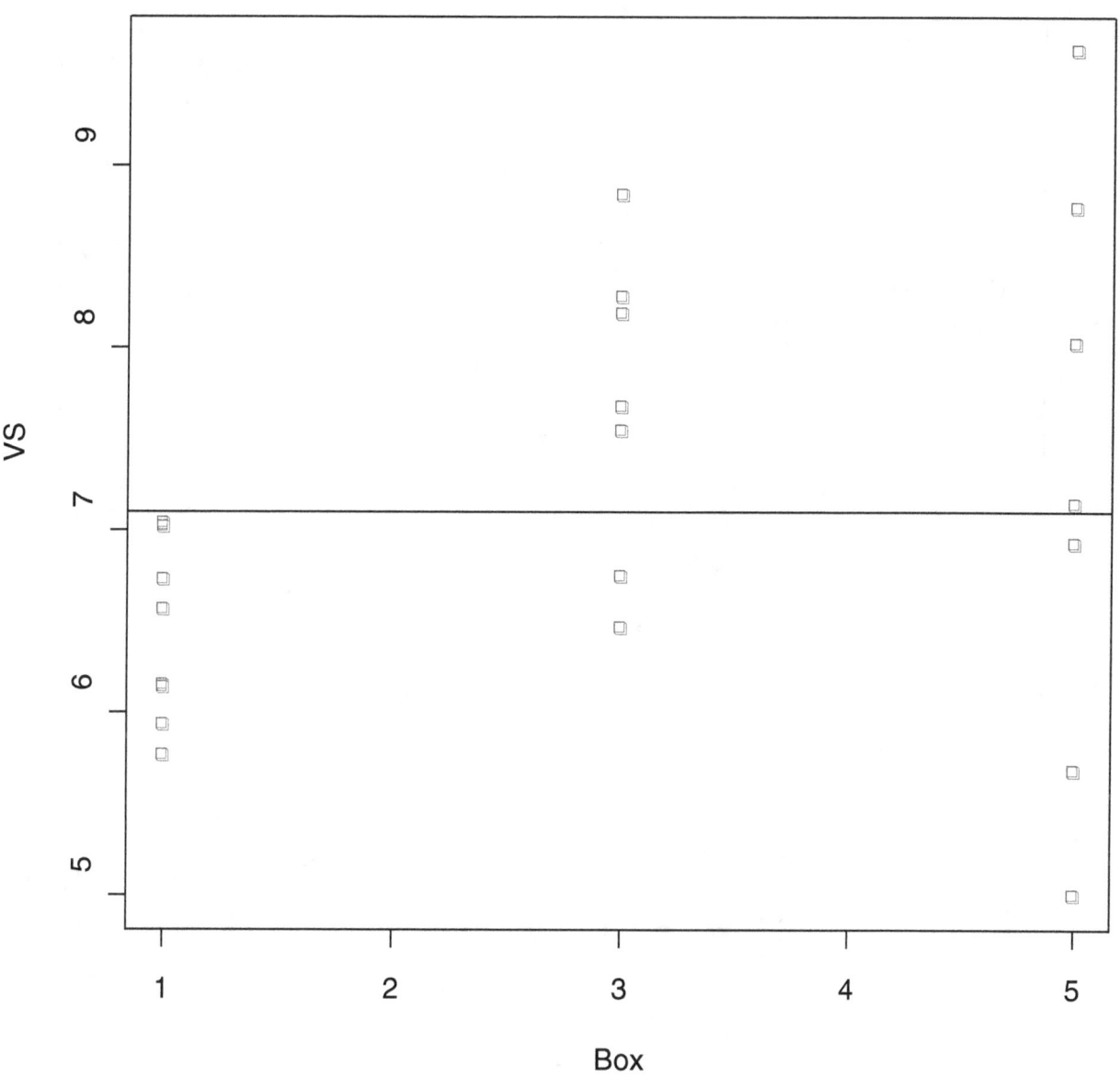

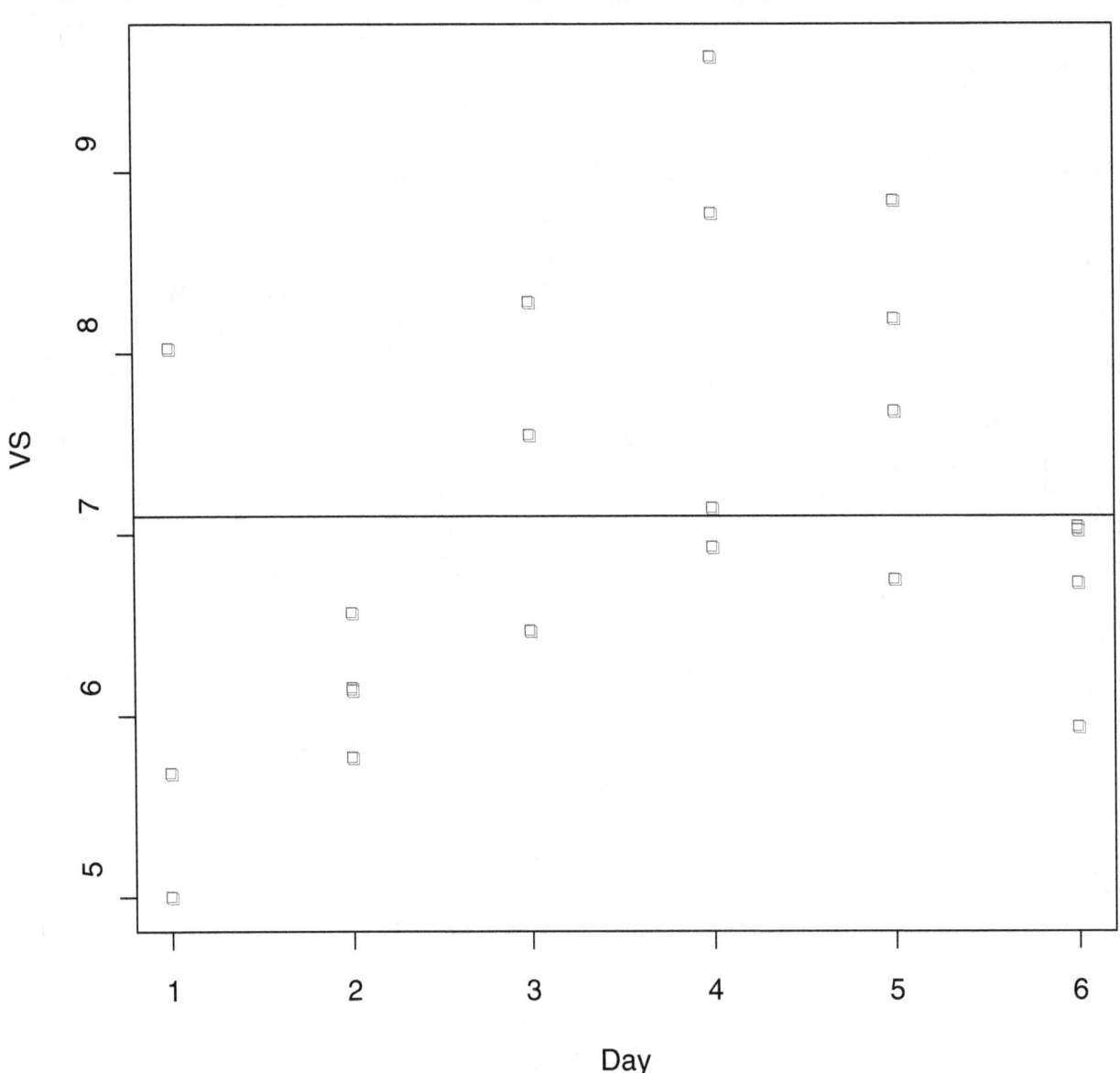

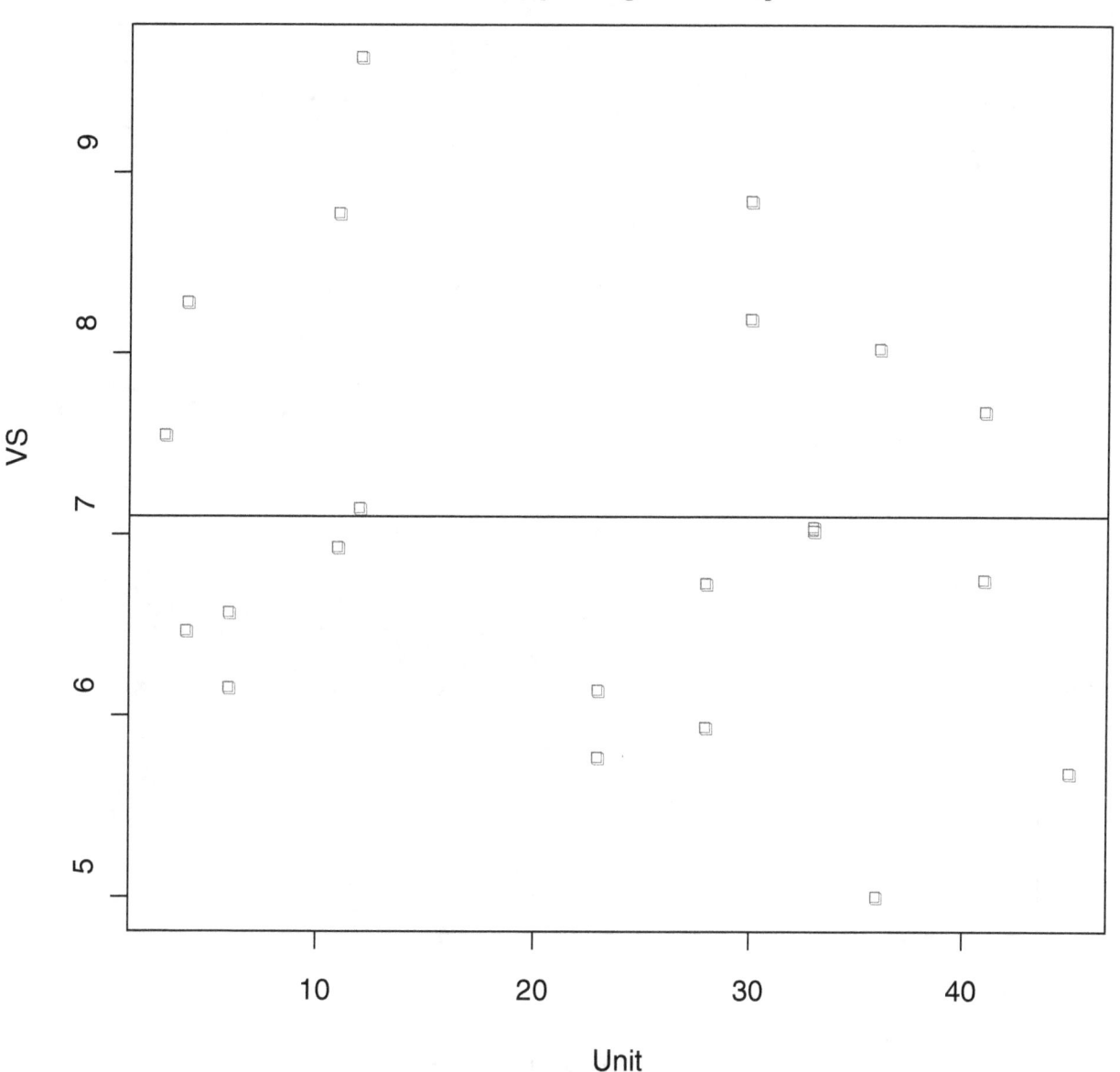

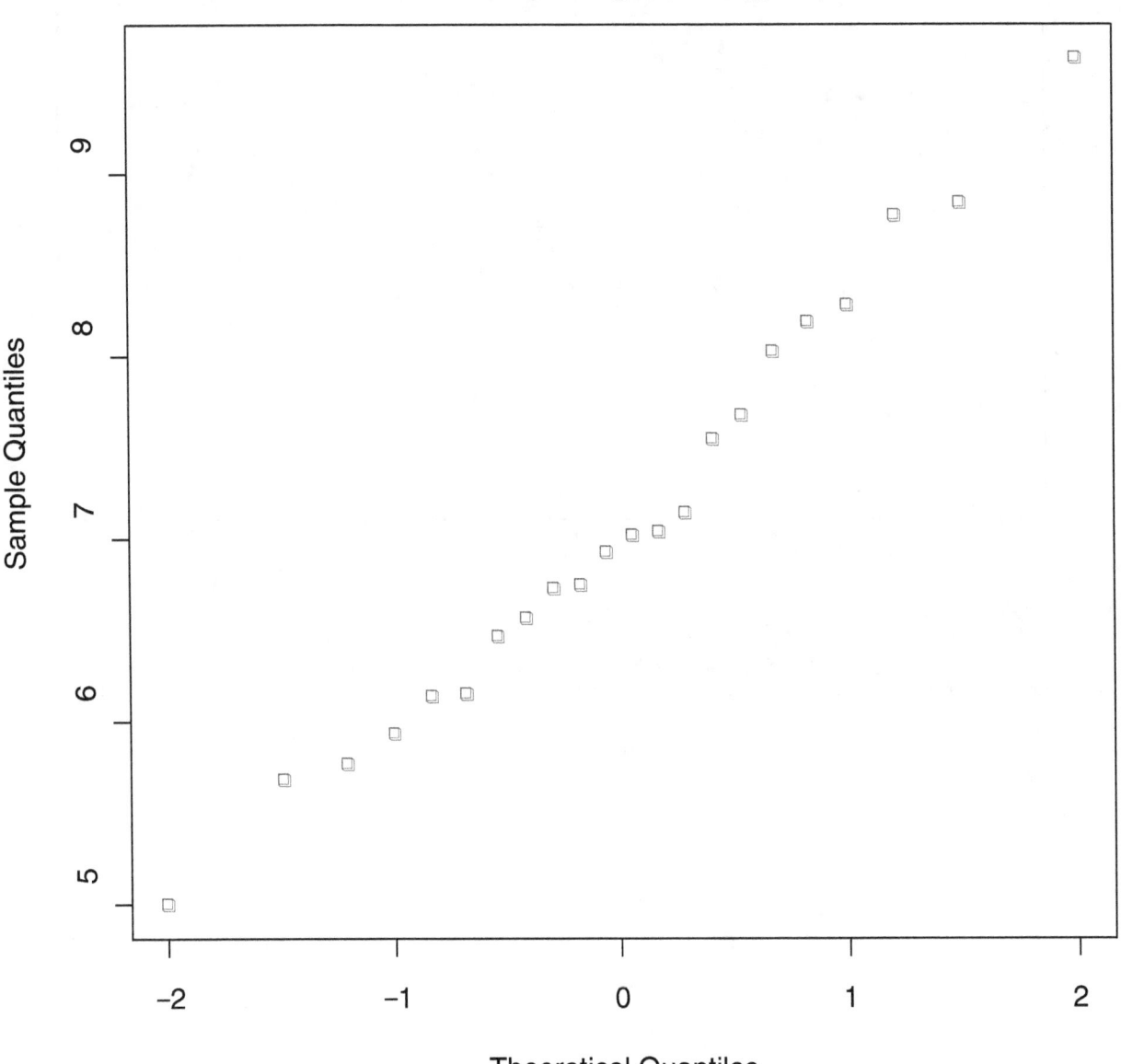

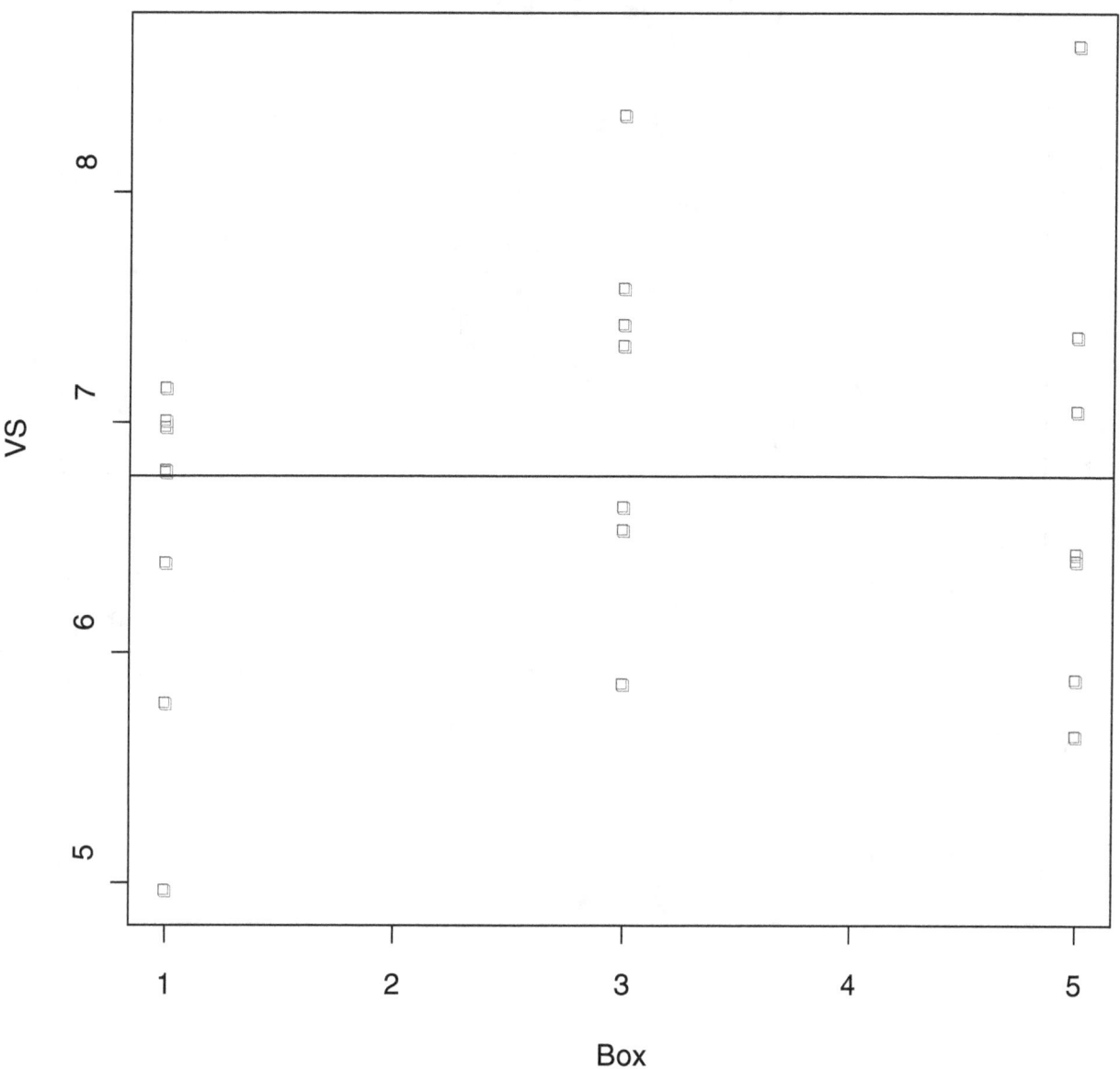

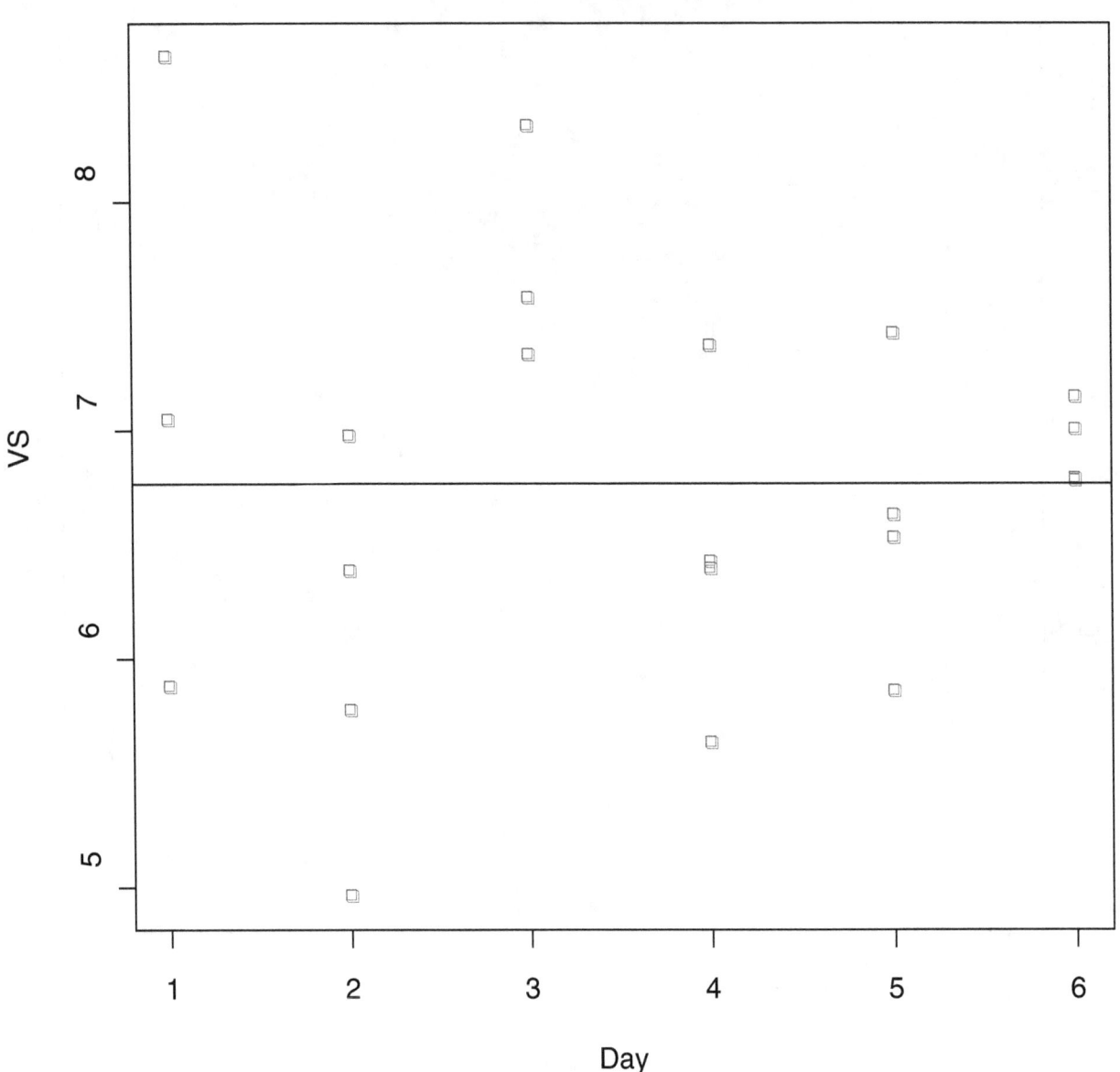

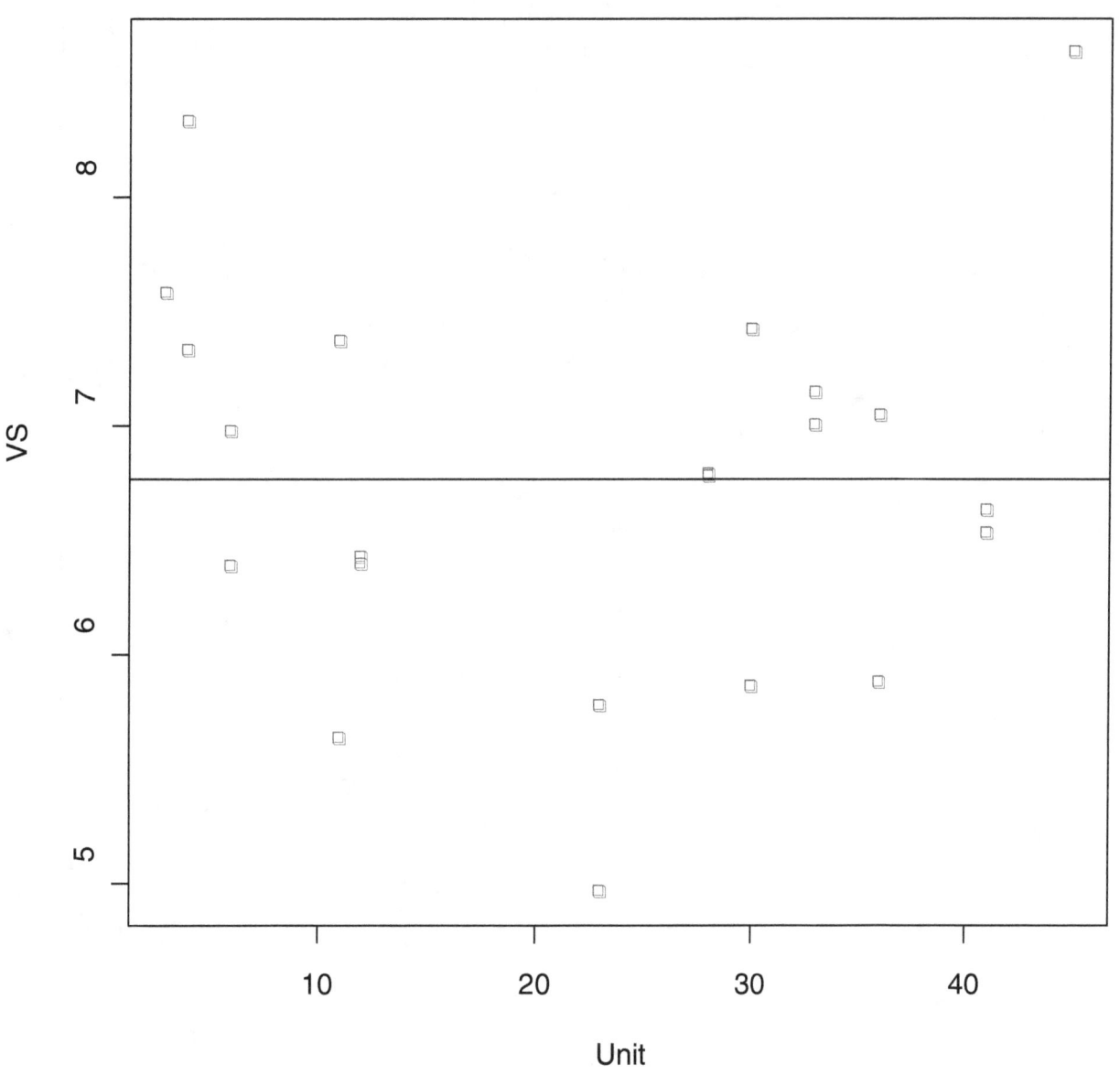

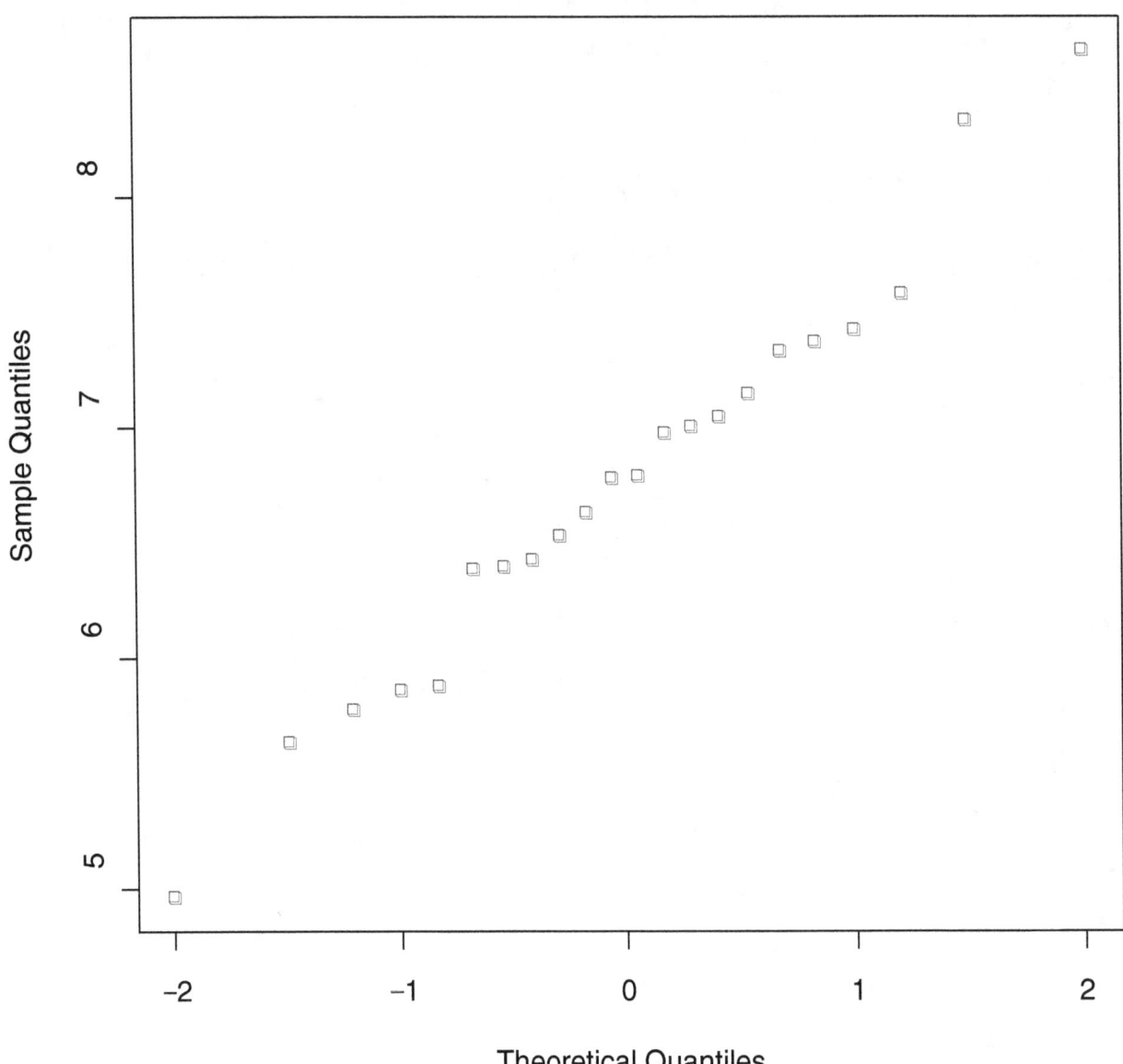

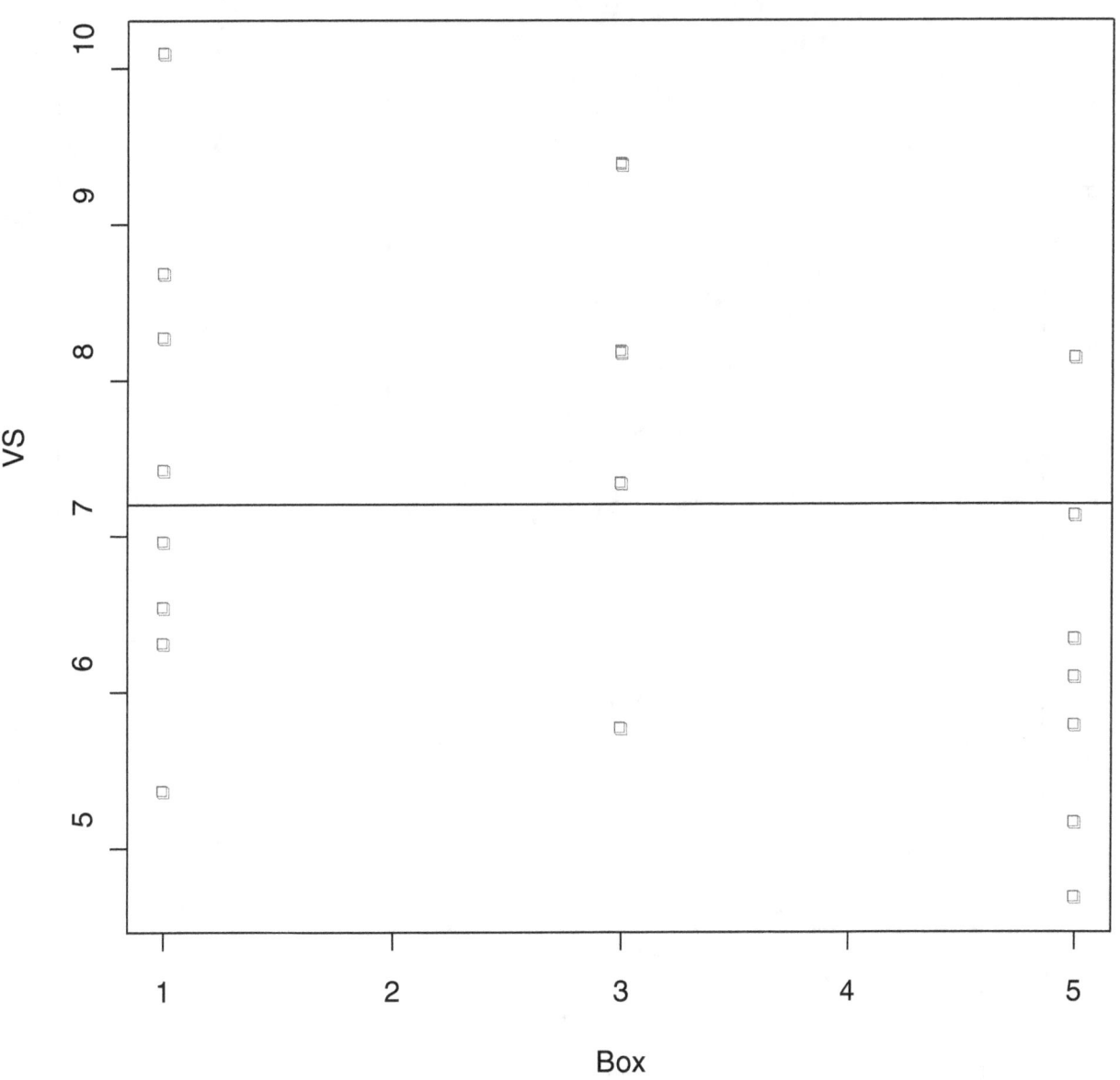

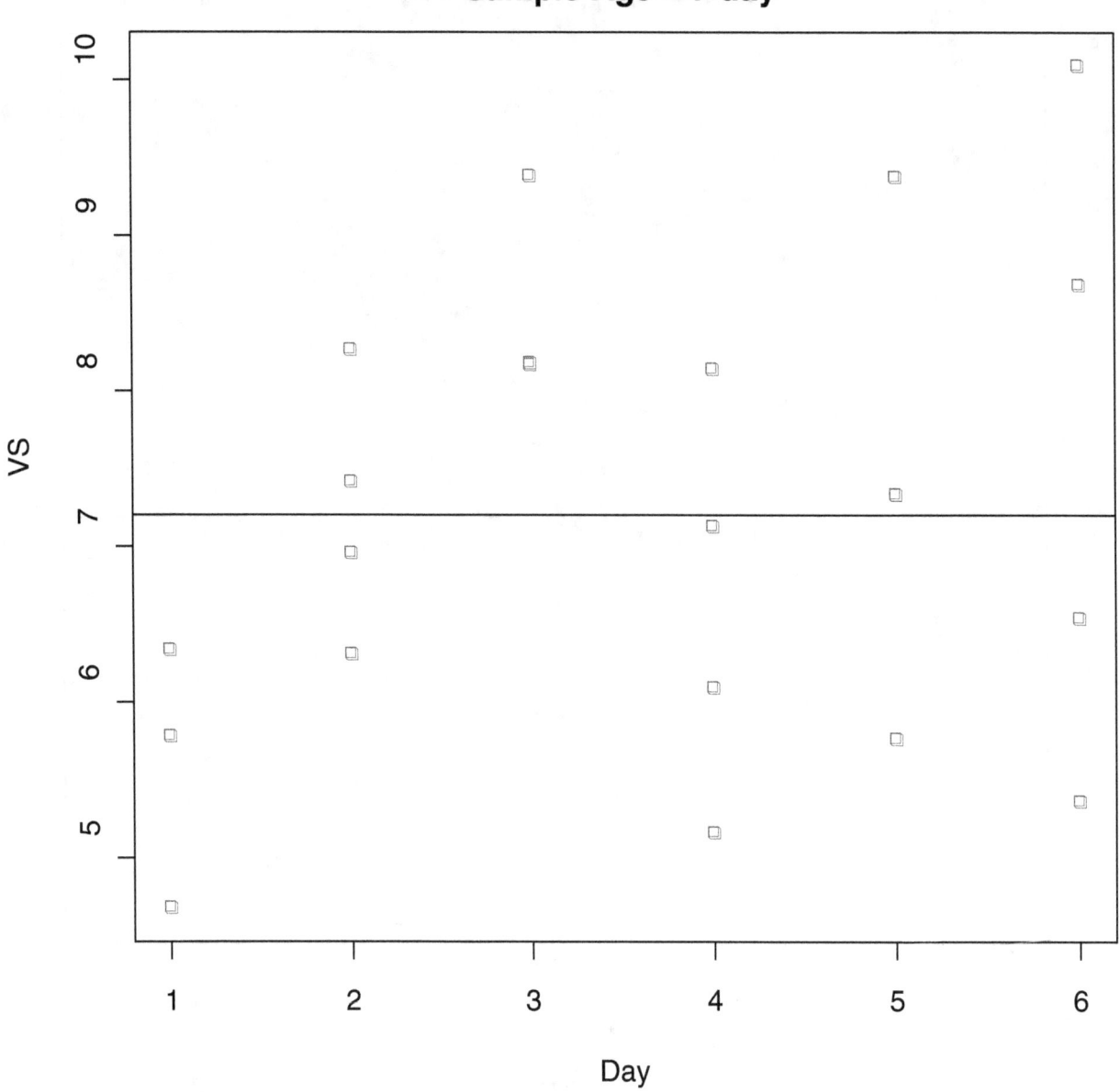

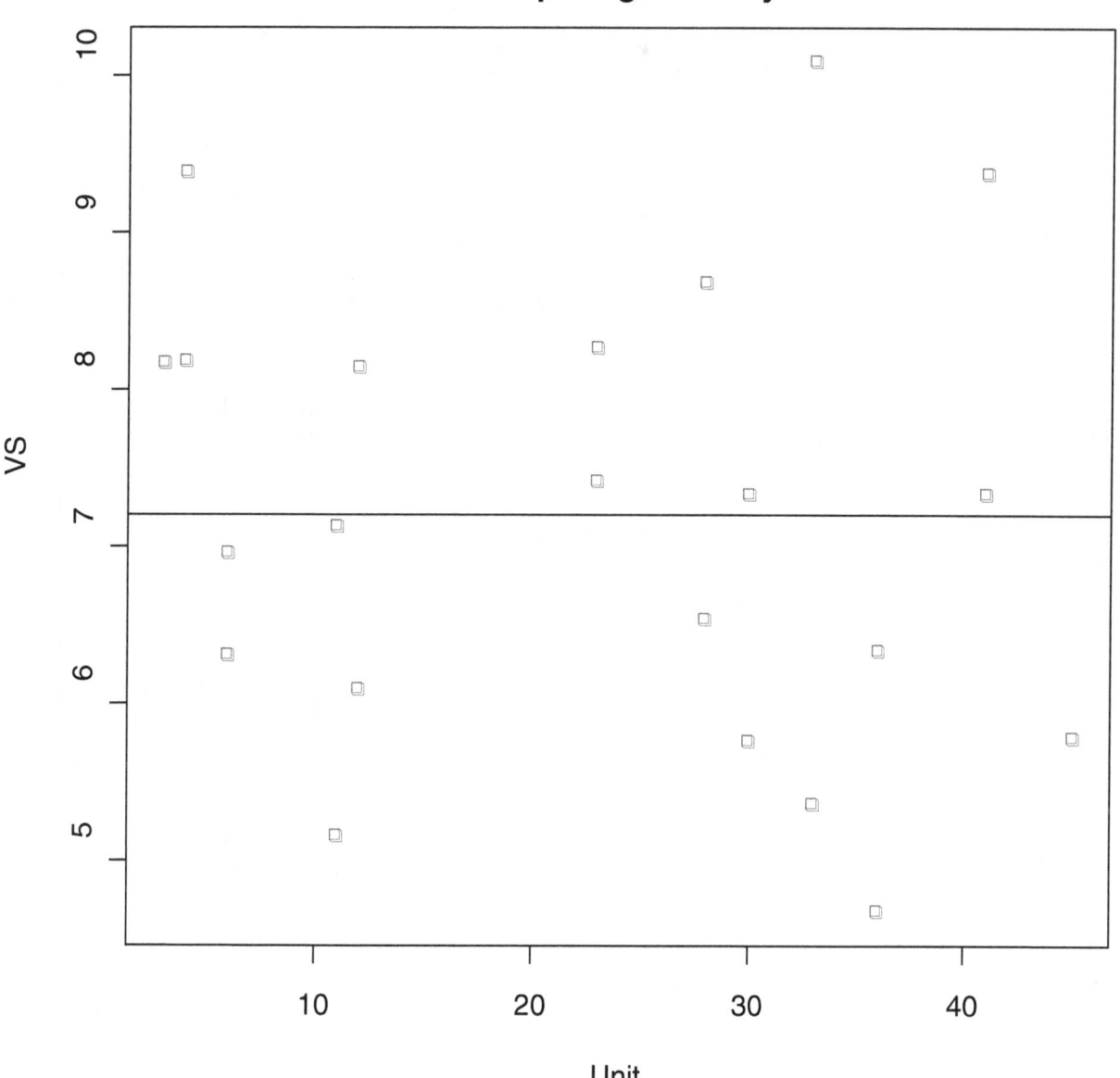

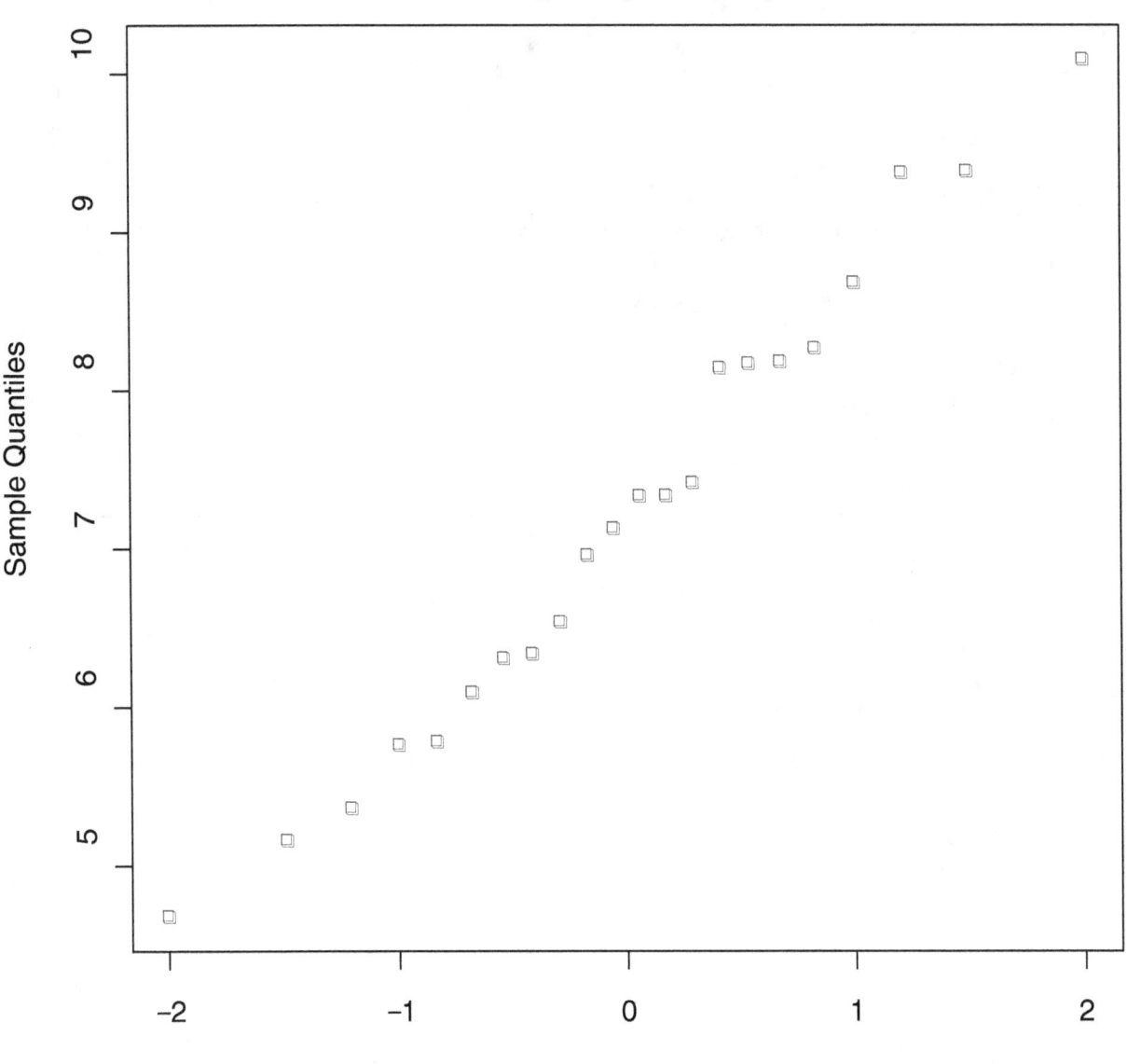

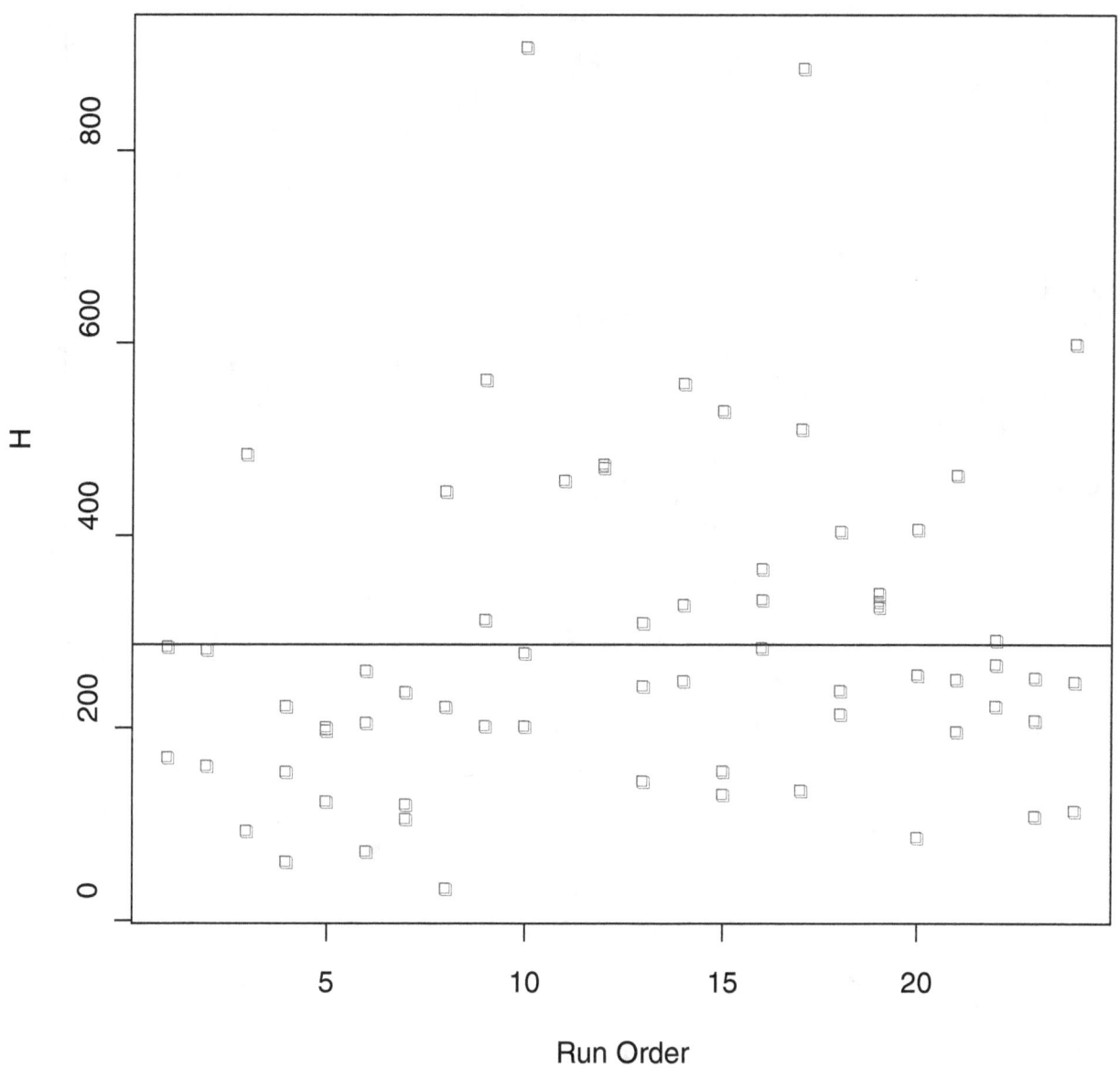

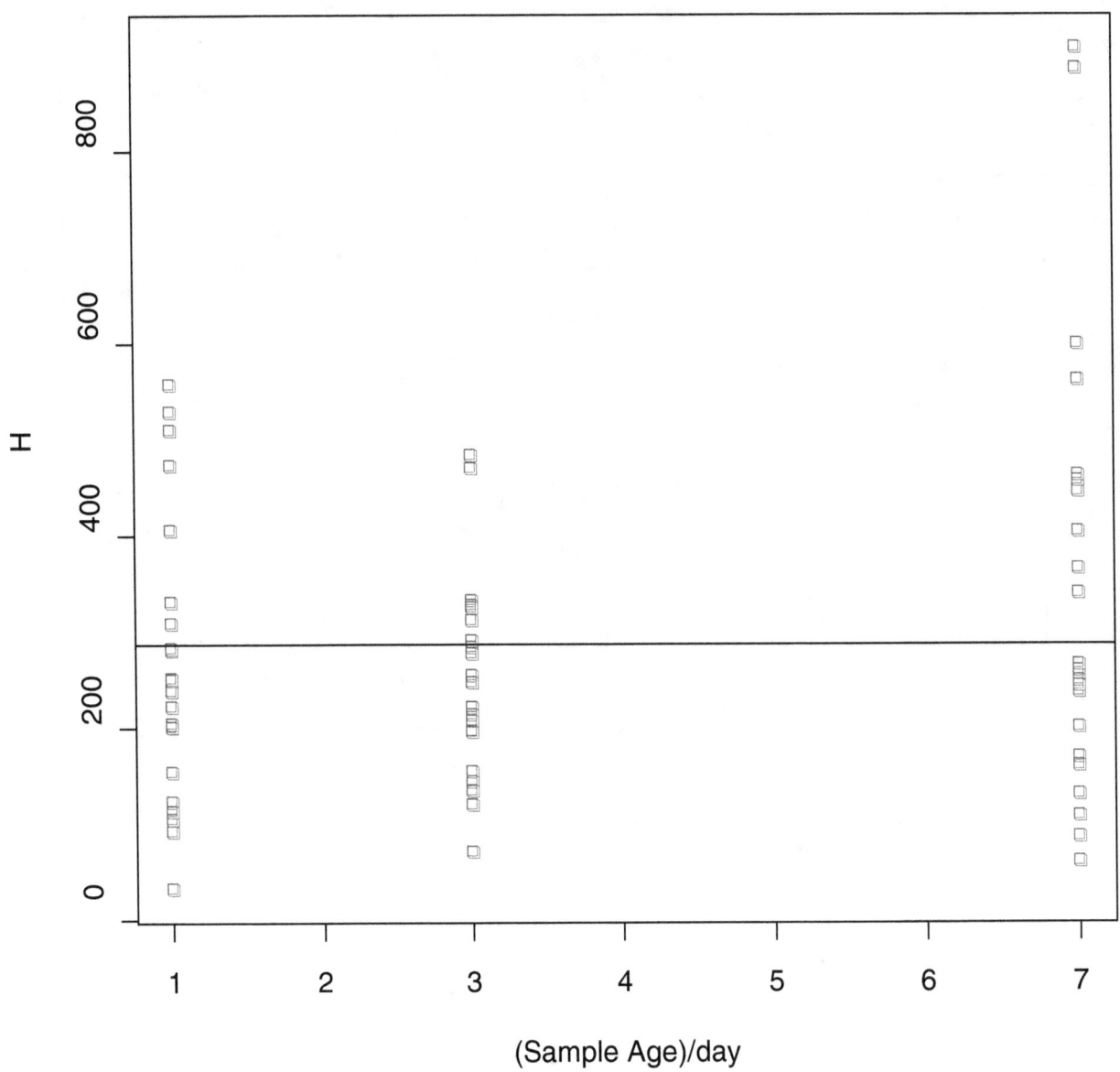

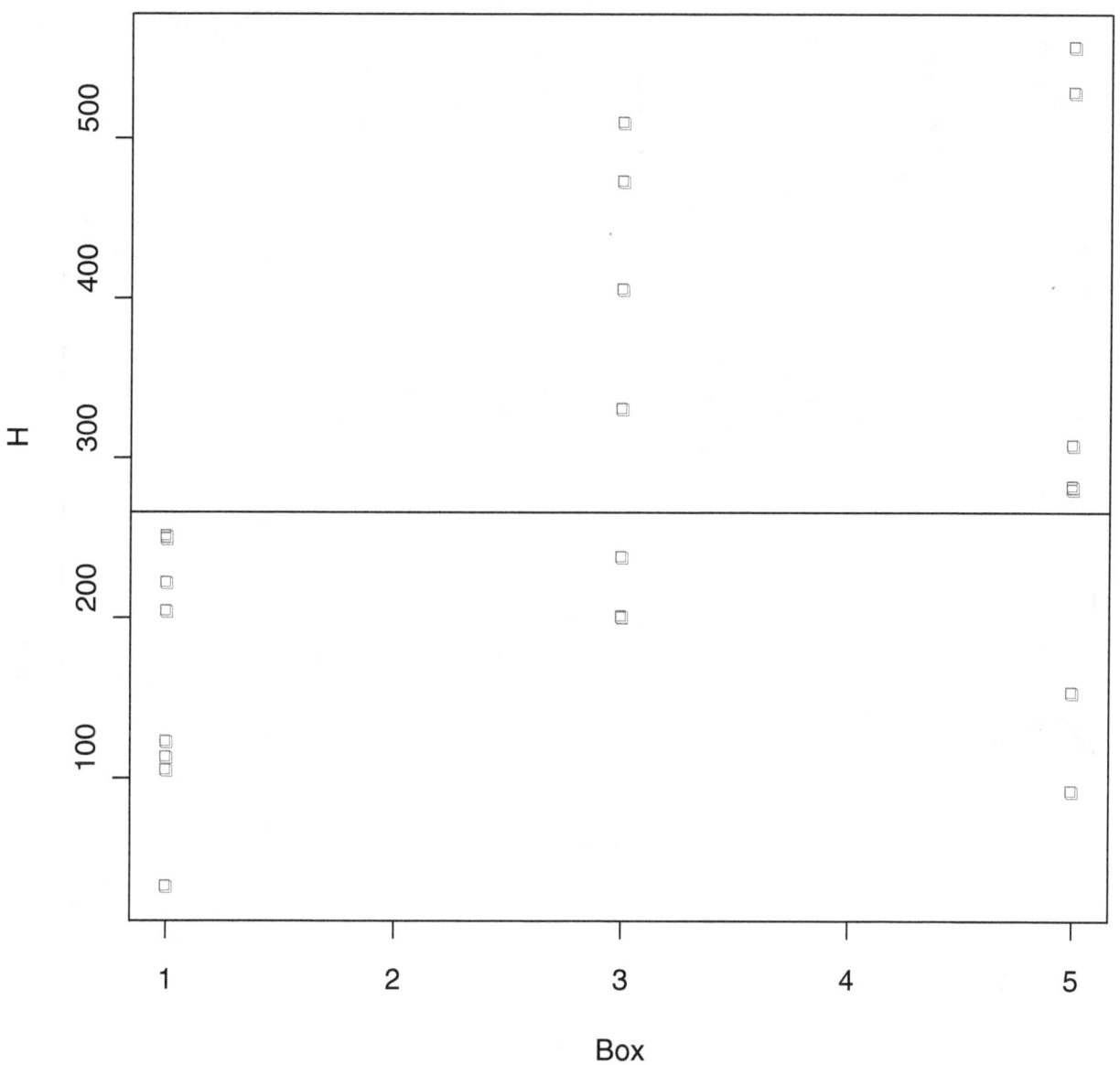

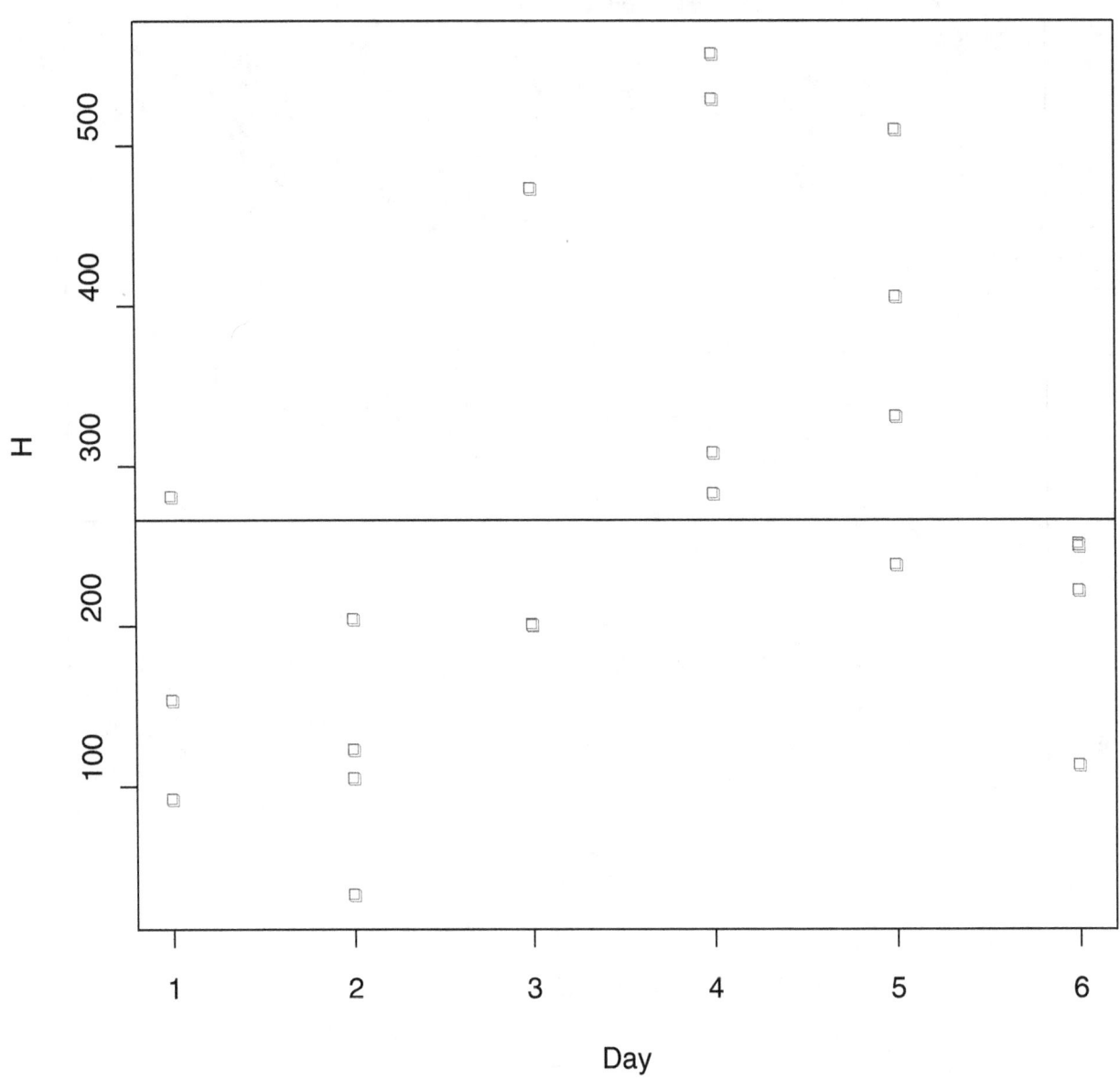

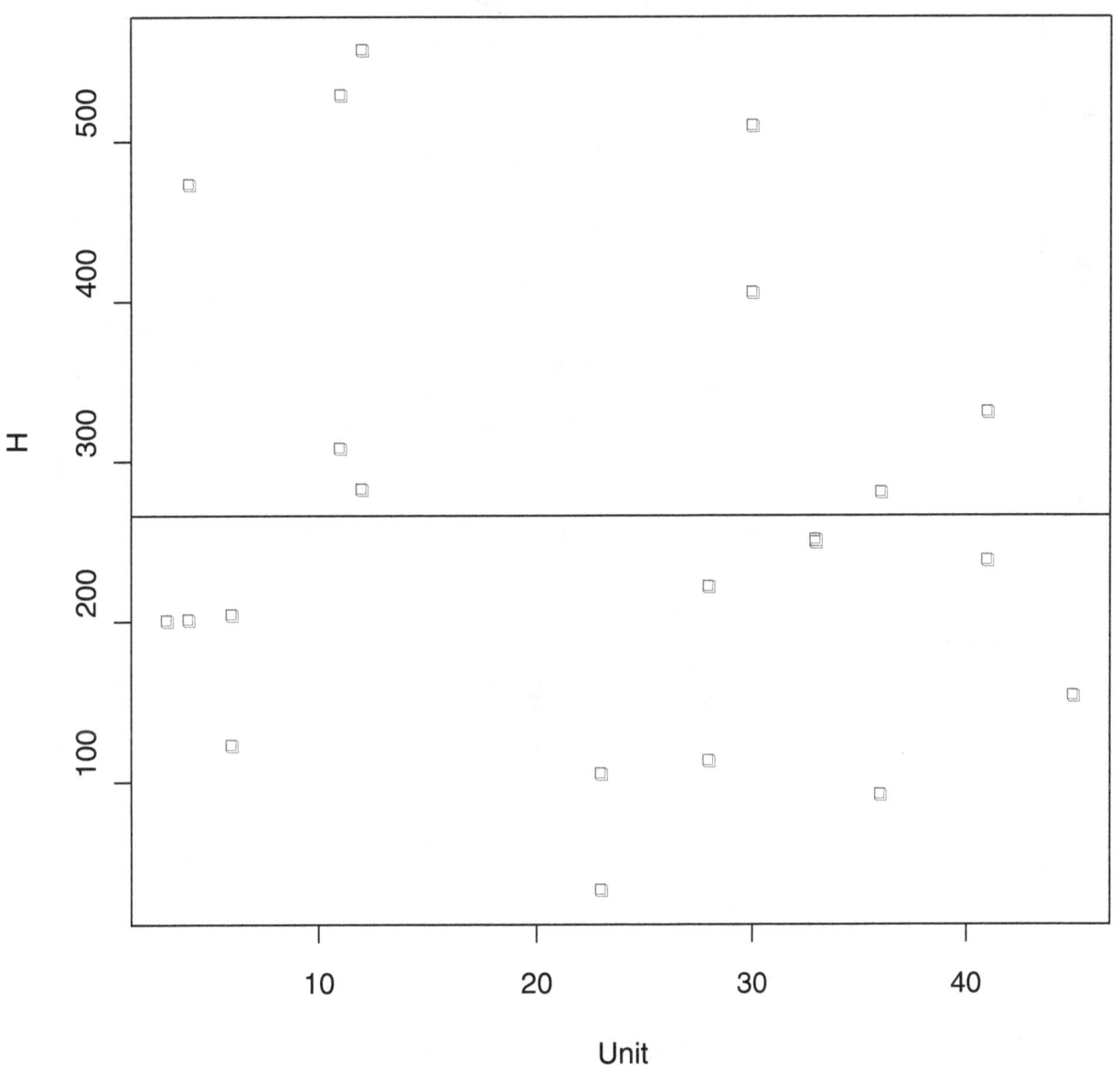

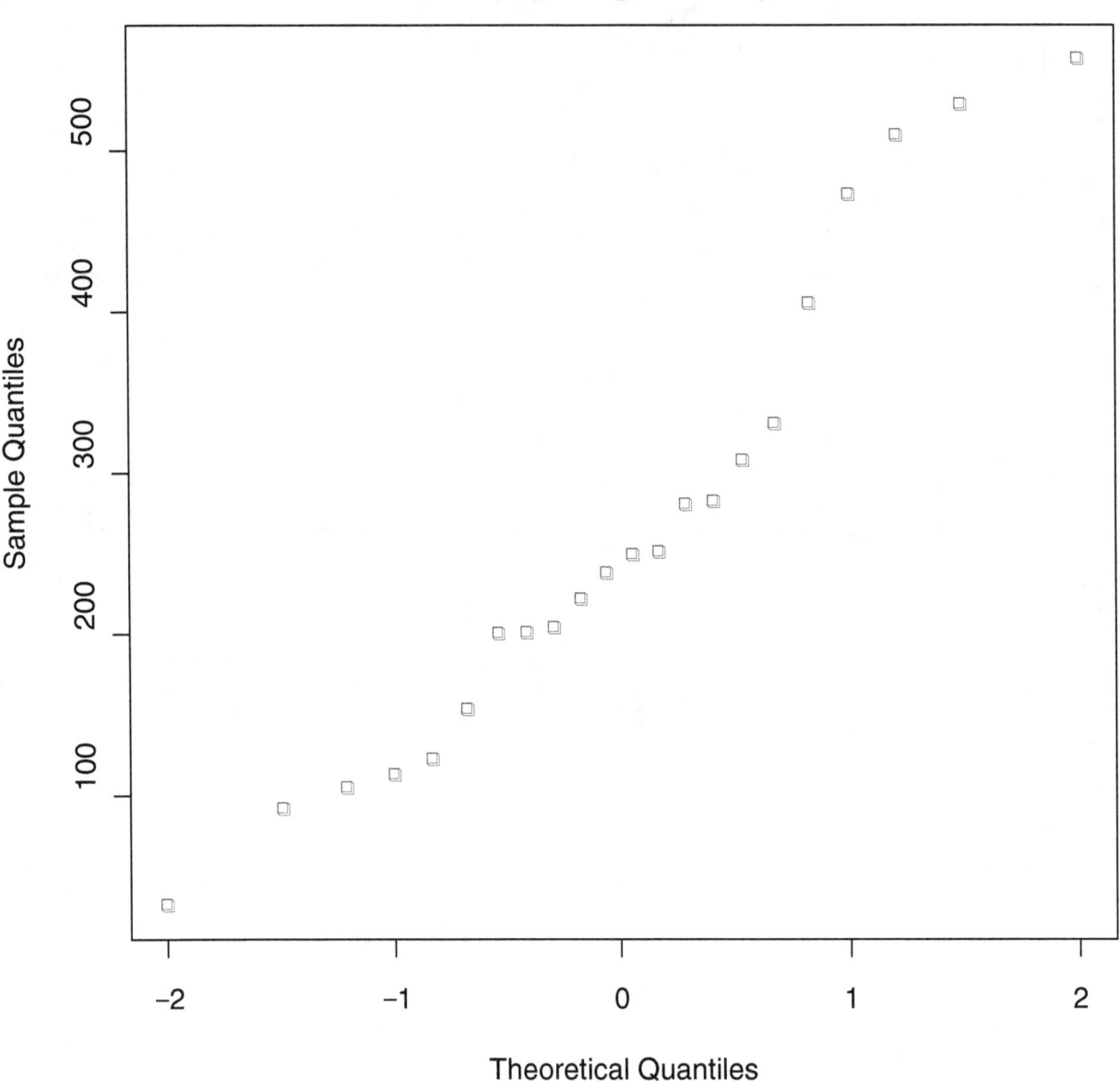

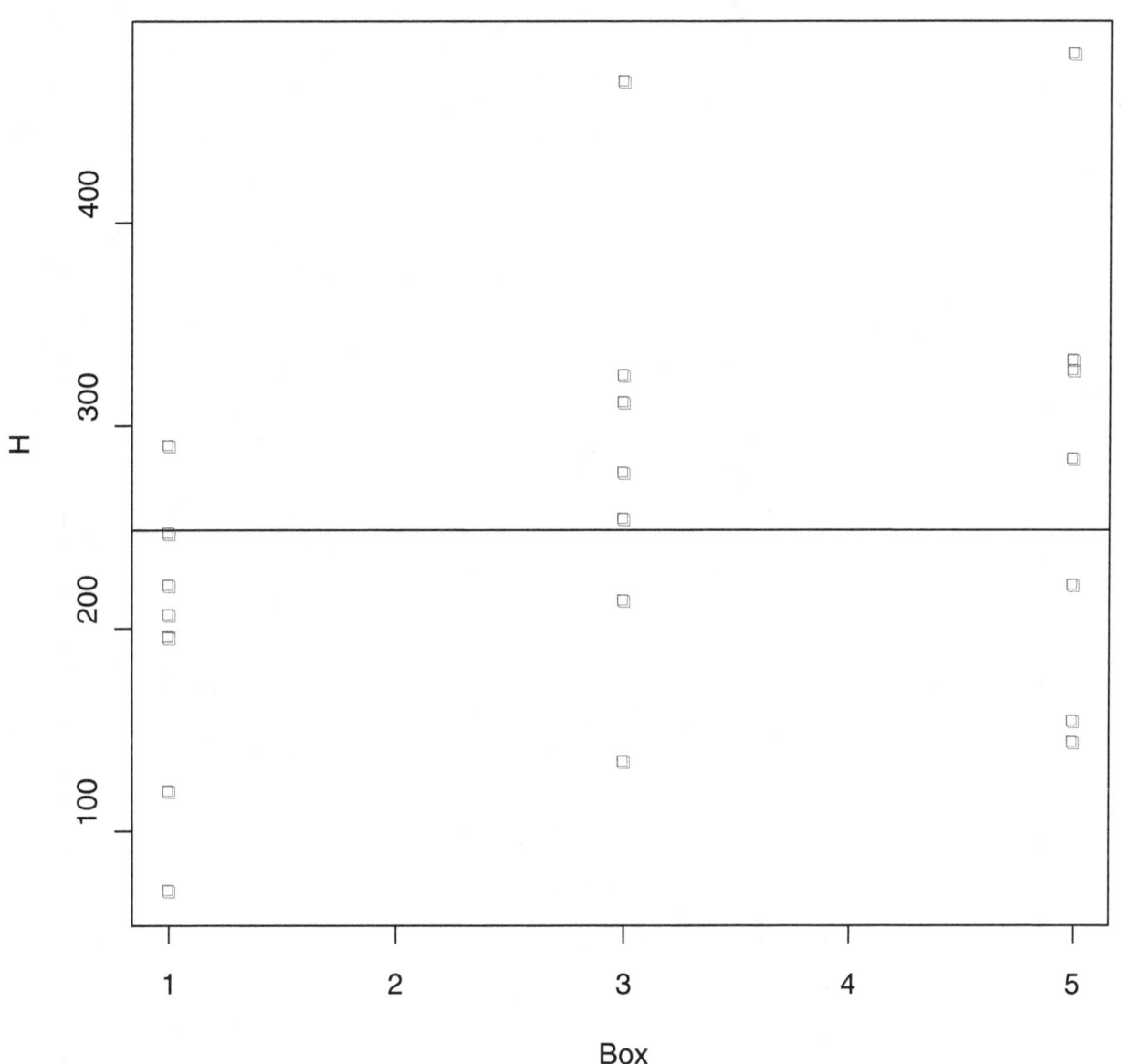

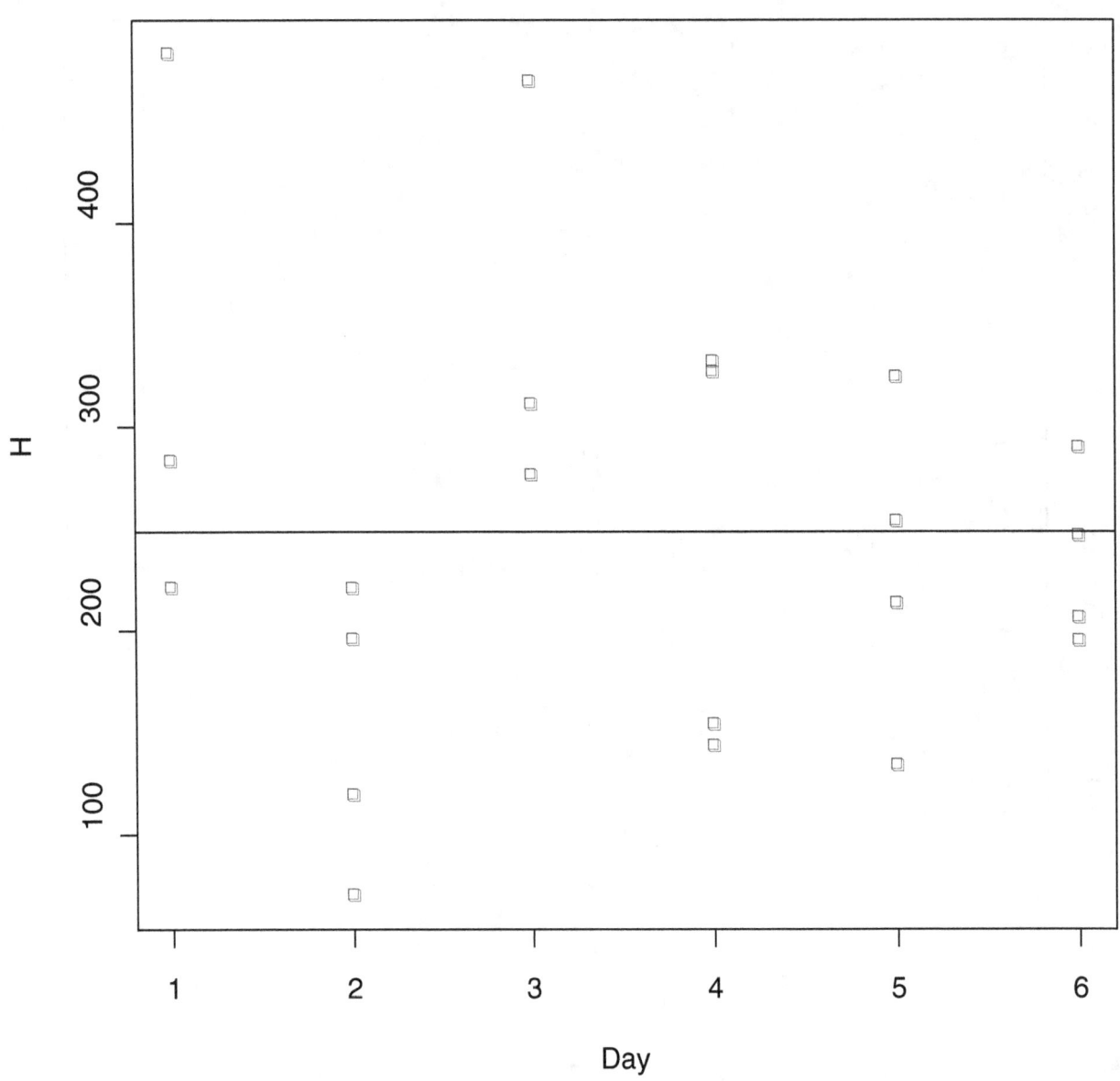

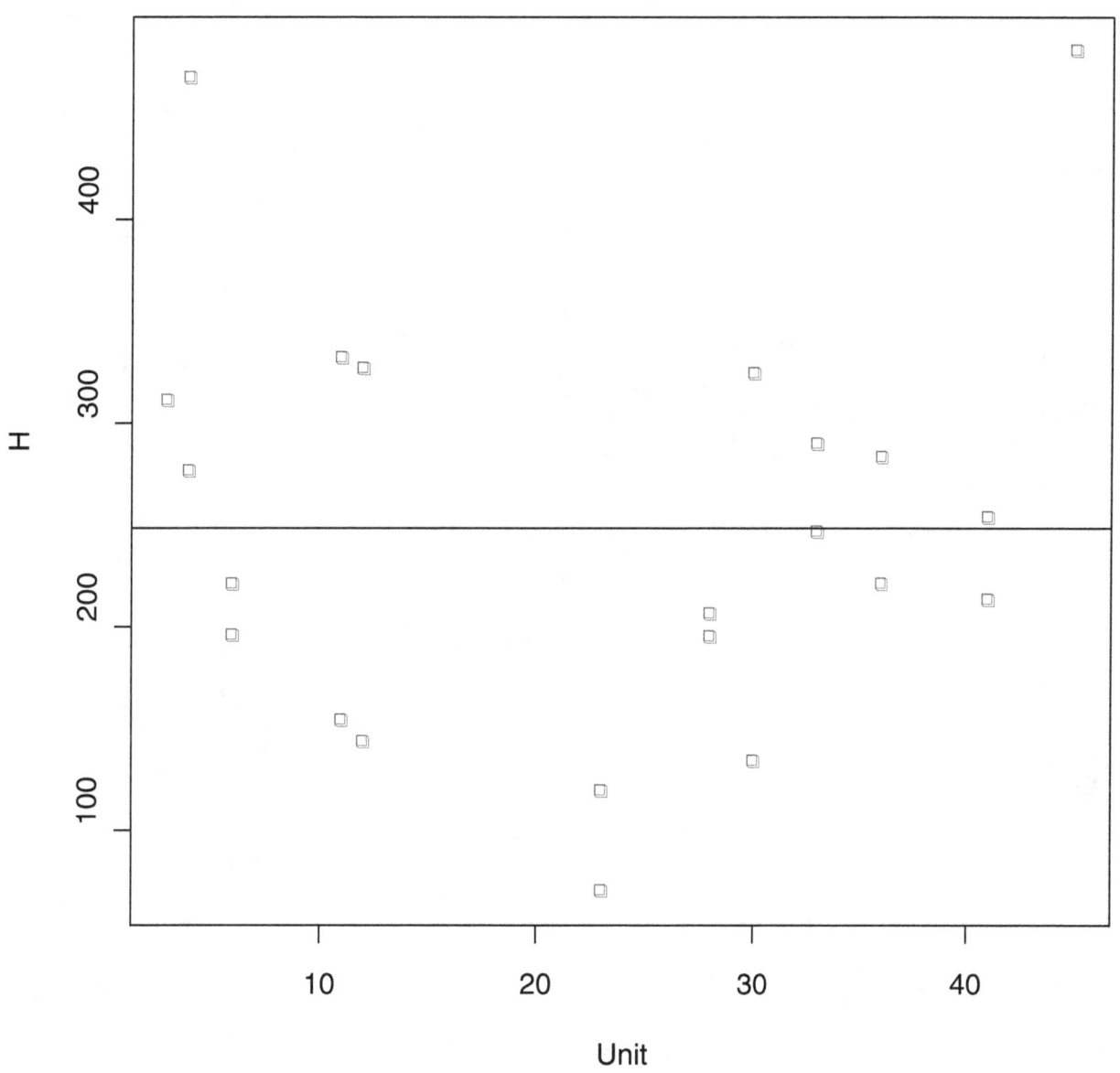

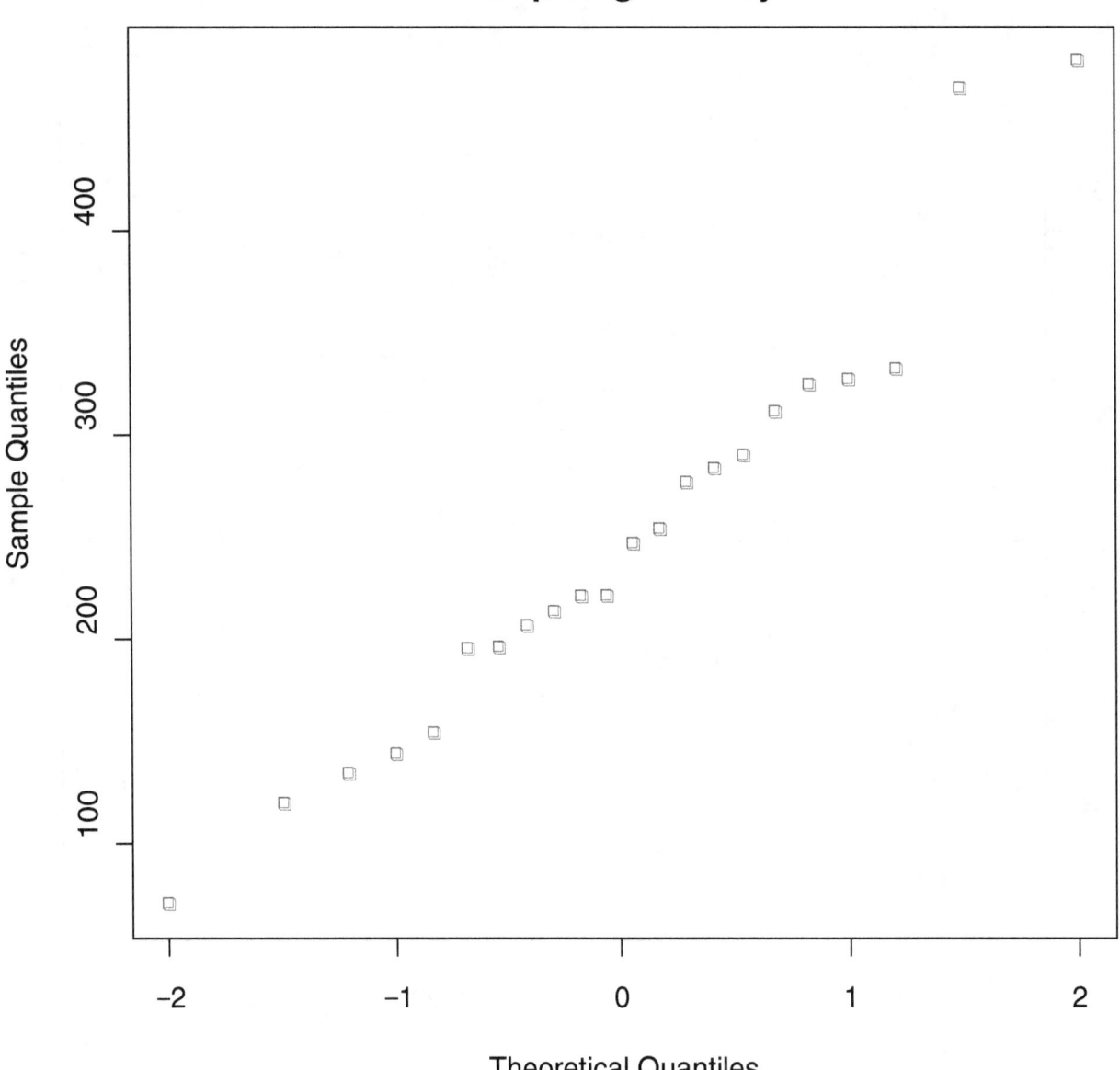

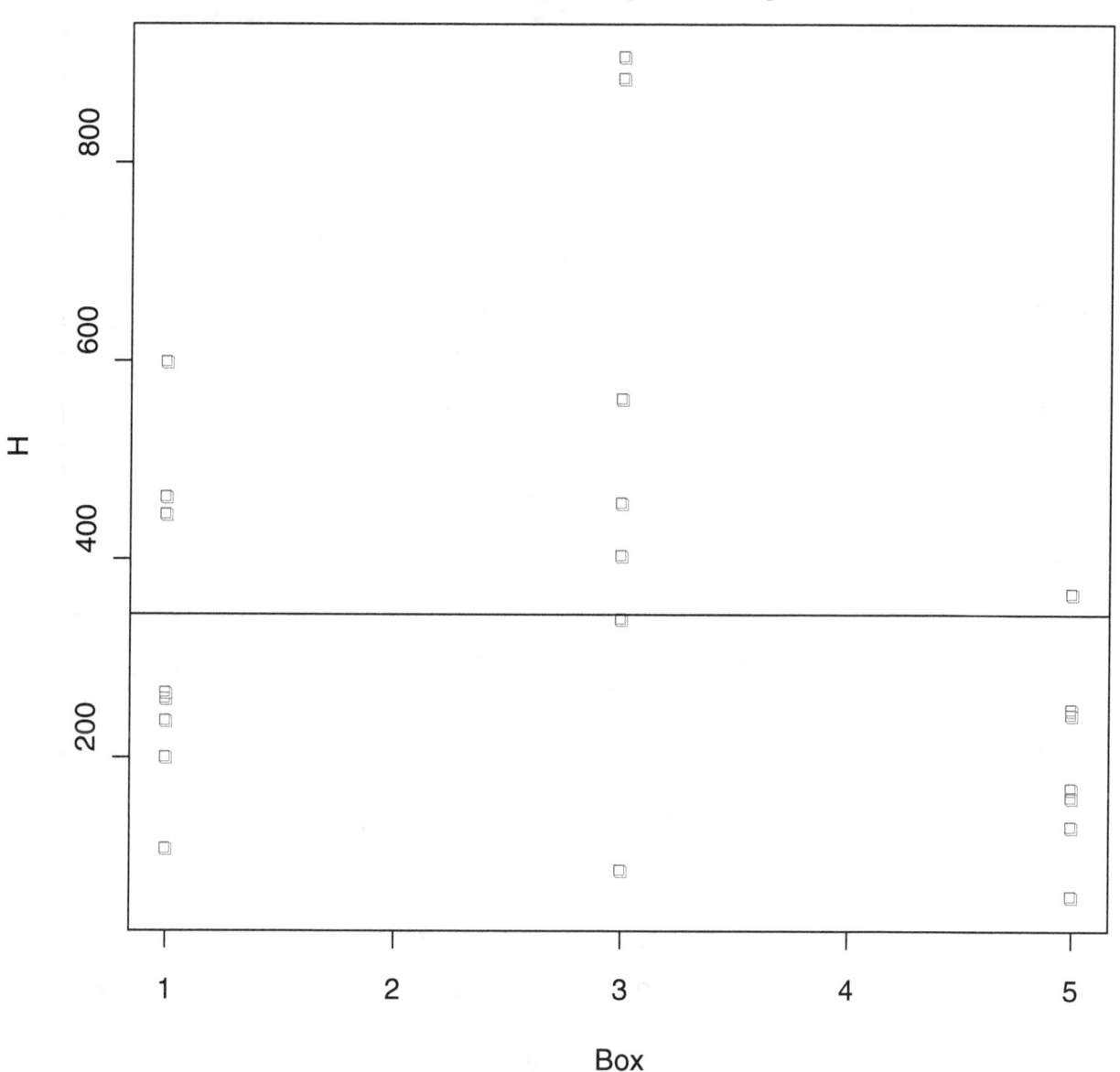

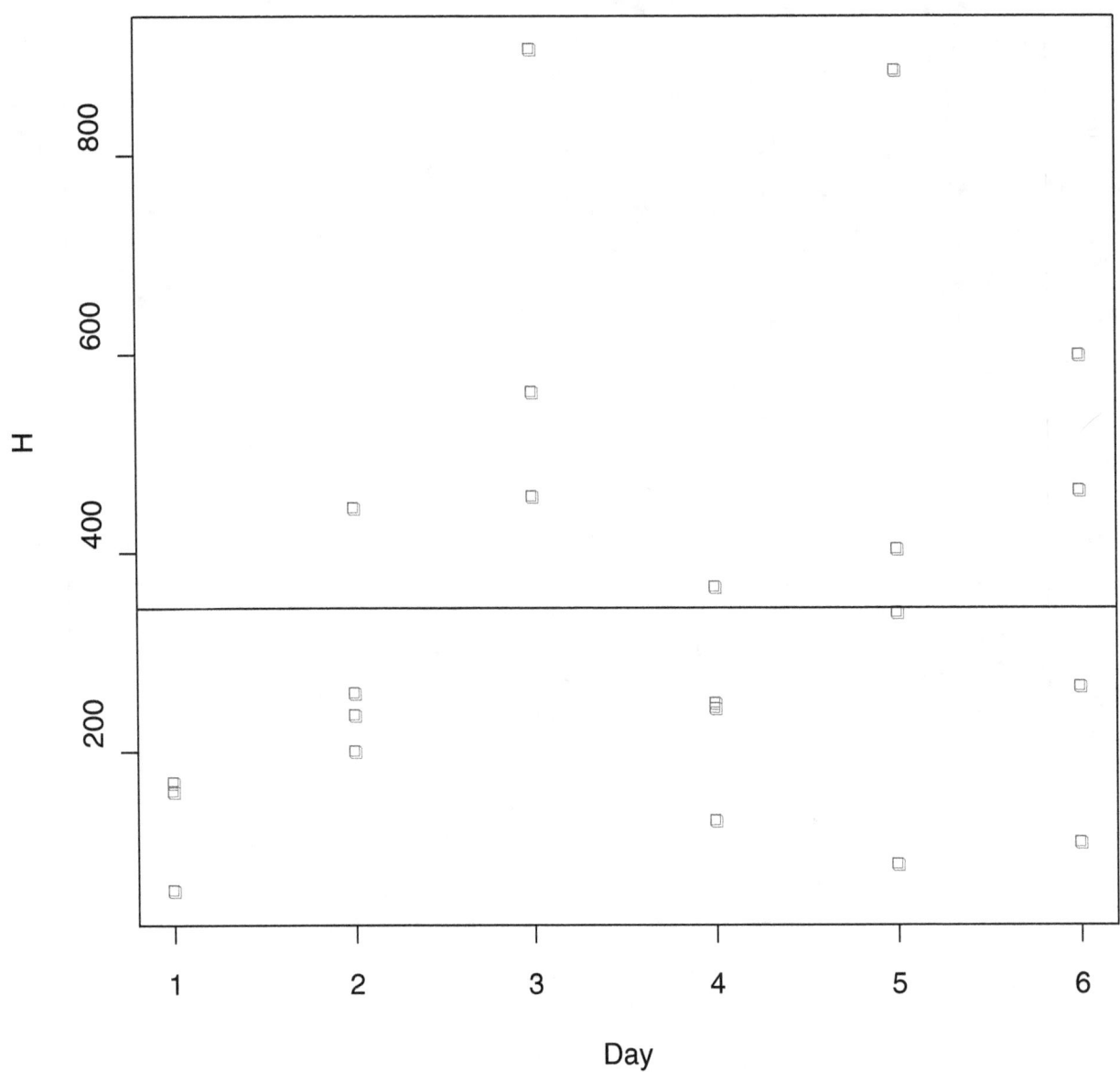

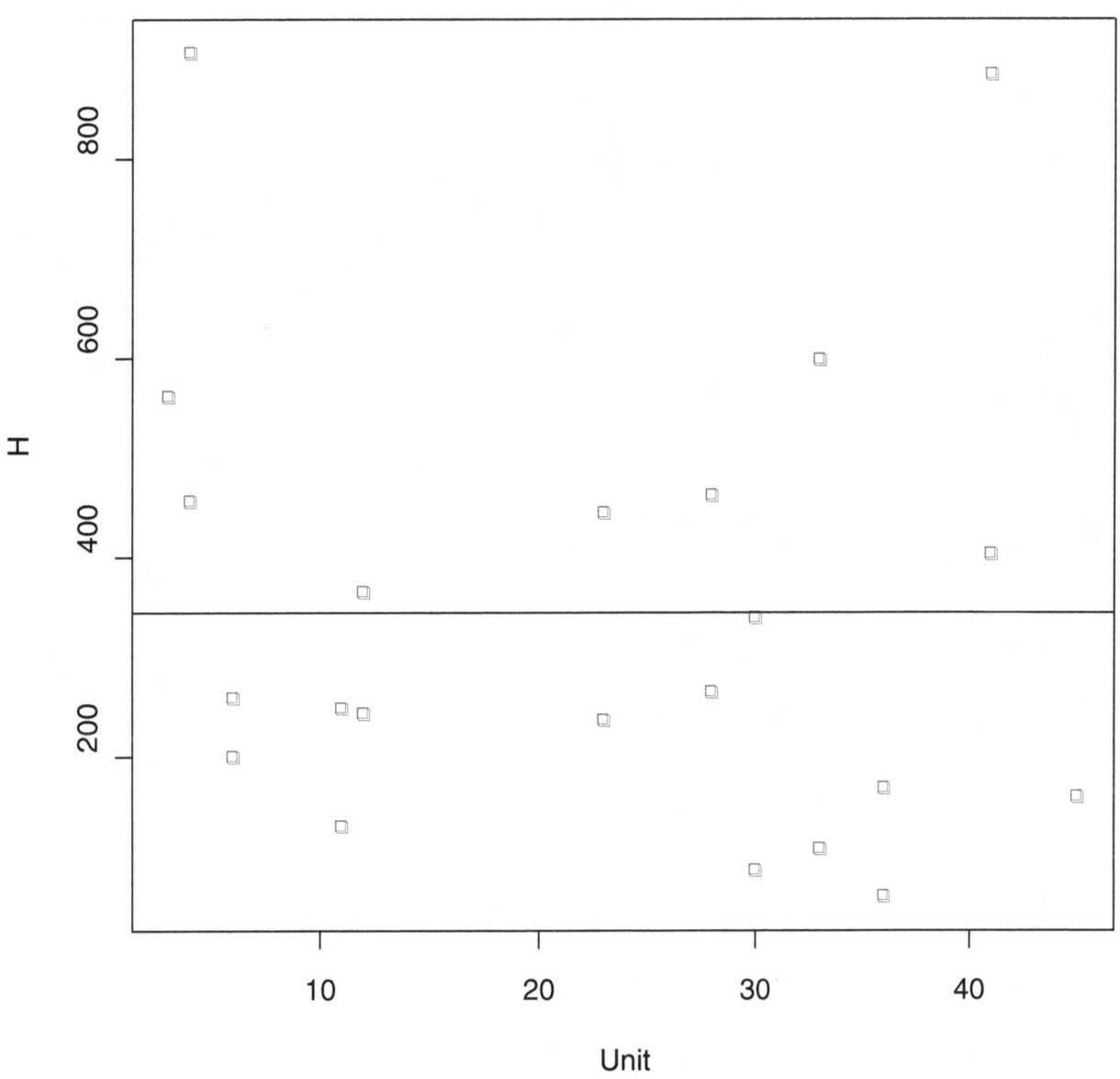

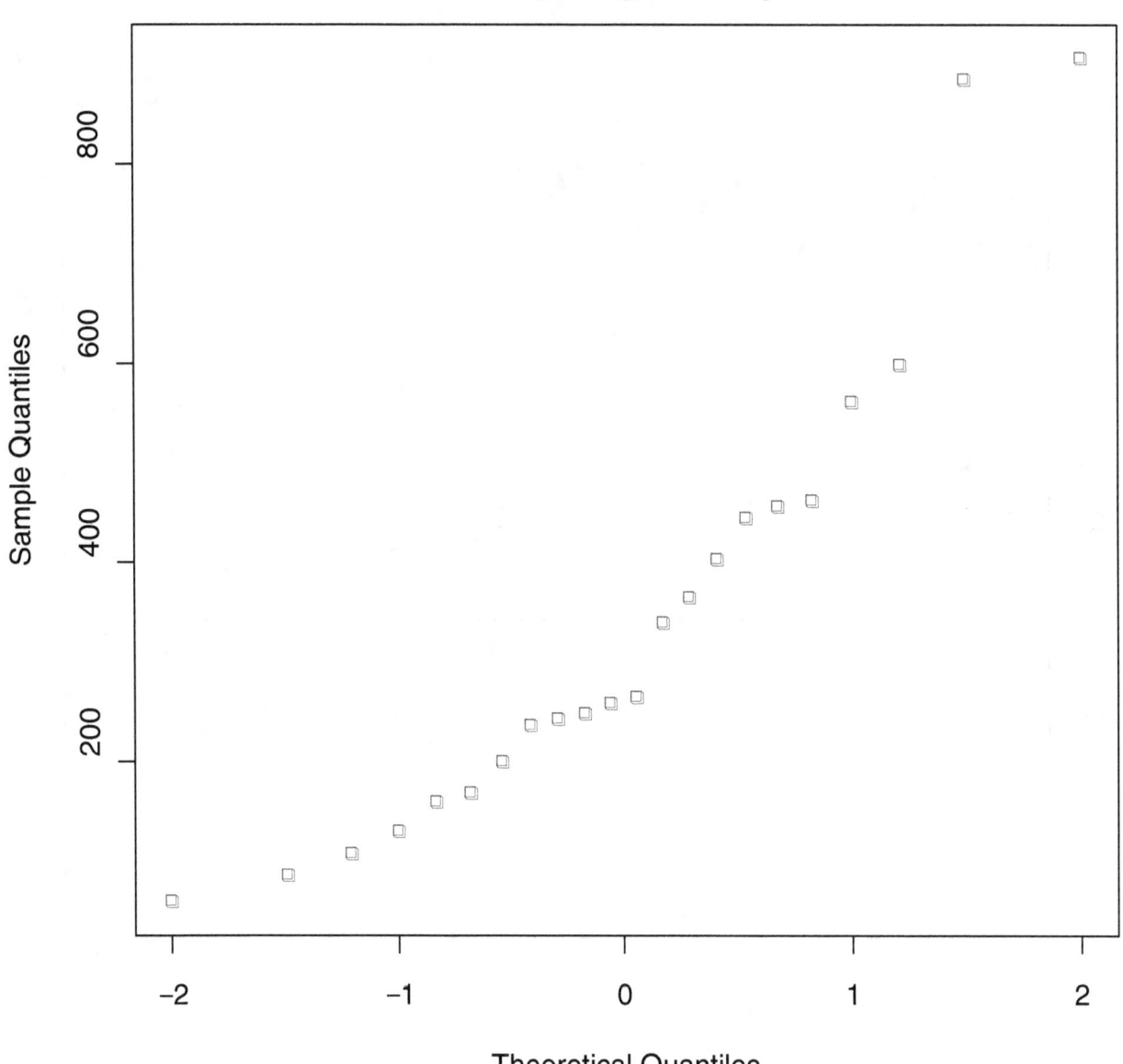

WinBUGS Implementation of Hierarchical Model for Certification of Rheological Quantities in SRM 2492

```
model
{
mu~dunif(-1000,1000)
sigma.day~dunif(0,1000)
sigma.btl~dunif(0,1000)
sigma.rme~dunif(0,1000)
tau.day<-1/(sigma.day*sigma.day)
tau.btl<-1/(sigma.btl*sigma.btl)
tau.rme<-1/(sigma.rme*sigma.rme)

for(i in 1:6)
{
mu.day[i]~dnorm(mu,tau.day)
}

for(i in 1:12)
{
mu.btl[i]~dnorm(mu.day[day[i]],tau.btl)
}

for(i in 1:n)
{
y[i]~dnorm(mu.btl[btl[i]],tau.rme)
pred[i]~dnorm(mu.btl[btl[i]],tau.rme)
res[i]<-y[i]-pred[i]
}

mu.nu~dnorm(mu,tau.btl)

}
```

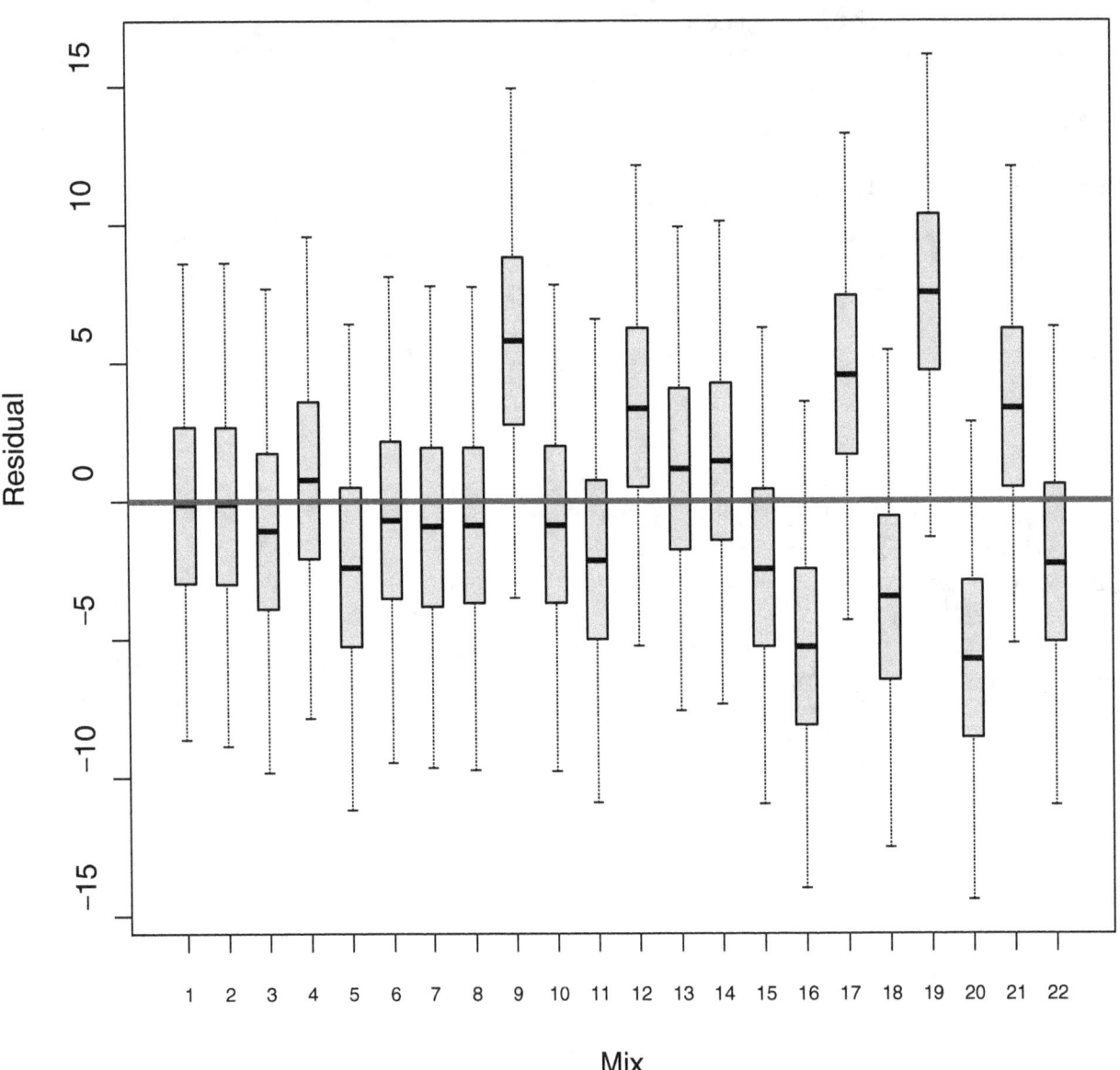

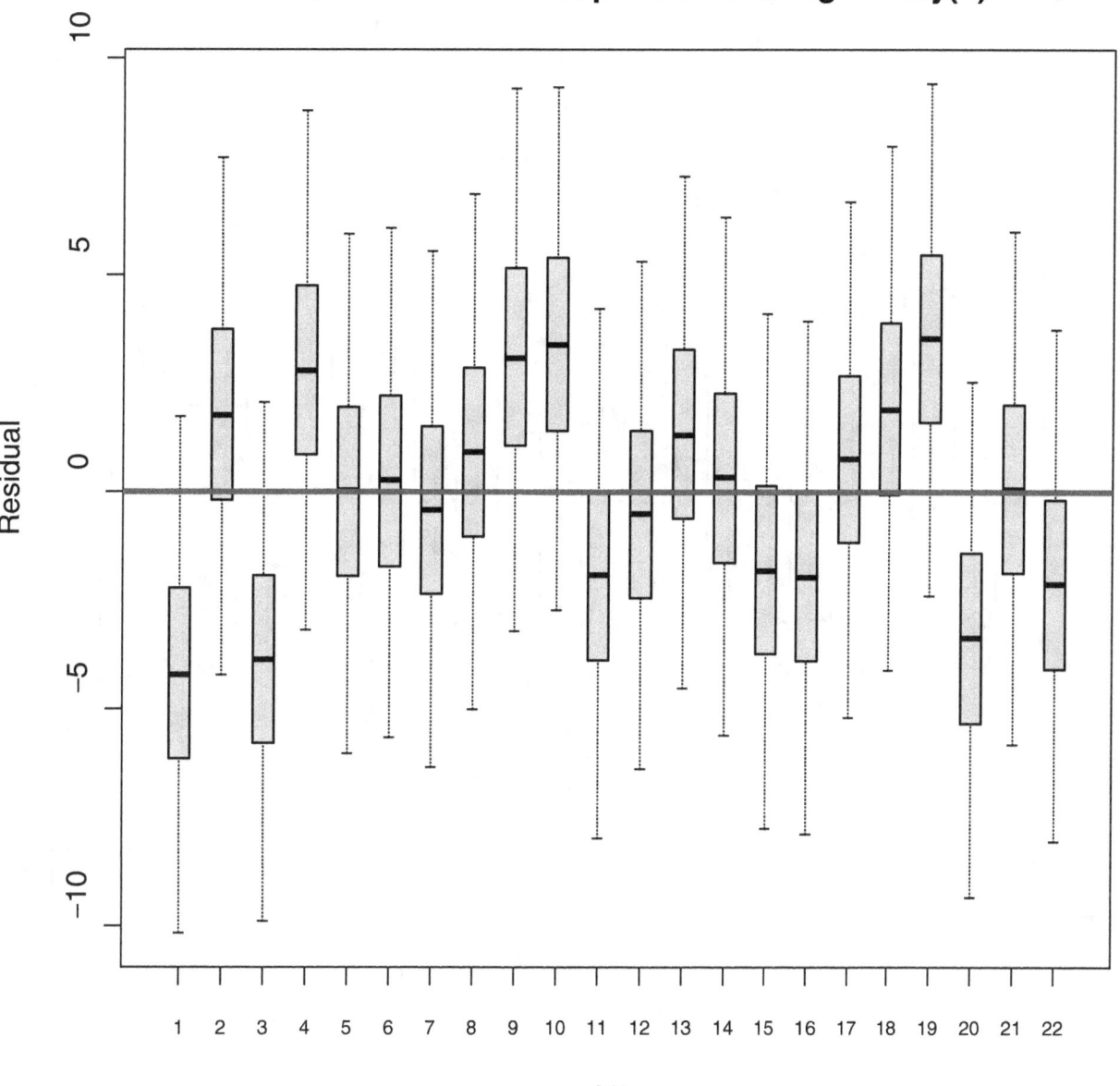

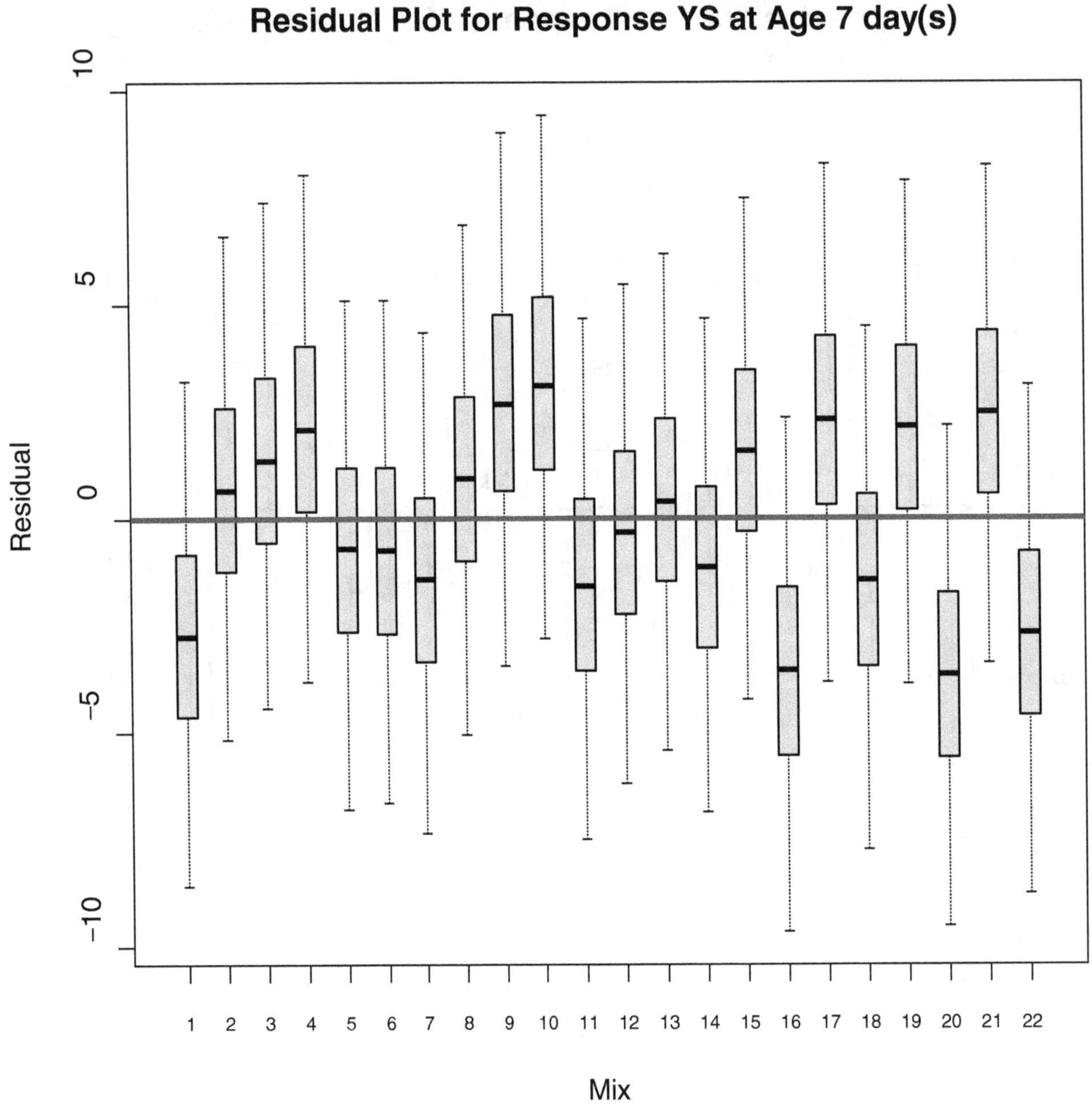
Residual Plot for Response YS at Age 7 day(s)
Residual
10
5
0
−5
−10
Mix
1 2 3 4 5 6 7 8 9 10 11 12 13 14 15 16 17 18 19 20 21 22

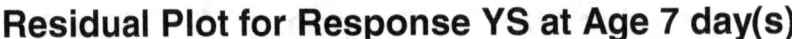

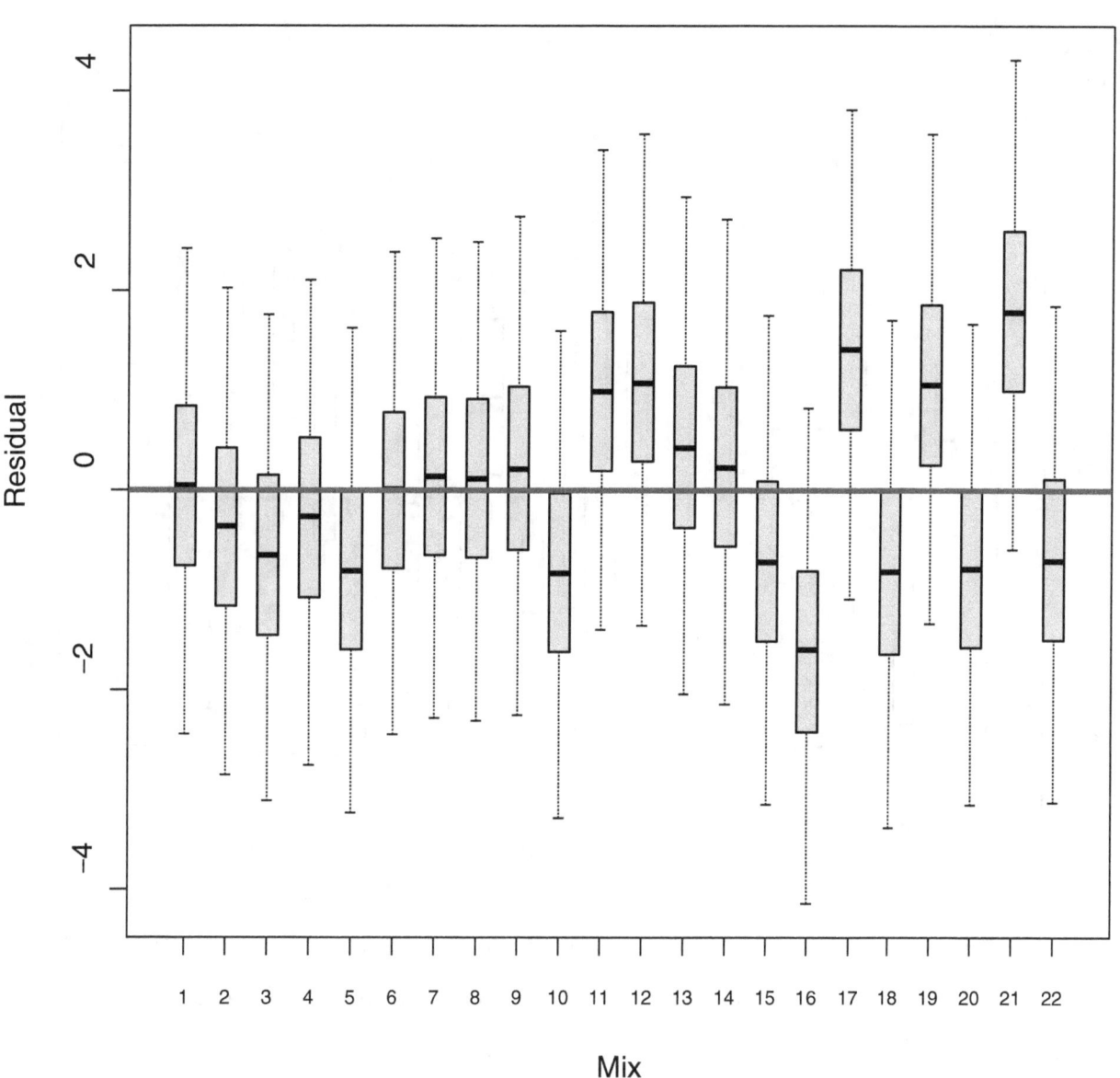

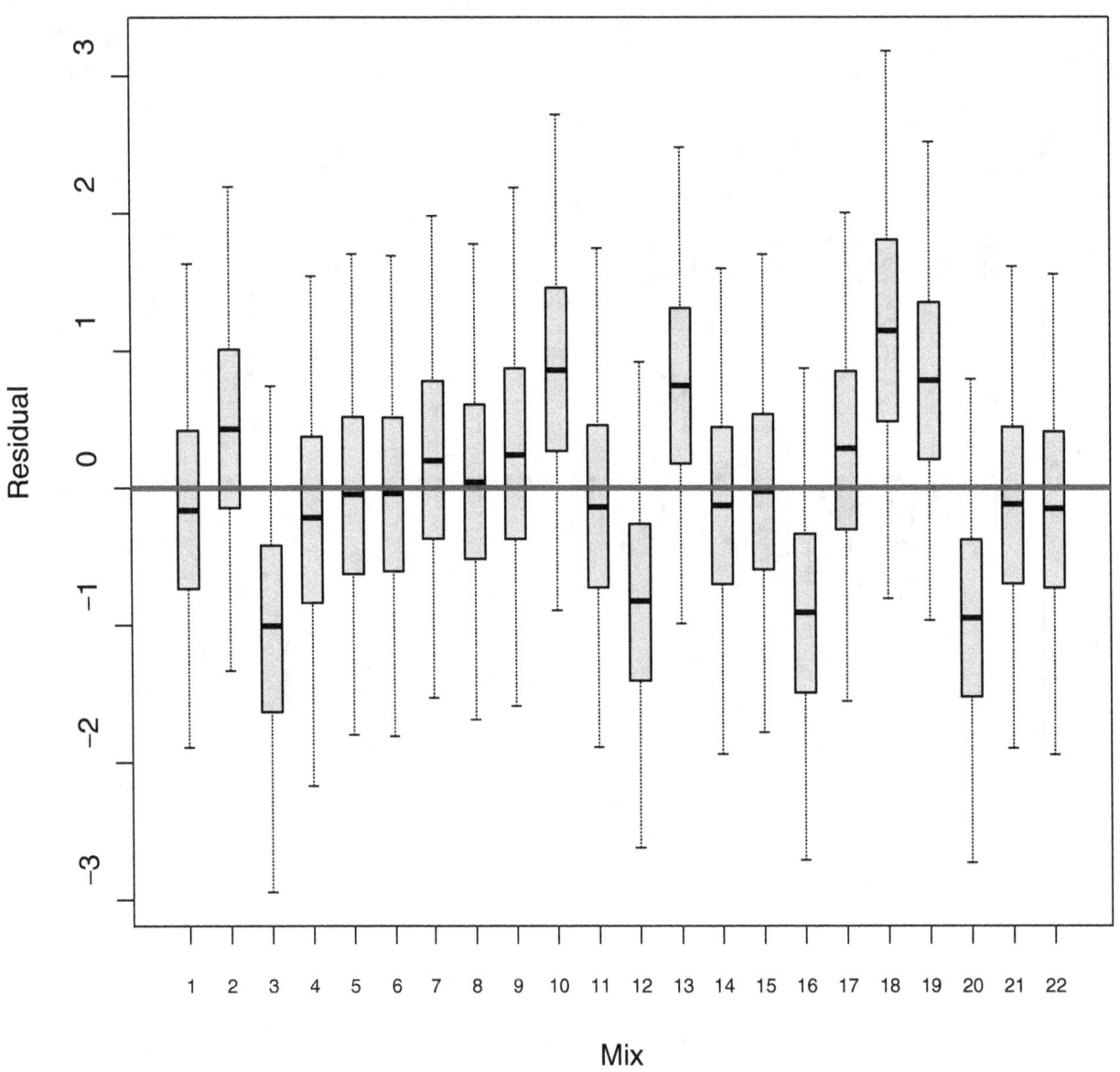

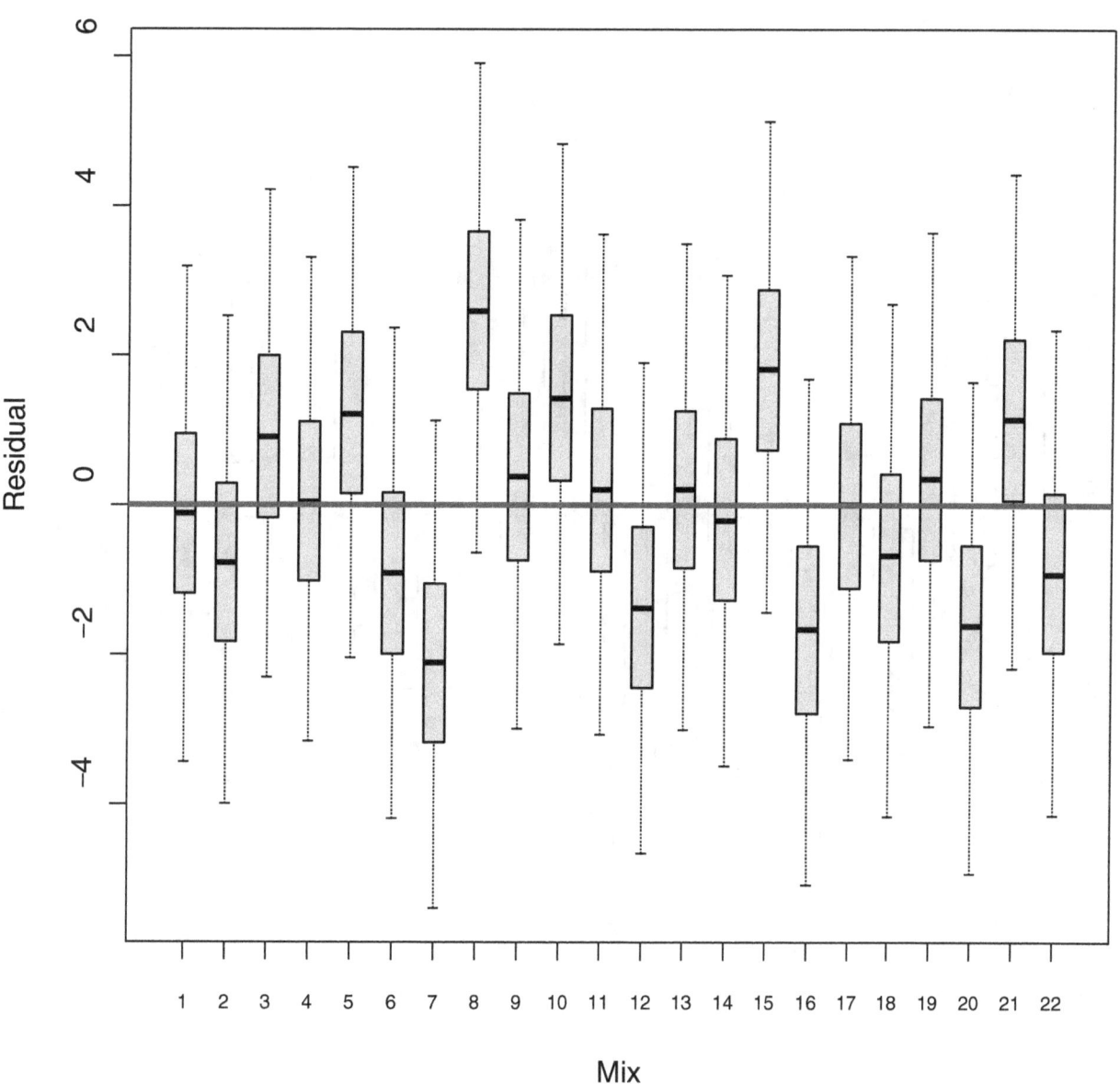

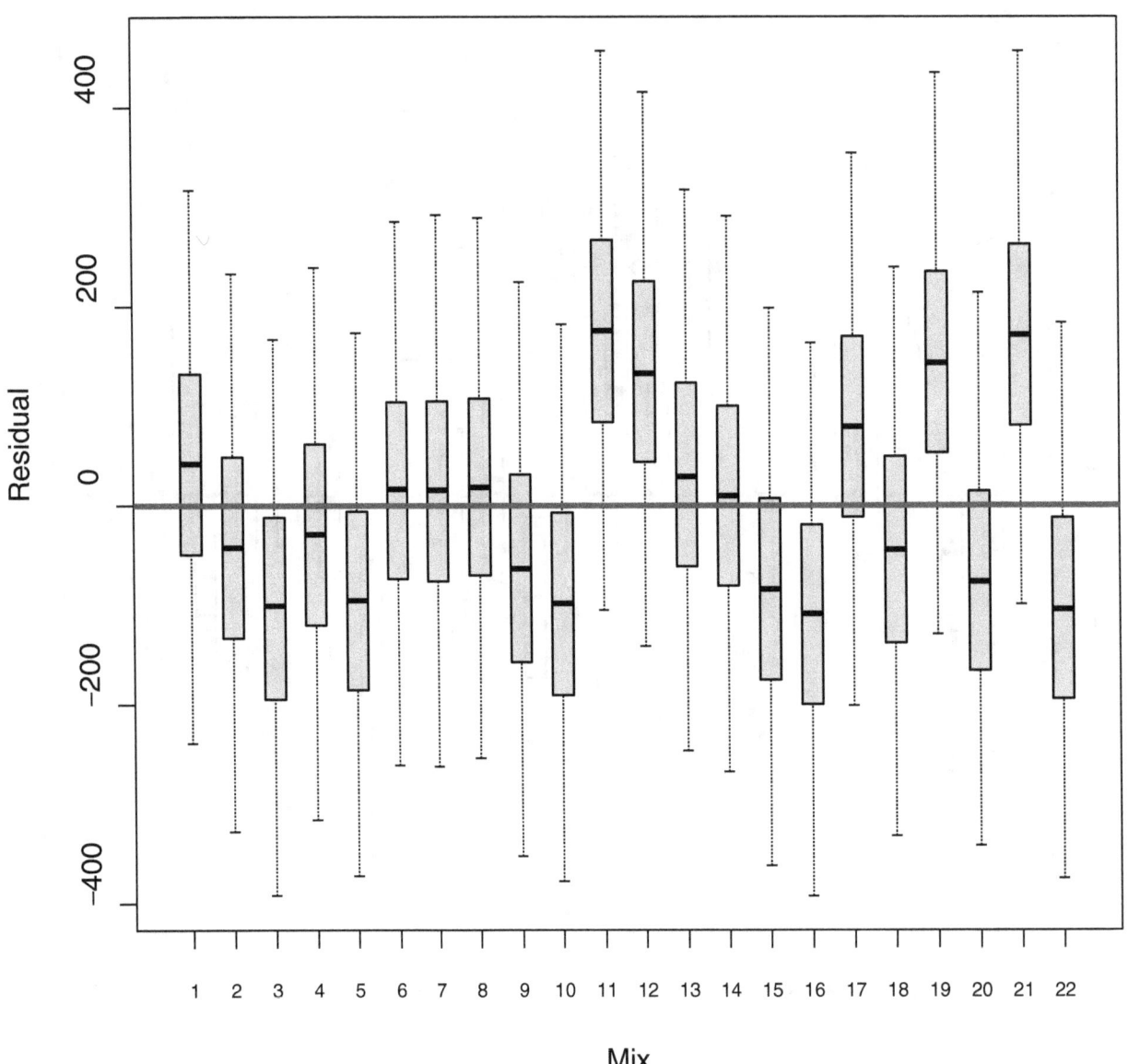

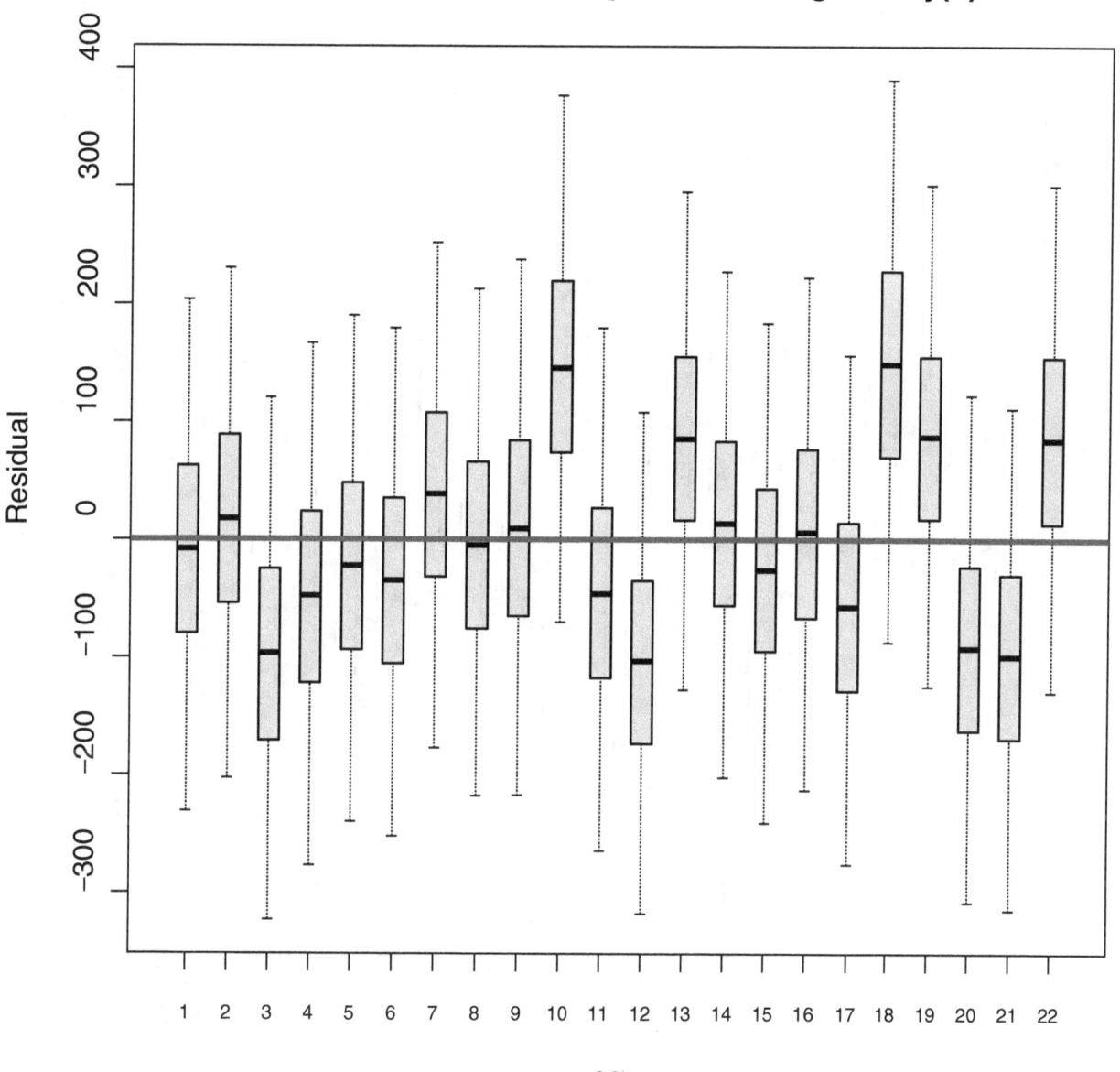

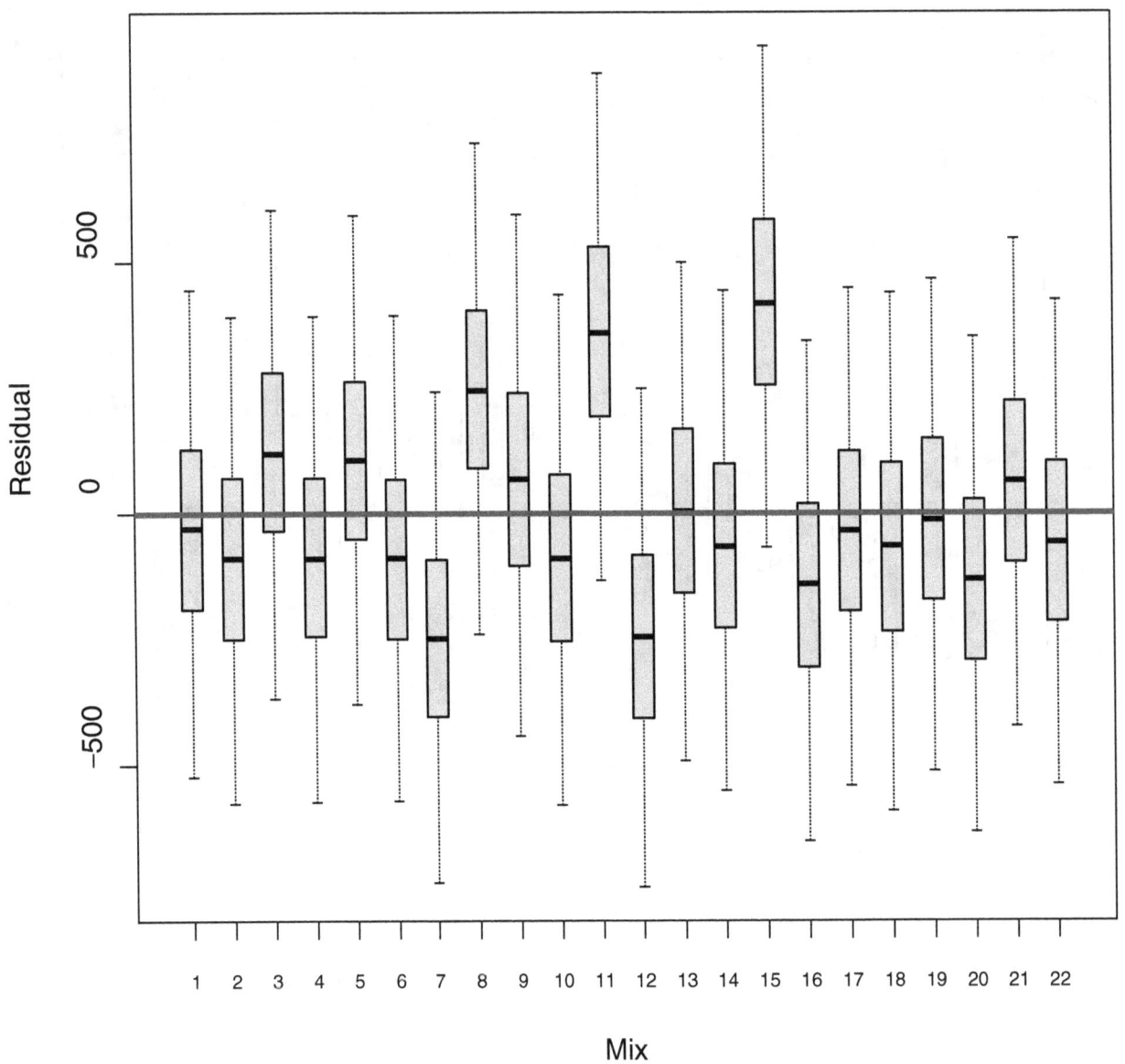

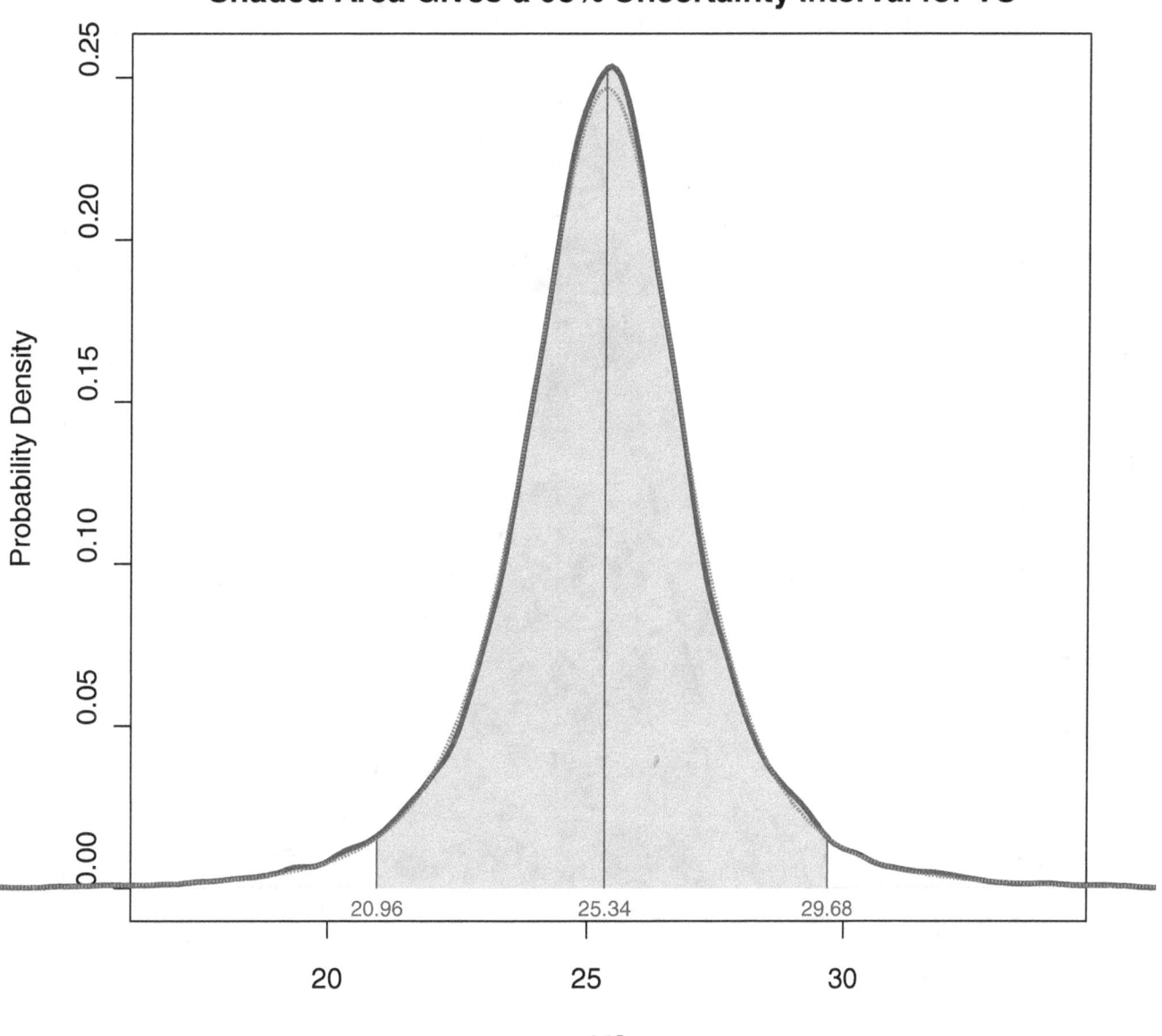

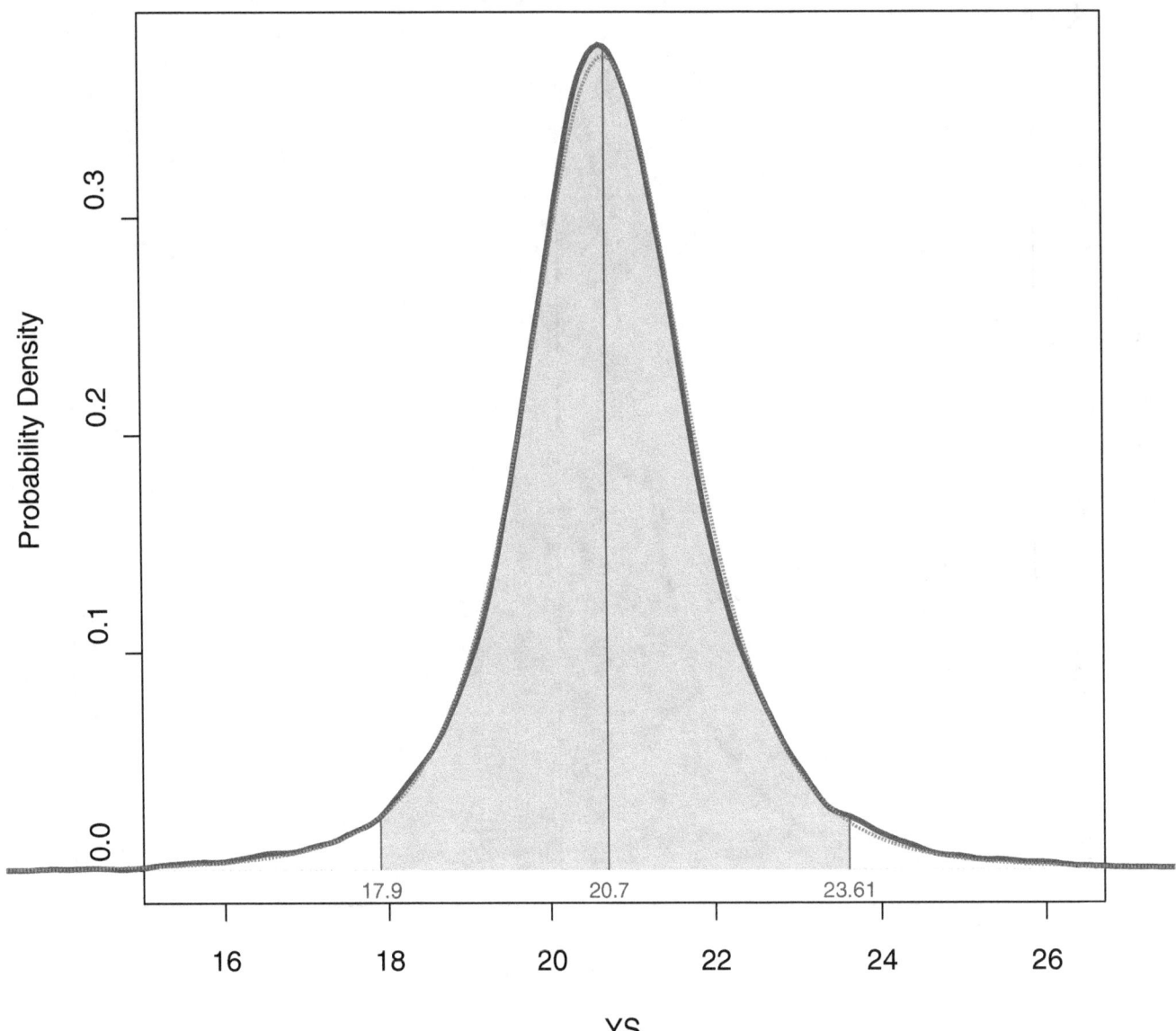

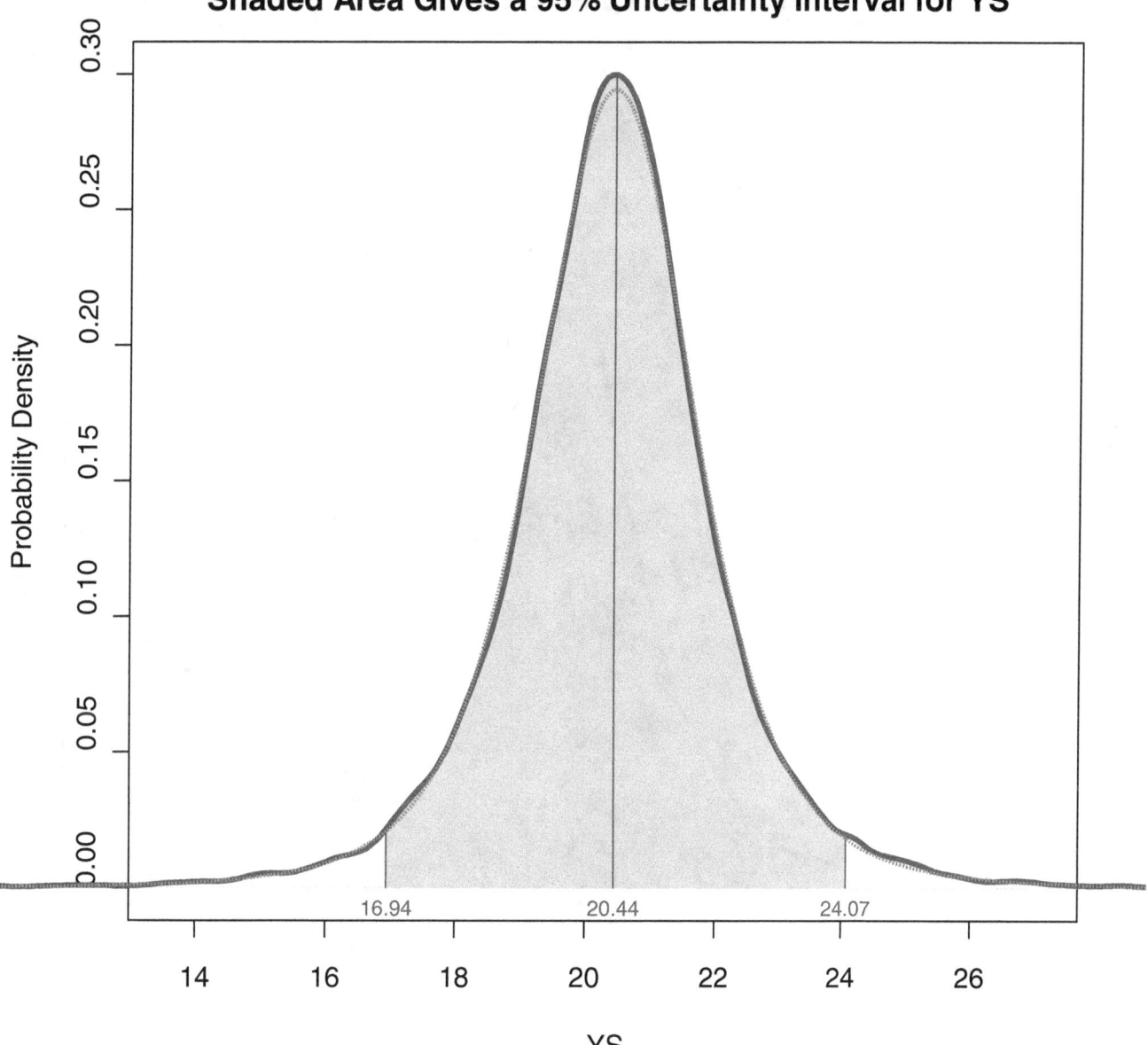

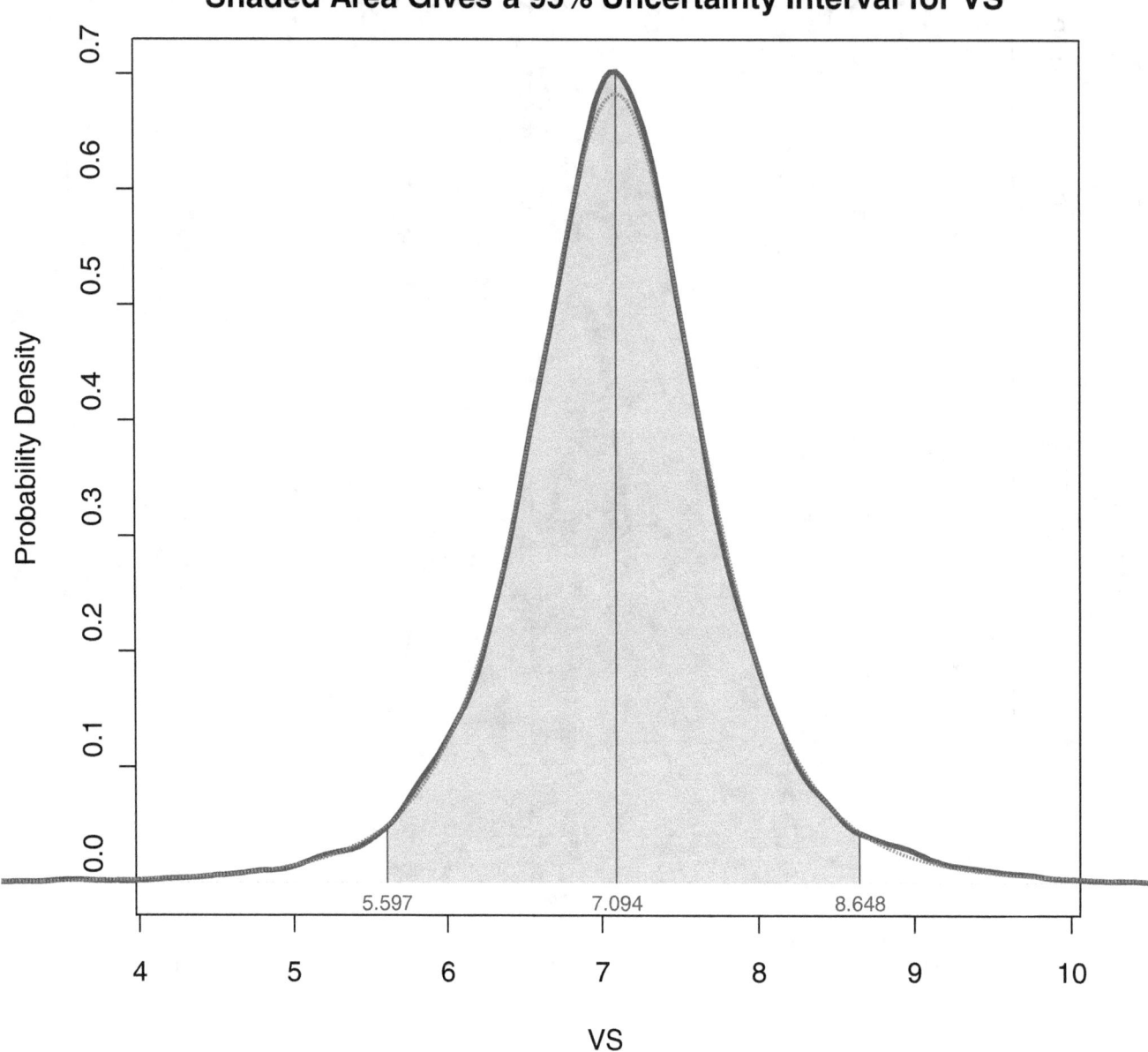

Distribution of VS Values at Age 3 for a New Unit of SRM 2492
Shaded Area Gives a 95% Uncertainty Interval for VS

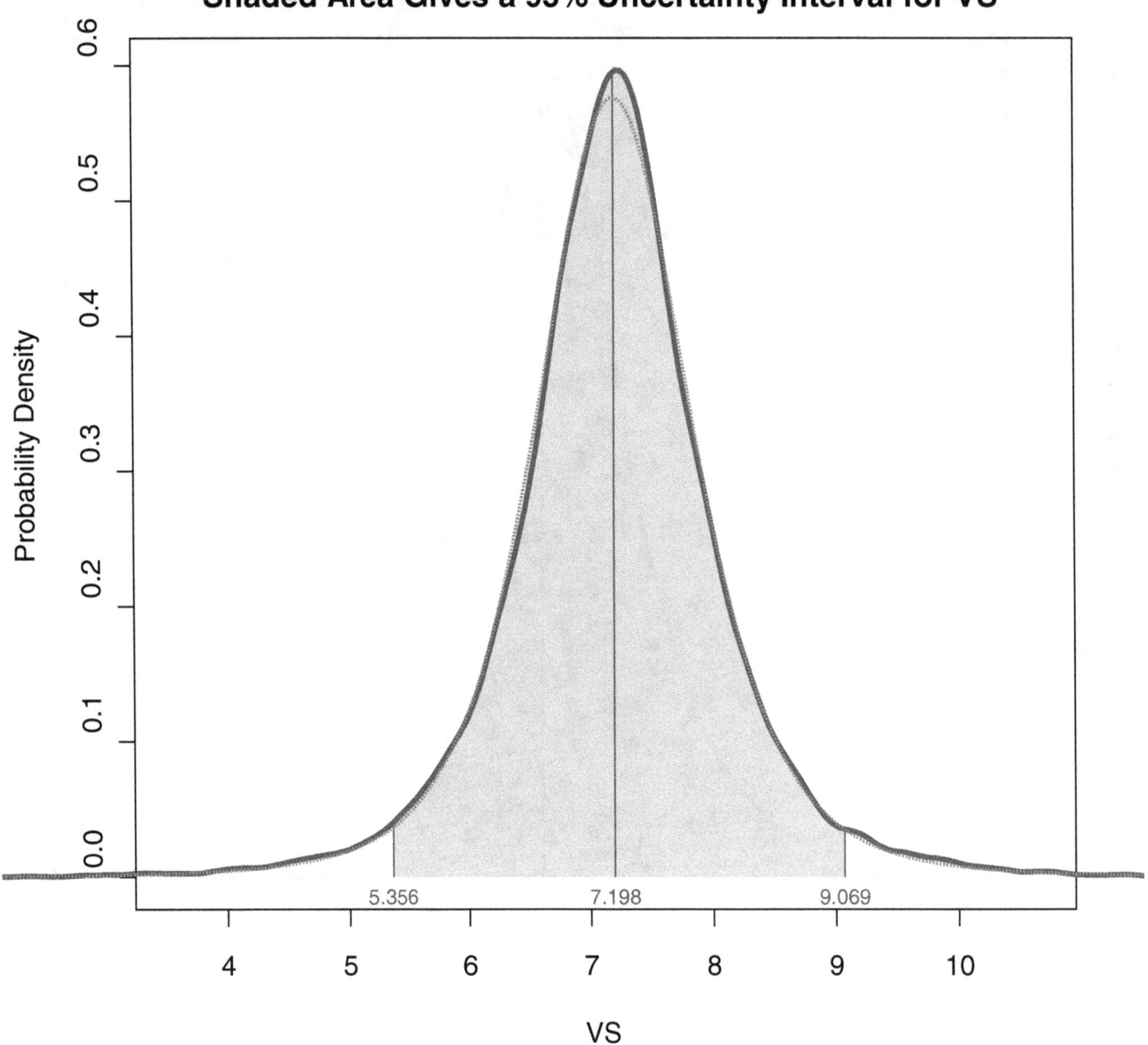

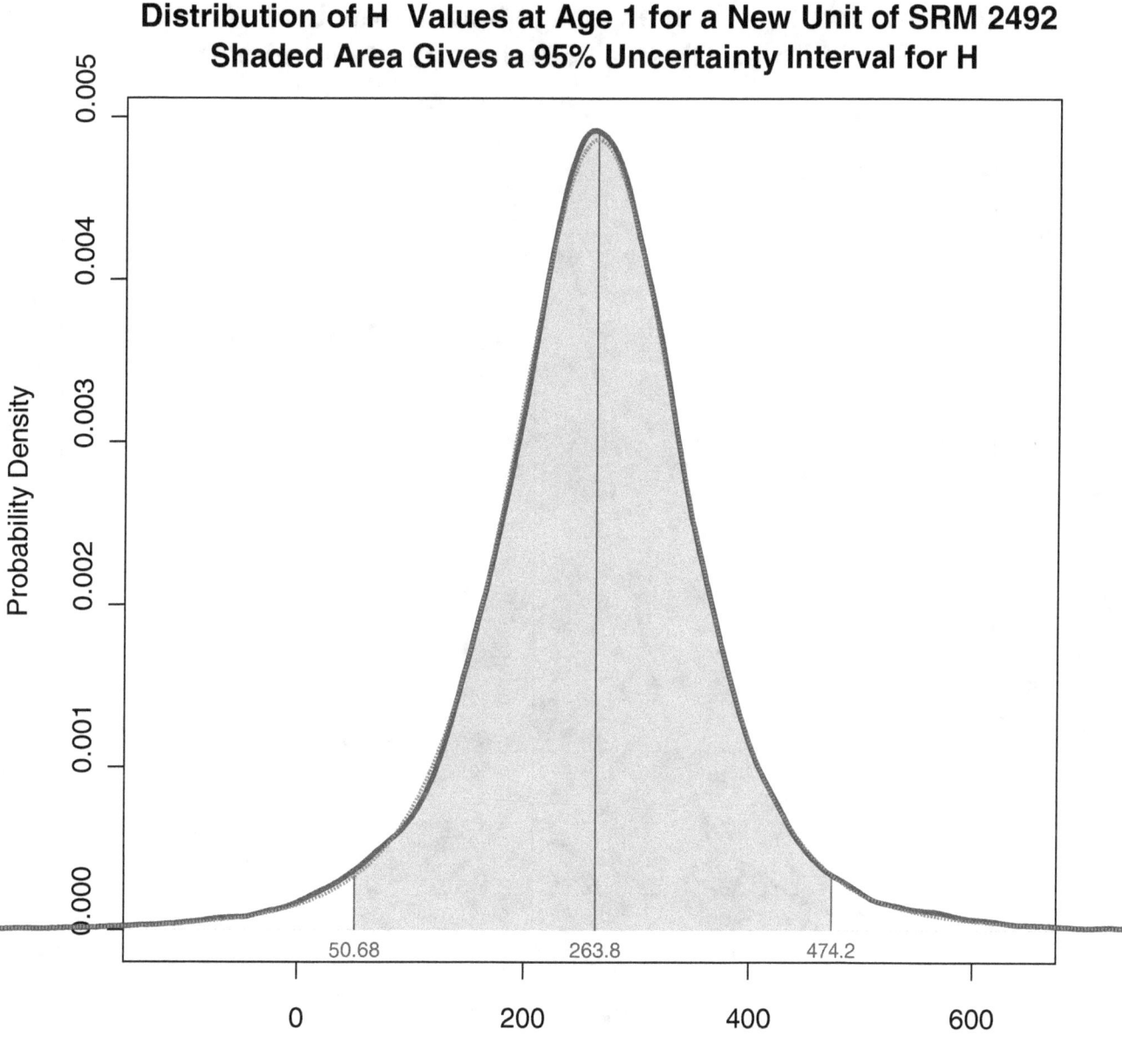

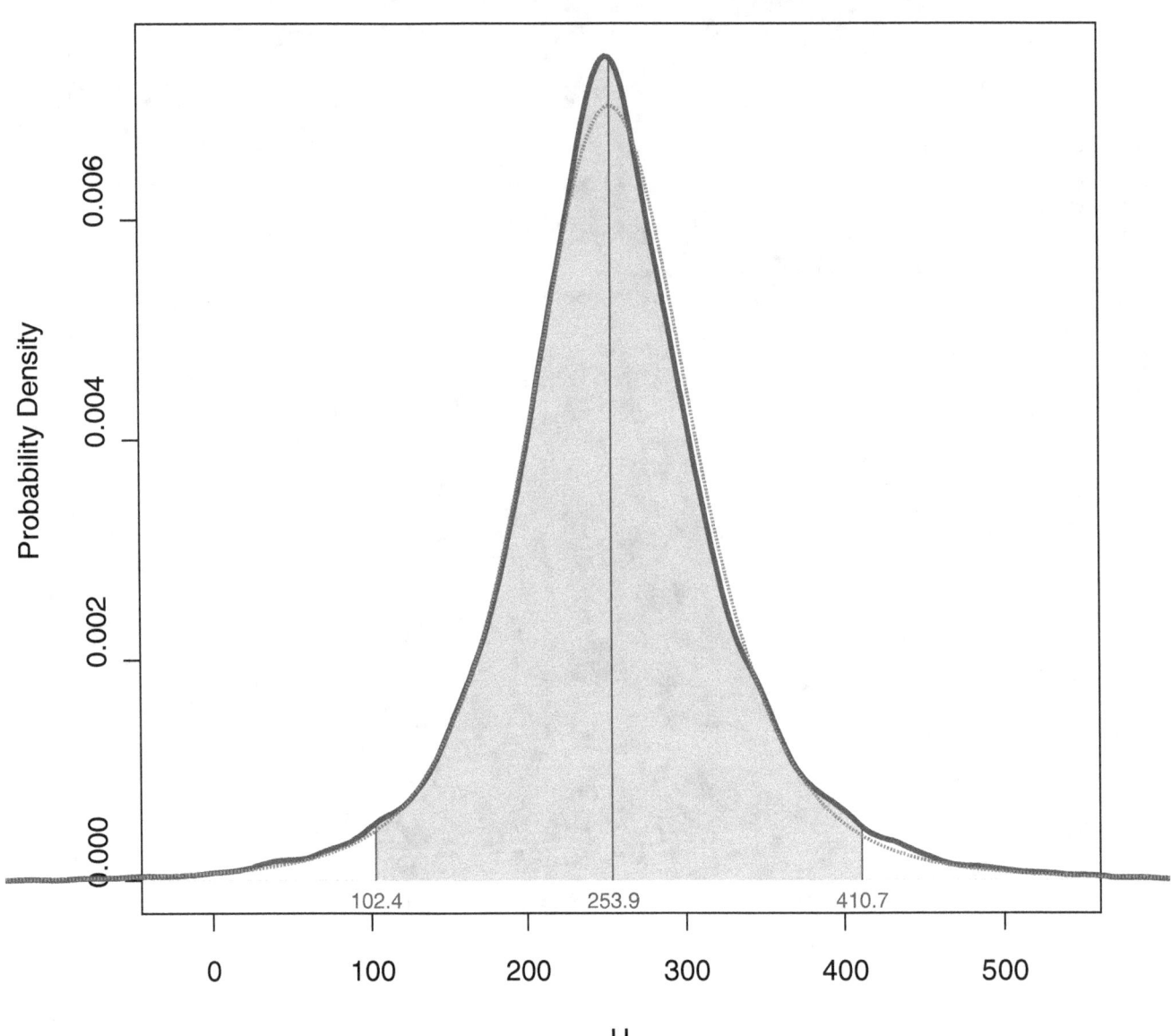

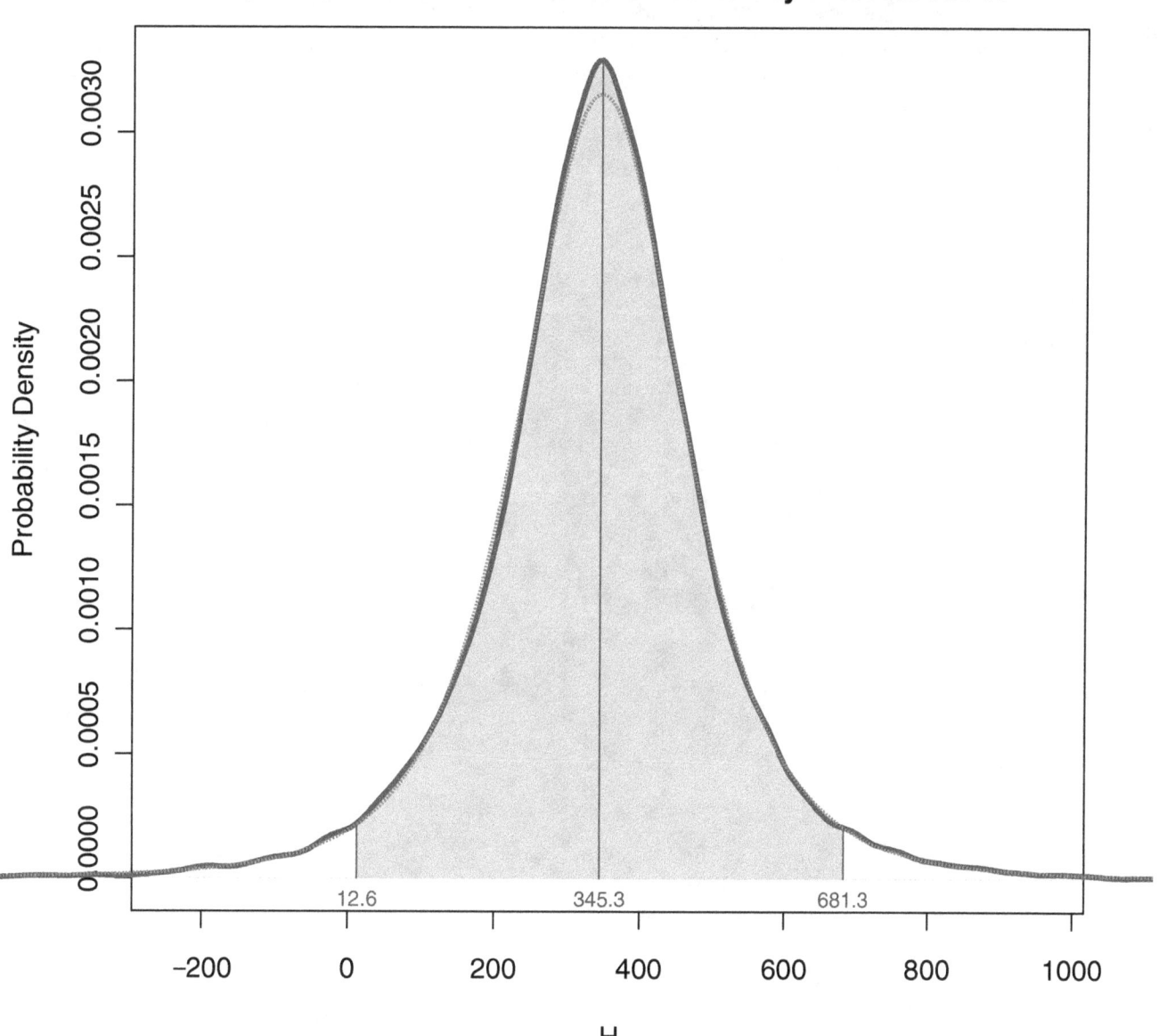

Table 2: Certification Results for SRM 2492

Response	Age	Mean Value y	Standard Uncertainty $u(y)$	Degrees of Freedom v	Coverage Factor k	Expanded Uncertainty U	Lower Bound	Upper Bound
YS	1	25.3	1.512	3.7	2.8675	4.3	21.0	29.7
YS	3	20.7	1.005	4.2	2.7251	2.7	18.0	23.4
YS	7	20.4	1.273	4.0	2.7764	3.5	16.9	24.0
VS	1	7.1	0.549	4.0	2.7764	1.5	5.6	8.6
VS	3	6.8	0.501	4.0	2.7764	1.4	5.4	8.2
VS	7	7.2	0.652	4.1	2.7499	1.8	5.4	9.0
H	1	264	77.45	4.4	2.6905	208	55	472
H	3	254	53.28	3.9	2.8047	149	104	403
H	7	345	117.97	3.6	2.9024	342	3	688

Appendix D: Data for Non-Newtonian calculations

Legend of the tables

YS = yield stress
VS = plastic viscosity

SR = Shear Rate
SS = Shear Stress

R2 = r2 calculated using a Pearson function to determine the linearity of the data

This appendix provides all the data for each test that was performed and that used for the Newtonian calculation for Section 5.1.3 and Appendix C. These data are generated using a non-Newtonian approach.

Set A1: CS-BX5 – BL45- L2 – Mixing Day – NIST code (folder SR 37-SR-36A)

SR-36A

Run# A		Run# B		Run# C		Average	
SR	SS	SR	SS	SR	SS	SR	SS
0.28	16.87	0.21	21.66	0.21	19.11	0.23	19.21
2.65	37.96	2.65	38.47	2.65	33.66	2.65	36.70
5.09	51.49	5.09	51.69	5.08	47.00	5.09	50.06
7.52	62.96	7.52	63.79	7.59	59.80	7.54	62.18
10.00	75.42	10.00	76.70	10.00	71.95	10.00	74.69
12.41	88.22	12.41	89.96	12.41	83.36	12.41	87.18
14.90	101.25	14.90	103.02	14.90	94.45	14.90	99.57
17.31	114.03	17.31	115.13	17.38	105.99	17.33	111.72
19.79	124.56	19.79	125.66	19.79	118.32	19.79	122.85
22.21	136.51	22.21	138.73	22.21	129.06	22.21	134.76
24.69	148.34	24.69	150.57	24.69	136.86	24.69	145.25
27.10	158.76	27.10	160.98	27.10	146.31	27.10	155.35
29.59	167.63	29.59	169.83	29.59	158.72	29.59	165.39
32.00	176.55	32.07	179.84	32.00	169.47	32.02	175.29
34.48	183.13	34.48	186.38	34.48	179.36	34.48	182.96
34.48	196.14	34.48	199.62	34.48	181.46	34.48	192.41
32.69	185.86	32.69	189.32	32.69	170.45	32.69	181.88
30.83	174.55	30.90	176.83	30.90	162.79	30.87	171.39
29.10	161.11	29.03	163.32	29.03	156.88	29.06	160.44
27.24	155.98	27.24	157.09	27.24	146.77	27.24	153.28
25.45	149.04	25.45	150.17	25.45	142.02	25.45	147.08
23.66	140.86	23.66	141.99	23.66	132.25	23.66	138.37
21.86	131.22	21.86	132.34	21.86	123.42	21.86	128.99
20.07	122.51	20.07	122.51	20.07	118.43	20.07	121.15
18.21	114.07	18.21	115.19	18.21	108.90	18.21	112.72
16.41	104.75	16.41	105.53	16.41	98.46	16.41	102.91
14.62	96.67	14.62	96.45	14.62	91.35	14.62	94.82
12.83	85.40	12.83	85.84	12.83	82.91	12.83	84.71
11.03	78.46	11.03	77.48	11.03	74.37	11.03	76.77
9.24	68.35	9.24	68.13	9.24	65.56	9.24	67.35
7.45	59.34	7.45	58.37	7.45	56.67	7.45	58.12
5.61	48.58	5.61	48.80	5.62	46.45	5.61	47.94
3.80	37.94	3.81	37.94	3.81	36.49	3.80	37.46
2.00	26.76	2.01	26.37	2.01	25.45	2.01	26.19
0.21	15.73	0.19	15.34	0.21	14.79	0.20	15.29

						Average	Stdev
YS	19.6		18.5		19.8	19.3	0.7
VS	5.1		5.2		4.7	5.0	0.2
R2	1.00		1.00		1.00	1.0	0.0
Hysteresis	86		123		65	92	30

Set A1: CS-BX5 – BL12- L2 – Mixing Day – NIST code (folder SR 37-SR-36B)

SR-36B							
Run# D		Run# E		Run# F		Average	
SR	SS	SR	SS	SR	SS	SR	SS
0.21	32.87	0.20	27.83	0.19	35.04	0.20	31.91
2.66	66.28	2.65	45.68	2.64	63.56	2.65	58.51
5.09	97.44	5.10	62.97	5.09	93.43	5.09	84.61
7.52	125.71	7.52	78.90	7.52	125.43	7.52	110.01
10.00	144.74	10.00	94.47	10.00	146.56	10.00	128.59
12.41	162.41	12.41	111.59	12.41	169.18	12.41	147.73
14.90	183.89	14.90	127.67	14.90	190.04	14.90	167.20
17.31	201.94	17.31	142.18	17.31	210.55	17.31	184.89
19.79	222.15	19.79	155.43	19.79	228.63	19.79	202.07
22.21	238.71	22.21	167.14	22.21	242.59	22.21	216.15
24.69	254.99	24.69	186.85	24.69	261.70	24.69	234.51
27.10	268.29	27.10	202.13	27.10	277.83	27.10	249.42
29.59	282.23	29.59	210.01	29.59	289.60	29.59	260.61
32.00	298.55	32.00	222.20	32.00	300.86	32.00	273.87
34.48	302.04	34.48	220.39	34.48	303.25	34.48	275.23
34.48	330.55	34.48	240.90	34.48	342.58	34.48	304.68
32.69	319.60	32.69	240.83	32.69	331.89	32.69	297.44
30.83	298.90	30.83	224.72	30.90	308.23	30.85	277.28
29.03	281.17	29.03	197.81	29.03	283.40	29.03	254.12
27.24	265.58	27.24	195.79	27.24	272.73	27.24	244.70
25.45	251.46	25.45	184.35	25.45	253.57	25.45	229.79
23.66	235.88	23.66	176.54	23.66	240.89	23.66	217.77
21.86	220.81	21.86	166.85	21.86	227.76	21.86	205.14
20.00	206.20	20.07	148.67	20.07	208.84	20.05	187.90
18.28	191.86	18.21	140.58	18.28	193.90	18.25	175.45
16.41	178.69	16.41	137.61	16.41	181.36	16.41	165.89
14.62	162.54	14.62	124.29	14.62	166.56	14.62	151.13
12.83	147.20	12.83	108.36	12.83	148.71	12.83	134.76
11.03	131.48	11.03	99.87	11.03	134.40	11.03	121.92
9.24	115.26	9.24	87.37	9.24	117.67	9.24	106.77
7.45	97.82	7.45	75.44	7.45	100.11	7.45	91.12
5.61	81.38	5.61	63.09	5.61	83.07	5.61	75.84
3.81	63.67	3.81	49.44	3.81	64.38	3.81	59.16
1.99	42.58	2.00	34.90	2.00	43.70	2.00	40.39
0.19	24.56	0.20	21.26	0.20	25.00	0.20	23.60

				Average	Stdev
YS	30.8	26.4	30.3	29.2	2.4
VS	8.7	6.3	9.0	8.0	1.5
R2	1.00	0.99	1.00	1.0	0.0
Hysteresis	389	62	390	280	189

Set A1: CS-BX5 – BL12- L1 – Mixing Day – NIST code (folder SR 37-SR-36C)

SR-36C

Run# G		Run# H		Run# I		Average	
SR	SS	SR	SS	SR	SS	SR	SS
0.20	23.95	0.20	25.59	0.19	17.89	0.20	22.48
2.64	39.24	2.65	43.79	2.66	33.79	2.65	38.94
5.10	55.90	5.09	63.61	5.09	48.52	5.09	56.01
7.52	70.09	7.52	78.97	7.59	62.63	7.54	70.57
10.00	84.29	10.00	92.31	10.00	77.52	10.00	84.70
12.41	99.26	12.41	107.15	12.41	91.16	12.41	99.19
14.90	113.48	14.90	121.33	14.90	104.87	14.90	113.22
17.31	127.62	17.38	135.60	17.31	118.58	17.33	127.27
19.79	141.82	19.79	150.30	19.79	132.62	19.79	141.58
22.21	154.94	22.21	162.94	22.21	148.44	22.21	155.44
24.69	164.71	24.69	171.73	24.69	155.73	24.69	164.06
27.17	176.90	27.10	182.31	27.10	166.26	27.13	175.16
29.59	190.66	29.59	192.16	29.59	181.17	29.59	188.00
32.00	200.07	32.00	202.01	32.00	192.98	32.00	198.36
34.48	210.98	34.48	225.59	34.48	207.24	34.48	214.60
34.48	219.66	34.48	229.05	34.48	205.87	34.48	218.19
32.69	202.46	32.69	205.76	32.69	190.84	32.69	199.69
30.83	191.84	30.90	195.71	30.90	183.25	30.87	190.26
29.03	188.00	29.03	192.17	29.03	183.56	29.03	187.91
27.24	177.16	27.24	177.45	27.24	169.73	27.24	174.78
25.45	165.54	25.45	171.65	25.45	159.60	25.45	165.60
23.66	158.14	23.66	161.45	23.66	148.63	23.66	156.07
21.86	147.31	21.86	148.31	21.86	138.62	21.86	144.75
20.07	137.35	20.07	143.61	20.07	133.82	20.07	138.26
18.21	128.21	18.21	131.79	18.21	121.54	18.21	127.18
16.41	116.32	16.41	115.29	16.41	109.42	16.41	113.68
14.62	107.59	14.62	108.75	14.62	101.50	14.62	105.95
12.83	96.60	12.83	98.90	12.83	92.47	12.83	95.99
11.03	87.50	11.03	89.06	11.03	81.63	11.03	86.06
9.24	76.16	9.24	77.87	9.24	71.66	9.24	75.23
7.45	65.83	7.45	67.80	7.45	60.88	7.45	64.84
5.61	54.00	5.61	54.96	5.61	49.55	5.61	52.84
3.82	41.90	3.80	42.83	3.81	38.32	3.81	41.02
2.01	28.77	2.01	29.69	2.02	25.21	2.01	27.89
0.20	17.03	0.19	18.09	0.20	13.65	0.20	16.26

				Average	Stdev
YS	21.5	21.8	18.7	20.7	1.7
VS	5.7	5.8	5.5	5.7	0.2
R2	1.00	1.00	1.00	1.0	0.0
Hysteresis	124	266	70	153	102

D - 4

Set A1: CS-BX5 – BL45- L1 – Mixing Day – NIST code (folder SR 37-SR-36D)

SR-36D

Run# J		Run# K		Run# L		Average	
SR	SS	SR	SS	SR	SS	SR	SS
0.21	2.03	0.19	2.00	0.20	1.99	0.20	2.00
2.66	3.43	2.63	3.52	2.64	3.28	2.64	3.41
5.10	4.71	5.10	4.63	5.08	4.63	5.09	4.66
7.52	5.45	7.52	5.58	7.52	5.38	7.52	5.47
10.00	6.47	10.00	6.50	10.00	6.64	10.00	6.53
12.41	7.50	12.41	7.59	12.41	7.57	12.41	7.55
14.90	8.42	14.90	8.82	14.90	8.67	14.90	8.64
17.31	9.29	17.31	9.61	17.38	9.88	17.33	9.59
19.79	10.47	19.79	10.48	19.79	10.63	19.79	10.52
22.21	10.97	22.28	11.28	22.21	11.56	22.23	11.27
24.69	12.20	24.69	12.65	24.69	12.84	24.69	12.56
27.10	13.28	27.17	13.55	27.10	13.61	27.13	13.48
29.59	13.78	29.59	14.26	29.59	14.58	29.59	14.21
32.00	15.07	32.00	15.82	32.00	15.81	32.00	15.57
34.48	15.42	34.48	16.28	34.48	15.95	34.48	15.88
34.48	15.97	34.48	15.84	34.48	16.59	34.48	16.13
32.69	14.99	32.69	15.49	32.69	15.90	32.69	15.46
30.90	14.14	30.83	14.77	30.90	15.39	30.87	14.77
29.10	13.49	29.03	14.75	29.03	14.30	29.06	14.18
27.24	13.37	27.24	13.52	27.24	13.54	27.24	13.48
25.45	12.57	25.45	13.09	25.45	13.04	25.45	12.90
23.66	11.79	23.66	12.10	23.66	12.33	23.66	12.07
21.86	11.16	21.86	11.08	21.86	11.61	21.86	11.28
20.07	10.75	20.07	10.96	20.07	10.79	20.07	10.83
18.28	9.89	18.28	10.30	18.21	10.07	18.25	10.09
16.41	8.74	16.41	9.37	16.41	9.62	16.41	9.24
14.62	8.35	14.62	8.97	14.62	9.08	14.62	8.80
12.83	7.85	12.83	8.10	12.83	7.92	12.83	7.96
11.03	7.01	11.03	7.38	11.03	7.36	11.03	7.25
9.24	6.34	9.24	6.47	9.24	6.50	9.24	6.44
7.45	5.62	7.45	5.87	7.45	5.81	7.45	5.76
5.61	4.67	5.61	5.02	5.62	4.90	5.61	4.86
3.81	3.86	3.81	4.14	3.80	3.82	3.81	3.94
2.01	3.02	2.01	2.97	2.01	2.97	2.01	2.99
0.20	1.86	0.20	1.84	0.20	1.82	0.20	1.84

				Average	Stdev
YS	2.5	2.6	2.4	2.5	0.1
VS	0.4	0.4	0.4	0.4	0.0
R2	1.00	0.99	1.00	1.0	0.0
Hysteresis	1	4	4	3	2

Comment: Problem with mixer = material not mixed properly - a lot of sedimentation

Set A3: CS-BX5 – BL45- L2 – 3 day – NIST code (folder SR 38-SR-36A)

SR-36A

Run# A		Run# B		Run# C		Average	
SR	SS	SR	SS	SR	SS	SR	SS
0.22	18.54	0.22	22.66	0.22	16.31	0.22	19.17
2.86	42.82	2.86	53.24	2.86	29.97	2.86	42.01
5.53	62.44	5.51	82.14	5.53	43.83	5.52	62.81
8.22	84.25	8.22	113.90	8.15	56.17	8.20	84.77
10.84	102.24	10.84	126.86	10.84	67.61	10.84	98.90
13.46	118.90	13.46	139.87	13.46	79.80	13.46	112.85
16.15	137.64	16.15	153.99	16.15	91.98	16.15	127.87
18.77	152.30	18.77	170.86	18.77	103.95	18.77	142.37
21.46	167.80	21.46	185.98	21.46	115.80	21.46	156.53
24.07	182.00	24.07	204.17	24.07	126.39	24.07	170.85
26.77	196.01	26.77	209.81	26.77	136.56	26.77	180.80
29.38	207.19	29.38	221.93	29.46	147.47	29.41	192.19
32.07	218.43	32.07	235.93	32.07	157.17	32.07	203.84
34.69	229.74	34.69	246.95	34.69	168.85	34.69	215.18
37.38	238.44	37.38	274.68	37.38	173.39	37.38	228.84
37.38	259.63	37.38	279.62	37.38	186.42	37.38	241.89
35.44	246.64	35.44	256.83	35.44	170.42	35.44	224.63
33.50	229.74	33.50	242.85	33.42	160.99	33.47	211.20
31.48	215.60	31.48	232.08	31.48	158.26	31.48	201.98
29.53	204.57	29.53	223.64	29.53	146.20	29.53	191.47
27.59	190.43	27.59	209.07	27.59	139.36	27.59	179.62
25.64	181.99	25.64	197.49	25.64	131.67	25.64	170.38
23.70	170.58	23.70	182.93	23.70	119.59	23.70	157.70
21.76	154.56	21.76	172.39	21.76	114.39	21.76	147.11
19.74	144.06	19.74	158.20	19.81	106.11	19.76	136.12
17.79	135.55	17.79	141.49	17.79	96.54	17.79	124.53
15.85	122.74	15.85	131.09	15.85	88.57	15.85	114.13
13.91	110.47	13.91	116.68	13.91	79.99	13.91	102.38
11.96	97.84	11.96	105.21	11.96	71.60	11.96	91.55
10.02	85.40	10.02	91.75	10.02	62.63	10.02	79.93
8.07	72.19	8.07	78.36	8.07	53.38	8.07	67.98
6.09	59.08	6.08	62.86	6.08	44.02	6.08	55.32
4.12	45.52	4.13	47.78	4.14	34.30	4.13	42.53
2.18	29.89	2.19	31.61	2.18	23.38	2.19	28.29
0.22	15.48	0.22	15.86	0.21	13.09	0.22	14.81

						Average	Stdev
YS		19.2		20.7		16.2	18.7	2.3
VS		6.4		6.8		4.5	5.9	1.2
R2		1.0		1.0		1.0	1.0	0.0
Hysteresis		238		557		54	283	255

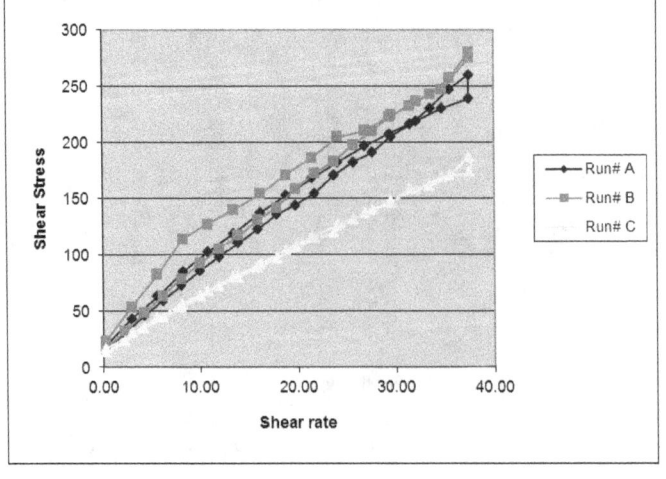

Set A3: CS-BX5 – BL12- L2 – 3 day – NIST code (folder SR 38-SR-36B)

SR-36B							
Run# D		Run# E		Run# F		Average	
SR	SS	SR	SS	SR	SS	SR	SS
0.20	24.32	0.20	23.09	0.20	30.69	0.20	26.03
2.66	41.05	2.63	39.07	2.65	65.62	2.65	48.58
5.09	57.54	5.08	55.07	5.08	95.76	5.09	69.45
7.59	72.94	7.52	69.15	7.59	130.20	7.56	90.76
10.00	87.27	10.00	83.75	10.00	150.58	10.00	107.20
12.41	101.68	12.41	98.65	12.41	174.02	12.41	124.78
14.90	116.45	14.90	112.17	14.90	195.47	14.90	141.36
17.31	131.21	17.31	126.73	17.38	212.66	17.33	156.87
19.79	145.66	19.79	139.87	19.79	231.21	19.79	172.25
22.21	156.12	22.21	151.67	22.28	238.74	22.23	182.18
24.69	171.83	24.69	166.03	24.69	265.88	24.69	201.25
27.10	186.10	27.10	178.97	27.10	282.05	27.10	215.71
29.59	194.24	29.59	188.89	29.59	289.23	29.59	224.12
32.00	205.66	32.00	200.32	32.07	299.56	32.02	235.18
34.48	211.23	34.48	205.91	34.48	277.51	34.48	231.55
34.48	226.74	34.48	214.72	34.48	356.94	34.48	266.13
32.69	221.96	32.69	205.44	32.69	355.42	32.69	260.94
30.90	204.78	30.90	197.77	30.90	317.54	30.90	240.03
29.03	185.85	29.03	187.00	29.03	278.94	29.03	217.26
27.24	183.08	27.24	175.94	27.24	273.15	27.24	210.72
25.45	170.79	25.45	166.43	25.45	250.99	25.45	196.07
23.66	162.87	23.66	156.93	21.86	221.42	#REF!	180.41
21.86	154.49	21.86	149.38	20.07	197.61	21.86	167.16
20.07	137.97	20.07	137.94	18.21	186.06	20.07	153.99
18.21	129.92	18.21	128.63	16.41	181.57	18.21	146.70
16.41	123.92	16.41	118.70	14.62	158.14	16.41	133.59
14.62	111.23	14.62	108.91	12.83	142.15	14.62	120.76
12.83	100.21	12.83	98.96	11.03	125.30	12.83	108.16
11.03	90.37	11.03	88.36	9.24	109.77	11.03	96.16
9.24	79.55	9.24	77.78	7.45	90.88	9.24	82.74
7.45	67.56	7.45	66.93	5.61	76.04	7.45	70.18
5.61	57.09	5.61	55.81	3.79	58.81	5.61	57.24
3.81	45.06	3.79	43.95	2.01	38.00	3.80	42.33
2.02	31.25	2.02	30.42	0.20	20.19	2.02	27.29
0.20	19.06	0.20	18.41			0.20	18.73

					Average	Stdev
YS	22.4	23.5	18.4	21.4	2.7
VS	5.9	5.6	9.6	7.0	2.2
R2	1.0	1.0	1.0	1.0	0.0
Hysteresis	78	55	529	221	267

Set A3: CS-BX5 – BL12- L1 – 3 day – NIST code (folder SR 38-SR-36C)

SR-36C

Run# G		Run# H		Run# I		Average	
SR	SS	SR	SS	SR	SS	SR	SS
0.20	35.16	0.16	30.66	0.20	22.69	0.19	29.50
2.65	73.44	2.65	62.19	2.65	40.90	2.65	58.85
5.09	116.70	5.10	101.70	5.09	58.52	5.09	92.31
7.59	151.41	7.52	134.58	7.52	74.65	7.54	120.22
10.00	174.57	10.00	155.26	10.00	90.88	10.00	140.24
12.41	196.46	12.41	176.52	12.41	106.21	12.41	159.73
14.90	218.52	14.90	196.13	14.90	121.86	14.90	178.84
17.31	239.30	17.31	215.78	17.31	138.00	17.31	197.69
19.79	260.52	19.79	228.70	19.79	150.89	19.79	213.37
22.21	282.07	22.28	241.97	22.21	166.54	22.23	230.19
24.69	295.12	24.69	262.10	24.69	177.89	24.69	245.03
27.10	311.65	27.10	276.30	27.10	190.92	27.10	259.62
29.59	330.31	29.59	285.24	29.59	205.23	29.59	273.60
32.00	345.55	32.00	282.71	32.00	218.25	32.00	282.17
34.48	372.21	34.48	267.67	34.48	233.54	34.48	291.14
34.48	393.71	34.48	344.01	34.48	239.65	34.48	325.79
32.69	364.95	32.69	352.64	32.69	221.12	32.69	312.90
30.90	341.87	30.90	308.65	30.83	210.18	30.87	286.90
29.03	334.05	29.03	268.23	29.10	204.39	29.06	268.89
27.24	308.79	27.24	264.49	27.24	191.62	27.24	254.97
25.45	291.85	25.45	246.17	25.45	179.56	25.45	239.19
23.66	273.16	23.66	223.94	23.66	168.86	23.66	221.99
21.86	253.04	21.86	214.92	21.86	157.49	21.86	208.48
20.07	239.42	20.07	194.31	20.00	146.86	20.05	193.53
18.21	220.67	18.28	183.47	18.21	138.33	18.23	180.82
16.41	198.11	16.41	173.68	16.41	126.31	16.41	166.03
14.62	181.72	14.62	154.96	14.62	115.33	14.62	150.67
12.83	164.85	12.83	144.62	12.83	104.79	12.83	138.09
11.03	145.82	11.03	122.65	11.03	93.20	11.03	120.55
9.24	127.31	9.24	108.34	9.24	81.77	9.24	105.81
7.45	108.44	7.38	91.58	7.45	69.67	7.43	89.90
5.61	87.91	5.61	75.71	5.59	57.49	5.60	73.70
3.81	66.69	3.81	58.64	3.81	44.61	3.81	56.65
2.01	43.26	2.00	37.18	1.99	30.10	2.00	36.85
0.19	22.46	0.20	20.05	0.20	17.63	0.20	20.05

						Average	Stdev
YS	27.3		19.7		21.7	22.9	3.9
VS	10.4		9.2		6.2	8.6	2.2
R2	1.0		1.0		1.0	1.0	0.0
Hysteresis	692		636		121	483	315

Set A3: CS-BX5 – BL45- L1 – 3 day – NIST code (folder SR 38-SR-36D)

SR-36D							
Run# J		Run# K		Run# L		Average	
SR	SS	SR	SS	SR	SS	SR	SS
0.20	18.80	0.19	14.94	0.20	14.35	0.20	16.03
2.64	31.39	2.64	24.36	2.63	24.10	2.64	26.62
5.10	39.51	5.10	31.65	5.09	29.11	5.10	33.43
7.52	45.20	7.59	38.79	7.52	33.82	7.54	39.27
10.00	51.12	10.00	45.66	10.00	38.23	10.00	45.01
12.41	55.98	12.41	52.81	12.48	42.38	12.44	50.39
14.90	61.06	14.90	59.54	14.90	46.35	14.90	55.65
17.38	66.00	17.31	65.30	17.31	50.34	17.33	60.54
19.79	70.36	19.79	71.02	19.79	54.02	19.79	65.13
22.21	74.24	22.21	76.10	22.21	57.71	22.21	69.35
24.69	80.78	24.69	81.51	24.69	60.95	24.69	74.41
27.10	86.08	27.10	86.17	27.10	65.30	27.10	79.19
29.59	89.90	29.59	90.17	29.59	70.28	29.59	83.45
32.00	95.23	32.00	94.53	32.00	73.96	32.00	87.91
34.48	96.17	34.48	96.41	34.48	77.63	34.48	90.07
34.48	104.16	34.48	103.90	34.48	77.76	34.48	95.27
32.69	99.76	32.69	101.50	32.69	75.48	32.69	92.25
30.90	93.79	30.90	95.51	30.90	72.50	30.90	87.27
29.03	92.07	29.10	87.20	29.03	68.33	29.06	82.54
27.24	84.54	27.24	84.42	27.24	65.84	27.24	78.27
25.45	81.36	25.45	80.21	25.45	63.04	25.45	74.87
23.66	75.41	23.66	76.60	23.66	60.50	23.66	70.84
21.86	71.50	21.86	72.38	21.86	57.41	21.86	67.09
20.07	69.36	20.00	66.55	20.07	53.14	20.05	63.02
18.28	64.73	18.21	63.48	18.21	50.33	18.23	59.51
16.41	59.66	16.41	61.52	16.41	48.41	16.41	56.53
14.62	56.05	14.62	56.21	14.62	45.09	14.62	52.45
12.83	52.66	12.83	51.29	12.83	40.95	12.83	48.30
11.03	47.29	11.03	46.81	11.03	37.83	11.03	43.98
9.24	42.62	9.24	42.22	9.24	34.13	9.24	39.66
7.45	43.32	7.45	37.08	7.45	30.38	7.45	36.93
5.62	25.80	5.59	32.54	5.61	26.78	5.61	28.37
3.80	25.79	3.80	27.36	3.79	22.42	3.80	25.19
2.01	20.92	1.99	21.27	2.01	17.77	2.00	19.98
0.20	14.93	0.20	15.21	0.20	12.69	0.20	14.28

				Average	Stdev
YS	17.5	17.9	16.1	17.1	1.0
VS	2.5	2.5	1.8	2.3	0.4
R2	1.0	1.0	1.0	1.0	0.0
Hysteresis	112	39	45	65	40

Comment: Problem with mixer = material not mixed properly - a lot of sedimentation

Set A7: CS-BX5 – BL45- L2 – 7 day – NIST code (folder SR 39-SR-36A)

SR-36A

Run# G		Run# H		Run# I		Average	
SR	SS	SR	SS	SR	SS	SR	SS
0.21	15.44	0.20	15.41	0.20	15.60	0.20	15.49
2.65	29.57	2.63	29.21	2.63	29.47	2.64	29.41
5.10	43.69	5.10	42.97	5.08	42.64	5.09	43.10
7.52	55.95	7.52	54.88	7.52	54.14	7.52	54.99
10.00	68.23	10.00	66.29	10.00	65.63	10.00	66.71
12.41	79.72	12.41	78.41	12.41	77.07	12.41	78.40
14.90	91.16	14.90	90.81	14.90	88.13	14.90	90.03
17.31	102.69	17.31	101.80	17.38	99.94	17.33	101.48
19.79	114.24	19.79	111.35	19.79	110.23	19.79	111.94
22.21	125.50	22.21	118.64	22.21	120.75	22.21	121.63
24.69	135.67	24.69	132.14	24.69	129.74	24.69	132.52
27.17	148.09	27.10	144.17	27.10	139.18	27.13	143.81
29.59	157.45	29.59	150.26	29.59	148.29	29.59	152.00
32.00	167.69	32.00	158.88	32.00	156.42	32.00	161.00
34.48	177.59	34.48	153.84	34.48	170.52	34.48	167.32
34.48	179.69	34.48	176.15	34.48	172.62	34.48	176.15
32.69	170.75	32.69	175.76	32.69	164.40	32.69	170.30
30.83	159.86	30.83	160.66	30.90	152.68	30.85	157.73
29.03	153.43	29.03	147.20	29.03	145.74	29.03	148.79
27.24	147.38	27.24	141.15	27.24	137.85	27.24	142.13
25.45	139.06	25.45	130.58	25.45	130.86	25.45	133.50
23.66	130.75	23.66	121.48	23.66	124.51	23.66	125.58
21.86	122.43	21.86	117.09	21.86	115.41	21.86	118.31
20.07	114.83	20.07	106.68	20.07	108.05	20.07	109.85
18.28	106.01	18.28	100.03	18.21	99.06	18.25	101.70
16.41	97.55	16.41	95.11	16.41	90.33	16.41	94.33
14.62	88.94	14.62	84.89	14.62	83.71	14.62	85.85
12.83	80.52	12.83	78.92	12.83	74.67	12.83	78.04
11.03	71.63	11.03	67.69	11.03	67.03	11.03	68.78
9.24	62.75	9.24	60.51	9.24	58.23	9.24	60.50
7.38	53.29	7.45	50.79	7.45	50.08	7.43	51.39
5.61	44.04	5.61	42.24	5.61	40.94	5.61	42.41
3.82	34.42	3.83	33.35	3.80	31.57	3.82	33.11
2.01	23.16	2.01	21.63	2.02	21.45	2.01	22.08
0.20	12.84	0.20	12.05	0.20	12.04	0.20	12.31

						Average	Stdev
YS		17.2		14.7		14.8	15.5	1.4
VS		4.8		4.7		4.6	4.7	0.1
R2		1.0		1.0		1.0	1.0	0.0
Hysteresis		46		41		91	59	28

Set A7: CS-BX5 – BL12- L2 – 7 day – NIST code (folder SR 39-SR-36B)

SR-36B

Run# A		Run# B		Run# C		Average	
SR	SS	SR	SS	SR	SS	SR	SS
0.20	20.45	0.20	21.8	0.20	26.89	0.20	23.06
2.64	37.65	2.65	38.3	2.65	51.31	2.65	42.40
5.10	55.13	5.10	54.4	5.09	77.85	5.09	62.47
7.59	71.67	7.52	68.8	7.52	101.61	7.54	80.71
10.00	87.74	10.00	82.2	10.00	119.88	10.00	96.62
12.41	101.35	12.41	96.8	12.41	137.99	12.41	112.04
14.90	115.05	14.90	111.1	14.90	155.85	14.90	127.33
17.31	128.47	17.38	123.7	17.38	173.06	17.36	141.75
19.79	140.31	19.79	137.5	19.79	190.34	19.79	156.03
22.21	152.22	22.21	146.3	22.21	203.94	22.21	167.48
24.69	161.21	24.69	162.2	24.69	217.85	24.69	180.41
27.10	171.87	27.10	178.1	27.10	233.38	27.10	194.45
29.59	185.46	29.59	185.8	29.59	244.87	29.59	205.36
32.00	199.22	32.07	194.0	32.07	256.52	32.05	216.59
34.48	213.42	34.48	194.0	34.48	273.05	34.48	226.83
34.48	212.07	34.48	212.1	34.48	285.86	34.48	236.66
32.69	205.63	32.69	211.4	32.62	268.66	32.67	228.57
30.90	191.22	30.90	196.7	30.90	256.91	30.90	214.96
29.03	188.29	29.03	177.8	29.03	243.93	29.03	203.35
27.24	175.38	27.24	175.1	27.24	229.56	27.24	193.35
25.45	163.16	25.45	160.5	25.45	216.49	25.45	180.06
23.66	152.20	23.66	153.9	23.66	203.42	23.66	169.85
21.86	144.14	21.86	145.4	21.86	190.35	21.86	159.96
20.07	134.99	20.07	128.5	20.07	178.29	20.07	147.26
18.28	123.44	18.21	123.2	18.21	163.98	18.23	136.88
16.41	115.46	16.41	118.7	16.41	150.11	16.41	128.10
14.62	105.70	14.62	105.4	14.62	138.39	14.62	116.48
12.83	117.52	12.83	94.7	12.83	125.19	12.83	112.46
11.03	66.85	11.03	84.6	11.03	110.81	11.03	87.41
9.24	63.62	9.24	74.5	9.24	96.65	9.24	78.25
7.45	63.58	7.45	62.7	7.45	82.92	7.45	69.74
5.61	52.83	5.61	53.1	5.61	67.91	5.61	57.96
3.80	41.62	3.80	41.9	3.81	52.51	3.80	45.34
2.01	28.17	2.01	28.5	2.01	35.32	2.01	30.68
0.20	16.40	0.21	16.8	0.20	19.85	0.20	17.67

	Run# A	Run# B	Run# C	Average	Stdev
YS	19.1	20.6	24.5	21.4	2.7
VS	5.7	5.7	7.6	6.3	1.1
R2	1.0	1.0	1.0	1.0	0.0
Hysteresis	168	17	319	168	151

Note: Run #B show shear rates in the down curve that are not equally spaced, e.g. 2 points at about 20 1/s not consecutive.

Set A7: CS-BX5 – BL12- L1 – 7 day – NIST code (folder SR 39-SR-36C)

SR-36C

Run# J		Run# K		Run# L		Average	
SR	SS	SR	SS	SR	SS	SR	SS
0.20	15.98	0.20	22.56	0.21	16.02	0.20	18.18
2.64	30.08	2.65	51.56	2.66	30.58	2.65	37.41
5.08	44.93	5.10	76.67	5.10	43.94	5.10	55.18
7.59	57.67	7.52	99.17	7.52	56.49	7.54	71.11
10.00	69.74	10.00	120.29	10.00	67.83	10.00	85.95
12.41	81.79	12.48	138.21	12.41	80.01	12.44	100.00
14.90	94.08	14.90	154.41	14.90	92.24	14.90	113.57
17.38	106.06	17.38	171.24	17.31	103.48	17.36	126.93
19.79	117.43	19.79	186.12	19.79	114.74	19.79	139.43
22.21	129.39	22.21	199.80	22.21	124.01	22.21	151.07
24.69	139.86	24.69	215.18	24.69	136.01	24.69	163.68
27.10	150.49	27.10	229.18	27.10	148.09	27.10	175.92
29.59	162.45	29.59	241.60	29.59	156.94	29.59	187.00
32.00	171.25	32.00	254.11	32.00	165.87	32.00	197.08
34.48	181.12	34.48	263.88	34.48	172.50	34.48	205.84
34.48	181.72	34.48	285.81	34.48	179.69	34.48	215.74
32.62	175.08	32.69	270.33	32.69	173.58	32.67	206.33
30.90	166.65	30.83	256.17	30.83	163.97	30.85	195.60
29.03	157.78	29.03	240.43	29.03	151.37	29.03	183.19
27.24	150.05	27.24	225.11	27.24	146.79	27.24	173.98
25.45	141.73	25.45	214.31	25.45	136.99	25.45	164.35
23.66	135.53	23.66	197.79	23.66	130.15	23.66	154.49
21.86	125.88	21.86	186.20	21.86	122.31	21.86	144.79
20.07	115.75	20.07	172.64	20.07	110.77	20.07	133.06
18.21	107.87	18.21	158.18	18.21	103.77	18.21	123.28
16.41	99.87	16.41	145.66	16.41	97.30	16.41	114.28
14.62	91.35	14.62	133.94	14.62	87.95	14.62	104.42
12.83	82.29	12.83	120.63	12.83	79.09	12.83	94.00
11.03	73.68	11.03	105.96	11.03	70.89	11.03	83.51
9.24	64.25	9.24	92.42	9.24	61.83	9.24	72.83
7.45	54.92	7.38	78.31	7.45	52.44	7.43	61.89
5.61	45.24	5.60	63.87	5.59	43.52	5.60	50.87
3.79	35.15	3.82	48.69	3.81	33.99	3.81	39.28
2.01	23.73	2.01	31.70	1.99	22.82	2.00	26.09
0.20	13.22	0.21	16.04	0.20	12.90	0.20	14.05

	Run# J	Run# K	Run# L	Average	Stdev
YS	17.6	19.2	16.0	17.6	1.6
VS	4.9	7.7	4.8	5.8	1.6
R2	1.0	1.0	1.0	1.0	0.0
Hysteresis	52	363	62	159	177

Set A7: CS-BX5 – BL45- L1 – 7 day – NIST code (folder SR 39-SR-36D)

SR-36D							
Run# D		Run# E		Run# F		Average	
SR	SS	SR	SS	SR	SS	SR	SS
0.21	18.51	0.20	14.91	0.21	16.86	0.20	16.76
2.65	29.41	2.63	24.80	2.64	28.72	2.64	27.65
5.09	36.47	5.10	28.95	5.10	34.29	5.10	33.23
7.59	41.48	7.52	32.94	7.52	39.78	7.54	38.07
10.00	45.82	10.00	36.62	10.00	44.44	10.00	42.29
12.41	51.36	12.41	40.09	12.41	48.44	12.41	46.63
14.90	56.46	14.90	43.60	14.90	52.26	14.90	50.77
17.38	61.14	17.31	46.76	17.31	56.82	17.33	54.91
19.79	65.73	19.79	50.11	19.79	60.49	19.79	58.78
22.21	69.48	22.28	53.65	22.21	65.06	22.23	62.73
24.69	75.21	24.69	57.64	24.69	69.19	24.69	67.35
27.10	80.35	27.10	61.08	27.10	73.96	27.10	71.80
29.59	84.63	29.59	64.46	29.59	78.47	29.59	75.86
32.00	88.89	32.00	68.29	32.00	83.31	32.00	80.16
34.48	90.35	34.48	72.37	34.48	88.80	34.48	83.84
34.48	95.50	34.48	72.17	34.48	89.12	34.48	85.60
32.62	94.11	32.69	69.30	32.69	84.13	32.67	82.51
30.90	89.07	30.83	66.32	30.90	80.54	30.87	78.64
29.03	82.61	29.03	64.68	29.03	78.69	29.03	75.33
27.24	79.68	27.24	61.55	27.24	74.53	27.24	71.92
25.45	76.17	25.45	58.75	25.45	71.03	25.45	68.65
23.66	72.50	23.66	55.34	23.66	66.78	23.66	64.87
21.86	68.95	21.86	53.00	21.86	63.35	21.86	61.76
20.07	63.75	20.07	51.59	20.07	61.31	20.07	58.88
18.21	60.76	18.28	47.93	18.21	57.32	18.23	55.34
16.41	59.04	16.41	44.15	16.41	52.40	16.41	51.86
14.62	54.11	14.62	41.92	14.62	49.88	14.62	48.64
12.83	49.29	12.83	39.38	12.83	45.88	12.83	44.85
11.03	45.41	11.03	35.70	11.03	42.32	11.03	41.14
9.24	41.00	9.24	32.56	9.24	37.93	9.24	37.16
7.45	36.21	7.38	29.11	7.45	34.22	7.43	33.18
5.61	31.95	5.60	25.45	5.61	29.56	5.61	28.99
3.79	26.92	3.82	21.49	3.82	24.81	3.81	24.41
2.02	21.13	2.01	17.00	2.01	19.44	2.01	19.19
0.21	15.37	0.21	12.30	0.20	14.07	0.20	13.91

				Average	Stdev
YS	18.6	15.8	17.4	17.3	1.4
VS	2.3	1.7	2.1	2.0	0.3
R2	1.0	1.0	1.0	1.0	0.0
Hysteresis	60	52	80	64	15

Comment: Problem with mixer = material not mixed properly - a lot of sedimentation

Set B1: CS-BX1 – BL23- L2 – Mixing Day – NIST code (folder SR 41-SR-40A)

SR-40A

Run# A		Run# B		Run# C		Average	
SR	SS	SR	SS	SR	SS	SR	SS
0.28	20.7	0.20	22.70	0.20	26.4	0.23	23.29
2.64	44.9	2.66	39.59	2.64	57.4	2.65	47.29
5.08	60.9	5.10	56.16	5.10	84.6	5.09	67.24
7.59	76.5	7.52	70.56	7.52	113.3	7.54	86.81
10.00	90.7	10.00	85.97	10.00	137.1	10.00	104.57
12.41	105.6	12.41	100.93	12.41	157.0	12.41	121.18
14.90	120.7	14.90	116.09	14.90	173.5	14.90	136.76
17.31	135.9	17.31	129.40	17.31	184.0	17.31	149.77
19.79	148.9	19.79	143.60	19.79	199.4	19.79	163.98
22.21	163.3	22.21	157.94	22.21	214.9	22.21	178.72
24.69	176.1	24.69	172.13	24.69	225.7	24.69	191.32
27.10	187.6	27.10	184.94	27.17	234.8	27.13	202.46
29.59	200.6	29.59	196.17	29.59	250.2	29.59	215.67
32.00	213.8	32.00	207.49	32.00	270.0	32.00	230.43
34.48	225.8	34.48	216.29	34.48	294.8	34.48	245.63
34.48	232.0	34.48	220.92	34.48	294.6	34.48	249.21
32.69	221.5	32.69	213.61	32.69	265.2	32.69	233.46
30.90	207.2	30.83	202.84	30.83	254.9	30.85	221.66
29.03	195.5	29.03	194.23	29.03	265.3	29.03	218.34
27.24	189.0	27.24	183.40	27.24	238.2	27.24	203.54
25.45	180.4	25.45	174.03	25.45	227.7	25.45	194.04
23.66	167.7	23.66	163.20	23.66	206.8	23.66	179.21
21.86	158.3	21.86	153.82	21.86	193.5	21.86	168.54
20.07	148.6	20.07	144.80	20.07	193.2	20.07	162.22
18.21	138.0	18.28	133.53	18.28	174.0	18.25	148.51
16.41	129.3	16.41	122.90	16.41	151.5	16.41	134.55
14.62	117.6	14.62	113.01	14.62	142.9	14.62	124.51
12.83	106.4	12.83	102.75	12.83	130.6	12.83	113.25
11.03	95.5	11.03	91.48	11.03	116.0	11.03	101.01
9.24	83.8	9.24	80.42	9.24	101.9	9.24	88.72
7.45	71.9	7.45	68.62	7.45	87.5	7.45	75.99
5.62	59.8	5.61	56.71	5.60	70.3	5.61	62.26
3.81	46.6	3.81	44.17	3.82	53.9	3.81	48.22
2.01	31.8	1.99	29.85	2.01	35.6	2.01	32.39
0.20	18.4	0.19	17.09	0.21	19.2	0.20	18.24

						Average	Stdev
YS	25.3		23.4		26.6	25.1	1.6
VS	6.0		5.9		7.8	6.6	1.0
R2	1.00		1.00		0.99	1.0	0.0
Hysteresis	63		45		503	204	259

Set B1: CS-BX1 – BL23- L1 – Mixing Day – NIST code (folder SR 41-SR-40B)

SR-40B

Run# D		Run# E		Run# F		Average	
SR	SS	SR	SS	SR	SS	SR	SS
0.21	27.5	0.20	26.40	0.20	28.0	0.20	27.32
2.63	46.0	2.64	43.09	2.65	48.4	2.64	45.82
5.09	63.3	5.10	59.77	5.08	67.2	5.09	63.45
7.59	77.6	7.52	74.86	7.52	84.8	7.54	79.08
10.00	92.4	10.00	89.31	10.00	101.9	10.00	94.52
12.41	107.4	12.41	103.67	12.41	117.9	12.41	109.64
14.90	122.3	14.90	117.71	14.90	134.7	14.90	124.89
17.38	137.7	17.31	132.07	17.31	149.5	17.33	139.76
19.79	151.2	19.79	145.20	19.79	161.4	19.79	152.60
22.21	165.1	22.21	157.01	22.21	177.0	22.21	166.34
24.69	179.2	24.69	168.66	24.69	193.8	24.69	180.57
27.10	192.1	27.10	180.50	27.10	207.8	27.10	193.46
29.59	203.3	29.59	191.96	29.59	218.6	29.59	204.61
32.00	214.6	32.00	202.50	32.00	226.1	32.00	214.41
34.48	223.4	34.48	218.72	34.48	231.6	34.48	224.58
34.48	233.8	34.48	223.20	34.48	249.9	34.48	235.62
32.69	223.3	32.69	209.78	32.62	243.2	32.67	225.42
30.90	211.7	30.90	199.55	30.90	229.8	30.90	213.67
29.03	198.6	29.03	186.30	29.03	207.3	29.03	197.38
27.24	189.9	27.24	178.89	27.24	204.8	27.24	191.20
25.45	181.3	25.45	170.24	25.45	192.1	25.45	181.22
23.66	170.6	23.66	160.81	23.66	181.0	23.66	170.83
21.86	160.0	21.86	149.95	21.86	169.5	21.86	159.81
20.07	147.5	20.07	140.02	20.07	154.9	20.07	147.44
18.28	137.5	18.21	130.88	18.21	144.2	18.23	137.54
16.41	129.7	16.41	119.74	16.41	138.5	16.41	129.31
14.62	118.5	14.62	109.95	14.62	125.2	14.62	117.89
12.83	107.1	12.83	99.17	12.83	110.9	12.83	105.72
11.03	96.4	11.03	89.64	11.03	100.1	11.03	95.36
9.24	84.8	9.24	78.55	9.24	87.8	9.24	83.72
7.45	72.9	7.38	67.71	7.45	75.0	7.43	71.86
5.62	61.0	5.60	56.43	5.61	62.9	5.61	60.13
3.81	48.1	3.82	44.32	3.81	49.3	3.81	47.26
2.01	33.4	2.01	31.41	2.01	34.1	2.01	32.94
0.20	20.5	0.21	19.34	0.20	20.3	0.20	20.03

	Run# D	Run# E	Run# F	Average	Stdev
YS	26.1	24.4	24.6	25.0	0.9
VS	6.1	5.8	6.6	6.1	0.4
R2	1.00	0.99	1.00	1.0	0.0
Hysteresis	90	104	173	122	45

Set B1: CS-BX1 – BL28- L2 – Mixing Day – NIST code (folder SR 41-SR-40C)

SR-40C							
Run# G		Run# H		Run# I		Average	
SR	SS	SR	SS	SR	SS	SR	SS
0.20	22.6	0.19	21.6	0.19	21.1	0.19	21.78
2.66	38.2	2.65	38.1	2.65	37.3	2.65	37.86
5.10	54.4	5.11	55.7	5.09	53.4	5.10	54.47
7.52	69.1	7.52	71.8	7.59	68.9	7.54	69.93
10.00	84.4	10.00	87.0	10.00	82.7	10.00	84.69
12.41	98.4	12.41	101.4	12.41	97.1	12.41	98.95
14.90	113.0	14.90	115.8	14.90	111.8	14.90	113.54
17.31	128.8	17.31	130.5	17.38	125.8	17.33	128.39
19.79	141.8	19.79	143.3	19.79	139.4	19.79	141.52
22.21	156.2	22.21	160.3	22.21	150.8	22.21	155.75
24.69	169.0	24.69	171.7	24.69	165.1	24.69	168.60
27.10	182.0	27.10	184.7	27.10	179.6	27.10	182.10
29.59	194.7	29.59	199.0	29.59	190.8	29.59	194.84
32.00	206.4	32.00	210.2	32.00	198.5	32.00	205.02
34.48	223.8	34.48	222.3	34.48	200.9	34.48	215.65
34.48	219.2	34.48	220.9	34.48	220.5	34.48	220.21
32.69	209.0	32.69	211.7	32.69	210.0	32.69	210.22
30.83	199.6	30.90	206.7	30.90	195.7	30.87	200.64
29.03	190.8	29.03	189.6	29.03	178.9	29.03	186.45
27.24	181.3	27.24	183.6	27.24	175.0	27.24	179.95
25.45	174.0	25.45	173.5	25.45	166.2	25.45	171.22
23.66	163.2	23.66	165.5	23.66	160.2	23.66	162.98
21.86	153.2	21.86	155.2	21.86	149.9	21.86	152.76
20.00	144.8	20.07	142.4	20.07	136.5	20.05	141.21
18.28	134.0	18.28	134.0	18.21	128.6	18.25	132.18
16.41	121.4	16.41	126.1	16.41	120.0	16.41	122.54
14.62	112.9	14.62	115.4	14.62	109.8	14.62	112.70
12.83	103.4	12.83	102.6	12.83	96.6	12.83	100.87
11.03	92.1	11.03	92.9	11.03	88.6	11.03	91.21
9.24	81.4	9.24	81.0	9.24	76.9	9.24	79.80
7.45	69.8	7.38	69.2	7.45	66.3	7.43	68.42
5.61	57.8	5.60	58.2	5.61	54.9	5.61	56.98
3.81	45.4	3.82	45.6	3.80	42.2	3.81	44.43
1.99	31.2	2.01	31.2	2.01	29.5	2.00	30.61
0.20	18.6	0.20	18.1	0.20	17.2	0.20	17.95

	Run# G	Run# H	Run# I	Average	Stdev
YS	25.5	25.0	22.1	24.2	1.8
VS	5.8	5.8	5.7	5.8	0.1
R2	1.00	1.00	1.00	1.0	0.0
Hysteresis	9	52	35	32	22

Set B1: CS-BX1 – BL28- L1 – Mixing Day – NIST code (folder SR 41-SR-40D)

SR-40D							
Run# J		Run# K		Run# L		Average	
SR	SS	SR	SS	SR	SS	SR	SS
0.19	30.4	0.21	29.5	0.21	27.96	0.20	29.28
2.63	49.7	2.64	47.6	2.64	46.03	2.64	47.79
5.10	64.9	5.10	62.4	5.10	63.83	5.10	63.72
7.52	79.8	7.52	77.5	7.52	80.45	7.52	79.23
10.00	95.3	10.00	91.7	10.00	95.61	10.00	94.19
12.41	111.4	12.41	107.2	12.41	109.38	12.41	109.32
14.90	126.6	14.90	122.2	14.90	125.74	14.90	124.86
17.31	142.2	17.31	135.6	17.31	141.29	17.31	139.70
19.79	155.4	19.79	148.8	19.79	154.54	19.79	152.91
22.21	167.1	22.21	160.6	22.21	166.25	22.21	164.66
24.69	184.2	24.69	174.5	24.69	182.82	24.69	180.50
27.10	199.8	27.17	187.9	27.17	197.41	27.15	195.03
29.59	210.6	29.59	198.4	29.59	209.17	29.59	206.05
32.00	218.1	32.00	207.4	32.00	221.13	32.00	215.54
34.48	223.6	34.48	209.7	34.48	227.81	34.48	220.40
34.48	245.0	34.48	229.4	34.48	238.24	34.48	237.53
32.69	236.1	32.69	218.9	32.69	229.61	32.69	228.19
30.90	220.1	30.90	204.6	30.83	215.02	30.87	213.24
29.10	198.7	29.03	197.8	29.03	206.58	29.06	201.02
27.24	193.0	27.24	186.4	27.24	194.42	27.24	191.28
25.45	183.7	25.45	174.9	25.45	185.18	25.45	181.28
23.66	174.5	23.66	162.0	23.66	173.04	23.66	169.84
21.86	164.3	21.86	153.9	21.86	161.83	21.86	160.01
20.07	147.8	20.07	146.6	20.07	154.62	20.07	149.66
18.21	141.3	18.28	135.3	18.28	143.62	18.25	140.07
16.41	135.5	16.41	124.7	16.41	128.89	16.41	129.71
14.62	121.3	14.62	113.8	14.62	120.11	14.62	118.40
12.83	108.7	12.83	104.5	12.83	110.26	12.83	107.83
11.03	99.0	11.03	93.4	11.03	98.06	11.03	96.79
9.24	86.5	9.24	82.8	9.24	86.57	9.24	85.29
7.45	74.2	7.45	71.4	7.38	74.75	7.43	73.44
5.61	62.7	5.59	59.5	5.61	62.26	5.60	61.49
3.81	49.6	3.82	47.6	3.81	49.16	3.82	48.77
1.99	34.7	2.01	33.2	2.01	34.46	2.00	34.11
0.20	21.4	0.20	21.1	0.21	21.49	0.20	21.34

					Average	Stdev
YS	26.0		25.5		26.7	26.0	0.6
VS	6.3		5.9		6.2	6.1	0.2
R2	1.00		1.00		1.00	1.0	0.0
Hysteresis	108		115		90	105	13

Set B3: CS-BX1 – BL23- L2 – 4 day – NIST code (folder SR 42-SR-40A)

SR-40A							
Run# J		Run# K		Run# L		Average	
SR	SS	SR	SS	SR	SS	SR	SS
0.21	17.5	0.20	19.8	0.20	16.9	0.20	18.03
2.64	36.5	2.63	44.3	2.65	35.5	2.64	38.75
5.09	53.3	5.10	67.2	5.11	52.7	5.10	57.76
7.52	70.0	7.52	87.6	7.52	67.7	7.52	75.10
10.00	84.9	10.00	106.5	10.00	82.8	10.00	91.42
12.41	100.7	12.41	123.9	12.41	97.7	12.41	107.40
14.90	115.2	14.90	142.1	14.90	112.8	14.90	123.35
17.31	129.4	17.31	156.7	17.31	127.0	17.31	137.72
19.79	144.9	19.79	171.2	19.79	139.4	19.79	151.85
22.21	156.7	22.21	182.9	22.28	155.5	22.23	165.04
24.69	169.6	24.69	198.0	24.69	165.7	24.69	177.75
27.10	184.1	27.17	211.0	27.17	178.7	27.15	191.25
29.59	193.1	29.59	221.5	29.59	190.7	29.59	201.76
32.07	203.6	32.00	231.7	32.00	200.1	32.02	211.79
34.48	215.7	34.48	231.9	34.48	211.0	34.48	219.55
34.48	230.8	34.48	262.3	34.48	219.7	34.48	237.59
32.69	216.1	32.69	253.8	32.69	209.1	32.69	226.32
30.90	201.9	30.83	235.4	30.90	197.4	30.87	211.58
29.03	191.3	29.03	219.9	29.03	181.8	29.03	197.68
27.24	181.3	27.24	206.7	27.24	176.9	27.24	188.30
25.45	170.7	25.45	195.0	25.45	164.5	25.45	176.72
23.66	160.0	23.66	179.6	23.66	158.8	23.66	166.13
21.86	149.3	21.86	169.2	21.86	147.0	21.86	155.18
20.07	136.2	20.07	155.9	20.07	132.6	20.07	141.53
18.21	126.8	18.28	144.8	18.28	124.2	18.25	131.94
16.41	119.3	16.41	134.5	16.41	116.7	16.41	123.50
14.62	107.4	14.62	120.0	14.62	104.4	14.62	110.62
12.83	96.4	12.83	109.9	12.83	92.7	12.83	99.65
11.03	85.6	11.03	95.9	11.03	82.9	11.03	88.17
9.24	74.5	9.24	84.2	9.24	72.3	9.24	76.99
7.45	62.8	7.45	70.2	7.45	60.2	7.45	64.41
5.61	51.3	5.61	57.0	5.60	49.6	5.61	52.64
3.80	39.2	3.81	43.5	3.81	38.1	3.81	40.25
2.01	25.5	2.00	27.4	2.01	24.6	2.01	25.86
0.20	13.3	0.19	13.4	0.20	12.6	0.20	13.11

						Average	Stdev
YS		15.9		15.5		15.7	15.7	0.2
VS		6.1		7.1		5.9	6.4	0.6
R2		1.0		1.0		1.0	1.0	0.0
Hysteresis		127		306		154	196	97

Set B3: CS-BX1 – BL23- L1 – 4 day – NIST code (folder SR 42-SR-40B)

SR-40B							
Run# A		Run# B		Run# C		Average	
SR	SS	SR	SS	SR	SS	SR	SS
0.23	25.6	0.21	21.09951	0.20	20.6	0.21	22.41
2.63	64.5	2.65	38.26	2.64	36.8	2.64	46.52
5.10	103.5	5.09	54.75	5.10	54.4	5.10	70.87
7.52	129.7	7.59	70.29	7.52	69.0	7.54	89.66
10.00	150.3	10.00	84.83	10.00	83.1	10.00	106.07
12.41	173.0	12.41	99.99	12.41	97.9	12.41	123.63
14.90	192.6	14.90	115.15	14.90	112.5	14.90	140.09
17.31	214.1	17.38	127.57	17.31	123.7	17.33	155.14
19.79	233.8	19.79	138.76	19.79	137.8	19.79	170.14
22.28	252.1	22.21	150.20	22.21	151.0	22.23	184.44
24.69	269.7	24.69	164.68	24.69	161.3	24.69	198.56
27.17	285.6	27.10	176.30	27.10	173.0	27.13	211.63
29.59	299.4	29.59	187.54	29.59	183.4	29.59	223.46
32.00	309.8	32.07	201.26	32.00	196.8	32.02	235.95
34.48	315.4	34.48	211.31	34.48	202.4	34.48	243.01
34.48	348.8	34.48	221.43	34.48	212.1	34.48	260.75
32.69	341.0	32.69	213.74	32.69	210.4	32.69	255.05
30.90	318.6	30.90	195.34	30.83	194.2	30.87	236.05
29.03	287.6	29.03	187.53	29.03	179.6	29.03	218.25
27.24	280.8	27.24	178.37	27.24	174.8	27.24	211.31
25.45	263.3	25.45	164.65	25.45	161.7	25.45	196.54
23.66	249.6	23.66	155.15	23.66	153.6	23.66	186.14
21.86	233.9	21.86	146.96	21.86	145.9	21.86	175.60
20.07	209.4	20.00	136.20	20.00	130.6	20.02	158.74
18.21	193.9	18.21	125.64	18.28	123.6	18.23	147.73
16.41	185.0	16.41	118.53	16.41	118.3	16.41	140.62
14.62	166.9	14.62	107.32	14.62	105.4	14.62	126.54
12.83	149.3	12.83	98.22	12.83	94.7	12.83	114.07
11.03	131.4	11.03	86.09	11.03	84.8	11.03	100.75
9.24	114.7	9.24	76.18	9.24	74.4	9.24	88.45
7.38	96.7	7.45	64.44	7.45	62.8	7.43	74.66
5.60	79.9	5.61	53.67	5.60	52.8	5.60	62.13
3.81	61.5	3.81	42.44	3.81	41.3	3.81	48.42
2.01	40.2	2.02	28.30	2.00	28.0	2.01	32.15
0.20	21.3	0.20	16.40	0.20	16.2	0.20	17.96

						Average	Stdev
YS	25.1		20.0		19.9	21.7	3.0
VS	9.4		5.8		5.7	7.0	2.1
R2	1.0		1.0		1.0	1.0	0.0
Hysteresis	499		80		83	221	241

Set B3: CS-BX1 – BL28- L2 – 4 day – NIST code (folder SR 42-SR-40C)

SR-40C

Run# G		Run# H		Run# I		Average	
SR	SS	SR	SS	SR	SS	SR	SS
0.20	18.1	0.21	16.9	0.20	17.7	0.20	17.58
2.65	32.5	2.64	31.2	2.66	32.3	2.65	31.99
5.10	47.3	5.09	44.8	5.09	45.3	5.09	45.83
7.52	60.2	7.52	57.9	7.59	57.5	7.54	58.54
10.00	73.8	10.00	70.0	10.00	69.6	10.00	71.15
12.41	86.0	12.41	82.0	12.41	81.6	12.41	83.16
14.90	97.7	14.90	93.5	14.90	93.3	14.90	94.83
17.38	111.5	17.38	105.5	17.38	105.3	17.38	107.41
19.79	122.0	19.79	116.9	19.79	115.6	19.79	118.16
22.28	133.8	22.21	125.8	22.21	127.3	22.23	128.96
24.69	146.1	24.69	137.8	24.69	137.8	24.69	140.58
27.10	157.6	27.10	149.9	27.10	151.4	27.10	152.95
29.59	167.8	29.59	158.7	29.59	159.9	29.59	162.14
32.00	172.9	32.00	167.7	32.00	165.6	32.00	168.72
34.48	176.3	34.48	174.3	34.48	174.3	34.48	174.95
34.48	195.3	34.48	181.5	34.48	187.3	34.48	188.01
32.69	191.6	32.69	176.2	32.69	175.0	32.69	180.92
30.90	175.7	30.90	165.7	30.90	166.0	30.90	169.15
29.03	158.0	29.03	152.6	29.03	151.5	29.03	154.02
27.24	156.3	27.24	148.6	27.24	146.4	27.24	150.44
25.45	145.2	25.45	141.0	25.45	138.8	25.45	141.66
23.66	136.4	23.66	132.9	23.66	134.1	23.66	134.43
21.86	130.5	21.86	123.2	21.86	124.9	21.86	126.19
20.07	115.1	20.07	111.7	20.07	111.7	20.07	112.82
18.21	109.5	18.21	104.5	18.21	104.5	18.21	106.18
16.41	107.0	16.41	98.6	16.41	98.9	16.41	101.50
14.62	94.3	14.62	89.3	14.62	89.3	14.62	90.93
12.83	84.8	12.83	79.6	12.83	79.2	12.83	81.18
11.03	74.7	11.03	71.8	11.03	71.7	11.03	72.73
9.24	66.1	9.24	62.4	9.24	62.4	9.24	63.61
7.45	55.3	7.45	53.0	7.45	52.9	7.45	53.75
5.60	46.5	5.61	44.1	5.62	44.0	5.61	44.85
3.82	36.7	3.79	34.4	3.80	34.3	3.80	35.12
2.01	24.2	2.01	23.4	2.01	23.4	2.01	23.68
0.20	14.0	0.19	13.6	0.20	13.5	0.20	13.71

						Average	Stdev
YS		16.4		16.2		15.9	16.2	0.3
VS		5.2		4.9		4.9	5.0	0.2
R2		1.0		1.0		1.0	1.0	0.0
Hysteresis		59		74		78	70	10

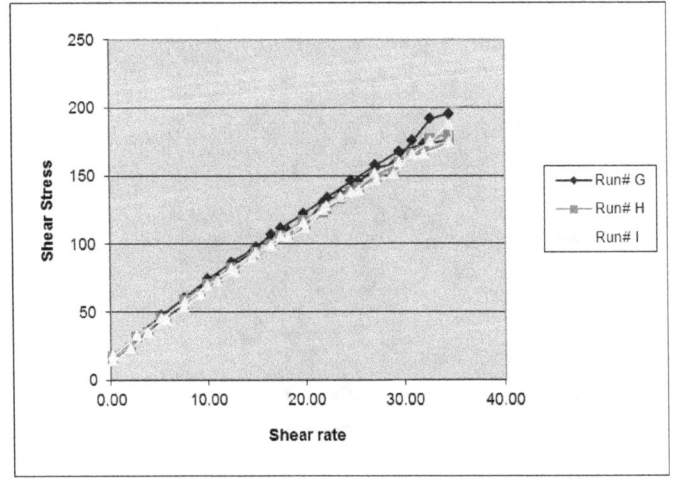

Set B3: CS-BX1 – BL28- L1 – 4 day – NIST code (folder SR 42-SR-40D)

SR-40D

Run# D		Run# E		Run# F		Average	
SR	SS	SR	SS	SR	SS	SR	SS
0.20	22.4	0.20	23.26	0.20	23.3	0.20	22.97
2.64	38.7	2.66	40.44	2.65	40.4	2.65	39.86
5.08	55.3	5.10	57.46	5.09	57.5	5.09	56.74
7.52	70.1	7.52	72.63	7.52	72.6	7.52	71.80
10.00	85.0	10.00	88.36	10.00	88.4	10.00	87.23
12.41	99.1	12.41	103.09	12.41	103.1	12.41	101.77
14.90	113.4	14.90	117.34	14.90	117.3	14.90	116.02
17.31	127.6	17.31	131.18	17.31	131.2	17.31	129.99
19.79	140.8	19.79	145.38	19.79	145.4	19.79	143.84
22.21	152.6	22.21	159.72	22.21	159.7	22.21	157.33
24.69	165.6	24.69	171.19	24.69	171.2	24.69	169.32
27.10	178.7	27.10	181.39	27.10	181.4	27.10	180.50
29.59	190.1	29.59	194.52	29.59	194.5	29.59	193.03
32.00	198.2	32.00	208.16	32.00	208.2	32.00	204.85
34.48	205.9	34.48	225.59	34.48	225.6	34.48	219.03
34.48	212.1	34.48	219.15	34.48	219.2	34.48	216.80
32.62	207.4	32.69	206.21	32.69	206.2	32.67	206.60
30.90	199.1	30.83	201.49	30.90	201.5	30.87	200.70
29.03	180.3	29.10	198.16	29.10	198.2	29.08	192.20
27.24	176.5	27.24	180.71	27.24	180.7	27.24	179.31
25.45	166.3	25.45	173.42	25.45	173.4	25.45	171.06
23.66	158.4	23.66	161.14	23.66	161.1	23.66	160.24
21.86	148.1	21.86	150.66	21.86	150.7	21.86	149.80
20.07	134.7	20.00	145.71	20.07	145.7	20.05	142.04
18.21	125.2	18.28	133.54	18.28	133.5	18.25	130.77
16.41	118.8	16.41	119.66	16.41	119.7	16.41	119.38
14.62	108.6	14.62	110.76	14.62	110.8	14.62	110.03
12.83	95.7	12.83	102.10	12.83	102.1	12.83	99.95
11.03	86.9	11.03	90.22	11.03	90.2	11.03	89.11
9.24	75.5	9.24	79.65	9.24	79.6	9.24	78.28
7.45	64.9	7.45	67.92	7.45	67.9	7.45	66.91
5.61	53.9	5.60	56.12	5.61	56.1	5.61	55.39
3.80	41.8	3.80	44.29	3.80	44.3	3.80	43.46
2.02	28.9	1.99	30.12	1.99	30.1	2.00	29.70
0.20	17.0	0.20	17.97	0.20	18.0	0.20	17.66

						Average	Stdev
YS	21.4		23.5		23.6	22.8	1.2
VS	5.7		5.8		5.8	5.8	0.1
R2	1.0		1.0		1.0	1.0	0.0
Hysteresis	113		122		123	119	5

Set B7: CS-BX1 – BL23- L2 – 7 day – NIST code (folder SR 43-SR-40A)

SR-40A

Run# A		Run# C		Run# D		Average	
SR	SS	SR	SS	SR	SS	SR	SS
0.26	13.7	0.20	23.3	0.21	17.5	0.22	18.19
2.65	37.6	2.66	57.4	2.65	36.7	2.65	43.92
5.09	54.5	5.10	83.8	5.10	55.6	5.10	64.63
7.52	69.9	7.52	108.2	7.59	73.0	7.54	83.73
10.00	86.3	10.00	128.6	10.00	89.9	10.00	101.57
12.41	102.0	12.41	148.1	12.41	106.7	12.41	118.95
14.90	117.1	14.90	168.8	14.90	123.0	14.90	136.33
17.38	133.6	17.31	185.9	17.38	138.9	17.36	152.78
19.79	146.9	19.79	201.6	19.79	154.7	19.79	167.74
22.21	163.3	22.21	214.4	22.21	169.8	22.21	182.51
24.69	174.6	24.69	232.4	24.69	182.4	24.69	196.47
27.10	184.7	27.10	247.6	27.10	199.6	27.10	210.62
29.59	199.1	29.59	257.9	29.59	211.6	29.59	222.88
32.00	209.0	32.00	269.0	32.00	220.9	32.00	232.98
34.48	223.1	34.48	284.0	34.48	232.9	34.48	246.67
34.48	229.5	34.48	304.9	34.48	236.3	34.48	256.91
32.62	208.6	32.69	286.7	32.62	233.4	32.64	242.89
30.90	201.8	30.90	272.6	30.90	222.6	30.90	232.35
29.03	193.7	29.10	250.7	29.03	202.6	29.06	215.65
27.24	182.8	27.24	239.3	27.24	194.1	27.24	205.41
25.45	176.5	25.45	226.6	25.45	181.9	25.45	195.03
23.66	164.4	23.66	216.0	23.66	174.8	23.66	185.10
21.86	151.9	21.86	198.9	21.86	163.3	21.86	171.37
20.07	144.2	20.07	185.4	20.07	150.4	20.07	160.02
18.21	130.9	18.21	170.1	18.21	138.5	18.21	146.48
16.41	116.5	16.41	152.2	16.41	129.9	16.41	132.86
14.62	109.3	14.62	142.0	14.62	118.7	14.62	123.32
12.83	96.8	12.83	124.9	12.83	104.2	12.83	108.65
11.03	87.2	11.03	112.0	11.03	93.9	11.03	97.72
9.24	75.1	9.24	96.5	9.24	81.0	9.24	84.19
7.45	64.6	7.45	82.4	7.45	68.6	7.45	71.88
5.61	50.9	5.61	65.3	5.61	56.1	5.61	57.45
3.81	38.1	3.81	48.6	3.79	42.1	3.80	42.95
2.01	25.1	1.99	31.1	2.01	27.4	2.01	27.86
0.20	12.4	0.21	14.5	0.20	13.6	0.20	13.53

					Average	Stdev
YS	16.7	18.2	18.9	17.9	1.1
VS	6.1	8.2	6.5	7.0	1.1
R2	1.0	1.0	1.0	1.0	0.0
Hysteresis	179	498	97	258	212

Set B7: CS-BX1 – BL23- L1 – 7 day – NIST code (folder SR 43-SR-40B)

SR-40B

Run# E		Run# F		Run# G		Average	
SR	SS	SR	SS	SR	SS	SR	SS
0.21	26.3	0.20	22.3	0.19	20.3	0.20	22.94
2.65	51.8	2.83	74.0	2.64	37.0	2.71	54.28
5.09	74.9	5.08	42.2	5.11	53.8	5.09	56.99
7.52	94.5	7.52	67.1	7.52	72.6	7.52	78.07
10.00	115.9	10.00	87.8	8.00	81.1	9.33	94.93
12.41	132.9	12.34	111.7	12.41	91.3	12.39	111.97
14.90	149.8	14.90	97.6	14.90	112.7	14.90	120.03
17.31	166.8	17.38	125.1	17.31	126.7	17.33	139.53
19.79	186.4	19.79	138.5	19.79	139.5	19.79	154.84
22.21	208.5	22.21	151.1	22.28	151.7	22.23	170.41
24.69	210.8	24.69	165.4	24.69	166.6	24.69	180.94
27.10	223.0	27.10	176.9	27.10	179.0	27.10	192.96
29.59	241.0	29.59	191.1	29.59	188.9	29.59	206.98
32.00	253.9	32.07	204.3	32.00	196.6	32.02	218.27
34.48	300.4	34.48	212.2	34.48	195.8	34.48	236.14
34.48	280.5	34.48	221.4	34.48	220.5	34.48	240.83
32.69	240.9	32.69	208.0	32.69	218.7	32.69	222.52
30.90	234.7	30.90	195.1	30.90	199.9	30.90	209.91
29.03	248.4	29.03	188.2	29.03	178.7	29.03	205.08
27.24	225.1	27.24	178.1	27.24	176.0	27.24	193.05
25.45	214.2	25.45	168.7	25.45	163.6	25.45	182.18
23.66	200.2	23.66	157.9	23.66	153.6	23.66	170.56
21.86	186.1	21.86	148.5	21.86	146.6	21.86	160.39
20.07	184.7	20.07	137.1	20.07	130.5	20.07	150.75
18.21	164.8	18.21	127.7	18.28	123.2	18.23	138.61
16.41	139.7	16.41	118.9	16.41	118.7	16.41	125.78
14.62	134.5	14.62	108.6	14.62	105.0	14.62	116.01
12.83	122.3	12.83	97.5	12.83	95.7	12.83	105.16
11.03	110.2	11.03	86.9	11.03	83.7	11.03	93.59
9.24	96.0	9.24	76.0	9.24	74.2	9.24	82.05
7.45	83.0	7.45	65.0	7.38	62.1	7.43	70.03
5.61	66.1	5.61	53.6	5.61	52.1	5.61	57.27
3.80	50.4	3.80	41.6	3.83	40.9	3.81	44.30
2.01	33.9	2.01	28.1	2.01	26.8	2.01	29.58
0.21	18.3	0.19	16.2	0.19	15.2	0.20	16.57

						Average	Stdev
YS	26.0		20.4		17.6	21.3	4.3
VS	7.2		5.8		5.9	6.3	0.8
R2	1.0		1.0		1.0	1.0	0.0
Hysteresis	366		127		104	199	145

Set B7: CS-BX1 – BL28- L2 – 7 day – NIST code (folder SR 43-SR-40C)

SR-40C							
Run# H		Run# I		Run# J		Average	
SR	SS	SR	SS	SR	SS	SR	SS
0.20	23.1	0.20	24.4	0.20	26.7	0.20	24.72
2.66	50.0	2.65	50.3	2.66	68.7	2.65	56.35
5.10	73.3	5.10	76.0	5.10	109.0	5.10	86.08
7.52	96.0	7.59	100.2	7.52	152.6	7.54	116.29
10.00	116.3	10.00	115.9	10.00	170.4	10.00	134.19
12.41	134.0	12.41	133.6	12.41	188.3	12.41	151.97
14.90	149.6	14.90	152.6	14.90	206.8	14.90	169.65
17.31	167.9	17.31	168.6	17.31	225.2	17.31	187.25
19.79	184.1	19.79	184.7	19.79	241.8	19.79	203.50
22.21	206.1	22.28	203.1	22.21	259.7	22.23	222.95
24.69	209.9	24.69	218.8	24.69	270.6	24.69	233.11
27.10	219.0	27.10	231.8	27.10	287.9	27.10	246.27
29.59	237.8	29.59	243.6	29.59	307.1	29.59	262.84
32.00	253.5	32.07	256.1	32.00	321.2	32.02	276.94
34.48	289.2	34.48	261.8	34.48	346.8	34.48	299.26
34.48	270.6	34.48	288.5	34.48	365.8	34.48	308.28
32.69	257.9	32.69	277.2	32.69	328.1	32.69	287.75
30.83	246.1	30.90	257.6	30.83	315.7	30.85	273.13
29.03	250.7	29.03	239.9	29.10	312.5	29.06	267.70
27.24	225.7	27.24	227.8	27.24	287.4	27.24	246.97
25.45	210.7	25.45	214.7	25.45	273.6	25.45	232.98
23.66	192.4	23.66	201.6	23.66	256.2	23.66	216.77
21.86	182.2	21.86	190.5	21.86	236.0	21.86	202.90
20.00	173.5	20.07	173.5	20.07	221.1	20.05	189.38
18.28	161.7	18.21	160.4	18.28	202.2	18.25	174.76
16.41	149.6	16.41	152.2	16.41	185.8	16.41	162.57
14.62	133.2	14.62	136.5	14.62	171.3	14.62	146.99
12.83	124.7	12.83	123.1	12.83	149.7	12.83	132.50
11.03	106.2	11.03	108.6	11.03	135.7	11.03	116.81
9.17	94.0	9.24	95.4	9.24	116.4	9.22	101.90
7.38	78.9	7.45	80.2	7.45	98.8	7.43	85.94
5.61	65.4	5.61	65.8	5.61	79.8	5.61	70.32
3.81	50.7	3.81	50.5	3.81	59.8	3.81	53.64
2.00	31.9	2.01	32.8	1.99	38.5	2.00	34.43
0.20	16.6	0.21	17.1	0.20	19.0	0.20	17.58

	Run# H	Run# I	Run# J	Average	Stdev
YS	23.3	21.1	24.2	22.9	1.6
VS	7.4	7.7	9.7	8.3	1.3
R2	1.0	1.0	1.0	1.0	0.0
Hysteresis	324	273	736	444	253

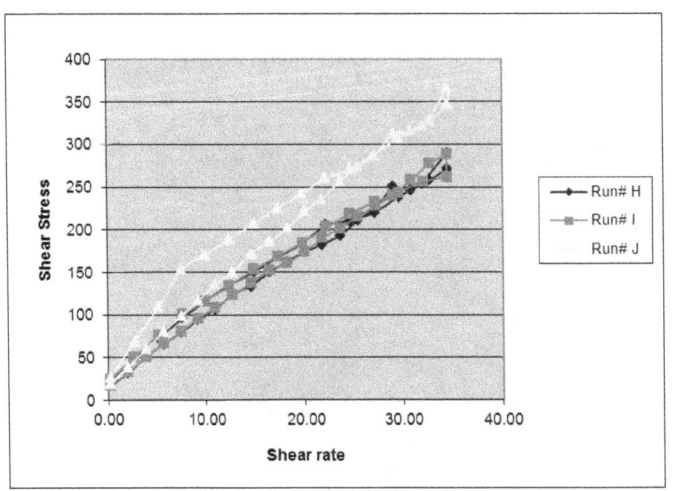

D - 24

Set B7: CS-BX1 – BL28- L1 – 7 day – NIST code (folder SR 43-SR-40D)

SR-40D							
Run# M		Run# N				Average	
SR	SS	SR	SS	SR	SS	SR	SS
0.20	21.9	0.19	32.3			0.20	27.08
2.63	38.5	2.66	63.9			2.64	51.19
5.10	54.9	5.09	94.6			5.09	74.76
7.52	70.0	7.52	122.6			7.52	96.29
10.00	84.8	10.00	141.5			10.00	113.11
12.41	99.2	12.41	163.0			12.41	131.07
14.90	113.6	14.90	184.0			14.90	148.81
17.31	128.5	17.31	202.0			17.31	165.26
19.79	143.0	19.79	221.3			19.79	182.16
22.21	154.7	22.21	234.0			22.21	194.34
24.69	169.9	24.69	255.9			24.69	212.93
27.17	181.7	27.10	273.4			27.14	227.52
29.59	193.8	29.59	283.4			29.59	238.61
32.00	207.8	32.00	294.6			32.00	251.21
34.48	214.5	34.48	297.0			34.48	255.77
34.48	219.2	34.48	336.4			34.48	277.77
32.69	214.7	32.69	325.7			32.69	270.16
30.83	199.9	30.90	302.0			30.86	250.95
29.03	192.7	29.03	274.7			29.03	233.71
27.24	180.4	27.24	265.3			27.24	222.86
25.45	172.5	25.45	250.5			25.45	211.50
23.66	160.3	23.66	236.5			23.66	198.37
21.86	150.4	21.86	221.5			21.86	185.94
20.07	143.0	20.07	201.7			20.07	172.37
18.28	131.7	18.21	187.7			18.24	159.71
16.41	121.1	16.41	175.8			16.41	148.44
14.62	111.0	14.62	160.3			14.62	135.65
12.83	100.8	12.83	142.5			12.83	121.66
11.03	89.6	11.03	128.2			11.03	108.89
9.24	79.0	9.24	110.6			9.24	94.81
7.45	67.2	7.45	94.5			7.45	80.83
5.59	55.5	5.61	77.1			5.60	66.29
3.82	43.4	3.81	58.8			3.81	51.11
2.01	29.0	1.99	39.1			2.00	34.06
0.21	16.7	0.20	20.9			0.20	18.84

					Average	Stdev
YS	22.1		25.1		23.6	2.1
VS	5.9		9.0		7.4	2.2
R2	1.0		1.0		1.0	0.0
Hysteresis	50		422		236	263

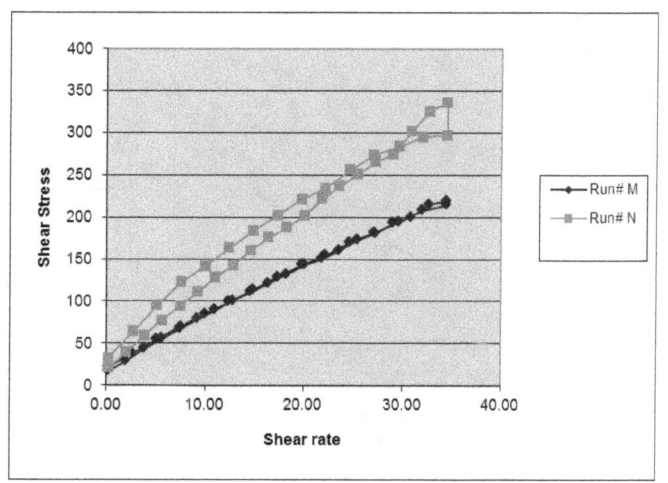

Set C1: CS-BX3 – BL30- L1 – Mixing Day – NIST code (folder SR 45-SR-44A)

SR-44A							
Run# A		Run# B		Run# C		Average	
SR	SS	SR	SS	SR	SS	SR	SS
0.22	29.8	0.20	31.2	0.21	37.2	0.21	32.75
2.65	55.8	2.65	52.4	2.66	66.8	2.65	58.33
5.08	74.6	5.09	69.5	5.10	94.3	5.09	79.45
7.59	92.7	7.59	85.8	7.52	121.2	7.56	99.91
10.00	110.8	10.00	102.7	10.00	144.3	10.00	119.26
12.41	129.7	12.41	118.4	12.41	166.9	12.41	138.37
14.90	150.1	14.90	136.0	14.90	191.2	14.90	159.13
17.31	166.0	17.38	153.4	17.31	210.6	17.33	176.67
19.79	181.6	19.79	168.1	19.79	230.0	19.79	193.21
22.21	195.7	22.21	183.1	22.21	243.8	22.21	207.55
24.69	216.4	24.69	194.4	24.69	266.9	24.69	225.92
27.10	232.7	27.10	208.7	27.10	287.1	27.10	242.86
29.59	241.5	29.59	221.2	29.59	297.9	29.59	253.54
32.00	249.7	32.00	234.3	32.00	307.2	32.00	263.73
34.48	247.9	34.48	249.5	34.48	312.7	34.48	270.03
34.48	276.7	34.48	253.8	34.48	347.0	34.48	292.50
32.62	271.9	32.69	236.4	32.69	330.6	32.67	279.63
30.90	253.2	30.90	226.2	30.90	313.9	30.90	264.46
29.03	226.0	29.03	216.7	29.10	278.4	29.06	240.37
27.24	225.9	27.24	204.5	27.24	275.6	27.24	235.32
25.45	211.9	25.45	196.1	25.45	261.1	25.45	223.00
23.66	203.1	23.66	186.1	23.66	253.3	23.66	214.18
21.86	190.8	21.86	172.3	21.86	237.9	21.86	200.35
20.07	169.7	20.07	162.9	20.07	214.5	20.07	182.36
18.21	162.1	18.21	151.2	18.21	201.9	18.21	171.74
16.41	156.7	16.41	137.0	16.41	190.0	16.41	161.22
14.62	141.0	14.62	127.7	14.62	175.9	14.62	148.21
12.83	125.7	12.83	114.5	12.83	154.4	12.83	131.53
11.03	113.8	11.03	104.5	11.03	144.8	11.03	121.03
9.24	99.7	9.24	91.6	9.24	124.5	9.24	105.26
7.45	85.5	7.45	79.7	7.45	108.9	7.45	91.38
5.61	72.6	5.61	66.1	5.60	89.5	5.61	76.08
3.80	57.2	3.81	52.0	3.80	68.9	3.80	59.38
2.01	40.0	2.01	37.0	2.00	48.1	2.01	41.68
0.20	24.1	0.20	22.7	0.21	27.4	0.20	24.72

						Average	Stdev
YS		30.5		28.9		37.9	32.4	4.8
VS		7.2		6.5		8.9	7.5	1.2
R2		1.00		1.00		0.99	1.0	0.0
Hysteresis		141		193		266	200	62

Set C1: CS-BX3 – BL3- L1 – Mixing Day – NIST code (folder SR 45-SR-44B)

SR-44A							
Run# A		Run# B		Run# C		Average	
SR	SS	SR	SS	SR	SS	SR	SS
0.20	5.4	0.21	4.5	0.20	4.85	0.20	4.92
2.65	7.6	2.65	6.7	2.65	7.70	2.65	7.33
5.09	10.0	5.10	8.5	5.09	9.90	5.09	9.50
7.52	11.9	7.52	10.1	7.52	11.72	7.52	11.22
10.00	14.0	10.00	11.6	10.00	13.35	10.00	12.97
12.41	15.9	12.41	13.4	12.41	14.77	12.41	14.69
14.90	17.7	14.90	15.1	14.90	16.31	14.90	16.36
17.31	19.4	17.38	16.1	17.31	17.68	17.33	17.75
19.79	21.2	19.79	17.7	19.79	18.53	19.79	19.17
22.21	22.7	22.21	18.9	22.21	19.60	22.21	20.37
24.69	24.6	24.69	20.4	24.69	21.46	24.69	22.14
27.10	26.5	27.17	21.2	27.10	23.03	27.13	23.59
29.59	28.0	29.59	21.2	29.59	23.98	29.59	24.38
32.00	29.6	32.00	21.5	32.00	25.11	32.00	25.40
34.48	30.6	34.48	22.1	34.48	25.97	34.48	26.22
34.48	30.9	34.48	23.8	34.48	27.10	34.48	27.25
32.69	29.7	32.69	22.3	32.69	26.25	32.69	26.09
30.90	28.4	30.90	21.5	30.83	24.54	30.87	24.84
29.03	27.0	29.03	21.3	29.03	23.81	29.03	24.04
27.24	26.5	27.24	19.8	27.24	23.31	27.24	23.21
25.45	25.1	25.45	19.1	25.45	21.89	25.45	22.03
23.66	24.0	23.66	18.5	23.66	20.63	23.66	21.03
21.86	23.0	21.86	17.3	21.86	19.87	21.86	20.08
20.00	21.5	20.07	16.7	20.00	18.38	20.02	18.86
18.28	20.2	18.21	15.6	18.21	17.34	18.23	17.73
16.41	18.6	16.41	14.2	16.41	16.43	16.41	16.40
14.62	17.3	14.62	13.4	14.62	15.11	14.62	15.26
12.83	16.2	12.83	12.4	12.83	14.40	12.83	14.34
11.03	15.0	11.03	11.5	11.03	12.82	11.03	13.13
9.24	13.5	9.24	10.5	9.24	11.87	9.24	11.98
7.45	11.9	7.45	9.3	7.45	10.23	7.45	10.48
5.61	10.5	5.60	8.1	5.60	8.87	5.60	9.18
3.81	8.9	3.82	6.8	3.81	7.63	3.81	7.79
2.00	7.2	2.01	5.6	1.99	5.85	2.00	6.20
0.20	5.2	0.19	4.1	0.20	4.14	0.20	4.46

					Average	Stdev
YS	6.4	5.0	5.3	5.5	0.7
VS	0.7	0.6	0.6	0.6	0.1
R2	1.00	0.99	0.99	1.0	0.0
Hysteresis	9	84	55	50	38

Set C1: CS-BX3 – BL3- L2 – Mixing Day – NIST code (folder SR 45-SR-44C)

SR-44C

Run# G		Run# H		Run# I		Average	
SR	SS	SR	SS	SR	SS	SR	SS
0.20	25.8	0.21	31.3	0.21	26.5	0.20	27.85
2.65	42.2	2.65	57.1	2.64	44.5	2.65	47.93
5.10	58.2	5.10	81.5	5.10	61.6	5.10	67.11
7.52	72.5	7.52	105.4	7.52	76.8	7.52	84.90
10.00	86.9	10.00	124.8	10.00	90.9	10.00	100.85
12.41	100.9	12.41	151.2	12.41	106.3	12.41	119.48
14.90	114.6	11.93	150.5	14.90	121.1	13.91	128.75
17.31	128.5	17.31	162.7	17.38	135.6	17.33	142.25
19.79	141.4	19.79	195.3	19.79	151.7	19.79	162.77
22.21	155.8	22.21	210.7	22.21	164.2	22.21	176.91
24.69	166.0	24.69	221.8	24.69	178.4	24.69	188.72
27.10	177.8	27.10	234.5	27.10	192.7	27.10	201.69
29.59	191.0	29.59	247.1	29.59	205.2	29.59	214.42
32.00	201.0	32.00	260.1	32.00	214.6	32.00	225.23
34.48	211.9	34.48	275.1	34.48	223.4	34.48	236.80
34.48	220.5	34.48	285.3	34.48	238.8	34.48	248.20
32.69	203.4	32.69	274.1	32.69	221.2	32.69	232.89
30.83	192.7	30.83	259.8	30.90	208.5	30.85	220.31
29.03	188.9	29.03	247.9	29.03	200.2	29.03	212.31
27.24	178.1	27.24	231.1	27.24	187.9	27.24	198.99
25.45	168.7	25.45	219.5	25.45	180.7	25.45	189.63
23.66	157.9	23.66	204.9	23.66	168.6	23.66	177.12
21.86	146.5	21.86	192.5	21.86	157.4	21.86	165.47
20.07	138.8	20.00	180.6	20.07	149.5	20.05	156.32
18.28	129.1	18.28	167.5	18.21	137.6	18.25	144.71
16.41	116.3	16.41	151.1	16.41	126.0	16.41	131.13
14.62	107.9	14.62	140.0	14.62	115.5	14.62	121.12
12.83	98.4	12.83	127.9	12.83	104.9	12.83	110.41
11.03	88.5	11.03	113.4	11.03	94.7	11.03	98.86
9.24	77.6	9.24	99.8	9.24	83.2	9.24	86.88
7.45	67.1	7.45	85.4	7.45	71.8	7.45	74.76
5.60	55.5	5.61	70.3	5.61	59.4	5.61	61.73
3.81	43.7	3.82	55.0	3.81	46.7	3.81	48.46
1.99	30.4	1.99	37.4	2.01	32.4	2.00	33.40
0.20	18.4	0.21	21.7	0.20	19.4	0.20	19.85

						Average	Stdev
YS	22.9		26.7		24.1	24.6	1.9
VS	5.7		7.6		6.1	6.5	1.0
R2	1.00		1.00		1.00	1.0	0.0
Hysteresis	136		355		111	201	134

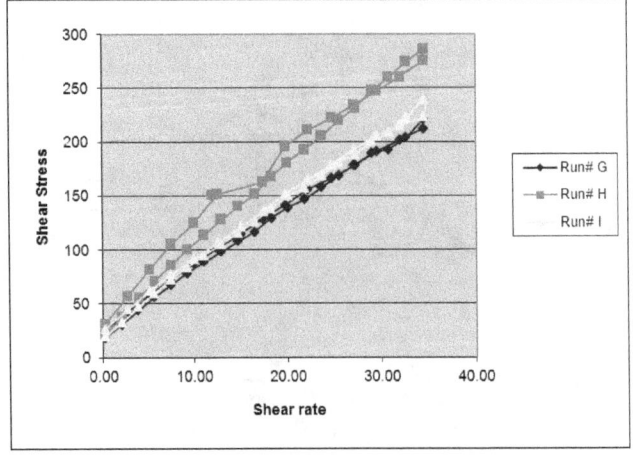

D - 28

Set C1: CS-BX3 – BL30- L2 – Mixing Day – NIST code (folder SR 45-SR-44D)

SR-44D							
Run# J		Run# K		Run# L		Average	
SR	SS	SR	SS	SR	SS	SR	SS
0.20	28.55	0.20	27.2	0.21	30.8	0.20	28.84
2.64	57.77	2.63	51.8	2.63	68.5	2.64	59.37
5.10	83.03	5.09	78.2	5.10	102.2	5.10	87.82
7.52	107.88	7.52	101.9	7.52	134.2	7.52	114.65
10.00	127.43	10.00	120.0	10.00	154.5	10.00	133.99
12.41	148.38	12.41	139.8	12.41	176.5	12.41	154.88
14.90	167.65	14.90	156.7	14.90	196.1	14.90	173.51
17.31	186.11	17.38	173.9	17.31	214.8	17.33	191.63
19.79	201.52	19.79	191.2	19.79	227.6	19.79	206.79
22.21	218.21	22.21	204.8	22.28	244.7	22.23	222.57
24.69	234.67	24.69	217.4	24.69	263.2	24.69	238.42
27.10	251.16	27.10	230.1	27.10	276.1	27.10	252.44
29.59	259.66	29.59	240.9	29.59	289.7	29.59	263.43
32.00	272.64	32.00	250.9	32.00	296.0	32.00	273.17
34.48	290.83	34.48	264.8	34.48	294.2	34.48	283.25
34.48	300.84	34.48	288.8	34.48	346.7	34.48	312.11
32.69	281.07	32.62	267.7	32.69	337.6	32.67	295.44
30.90	271.04	30.90	253.3	30.90	311.1	30.90	278.49
29.03	257.74	29.03	237.9	29.03	277.8	29.03	257.80
27.24	243.54	27.24	224.8	27.24	268.6	27.24	245.64
25.45	231.40	25.45	213.8	25.45	252.4	25.45	232.54
23.66	217.14	23.66	202.9	23.66	236.5	23.66	218.84
21.86	200.93	21.86	186.5	21.86	223.5	21.86	203.64
20.07	191.63	20.07	174.1	20.07	198.8	20.07	188.18
18.28	175.35	18.21	159.7	18.21	187.4	18.23	174.17
16.41	155.61	16.41	148.6	16.41	180.0	16.41	161.41
14.62	145.76	14.62	136.8	14.62	158.0	14.62	146.85
12.83	133.55	12.83	120.6	12.83	143.0	12.83	132.40
11.03	117.77	11.03	109.2	11.03	126.2	11.03	117.70
9.24	102.12	9.24	94.8	9.24	110.7	9.24	102.54
7.38	88.07	7.45	81.0	7.45	92.5	7.43	87.18
5.60	71.68	5.61	66.5	5.61	76.5	5.61	71.59
3.81	55.02	3.81	50.8	3.82	59.1	3.81	54.98
2.00	36.74	2.02	34.3	2.01	38.0	2.01	36.36
0.20	19.60	0.21	18.4	0.21	19.9	0.21	19.28

						Average	Stdev
YS	26.0		22.4		21.6	23.3	2.3
VS	8.0		7.6		9.3	8.3	0.9
R2	1.00		1.00		1.00	1.0	0.0
Hysteresis	407		380		632	473	138

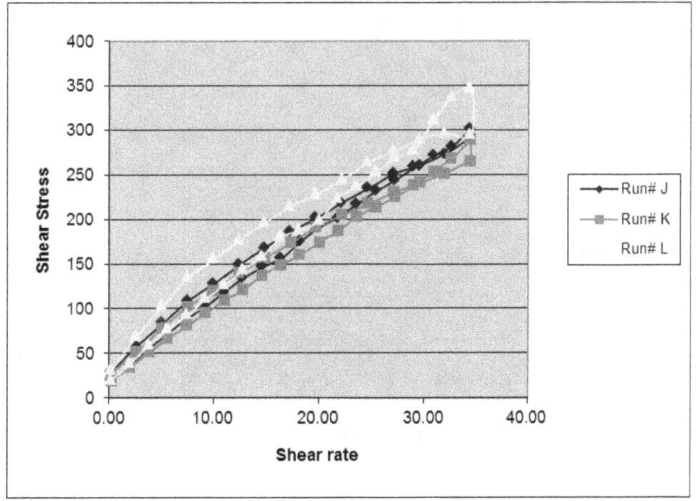

Set C3: CS-BX3 – BL30- L1 – 3 day – NIST code (folder SR 46-SR-44A)

SR-44A

Run# K		Run# M		Run# N		Average	
SR	SS	SR	SS	SR	SS	SR	SS
0.28	22.2	0.20	26.5	0.20	33.6	0.23	27.40
2.65	49.0	2.64	46.5	2.65	72.7	2.65	56.07
5.08	64.8	5.10	65.1	4.06	106.0	4.75	78.64
7.59	80.9	7.52	82.1	7.59	133.5	7.56	98.82
10.00	97.3	10.00	98.6	10.00	164.8	10.00	120.25
12.41	112.1	12.41	115.5	12.41	186.7	12.41	138.10
14.90	128.0	14.90	131.2	14.90	208.3	14.90	155.86
17.38	144.2	17.31	146.7	17.38	228.5	17.36	173.14
19.79	157.6	19.79	162.3	19.79	244.8	19.79	188.25
22.21	172.8	22.21	175.2	22.21	259.5	22.21	202.48
24.69	185.5	24.69	192.0	24.69	278.6	24.69	218.71
27.10	201.3	27.10	204.5	27.10	294.7	27.10	233.53
29.59	215.2	29.59	214.0	29.59	306.5	29.59	245.23
32.00	222.6	32.00	225.3	32.00	321.5	32.00	256.46
34.48	231.4	34.48	234.0	34.48	330.1	34.48	265.17
34.48	246.7	34.48	250.3	34.48	361.1	34.48	286.02
32.69	235.0	32.69	241.4	32.62	349.5	32.67	275.30
30.90	222.1	30.90	224.4	30.90	330.1	30.90	258.85
29.03	205.3	29.03	209.1	29.03	303.7	29.03	239.36
27.24	196.8	27.24	201.6	27.24	289.7	27.24	229.35
25.45	186.9	25.45	189.5	25.45	271.6	25.45	216.00
23.66	176.3	23.66	179.0	23.66	256.4	23.66	203.91
21.86	166.2	21.86	168.9	21.86	240.3	21.86	191.82
20.07	150.1	20.07	152.8	20.07	219.2	20.07	174.05
18.21	140.9	18.21	187.0	18.21	205.6	18.21	177.84
16.41	132.3	16.41	108.2	16.41	191.3	16.41	143.91
14.62	120.5	14.62	93.1	14.62	172.1	14.62	128.56
12.83	108.0	12.83	111.2	12.83	155.6	12.83	124.91
11.03	97.1	11.03	99.0	11.03	138.6	11.03	111.55
9.24	85.0	9.24	87.3	9.24	121.1	9.24	97.80
7.45	72.7	7.38	74.6	7.45	103.0	7.43	83.40
5.61	60.6	5.60	62.4	5.61	84.9	5.61	69.28
3.81	47.6	3.81	49.5	3.81	65.5	3.81	54.20
2.01	33.1	2.01	33.8	2.01	44.0	2.01	37.00
0.21	19.6	0.20	19.9	0.20	24.7	0.20	21.41

	Run# K	Run# M	Run# N	Average	Stdev
YS	23.3	22.6	28.6	24.8	3.3
VS	6.4	6.6	9.7	7.6	1.8
R2	1.0	1.0	1.0	1.0	0.0
Hysteresis	158	167	609	311	258

D - 30

Set C3: CS-BX3 – BL3- L1 – 3 day – NIST code (folder SR 46-SR-44B)

SR-44B

Run# A		Run# B		Run# C		Average	
SR	SS	SR	SS	SR	SS	SR	SS
0.26	9.8	0.21	14.9	0.21	13.2	0.23	12.63
2.63	19.8	2.65	26.2	2.65	22.4	2.64	22.82
5.10	23.8	5.10	32.9	5.10	27.3	5.10	28.00
7.52	28.0	7.52	36.9	7.52	32.0	7.52	32.30
10.00	32.5	10.00	41.6	10.00	35.6	10.00	36.55
12.41	36.1	12.41	46.1	12.41	39.5	12.41	40.57
14.90	39.6	14.90	51.0	14.90	43.1	14.90	44.54
17.31	42.9	17.31	55.8	17.31	46.6	17.31	48.43
19.79	46.0	19.79	59.8	19.79	50.9	19.79	52.24
22.21	49.1	22.21	64.1	22.21	54.3	22.21	55.85
24.69	52.2	24.69	68.6	24.69	58.5	24.69	59.78
27.17	55.3	27.10	73.0	27.10	62.5	27.13	63.62
29.59	59.2	29.59	76.9	29.59	66.1	29.59	67.41
32.00	62.2	32.00	80.9	32.00	70.7	32.00	71.26
34.48	64.9	34.48	84.1	34.48	74.4	34.48	74.47
34.48	66.9	34.48	88.4	34.48	74.5	34.48	76.60
32.69	64.0	32.69	84.3	32.69	71.1	32.69	73.14
30.83	61.3	30.83	79.8	30.83	68.2	30.83	69.77
29.03	57.8	29.03	75.6	29.10	65.6	29.06	66.33
27.24	55.6	27.24	72.8	27.24	62.7	27.24	63.66
25.45	53.2	25.45	68.8	25.45	59.7	25.45	60.58
23.66	51.0	23.66	65.4	23.66	56.8	23.66	57.74
21.86	48.1	21.86	62.4	21.86	54.2	21.86	54.92
20.07	44.9	20.07	58.3	20.07	51.3	20.07	51.52
18.21	42.8	18.21	55.2	18.28	48.0	18.23	48.66
16.41	40.9	16.41	52.2	16.41	57.6	16.41	50.22
14.62	37.8	14.62	48.5	14.62	33.3	14.62	39.85
12.83	34.8	12.83	44.6	12.83	30.8	12.83	36.72
11.03	32.3	11.03	41.2	11.03	36.0	11.03	36.48
9.24	29.4	9.24	37.3	9.17	32.9	9.22	33.20
7.45	26.0	7.45	33.4	7.38	29.4	7.43	29.61
5.60	23.2	5.60	29.1	5.59	25.7	5.60	26.03
3.82	20.0	3.81	24.4	3.81	21.7	3.81	22.03
2.01	16.0	2.00	19.6	1.99	17.5	2.00	17.71
0.21	10.7	0.20	13.2	0.21	11.8	0.20	11.90

						Average	Stdev
YS	14.0		16.8		14.9	15.2	1.4
VS	1.5		2.1		1.8	1.8	0.3
R2	1.0		1.0		1.0	1.0	0.0
Hysteresis	26		59		39	41	16.7

Set C3: CS-BX3 – BL3- L2 – 3 day – NIST code (folder SR 46-SR-44C)

SR-44C

Run# G		Run# H		Run# I		Average	
SR	SS	SR	SS	SR	SS	SR	SS
0.20	34.5	0.20	27.5	0.21	27.2	0.20	29.74
2.63	77.8	2.65	52.6	2.64	50.7	2.64	60.38
5.10	130.8	5.10	75.3	5.10	71.2	5.10	92.43
7.52	171.1	7.52	97.8	7.52	88.5	7.52	119.12
10.00	195.4	10.00	116.9	10.00	106.9	10.00	139.73
12.41	218.8	12.41	133.6	12.41	124.7	12.41	159.03
14.90	230.6	14.90	152.6	14.90	140.8	14.90	174.67
17.31	237.9	17.31	168.6	17.31	158.8	17.31	188.42
19.79	258.8	19.79	184.0	19.79	174.2	19.79	205.66
22.21	280.5	22.21	199.5	22.21	189.7	22.21	223.25
24.69	289.9	24.69	214.8	24.69	203.1	24.69	235.92
27.10	304.7	27.10	231.6	27.17	219.1	27.13	251.81
29.59	326.9	29.59	243.5	29.59	233.6	29.59	268.01
32.00	339.7	32.00	255.9	32.00	245.3	32.00	280.30
34.48	370.4	34.48	268.9	34.48	258.3	34.48	299.23
34.48	385.2	34.48	285.8	34.48	271.1	34.48	314.05
32.69	366.4	32.69	268.8	32.69	257.0	32.69	297.38
30.90	348.4	30.90	253.2	30.83	241.4	30.87	280.97
29.03	315.7	29.10	236.5	29.03	228.0	29.06	260.06
27.24	307.0	27.24	224.8	27.24	218.5	27.24	250.11
25.45	289.0	25.45	214.7	25.45	205.3	25.45	236.36
23.66	274.4	23.66	201.6	23.66	193.6	23.66	223.21
21.86	254.2	21.86	188.6	21.86	182.3	21.86	208.36
20.07	229.9	20.07	176.5	20.07	167.5	20.07	191.29
18.21	215.0	18.21	162.2	18.28	155.0	18.23	177.41
16.41	202.3	16.41	148.3	16.41	143.4	16.41	164.68
14.62	181.8	14.62	169.2	14.62	129.5	14.62	160.15
12.83	161.8	12.83	97.1	12.83	118.3	12.83	125.73
11.03	146.1	11.03	90.3	11.03	105.6	11.03	113.99
9.24	126.2	9.24	96.0	9.24	92.3	9.24	104.81
7.38	106.6	7.45	81.7	7.38	78.7	7.40	88.98
5.60	87.9	5.59	67.3	5.61	65.2	5.60	73.47
3.81	67.6	3.81	52.6	3.82	51.1	3.82	57.10
2.02	44.8	1.99	35.6	2.01	34.7	2.01	38.39
0.20	23.7	0.20	20.5	0.20	20.0	0.20	21.38

						Average	Stdev
YS	28.3		22.6		24.0	25.0	3.0
VS	10.3		7.6		7.1	8.3	1.7
R2	1.0		1.0		1.0	1.0	0.0
Hysteresis	910		309		189	469	387

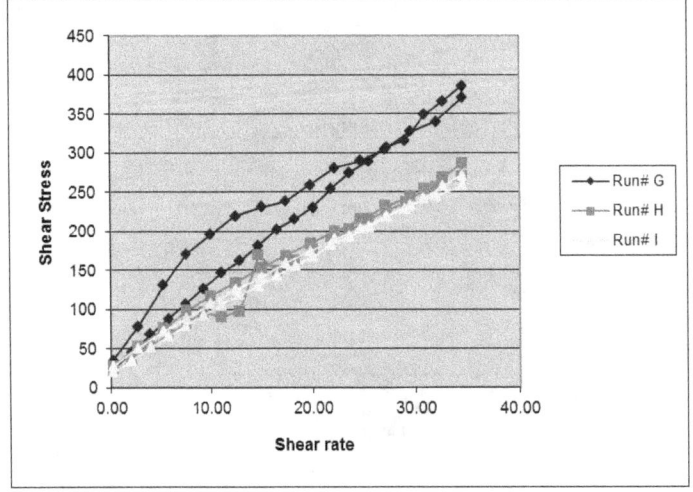

Set C3: CS-BX3 – BL30- L2 – 3 day – NIST code (folder SR 46-SR-44D)

SR-44D

Run# D		Run# E		Run# F		Average	
SR	SS	SR	SS	SR	SS	SR	SS
0.21	19.0	0.20	22.7	0.19	23.3	0.20	21.67
2.64	39.4	2.65	48.6	2.64	53.7	2.64	47.24
5.10	59.9	5.08	73.8	5.08	82.2	5.09	71.96
7.52	77.4	7.52	96.0	7.52	106.8	7.52	93.41
10.00	93.4	10.00	116.3	10.00	124.8	10.00	111.50
12.41	107.4	12.41	135.3	12.41	144.2	12.41	128.98
14.90	122.2	14.90	153.1	14.90	161.2	14.90	145.49
17.31	135.6	17.38	171.6	17.38	177.5	17.36	161.56
19.79	148.8	19.79	188.8	19.79	195.6	19.79	177.72
22.21	160.6	22.21	204.9	22.21	213.1	22.21	192.85
24.69	175.9	24.69	218.6	24.69	222.7	24.69	205.72
27.17	189.0	27.10	232.5	27.10	237.0	27.13	219.50
29.59	198.1	29.59	159.1	29.59	250.8	29.59	202.68
32.00	214.0	32.07	207.6	32.00	265.6	32.02	229.05
34.48	220.7	34.48	510.3	34.48	287.1	34.48	339.36
34.48	237.0	34.48	289.3	34.48	299.6	34.48	275.32
32.69	226.9	32.69	271.1	32.69	272.8	32.69	256.92
30.83	205.8	30.83	255.6	30.90	261.6	30.85	241.00
29.03	201.5	29.03	251.2	29.03	253.1	29.03	235.28
27.24	188.8	27.24	234.1	27.24	235.2	27.24	219.36
25.45	173.1	25.45	217.0	25.45	224.6	25.45	204.90
23.66	160.2	23.66	200.5	23.66	206.7	23.66	189.14
21.86	154.1	21.86	188.9	21.86	193.3	21.86	178.75
20.07	143.6	20.07	177.1	20.07	183.3	20.07	168.03
18.28	133.8	18.21	162.9	18.21	167.8	18.23	154.86
16.41	124.7	16.41	147.8	16.41	151.3	16.41	141.27
14.62	111.4	14.62	134.8	14.62	138.4	14.62	128.19
12.83	102.4	12.83	121.8	12.83	125.2	12.83	116.45
11.03	89.2	11.03	106.8	11.03	111.7	11.03	102.58
9.24	79.1	9.24	93.5	9.24	96.8	9.24	89.78
7.45	66.7	7.45	79.2	7.45	82.7	7.45	76.20
5.61	54.9	5.61	64.4	5.61	66.6	5.61	61.95
3.81	42.7	3.81	49.4	3.81	50.4	3.81	47.50
2.01	27.8	2.01	32.3	2.01	33.2	2.01	31.10
0.21	14.9	0.20	16.8	0.20	17.0	0.20	16.22

						Average	Stdev
YS	18.4		19.5		21.1	19.7	1.4
VS	6.3		7.8		7.9	7.3	0.9
R2	1.0		1.0		1.0	1.0	0.0
Hysteresis	158		251		419	276	132

Set C7: CS-BX3 – BL30- L1 – 7 day – NIST code (folder SR 47-SR-44A)

SR-44A							
Run# G		Run# H		Run# I		Average	
SR	SS	SR	SS	SR	SS	SR	SS
0.20	40.8	0.19	27.0	0.21	26.8	0.20	31.52
2.64	93.8	2.64	47.4	2.65	47.3	2.64	62.83
5.08	143.6	5.10	66.1	5.10	68.9	5.09	92.88
7.52	185.2	7.52	83.2	7.52	85.7	7.52	118.05
10.00	208.0	10.00	100.6	10.00	102.1	10.00	136.91
12.41	232.1	12.41	117.6	12.48	120.4	12.44	156.71
14.90	252.8	14.90	133.8	14.90	139.9	14.90	175.49
17.31	276.4	17.31	150.5	17.31	154.1	17.31	193.67
19.79	292.4	19.79	165.6	19.79	167.4	19.79	208.47
22.28	315.7	22.28	179.0	22.21	179.1	22.25	224.59
24.69	318.4	24.69	192.3	24.69	200.9	24.69	237.18
27.10	336.2	27.10	207.6	27.17	214.9	27.13	252.88
29.59	355.3	29.59	219.7	29.59	222.0	29.59	265.68
32.00	361.9	32.00	225.9	32.00	234.9	32.00	274.23
34.48	412.2	34.48	236.7	34.48	227.8	34.48	292.24
34.41	420.2	34.48	253.7	34.48	259.1	34.46	311.02
32.62	368.0	32.62	237.4	32.69	260.6	32.64	288.68
30.90	373.9	30.90	226.9	30.83	236.6	30.87	279.11
29.10	336.8	29.03	207.7	29.03	218.9	29.06	254.49
27.24	331.1	27.24	200.6	27.24	212.6	27.24	248.10
25.45	306.0	25.45	191.5	25.45	195.1	25.45	230.85
23.66	302.0	23.66	181.1	23.66	180.4	23.66	221.19
21.86	275.9	21.86	167.7	21.86	173.7	21.86	205.78
20.07	241.8	20.07	154.8	20.07	154.4	20.07	183.65
18.21	227.0	18.21	144.5	18.21	147.7	18.21	173.10
16.41	217.5	16.41	133.1	16.41	143.6	16.41	164.77
14.62	197.1	14.62	122.2	14.62	126.5	14.62	148.61
12.83	166.4	12.83	107.6	12.83	117.0	12.83	130.34
11.03	154.9	11.03	98.9	11.03	101.6	11.03	118.45
9.24	133.7	9.24	85.6	9.24	90.9	9.24	103.44
7.45	113.3	7.45	73.7	7.45	76.1	7.45	87.70
5.60	93.1	5.61	60.9	5.60	64.1	5.60	72.70
3.79	70.7	3.81	46.8	3.82	51.2	3.81	56.23
2.01	47.6	2.01	32.8	2.01	34.1	2.01	38.16
0.20	25.4	0.21	19.4	0.20	20.2	0.20	21.68

						Average	Stdev
YS	29.8		22.6		23.6	25.3	3.9
VS	11.0		6.6		6.9	8.2	2.4
R2	1.0		1.0		1.0	1.0	0.0
Hysteresis	1302		241		139	561	644

Set C7: CS-BX3 – BL3- L1 – 7 day – NIST code (folder SR 47-SR-44B)

SR-44B							
Run# A		Run# B		Run# C		Average	
SR	SS	SR	SS	SR	SS	SR	SS
0.28	12.4	0.21	12.8	0.20	12.8	0.23	12.67
2.65	26.7	2.63	20.9	2.64	20.4	2.64	22.64
5.10	31.1	5.10	27.1	5.10	25.0	5.10	27.75
7.52	35.4	7.52	32.6	7.52	28.9	7.52	32.32
10.00	39.4	10.00	37.7	10.00	31.9	10.00	36.33
12.41	43.6	12.41	43.2	12.41	35.0	12.41	40.61
14.90	47.7	14.90	48.3	14.90	38.3	14.90	44.77
17.31	52.2	17.38	53.2	17.31	41.6	17.33	48.98
19.79	42.1	19.79	58.1	19.79	44.7	19.79	48.32
22.21	47.9	22.28	62.9	22.21	48.9	22.23	53.22
24.69	84.2	24.69	67.4	24.69	53.2	24.69	68.28
27.17	68.5	27.17	71.9	27.17	57.4	27.17	65.93
29.59	72.9	29.59	76.7	29.59	61.1	29.59	70.23
32.00	75.7	32.00	81.5	32.00	65.0	32.00	74.04
34.48	79.9	34.48	87.2	34.48	66.9	34.48	78.01
34.48	82.3	34.48	86.4	34.48	67.1	34.48	78.59
32.69	78.3	32.69	126.6	32.69	66.0	32.69	90.31
30.83	74.8	30.83	62.9	30.83	63.0	30.83	66.90
29.03	71.2	29.03	39.2	29.03	59.3	29.03	56.58
27.24	68.6	27.24	71.7	27.24	57.3	27.24	65.88
25.45	65.0	25.45	68.8	25.45	55.0	25.45	62.95
23.66	61.5	23.66	65.6	23.66	52.9	23.66	60.02
21.86	58.8	21.86	61.7	21.86	50.4	21.86	56.97
20.07	55.1	20.07	58.4	20.07	47.4	20.07	53.65
18.28	51.8	18.28	54.9	18.28	45.4	18.28	50.68
16.41	48.8	16.41	51.7	16.41	43.8	16.41	48.07
14.62	45.5	14.62	48.0	14.62	40.6	14.62	44.70
12.83	42.2	12.83	44.2	12.83	38.0	12.83	41.49
11.03	38.2	11.03	41.1	11.03	35.0	11.03	38.10
9.24	34.9	9.24	37.2	9.24	32.1	9.24	34.77
7.45	31.1	7.38	33.3	7.38	28.5	7.40	30.95
5.61	26.9	5.61	29.1	5.61	25.3	5.61	27.11
3.81	22.8	3.81	24.5	3.82	21.6	3.82	22.99
2.02	18.0	2.01	19.6	2.00	16.8	2.01	18.15
0.20	12.1	0.21	13.2	0.20	11.5	0.20	12.26

						Average	Stdev
YS	15.6		16.3		16.2	16.0	0.4
VS	2.0		2.1		1.5	1.8	0.3
R2	1.0		0.7		1.0	0.9	0.2
Hysteresis	50		6		27	28	22

Set C7: CS-BX3 – BL3- L2 – 7 day – NIST code (folder SR 47-SR-44C)

SR-44C

Run# J		Run# K		Run# L		Average	
SR	SS	SR	SS	SR	SS	SR	SS
0.20	28.2	0.20	21.9	0.20	39.3	0.20	29.78
2.63	61.1	2.65	39.7	2.66	86.9	2.65	62.56
5.10	95.0	5.10	57.1	5.09	145.1	5.09	99.08
7.52	126.7	7.52	72.8	7.59	184.7	7.54	128.06
10.00	145.8	10.00	87.7	10.00	218.0	10.00	150.51
12.41	166.6	12.41	102.2	12.41	251.2	12.41	173.35
14.90	177.4	14.90	116.7	14.90	279.8	14.90	191.28
17.38	189.9	17.31	131.4	17.38	304.3	17.36	208.56
19.79	209.2	19.79	144.2	19.79	327.8	19.79	227.07
22.21	229.2	22.21	161.2	22.21	353.2	22.21	247.88
24.69	243.7	24.69	171.2	24.69	383.3	24.69	266.07
27.17	258.0	27.10	182.9	27.10	407.3	27.13	282.75
29.59	275.5	29.59	195.7	29.59	421.3	29.59	297.49
32.00	288.3	32.00	207.9	32.00	439.2	32.00	311.81
34.48	302.4	34.48	230.7	34.48	439.7	34.48	324.24
34.48	326.7	34.48	224.1	34.48	499.1	34.48	349.97
32.69	307.2	32.69	202.2	32.62	490.3	32.67	333.25
30.90	287.9	30.90	196.7	30.90	459.5	30.90	314.68
29.03	265.1	29.10	197.4	29.03	416.0	29.06	292.79
27.24	256.9	27.24	183.0	27.24	399.1	27.24	279.68
25.45	244.2	25.45	172.2	25.45	372.3	25.45	262.92
23.66	228.2	23.66	161.4	23.66	349.4	23.66	246.33
21.86	214.5	21.86	151.4	21.86	327.9	21.86	231.29
20.07	194.6	20.00	146.6	20.07	295.8	20.05	212.33
18.21	181.9	18.28	133.1	18.21	276.1	18.23	197.01
16.41	171.3	16.41	115.0	16.41	262.0	16.41	182.76
14.62	154.5	14.62	109.9	14.62	234.2	14.62	166.20
12.83	138.0	12.83	101.7	12.83	207.2	12.83	148.94
11.03	122.8	11.03	89.6	11.03	185.5	11.03	132.65
9.24	107.9	9.24	78.9	9.24	160.9	9.24	115.88
7.45	91.3	7.45	67.8	7.45	133.7	7.45	97.56
5.61	75.2	5.61	55.3	5.61	109.3	5.61	79.92
3.82	58.1	3.81	43.2	3.80	82.3	3.81	61.22
2.01	38.5	1.99	29.3	2.02	51.4	2.01	39.72
0.20	20.7	0.20	17.2	0.19	23.5	0.20	20.47

						Average	Stdev
YS	25.4		22.6		28.8	25.6	3.1
VS	8.6		5.8		13.7	9.4	4.0
R2	1.0		1.0		1.0	1.0	0.0
Hysteresis	471		154		741	456	294

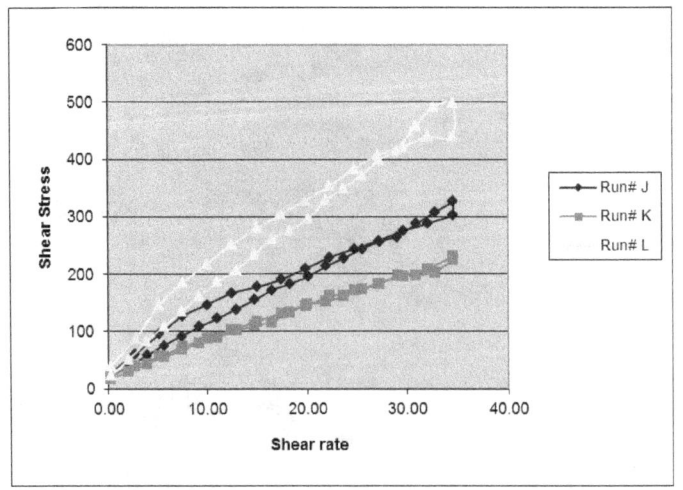

Set C7: CS-BX3 – BL30- L2 – 7 day – NIST code (folder SR 47-SR-44D)

SR-44D							
Run# D		Run# E		Run# F		Average	
SR	SS	SR	SS	SR	SS	SR	SS
0.21	18.0	0.21	23.6	0.20	25.6	0.21	22.40
2.65	39.0	2.66	60.4	2.65	62.2	2.65	53.91
5.08	58.8	5.10	98.8	5.10	97.7	5.09	85.08
7.59	76.1	7.52	135.6	7.52	128.8	7.54	113.49
10.00	93.4	10.00	164.0	10.00	149.2	10.00	135.55
12.41	110.4	12.41	190.6	12.41	169.9	12.41	156.97
14.90	126.8	14.90	213.3	14.90	185.4	14.90	175.15
17.38	142.5	17.31	233.6	17.31	200.7	17.33	192.26
19.79	158.3	19.79	245.8	19.79	216.8	19.79	206.96
22.21	173.4	22.21	253.5	22.21	241.3	22.21	222.74
24.69	183.2	24.69	259.6	24.69	243.6	24.69	228.84
27.10	197.8	27.10	273.2	27.10	256.0	27.10	242.32
29.59	213.4	29.59	286.2	29.59	273.8	29.59	257.80
32.00	226.3	32.00	300.0	32.00	287.0	32.00	271.10
34.48	244.8	34.48	316.8	34.48	332.9	34.48	298.20
34.48	240.0	34.48	354.3	34.48	329.0	34.48	307.77
32.69	226.7	32.69	327.8	32.69	282.7	32.69	279.05
30.90	219.1	30.83	306.3	30.90	277.8	30.87	267.74
29.03	212.0	29.03	293.5	29.10	280.3	29.06	261.95
27.24	198.6	27.24	273.1	27.24	254.5	27.24	242.07
25.45	188.0	25.45	258.0	25.45	245.1	25.45	230.39
23.66	176.0	23.66	235.6	23.66	228.8	23.66	213.48
21.86	165.5	21.86	222.2	21.86	209.1	21.86	198.92
20.07	156.3	20.00	210.2	20.07	205.9	20.05	190.81
18.21	143.2	18.28	190.1	18.28	184.0	18.25	172.44
16.41	129.0	16.41	174.2	16.41	154.8	16.41	152.69
14.62	119.4	14.62	159.4	14.62	149.0	14.62	142.58
12.83	108.2	12.83	142.8	12.83	136.3	12.83	129.10
11.03	95.5	11.03	126.7	11.03	119.5	11.03	113.91
9.24	83.3	9.24	110.2	9.24	103.9	9.24	99.13
7.45	70.9	7.45	92.7	7.45	89.2	7.45	84.30
5.61	57.5	5.61	74.8	5.60	70.4	5.61	67.58
3.81	44.0	3.81	56.4	3.81	52.9	3.81	51.10
2.01	29.1	1.99	35.8	1.99	34.1	2.00	32.99
0.21	14.9	0.20	17.3	0.20	17.0	0.20	16.40

						Average	Stdev
YS	21.2		19.7		21.8	20.9	1.1
VS	6.5		9.4		8.6	8.2	1.5
R2	1.0		1.0		1.0	1.0	0.0
Hysteresis	40		2085		594	906	1058

Set D1: CS-BX5 – BL11- L2 – Mixing Day – NIST code (folder SR 49-SR-48A)

SR-48A

Run# A		Run# B		Run# C		Average	
SR	SS	SR	SS	SR	SS	SR	SS
0.21	40.9	0.20	28.2	0.21	34.2	0.21	34.43
2.65	93.6	2.66	46.4	2.64	61.5	2.65	67.18
5.10	147.1	5.08	65.7	5.10	90.0	5.09	100.94
7.52	202.1	7.52	83.3	7.52	116.1	7.52	133.84
10.00	223.3	10.00	99.6	10.00	136.1	10.00	152.99
12.48	249.4	12.41	116.3	12.41	155.7	12.44	173.80
14.90	269.9	14.90	132.6	14.90	173.7	14.90	192.08
17.31	285.4	17.38	148.7	17.31	193.2	17.33	209.11
19.79	302.7	19.79	163.4	19.79	209.3	19.79	225.15
22.21	335.7	22.21	178.4	22.28	227.7	22.23	247.29
24.69	341.4	24.69	192.5	24.69	242.0	24.69	258.63
27.10	365.1	27.10	206.7	27.10	258.0	27.10	276.60
29.59	387.2	29.59	221.6	29.59	271.3	29.59	293.34
32.00	389.7	32.07	232.7	32.00	281.8	32.02	301.41
34.48	449.6	34.48	243.9	34.48	294.6	34.48	329.40
34.48	445.2	34.48	254.7	34.48	316.4	34.48	338.75
32.69	377.6	32.69	243.0	32.69	292.5	32.69	304.40
30.90	383.3	30.90	227.4	30.90	279.9	30.90	296.88
29.10	386.2	29.03	216.9	29.03	264.2	29.06	289.10
27.24	351.8	27.24	205.7	27.24	253.6	27.24	270.39
25.45	344.4	25.45	195.2	25.45	240.0	25.45	259.86
23.66	324.1	23.66	183.2	23.66	229.3	23.66	245.53
21.86	294.6	21.86	172.6	21.86	212.3	21.86	226.48
20.07	294.0	20.07	161.7	20.07	197.8	20.07	217.83
18.21	263.2	18.21	149.9	18.28	182.9	18.23	198.66
16.41	220.2	16.41	138.5	16.41	168.9	16.41	175.87
14.62	212.9	14.62	126.6	14.62	155.2	14.62	164.91
12.83	196.5	12.83	115.4	12.83	138.6	12.83	150.15
11.03	176.6	11.03	103.5	11.03	125.8	11.03	135.27
9.24	153.5	9.24	91.1	9.24	109.3	9.24	117.96
7.38	133.9	7.45	78.1	7.45	94.1	7.43	102.04
5.61	106.4	5.62	65.2	5.60	77.3	5.61	82.98
3.81	81.5	3.80	51.4	3.82	60.2	3.81	64.34
1.99	53.7	2.01	35.6	2.02	40.8	2.01	43.37
0.20	29.0	0.20	21.5	0.19	23.5	0.20	24.64

				Average	Stdev
YS	42.8	27.1	30.5	33.5	8.3
VS	11.5	6.6	8.2	8.8	2.5
R2	0.99	1.00	1.00	1.0	0.0
Hysteresis	1115	88	382	528	529

Set D1: CS-BX5 – BL36- L1 – Mixing Day – NIST code (folder SR 49-SR-48B)

SR-48B							
Run# D		Run# E		Run# F		Average	
SR	SS	SR	SS	SR	SS	SR	SS
0.20	23.9	0.20	26.2	0.19	22.8	0.20	24.29
2.63	47.6	2.64	52.5	2.63	43.9	2.64	48.00
5.10	70.0	5.10	78.5	5.10	61.9	5.10	70.13
7.52	98.1	7.52	103.3	7.52	78.3	7.52	93.22
10.00	116.9	10.00	116.3	10.00	93.7	10.00	108.95
12.41	137.7	12.41	134.7	12.48	107.2	12.44	126.54
14.90	155.4	14.90	151.7	14.90	122.4	14.90	143.19
17.31	170.4	17.31	167.4	17.31	136.8	17.31	158.18
19.79	183.6	19.79	182.5	19.79	148.2	19.79	171.44
22.21	195.3	22.28	195.9	22.28	162.9	22.25	184.71
24.69	209.1	24.69	212.0	24.69	175.0	24.69	198.69
27.17	219.2	27.10	226.7	27.10	187.6	27.13	211.20
29.59	226.8	29.59	236.1	29.59	199.0	29.59	220.64
32.00	236.4	32.00	243.1	32.00	205.3	32.00	228.30
34.48	240.8	34.48	240.3	34.48	209.7	34.48	230.28
34.48	276.1	34.48	281.4	34.48	228.5	34.48	262.00
32.69	266.3	32.69	275.9	32.69	223.7	32.69	255.30
30.83	244.0	30.90	250.6	30.90	209.2	30.87	234.61
29.03	228.7	29.03	227.2	29.03	189.0	29.03	214.95
27.24	214.1	27.24	218.5	27.24	184.0	27.24	205.54
25.45	200.3	25.45	205.3	25.45	173.9	25.45	193.18
23.66	180.8	23.66	191.5	23.66	164.7	23.66	179.00
21.86	174.9	21.86	183.5	21.86	154.5	21.86	170.98
20.07	163.6	20.07	165.4	20.07	138.0	20.07	155.66
18.28	151.0	18.28	154.1	18.21	129.9	18.25	145.02
16.41	139.2	16.41	146.6	16.41	124.8	16.41	136.91
14.62	126.6	14.62	132.8	14.62	112.0	14.62	123.79
12.83	118.3	12.83	119.9	12.83	100.4	12.83	112.90
11.03	102.0	11.03	104.7	11.03	89.0	11.03	98.55
9.24	90.0	9.24	93.1	9.24	78.1	9.24	87.07
7.38	76.6	7.45	78.2	7.38	66.4	7.40	73.73
5.61	63.3	5.60	65.1	5.61	55.5	5.60	61.31
3.81	49.4	3.82	50.9	3.82	43.4	3.82	47.88
2.01	32.2	2.01	33.1	2.01	28.8	2.01	31.35
0.20	17.6	0.19	18.1	0.20	16.3	0.20	17.34

	Run# D	Run# E	Run# F	Average	Stdev
YS	19.8	21.0	20.0	20.3	0.6
VS	7.3	7.4	6.1	6.9	0.7
R2	1.00	1.00	1.00	1.0	0.0
Hysteresis	391	338	194	308	102

Set D1: CS-BX5 – BL11- L1 – Mixing Day – NIST code (folder SR 49-SR-48C)

SR-48C

Run# G		Run# H		Run# I		Average	
SR	SS	SR	SS	SR	SS	SR	SS
0.20	35.8	0.20	32.1	0.20	32.5	0.20	33.47
2.65	78.2	2.65	62.4	2.65	65.6	2.65	68.72
5.10	129.1	5.10	97.3	5.10	94.0	5.10	106.82
7.52	168.7	7.52	127.0	7.52	124.9	7.52	140.20
10.00	193.7	10.00	147.8	10.00	146.6	10.00	162.69
12.41	221.0	12.41	167.9	12.41	169.2	12.41	186.01
14.90	245.1	14.90	186.3	14.90	190.0	14.90	207.17
17.31	260.3	17.31	205.7	17.31	209.6	17.31	225.20
19.79	277.5	19.79	225.6	19.79	225.9	19.79	243.03
22.21	284.1	22.21	244.9	22.28	242.9	22.23	257.28
24.69	317.1	24.69	251.4	24.69	263.5	24.69	277.34
27.10	342.5	27.10	264.4	27.17	277.8	27.13	294.90
29.59	350.0	29.59	279.5	29.59	292.1	29.59	307.17
32.00	353.6	32.00	296.6	32.00	301.9	32.00	317.40
34.48	334.5	34.48	329.7	34.48	299.1	34.48	321.13
34.41	421.2	34.48	327.9	34.48	343.5	34.46	364.20
32.69	397.7	32.69	302.8	32.69	335.7	32.69	345.39
30.90	374.5	30.83	288.8	30.90	307.9	30.87	323.72
29.10	326.3	29.03	293.3	29.03	277.1	29.06	298.89
27.24	320.3	27.24	267.4	27.24	276.0	27.24	287.90
25.45	308.8	25.45	252.0	25.45	258.4	25.45	273.08
23.66	298.6	23.66	233.5	23.66	243.9	23.66	258.66
21.86	274.3	21.86	219.5	21.86	229.4	21.86	241.05
20.07	252.2	20.00	210.4	20.07	207.1	20.05	223.22
18.21	233.6	18.28	191.9	18.28	195.1	18.25	206.85
16.41	211.2	16.41	173.1	16.41	185.5	16.41	189.94
14.62	197.6	14.62	160.8	14.62	165.6	14.62	174.66
12.83	172.1	12.83	147.6	12.83	148.1	12.83	155.91
11.03	159.4	11.03	127.9	11.03	133.4	11.03	140.26
9.24	136.1	9.17	112.9	9.24	116.2	9.22	121.73
7.45	116.7	7.38	96.4	7.45	97.9	7.43	103.66
5.61	93.8	5.61	79.1	5.61	81.2	5.61	84.72
3.81	70.7	3.81	61.1	3.81	63.1	3.81	64.98
2.00	47.5	1.99	39.7	2.01	41.4	2.00	42.85
0.21	24.4	0.20	21.5	0.21	22.3	0.21	22.72

						Average	Stdev
YS	30.0		29.5		28.3	29.3	0.9
VS	11.1		8.7		9.1	9.6	1.3
R2	1.00		1.00		1.00	1.0	0.0
Hysteresis	771		511		388	557	196

Set D1: CS-BX5 – BL36- L2 – Mixing Day – NIST code (folder SR 49-SR-48D)

SR-48D							
Run# J		Run# K		Run# M		Average	
SR	SS	SR	SS	SR	SS	SR	SS
0.20	30.1	0.19	26.0	0.21	26.1	0.20	27.38
2.64	56.9	2.65	46.4	2.63	53.4	2.64	52.25
5.10	80.1	5.10	67.1	5.10	76.7	5.10	74.63
7.52	104.5	7.59	86.9	7.52	98.1	7.54	96.52
10.00	122.1	10.00	102.7	10.00	116.1	10.00	113.65
12.41	141.9	12.41	119.1	12.41	132.9	12.41	131.30
14.90	161.6	14.90	134.5	14.90	149.1	14.90	148.40
17.38	176.4	17.38	149.3	17.31	164.5	17.36	163.39
19.79	193.9	19.79	161.9	19.79	180.3	19.79	178.71
22.21	203.7	22.21	171.9	22.21	190.6	22.21	188.75
24.69	222.7	24.69	189.0	24.69	209.8	24.69	207.20
27.17	236.8	27.10	200.3	27.17	222.6	27.15	219.89
29.59	247.2	29.59	208.6	29.59	231.3	29.59	229.02
32.00	261.7	32.00	215.0	32.00	245.1	32.00	240.61
34.48	260.9	34.48	216.3	34.48	251.7	34.48	242.98
34.48	293.8	34.48	242.8	34.48	278.7	34.48	271.76
32.69	284.0	32.62	238.9	32.69	254.7	32.67	259.22
30.83	259.2	30.90	224.1	30.83	239.3	30.85	240.86
29.03	245.1	29.03	199.2	29.03	241.0	29.03	228.44
27.24	235.2	27.24	192.0	27.24	218.9	27.24	215.35
25.45	222.3	25.45	181.9	25.45	208.0	25.45	204.09
23.66	203.7	23.66	174.8	23.66	191.8	23.66	190.13
21.86	193.4	21.86	163.3	21.86	179.1	21.86	178.58
20.07	179.8	20.07	146.9	20.07	172.9	20.07	166.50
18.21	168.2	18.21	137.5	18.28	157.7	18.23	154.48
16.41	155.8	16.41	133.2	16.41	141.9	16.41	143.63
14.62	142.8	14.62	119.3	14.62	130.6	14.62	130.91
12.83	130.8	12.83	104.5	12.83	118.7	12.83	118.02
11.03	114.6	11.03	95.3	11.03	106.1	11.03	105.37
9.24	100.5	9.24	82.9	9.24	92.2	9.24	91.89
7.38	87.0	7.45	70.9	7.38	79.5	7.40	79.13
5.61	71.5	5.61	59.1	5.60	64.8	5.61	65.15
3.81	55.6	3.81	45.7	3.82	50.2	3.81	50.51
2.01	37.1	2.01	31.5	2.01	33.9	2.01	34.14
0.21	20.7	0.20	18.1	0.20	18.9	0.20	19.27

						Average	Stdev
YS	26.5		21.4		22.9	23.6	2.6
VS	7.7		6.4		7.3	7.1	0.6
R2	1.00		1.00		1.00	1.0	0.0
Hysteresis	274		266		306	282	21

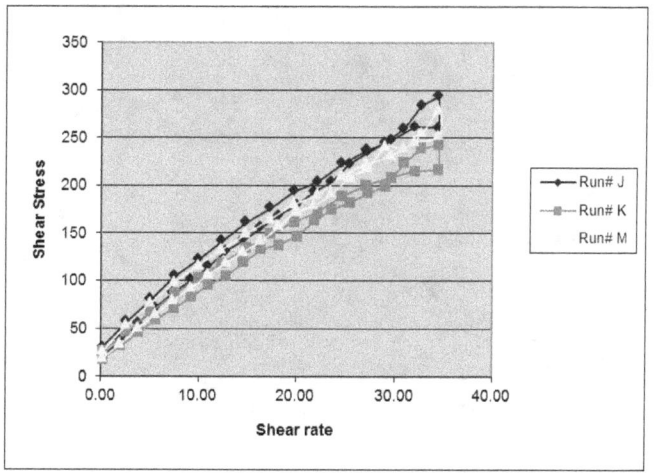

Set D3: CS-BX5 – BL11- L2 – 3 day – NIST code (folder SR 50-SR-48A)

SR-48A

Run# G		Run# I		Run# J		Average	
SR	SS	SR	SS	SR	SS	SR	SS
0.20	23.6	0.21	27.9	0.20	32.3	0.20	27.93
2.63	40.6	2.65	55.6	2.64	67.0	2.64	54.39
5.10	57.1	5.10	81.7	5.09	97.6	5.10	78.78
7.52	72.3	7.52	107.5	7.52	129.1	7.52	102.98
10.00	86.2	10.00	126.1	10.00	142.9	10.00	118.38
12.41	101.0	12.41	145.1	12.48	162.8	12.44	136.29
14.90	115.0	14.90	161.6	14.90	181.5	14.90	152.69
17.38	129.4	17.31	177.3	17.31	199.2	17.33	168.60
19.79	143.0	19.79	195.1	19.79	215.3	19.79	184.48
22.21	153.1	22.21	208.0	22.28	232.4	22.23	197.86
24.69	165.8	24.69	222.0	24.69	248.2	24.69	212.02
27.17	179.2	27.10	235.9	27.10	265.8	27.13	226.97
29.59	188.4	29.59	245.7	29.59	278.6	29.59	237.58
32.00	201.2	32.00	259.6	32.00	286.0	32.00	248.92
34.48	206.8	34.48	260.9	34.48	300.9	34.48	256.19
34.48	215.6	34.48	298.7	34.48	322.7	34.48	279.03
32.69	211.1	32.69	287.6	32.62	292.3	32.67	263.67
30.83	199.0	30.83	264.1	30.90	286.1	30.85	249.75
29.03	185.4	29.03	240.1	29.03	271.3	29.03	232.27
27.24	178.3	27.24	233.2	27.24	256.3	27.24	222.60
25.45	167.5	25.45	217.3	25.45	244.9	25.45	209.90
23.66	156.0	23.66	203.7	23.66	235.1	23.66	198.27
21.86	148.5	21.86	193.1	21.86	214.8	21.86	185.47
20.07	137.1	20.07	172.7	20.07	201.5	20.07	170.39
18.21	127.7	18.21	160.8	18.21	186.4	18.21	158.31
16.41	118.3	16.41	155.6	16.41	165.9	16.41	146.58
14.62	107.4	14.62	138.5	14.62	155.8	14.62	133.89
12.83	98.5	12.83	122.9	12.83	137.5	12.83	119.62
11.03	87.2	11.03	110.4	11.03	125.1	11.03	107.54
9.24	76.7	9.24	96.2	9.24	107.9	9.24	93.62
7.38	65.7	7.45	81.1	7.45	93.2	7.43	79.98
5.61	54.6	5.60	67.6	5.62	75.6	5.61	65.92
3.82	43.0	3.81	52.3	3.80	57.5	3.81	50.94
2.01	29.6	1.99	34.9	2.02	39.3	2.01	34.61
0.20	17.6	0.19	19.6	0.21	21.8	0.20	19.66

						Average	Stdev
YS		21.7		20.9		29.3	24.0	4.6
VS		5.7		7.9		8.5	7.4	1.4
R2		1.0		1.0		1.0	1.0	0.0
Hysteresis		114		397		485	332	194

Set D3: CS-BX5 – BL36- L1 – 3 day – NIST code (folder SR 50-SR-48B)

SR-48B

Run# A		Run# B		Run# C		Average	
SR	SS	SR	SS	SR	SS	SR	SS
0.26	14.4	0.20	16.3	0.20	22.3	0.22	17.67
2.65	33.8	2.65	31.1	2.65	46.8	2.65	37.21
5.09	46.6	5.08	45.6	5.08	70.2	5.09	54.12
7.52	59.4	7.52	58.1	7.59	91.3	7.54	69.60
10.00	71.9	10.00	69.9	10.00	107.1	10.00	82.94
12.41	85.1	12.41	82.3	12.41	123.6	12.41	97.00
14.90	97.6	14.90	94.8	14.90	138.1	14.90	110.16
17.38	110.1	17.31	106.7	17.31	154.0	17.33	123.61
19.79	121.5	19.79	117.7	19.79	166.9	19.79	135.37
22.21	132.9	22.21	126.7	22.21	182.5	22.21	147.39
24.69	144.8	24.69	138.7	24.69	193.9	24.69	159.12
27.10	155.2	27.10	150.8	27.10	207.0	27.10	170.97
29.59	164.1	29.59	161.3	29.59	219.6	29.59	181.63
32.00	174.8	32.00	169.7	32.00	229.5	32.00	191.33
34.48	184.7	34.48	171.0	34.48	243.5	34.48	199.72
34.48	191.8	34.48	189.1	34.48	256.4	34.48	212.39
32.62	184.1	32.69	179.6	32.62	245.7	32.64	203.14
30.90	171.7	30.90	166.6	30.90	232.5	30.90	190.26
29.03	160.4	29.03	156.0	29.03	211.1	29.03	175.84
27.24	152.7	27.24	148.3	27.24	202.7	27.24	167.91
25.45	144.4	25.45	140.0	25.45	191.5	25.45	158.62
23.66	140.3	23.66	131.6	23.66	181.1	23.66	151.02
21.86	129.3	21.86	125.3	21.86	169.7	21.86	141.43
20.07	117.0	20.07	113.0	20.07	157.2	20.07	129.07
18.21	109.8	18.21	105.3	18.21	142.5	18.21	119.19
16.41	102.9	16.41	100.5	16.41	132.5	16.41	111.98
14.62	93.6	14.62	90.2	14.62	121.5	14.62	101.78
12.83	83.3	12.83	81.5	12.83	106.5	12.83	90.43
11.03	75.6	11.03	72.5	11.03	97.1	11.03	81.72
9.24	65.4	9.24	63.8	9.24	83.6	9.24	70.92
7.45	55.9	7.45	53.8	7.45	71.7	7.45	60.43
5.61	46.2	5.61	45.0	5.61	58.1	5.61	49.79
3.81	35.7	3.81	35.2	3.81	43.9	3.81	38.27
2.02	24.3	2.01	23.7	2.01	29.4	2.02	25.77
0.20	13.2	0.20	13.0	0.20	15.2	0.20	13.83

						Average	Stdev
YS	16.9		16.1		18.1	17.0	1.0
VS	5.1		4.9		6.9	5.6	1.1
R2	1.0		1.0		1.0	1.0	0.0
Hysteresis	67		58		337	154	159

Set D3: CS-BX5 – BL11- L1 – 3 day – NIST code (folder SR 50-SR-48C)

SR-48C							
Run# K		Run# L		Run# N		Average	
SR	SS	SR	SS	SR	SS	SR	SS
0.21	22.2	0.19	22.5	0.20	24.0	0.20	22.89
2.64	40.1	2.65	42.6	2.64	44.0	2.64	42.25
5.09	58.8	5.09	60.6	5.09	62.6	5.09	60.67
7.52	75.0	7.59	77.2	7.52	79.9	7.54	77.36
10.00	90.9	10.00	93.6	10.00	97.0	10.00	93.84
12.41	107.0	12.41	109.6	12.41	114.0	12.41	110.20
14.90	121.8	14.90	126.4	14.90	130.2	14.90	126.13
17.38	135.6	17.38	142.5	17.31	146.0	17.36	141.38
19.79	150.6	19.79	156.1	19.79	157.7	19.79	154.81
22.21	161.8	22.21	168.6	22.28	171.0	22.23	167.14
24.69	177.5	24.69	184.2	24.69	190.0	24.69	183.88
27.10	190.3	27.10	199.8	27.10	203.4	27.10	197.82
29.59	201.5	29.59	210.0	29.59	215.8	29.59	209.11
32.00	211.0	32.07	218.1	32.00	220.9	32.02	216.68
34.48	216.6	34.48	224.7	34.48	218.0	34.48	219.78
34.48	237.0	34.48	241.9	34.48	246.3	34.48	241.74
32.69	222.3	32.62	232.3	32.62	245.3	32.64	233.31
30.90	210.8	30.90	220.3	30.90	229.1	30.90	220.06
29.03	196.4	29.03	202.6	29.03	199.5	29.03	199.47
27.24	185.5	27.24	194.1	27.24	198.2	27.24	192.60
25.45	176.9	25.45	184.2	25.45	185.4	25.45	182.16
23.66	166.2	23.66	175.8	23.66	177.8	23.66	173.25
21.86	155.5	21.86	162.4	21.86	168.7	21.86	162.19
20.07	144.2	20.07	147.7	20.07	147.5	20.07	146.46
18.21	133.5	18.21	138.7	18.21	139.5	18.21	137.27
16.41	124.8	16.41	128.7	16.41	135.3	16.41	129.60
14.62	113.2	14.62	117.1	14.62	120.3	14.62	116.87
12.83	101.4	12.83	103.8	12.83	106.0	12.83	103.73
11.03	91.2	11.03	93.7	11.03	96.3	11.03	93.71
9.24	79.4	9.24	81.6	9.24	83.5	9.24	81.49
7.45	67.7	7.45	69.7	7.45	70.9	7.45	69.41
5.62	56.2	5.61	57.2	5.61	59.3	5.62	57.55
3.79	43.6	3.80	44.0	3.81	45.8	3.80	44.47
2.01	29.6	2.01	29.9	2.01	31.0	2.01	30.16
0.20	17.0	0.19	16.8	0.21	17.5	0.20	17.13

					Average	Stdev
YS	20.2	20.0	20.5	20.2	0.3
VS	6.2	6.5	6.6	6.4	0.2
R2	1.0	1.0	1.0	1.0	0.0
Hysteresis	134	150	146	143	8

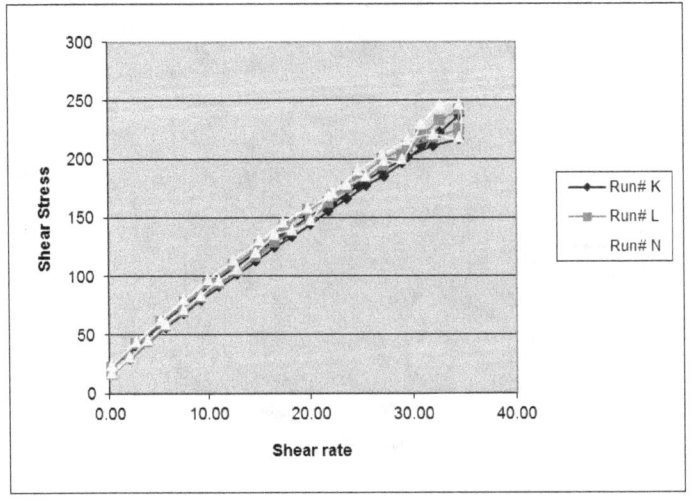

Set D3: CS-BX5 – BL36- L2 – 3 day – NIST code (folder SR 50-SR-48D)

SR-48D							
Run# D		Run# E		Run# F		Average	
SR	SS	SR	SS	SR	SS	SR	SS
0.20	22.7	0.21	22.5	0.20	17.4	0.20	20.87
2.64	51.4	2.64	46.9	2.63	32.0	2.64	43.44
5.08	80.5	5.10	73.4	5.10	46.2	5.09	66.70
7.52	104.9	7.52	96.9	7.52	57.9	7.52	86.59
10.00	124.5	10.00	115.7	10.00	70.1	10.00	103.39
12.41	140.9	12.41	133.5	12.48	81.5	12.44	118.66
14.90	157.5	14.90	149.4	14.90	93.9	14.90	133.60
17.38	174.8	17.31	157.7	17.31	105.8	17.33	146.13
19.79	191.9	19.79	166.2	19.79	117.0	19.79	158.36
22.21	208.1	22.21	175.7	22.28	128.2	22.23	170.63
24.69	216.4	24.69	189.1	24.69	137.4	24.69	180.95
27.10	225.0	27.10	202.3	27.17	148.1	27.13	191.82
29.59	237.6	29.59	211.2	29.59	157.5	29.59	202.11
32.07	253.6	32.00	221.3	32.00	164.7	32.02	213.20
34.48	275.6	34.48	225.7	34.48	173.4	34.48	224.90
34.48	284.9	34.48	255.2	34.48	180.6	34.48	240.24
32.69	267.9	32.69	243.8	32.69	178.2	32.69	229.96
30.90	251.1	30.83	227.9	30.90	166.2	30.87	215.10
29.03	245.7	29.10	211.1	29.03	148.4	29.06	201.71
27.24	224.8	27.24	198.4	27.24	145.5	27.24	189.59
25.45	212.6	25.45	185.1	25.45	137.9	25.45	178.54
23.66	194.5	23.66	174.5	23.66	131.0	23.66	166.70
21.86	183.7	21.86	164.5	21.86	123.2	21.86	157.13
20.07	175.3	20.07	150.1	20.07	112.0	20.07	145.79
18.21	159.5	18.21	139.6	18.28	104.5	18.23	134.53
16.41	145.7	16.41	129.6	16.41	98.8	16.41	124.68
14.62	132.6	14.62	117.8	14.62	88.9	14.62	113.09
12.83	121.3	12.83	105.8	12.83	80.2	12.83	102.45
11.03	106.7	11.03	94.4	11.03	70.9	11.03	90.65
9.24	93.1	9.24	82.3	9.24	62.6	9.24	79.33
7.45	79.0	7.45	69.4	7.45	52.9	7.45	67.09
5.61	64.2	5.60	57.3	5.60	44.3	5.60	55.27
3.81	49.2	3.81	44.3	3.82	34.7	3.81	42.73
2.01	32.1	1.99	29.6	2.02	23.3	2.01	28.31
0.20	17.0	0.21	16.3	0.20	13.4	0.20	15.56

	Run# D	Run# E	Run# F	Average	Stdev
YS	20.2	17.5	16.4	18.0	2.0
VS	7.6	6.8	4.8	6.4	1.4
R2	1.0	1.0	1.0	1.0	0.0
Hysteresis	459	433	88	327	207

Set D7: CS-BX5 – BL11- L2 – 7 day – NIST code (folder SR 51-SR-48A)

SR-48A

Run# G		Run# H		Run# I		Average	
SR	SS	SR	SS	SR	SS	SR	SS
0.21	26.9	0.19	25.8	0.20	22.2	0.20	24.96
2.64	52.2	2.64	50.3	2.63	40.3	2.64	47.58
5.10	79.8	5.08	72.6	5.10	59.0	5.10	70.48
7.52	105.9	7.52	92.6	7.52	76.6	7.52	91.72
10.00	122.6	10.00	110.1	10.00	91.2	10.00	107.96
12.41	142.4	12.41	126.9	12.41	105.8	12.41	125.05
14.90	161.3	14.90	143.2	14.90	121.4	14.90	141.96
17.31	180.8	17.38	161.5	17.31	138.0	17.33	160.08
19.79	195.8	19.79	177.4	19.79	147.4	19.79	173.51
22.28	212.9	22.21	192.4	22.28	159.4	22.25	188.21
24.69	226.7	24.69	206.3	24.69	179.4	24.69	204.14
27.17	240.5	27.10	221.8	27.17	190.2	27.15	217.50
29.59	253.2	29.59	235.5	29.59	197.9	29.59	228.87
32.00	263.7	32.00	246.1	32.00	211.5	32.00	240.42
34.48	278.7	34.48	255.9	34.48	206.5	34.48	247.03
34.48	300.5	34.48	275.3	34.48	237.9	34.48	271.21
32.69	282.2	32.62	255.1	32.69	230.7	32.67	256.01
30.90	264.2	30.90	242.0	30.83	208.2	30.87	238.11
29.03	247.5	29.03	230.3	29.03	204.1	29.03	227.29
27.24	235.5	27.24	217.0	27.24	182.8	27.24	211.80
25.45	221.1	25.45	207.4	25.45	175.8	25.45	201.44
23.66	208.2	23.66	196.3	23.66	160.6	23.66	188.37
21.86	193.8	21.86	181.3	21.86	149.6	21.86	174.89
20.07	180.9	20.07	170.6	20.07	151.2	20.07	167.55
18.28	165.7	18.21	156.1	18.28	137.4	18.25	153.07
16.41	154.3	16.41	143.5	16.41	115.7	16.41	137.86
14.62	140.5	14.62	131.7	14.62	111.4	14.62	127.87
12.83	124.0	12.83	118.5	12.83	102.7	12.83	115.07
11.03	112.0	11.03	106.5	11.03	91.8	11.03	103.43
9.24	97.3	9.24	92.6	9.24	80.1	9.24	89.97
7.38	82.6	7.45	79.5	7.45	70.1	7.43	77.41
5.61	67.9	5.61	64.9	5.61	55.7	5.61	62.87
3.81	52.2	3.80	49.9	3.82	42.9	3.81	48.35
2.00	34.5	2.02	33.9	2.01	29.9	2.01	32.75
0.21	18.7	0.20	19.2	0.19	17.3	0.20	18.37

				Average	Stdev
YS	21.7	23.7	19.5	21.6	2.1
VS	7.9	7.2	6.2	7.1	0.8
R2	1.0	1.0	1.0	1.0	0.0
Hysteresis	398	238	107	248	146

Set D7: CS-BX5 – BL36- L1 – 7 day – NIST code (folder SR 51-SR-48B)

SR-48B							
Run# J		Run# K		Run# L		Average	
SR	SS	SR	SS	SR	SS	SR	SS
0.20	18.5	0.20	15.1	0.21	15.5	0.20	16.38
2.66	40.6	2.65	28.7	2.65	30.2	2.65	33.16
5.10	57.4	5.10	42.4	5.10	43.9	5.10	47.90
7.52	74.0	7.52	54.3	7.59	55.8	7.54	61.38
10.00	90.6	10.00	66.2	10.00	67.2	10.00	74.67
12.41	105.5	12.41	78.2	12.41	78.7	12.41	87.48
14.90	119.8	14.90	89.8	14.90	90.2	14.90	99.95
17.31	133.2	17.38	101.8	17.31	102.0	17.33	112.33
19.79	145.7	19.79	113.2	19.79	112.8	19.79	123.90
22.21	164.1	22.28	122.2	22.28	124.6	22.25	136.99
24.69	168.6	24.69	134.3	24.69	132.8	24.69	145.24
27.10	180.9	27.17	146.3	27.10	141.9	27.13	156.36
29.59	195.2	29.59	155.7	29.59	152.6	29.59	167.82
32.00	204.7	32.00	162.3	32.00	162.1	32.00	176.34
34.48	235.0	34.48	165.7	34.48	174.1	34.48	191.57
34.48	228.2	34.48	177.9	34.48	182.9	34.48	196.32
32.69	199.3	32.69	175.5	32.69	170.5	32.69	181.76
30.90	195.1	30.90	163.6	30.90	158.9	30.90	172.54
29.10	194.3	29.03	148.2	29.03	148.2	29.06	163.55
27.24	179.2	27.24	141.7	27.24	141.7	27.24	154.19
25.45	175.0	25.45	133.3	25.45	133.3	25.45	147.18
23.66	159.4	23.66	128.4	23.66	128.4	23.66	138.70
21.86	147.1	21.86	120.3	21.86	120.5	21.86	129.32
20.00	145.8	20.07	108.5	20.07	109.7	20.05	121.34
18.28	130.8	18.28	101.7	18.21	101.7	18.25	111.41
16.41	111.6	16.41	96.3	16.41	95.2	16.41	101.02
14.62	105.7	14.62	86.3	14.62	86.4	14.62	92.80
12.83	98.4	12.83	78.0	12.83	76.2	12.83	84.19
11.03	86.4	11.03	69.1	11.03	69.3	11.03	74.89
9.24	75.2	9.24	60.7	9.24	59.9	9.24	65.26
7.38	64.4	7.45	51.0	7.45	51.1	7.43	55.50
5.61	51.7	5.60	42.5	5.61	42.1	5.60	45.41
3.81	39.5	3.82	33.5	3.81	32.3	3.81	35.11
1.99	25.8	2.01	22.0	2.02	21.7	2.01	23.20
0.20	13.4	0.20	12.2	0.21	12.0	0.20	12.53

	Run# J	Run# K	Run# L	Average	Stdev
YS	18.2	14.9	14.5	15.9	2.1
VS	5.9	4.8	4.8	5.2	0.7
R2	1.0	1.0	1.0	1.0	0.0
Hysteresis	267	46	76	130	120

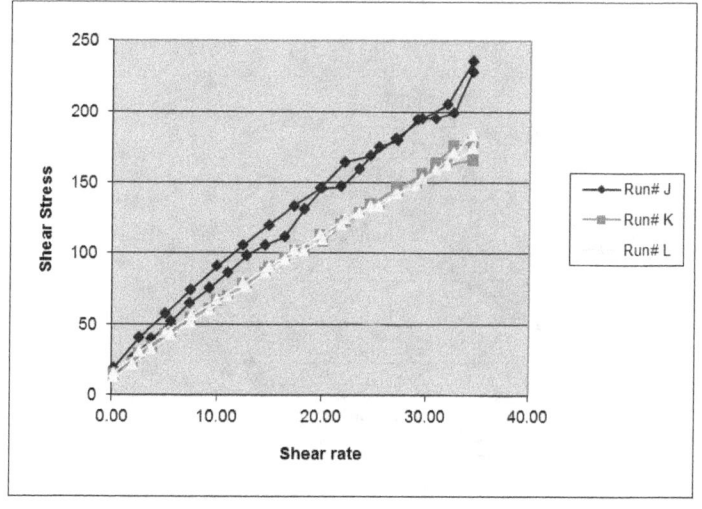

Set D7: CS-BX5 – BL11- L1 – 7 day – NIST code (folder SR 51-SR-48C)

SR-48C							
Run# D		Run# E		Run# F		Average	
SR	SS	SR	SS	SR	SS	SR	SS
0.21	21.4	0.20	28.8	0.20	27.1	0.20	25.74
2.65	40.3	2.64	62.4	2.65	59.4	2.65	54.02
5.08	59.3	5.11	96.9	5.10	88.9	5.10	81.71
7.52	75.8	7.52	127.8	7.59	111.9	7.54	105.17
10.00	92.3	10.00	150.9	10.00	130.0	10.00	124.38
12.41	108.2	12.41	176.0	12.48	150.8	12.44	145.00
14.90	123.9	14.90	198.0	14.90	171.6	14.90	164.49
17.38	140.7	17.31	220.0	17.38	188.5	17.36	183.07
19.79	154.3	19.79	239.0	19.79	204.8	19.79	199.37
22.21	166.8	22.21	259.3	22.21	218.3	22.21	214.80
24.69	182.4	24.69	275.2	24.69	240.3	24.69	232.62
27.10	198.0	27.10	289.8	27.10	256.5	27.10	248.12
29.59	208.8	29.59	304.2	29.59	266.6	29.59	259.86
32.00	214.5	32.00	315.9	32.00	280.3	32.00	270.22
34.48	216.8	34.48	329.8	34.48	291.1	34.48	279.26
34.48	239.2	34.48	358.1	34.48	316.6	34.48	304.65
32.62	229.6	32.69	340.4	32.62	297.3	32.64	289.12
30.90	214.9	30.90	321.1	30.90	280.4	30.90	272.11
29.03	198.6	29.03	295.9	29.03	258.8	29.03	251.09
27.24	192.3	27.24	285.6	27.24	250.7	27.24	242.87
25.45	180.2	25.45	268.2	25.45	235.7	25.45	228.03
23.66	173.1	23.66	251.1	23.66	223.1	23.66	215.76
21.86	161.5	21.86	234.9	21.86	208.0	21.86	201.48
20.07	148.6	20.07	215.7	20.07	189.6	20.07	184.62
18.21	136.7	18.21	199.1	18.21	175.4	18.21	170.40
16.41	126.6	16.41	184.7	16.41	163.2	16.41	158.18
14.62	116.3	14.62	168.1	14.62	149.0	14.62	144.48
12.83	102.0	12.83	149.1	12.83	132.3	12.83	127.81
11.03	93.5	11.03	132.5	11.03	119.5	11.03	115.17
9.24	80.7	9.24	116.2	9.24	103.0	9.24	99.96
7.45	69.3	7.45	97.3	7.45	87.5	7.45	84.71
5.61	56.5	5.61	79.2	5.61	71.6	5.61	69.08
3.80	43.1	3.82	60.4	3.81	54.4	3.81	52.61
2.01	29.5	2.00	38.8	2.02	36.2	2.01	34.83
0.19	16.3	0.20	19.2	0.20	19.4	0.20	18.30

						Average	Stdev
YS	20.0		23.4		23.0	22.2	1.9
VS	6.4		9.7		8.4	8.1	1.7
R2	1.0		1.0		1.0	1.0	0.0
Hysteresis	139		548		406	364	207

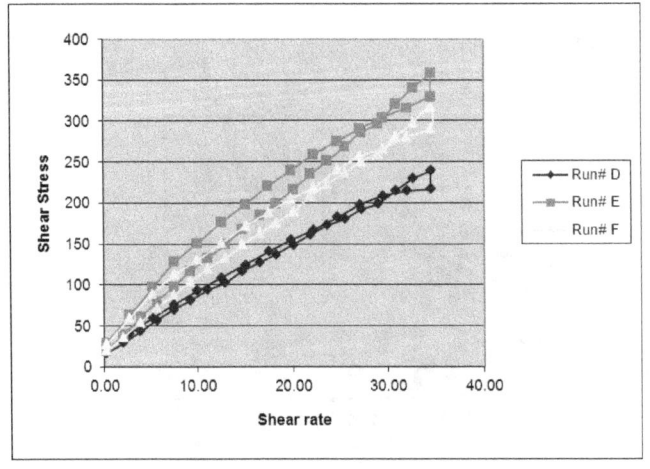

Set D7: CS-BX5 – BL36- L2– 7 day – NIST code (folder SR 51-SR-48D)

SR-48D

Run# A		Run# B		Run# C		Average	
SR	SS	SR	SS	SR	SS	SR	SS
0.19	19.6	0.20	16.4	0.20	21.7	0.20	19.24
2.65	42.4	2.65	30.4	2.64	47.3	2.65	40.04
5.10	63.9	5.10	44.1	5.10	71.7	5.10	59.91
7.52	84.1	7.52	55.5	7.52	94.6	7.52	78.07
10.00	99.3	10.00	66.8	10.00	111.6	10.00	92.53
12.41	114.3	12.41	78.1	12.41	129.1	12.41	107.17
14.90	129.0	14.90	89.1	14.90	146.3	14.90	121.48
17.38	143.9	17.38	100.8	17.38	160.0	17.38	134.90
19.79	157.4	19.79	110.9	19.79	176.1	19.79	148.13
22.21	170.1	22.21	121.6	22.21	188.5	22.21	160.08
24.69	181.6	24.69	130.6	24.69	204.9	24.69	172.38
27.10	194.7	27.10	141.6	27.17	216.3	27.13	184.22
29.59	203.9	29.59	153.7	29.59	228.5	29.59	195.38
32.07	213.1	32.00	161.2	32.00	241.8	32.02	205.37
34.48	227.2	34.48	173.2	34.48	243.2	34.48	214.53
34.48	245.5	34.48	168.6	34.48	268.5	34.48	227.52
32.69	226.6	32.69	161.0	32.69	261.3	32.69	216.31
30.90	212.6	30.83	156.5	30.90	241.5	30.87	203.55
29.03	200.6	29.03	151.2	29.03	227.7	29.03	193.20
27.24	188.5	27.24	140.5	27.24	214.1	27.24	181.04
25.45	180.0	25.45	135.8	25.45	200.3	25.45	172.04
23.66	168.0	23.66	126.0	23.66	185.0	23.66	159.66
21.86	157.5	21.86	117.2	21.86	176.5	21.86	150.39
20.07	146.5	20.07	111.5	20.07	163.6	20.07	140.55
18.21	133.1	18.21	102.0	18.28	148.1	18.23	127.73
16.41	121.7	16.41	92.0	16.41	137.7	16.41	117.15
14.62	112.5	14.62	85.4	14.62	126.4	14.62	108.09
12.83	100.2	12.83	77.4	12.83	114.1	12.83	97.26
11.03	89.7	11.03	68.7	11.03	99.6	11.03	86.00
9.24	77.7	9.24	60.4	9.24	87.0	9.24	75.03
7.45	66.4	7.45	51.8	7.38	73.4	7.43	63.86
5.62	54.0	5.61	42.2	5.61	60.2	5.62	52.14
3.81	40.9	3.81	32.6	3.82	46.6	3.81	40.05
2.01	27.5	2.01	22.4	2.01	30.1	2.01	26.65
0.19	14.8	0.21	12.5	0.20	15.8	0.20	14.37

						Average	Stdev
YS	16.5		16.7		17.9	17.0	0.8
VS	6.4		4.6		7.3	6.1	1.4
R2	1.0		1.0		1.0	1.0	0.0
Hysteresis	313		85		329	242	137

Set E1: CS-BX5 – BL11- L2 – Mixing Day – NIST code (folder SR 53-SR-52A)

SR-52A

Run# A		Run# B		Run# C		Average	
SR	SS	SR	SS	SR	SS	SR	SS
0.21	28.7	0.19	30.7	0.21	37.2	0.20	32.20
2.63	63.3	2.64	60.1	2.65	74.3	2.64	65.90
5.10	89.4	5.09	84.4	5.08	125.8	5.09	99.86
7.52	117.8	7.52	109.6	7.52	167.7	7.52	131.72
10.00	136.5	10.00	128.2	10.00	190.8	10.00	151.85
12.41	156.1	12.41	146.0	12.41	216.1	12.41	172.76
14.90	176.8	14.90	165.4	14.90	231.9	14.90	191.37
17.31	192.9	17.38	183.3	17.31	247.4	17.33	207.89
19.79	209.5	19.79	197.9	19.79	264.9	19.79	224.10
22.21	226.2	22.21	216.7	22.21	287.9	22.21	243.59
24.69	241.3	24.69	226.3	24.69	292.9	24.69	253.49
27.10	258.0	27.10	242.1	27.10	308.1	27.10	269.41
29.59	272.9	29.59	255.5	29.59	331.6	29.59	286.67
32.00	284.7	32.00	263.4	32.00	343.1	32.00	297.07
34.48	295.5	34.48	280.5	34.48	379.1	34.48	318.35
34.48	319.1	34.48	298.6	34.48	390.0	34.48	335.88
32.69	306.7	32.62	271.9	32.62	362.2	32.64	313.59
30.90	285.8	30.90	262.9	30.90	347.2	30.90	298.59
29.03	264.4	29.03	248.3	29.03	320.1	29.03	277.63
27.24	254.9	27.24	236.6	27.24	309.0	27.24	266.81
25.45	239.1	25.45	226.5	25.45	294.7	25.45	253.43
23.66	226.3	23.66	215.7	23.66	278.5	23.66	240.17
21.86	212.6	21.86	199.9	21.86	257.9	21.86	223.45
20.07	194.8	20.07	186.3	20.07	240.6	20.07	207.25
18.28	181.1	18.21	170.7	18.21	221.7	18.23	191.18
16.41	169.8	16.41	155.5	16.41	200.5	16.41	175.23
14.62	156.1	14.62	145.1	14.62	186.6	14.62	162.61
12.83	140.7	12.83	129.4	12.83	166.0	12.83	145.36
11.03	125.2	11.03	116.7	11.03	150.8	11.03	130.90
9.24	109.9	9.24	101.7	9.24	129.8	9.24	113.77
7.38	94.4	7.45	87.8	7.45	112.4	7.43	98.18
5.61	78.5	5.62	71.9	5.61	91.4	5.62	80.60
3.82	61.3	3.81	55.4	3.79	69.8	3.81	62.18
2.00	41.7	2.01	38.6	2.01	47.3	2.00	42.52
0.21	24.0	0.20	22.1	0.20	25.7	0.20	23.93

	Run# A	Run# B	Run# C	Average	Stdev
YS	29.2	27.8	32.3	29.8	2.3
VS	8.5	7.7	10.3	8.8	1.3
R2	1.0	1.0	1.0	1.0	0.0
Hysteresis	270	404	854	509	306

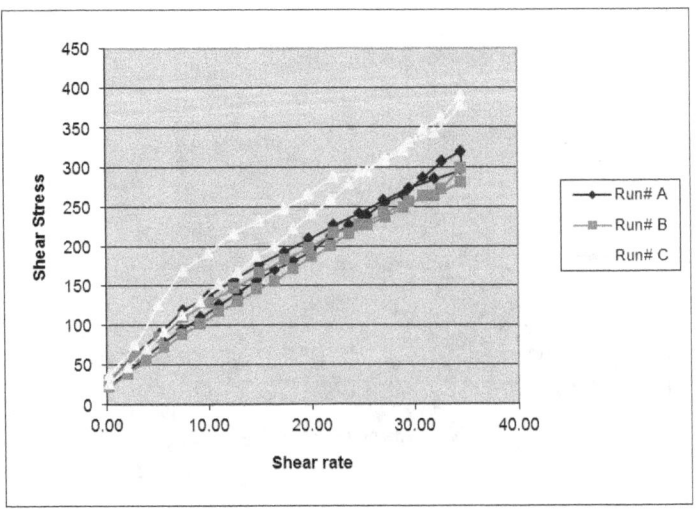

Set E1: CS-BX5 – BL36- L1 – Mixing Day – NIST code (folder SR 53-SR-52B)

SR-52B							
Run# D		Run# E		Run# F		Average	
SR	SS	SR	SS	SR	SS	SR	SS
0.20	39.3	0.21	23.0	0.20	28.4	0.20	30.24
2.64	80.1	2.66	39.7	2.65	54.3	2.65	58.02
5.10	133.4	5.10	56.6	5.09	83.1	5.10	91.01
7.52	172.3	7.52	71.2	7.52	108.9	7.52	117.47
10.00	191.2	10.00	85.3	10.00	128.6	10.00	135.01
12.41	217.5	12.41	99.2	12.41	146.2	12.41	154.30
14.90	240.7	14.90	113.4	14.90	161.5	14.90	171.86
17.31	263.0	17.31	128.8	17.31	177.2	17.31	189.65
19.79	281.9	19.79	139.4	19.79	194.9	19.79	205.39
22.21	303.4	22.21	152.6	22.21	211.6	22.21	222.54
24.69	316.5	24.69	165.6	24.69	221.3	24.69	234.46
27.10	334.6	27.10	178.7	27.10	232.8	27.10	248.69
29.59	357.8	29.59	190.1	29.59	247.1	29.59	264.99
32.00	377.4	32.00	201.9	32.00	263.8	32.00	281.01
34.48	406.3	34.48	216.1	34.48	285.3	34.48	302.54
34.48	420.2	34.48	214.7	34.48	286.2	34.48	307.04
32.69	397.4	32.69	204.6	32.69	269.3	32.69	290.43
30.90	376.8	30.83	198.6	30.83	257.7	30.85	277.71
29.03	354.1	29.10	185.1	29.03	258.3	29.06	265.83
27.24	340.3	27.24	176.4	27.24	232.6	27.24	249.78
25.45	318.5	25.45	168.4	25.45	221.8	25.45	236.24
23.66	301.1	23.66	159.0	23.66	204.4	23.66	221.51
21.86	281.3	21.86	148.2	21.86	191.0	21.86	206.81
20.07	257.8	20.07	138.8	20.00	182.4	20.05	193.00
18.21	240.5	18.28	129.1	18.28	169.3	18.25	179.62
16.41	222.5	16.41	116.7	16.41	154.4	16.41	164.54
14.62	203.7	14.62	108.3	14.62	141.9	14.62	151.31
12.83	182.1	12.83	98.1	12.83	130.0	12.83	136.72
11.03	162.0	11.03	88.4	11.03	113.7	11.03	121.40
9.24	141.4	9.24	77.1	9.24	100.3	9.24	106.27
7.45	120.7	7.45	66.3	7.38	85.4	7.43	90.81
5.60	98.4	5.60	54.7	5.61	70.2	5.60	74.39
3.81	75.2	3.80	42.7	3.81	54.4	3.81	57.46
2.01	48.6	1.99	29.5	1.99	35.6	2.00	37.88
0.20	24.7	0.20	17.3	0.20	19.5	0.20	20.52

	Run# D	Run# E	Run# F	Average	Stdev
YS	33.5	22.5	26.6	27.5	5.6
VS	11.2	5.7	7.6	8.2	2.8
R2	1.0	1.0	1.0	1.0	0.0
Hysteresis	718	107	390	405	306

Set E1: CS-BX5 – BL11- L1 – Mixing Day – NIST code (folder SR 53-SR-52C)

SR-52C							
Run# G		Run# H		Run# I		Average	
SR	SS	SR	SS	SR	SS	SR	SS
0.20	26.5	0.20	33.8	0.21	33.7	0.20	31.31
2.63	44.0	2.64	60.1	2.65	67.0	2.64	57.00
5.11	61.6	5.10	93.1	5.10	97.9	5.10	84.20
7.52	77.6	7.52	120.2	7.52	128.5	7.52	108.77
10.00	92.5	10.00	140.5	10.00	147.5	10.00	126.86
12.41	107.6	12.41	154.3	12.41	167.7	12.41	143.19
14.90	122.6	14.90	172.0	14.90	187.4	14.90	160.68
17.31	138.6	17.31	190.0	17.31	205.5	17.31	178.04
19.79	152.6	19.79	205.6	19.79	225.7	19.79	194.63
22.28	164.7	22.21	218.5	22.21	242.3	22.23	208.49
24.69	180.9	24.69	233.4	24.69	255.3	24.69	223.20
27.10	197.4	27.17	241.7	27.17	268.1	27.15	235.73
29.59	206.7	29.59	248.0	29.59	284.2	29.59	246.33
32.00	215.7	32.00	264.5	32.00	304.5	32.00	261.54
34.48	216.0	34.48	273.0	34.48	328.2	34.48	272.40
34.48	235.6	34.48	305.8	34.48	339.0	34.48	293.47
32.69	229.8	32.69	286.2	32.69	307.0	32.69	274.32
30.83	213.8	30.83	266.9	30.83	294.3	30.83	258.35
29.03	200.5	29.03	260.1	29.03	294.8	29.03	251.79
27.24	192.0	27.24	238.2	27.24	271.9	27.24	234.03
25.45	181.3	25.45	228.2	25.45	259.4	25.45	222.98
23.66	166.5	23.66	208.8	23.66	243.1	23.66	206.12
21.86	160.3	21.86	198.1	21.86	225.3	21.86	194.57
20.07	149.2	20.07	185.6	20.07	216.0	20.07	183.63
18.21	138.4	18.28	171.8	18.21	196.6	18.23	168.95
16.41	131.0	16.41	160.3	16.41	174.8	16.41	155.39
14.62	119.0	14.62	146.6	14.62	205.8	14.62	157.14
12.83	109.4	12.83	134.7	12.83	117.6	12.83	120.57
11.03	96.6	11.03	116.9	11.03	109.6	11.03	107.67
9.24	85.4	9.24	103.8	9.24	116.6	9.24	101.93
7.38	73.3	7.45	87.6	7.45	100.3	7.43	87.07
5.61	61.6	5.61	73.3	5.61	81.3	5.61	72.07
3.82	48.8	3.81	57.8	3.82	62.9	3.82	56.49
2.01	32.9	2.01	38.3	2.00	42.6	2.01	37.93
0.20	19.8	0.20	21.8	0.21	23.6	0.20	21.72

				Average	Stdev
YS	25.7	26.9	29.2	27.3	1.7
VS	6.1	7.9	8.9	7.7	1.4
R2	1.0	1.0	1.0	1.0	0.0
Hysteresis	71	471	449	330	225

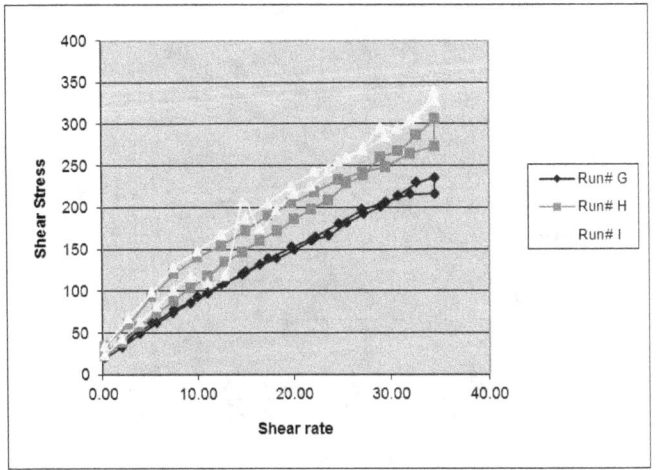

Set E1: CS-BX5 – BL36- L2 – Mixing Day – NIST code (folder SR 53-SR-52D)

SR-52D							
Run# J		Run# K		Run# L		Average	
SR	SS	SR	SS	SR	SS	SR	SS
0.19	24.4	0.20	28.7	0.20	21.8	0.20	24.96
2.65	41.9	2.65	62.1	2.64	39.5	2.65	47.84
5.09	57.2	5.10	92.4	5.10	56.8	5.10	68.80
7.59	72.7	7.59	121.5	7.52	71.9	7.56	88.70
10.00	87.6	10.00	141.7	10.00	86.6	10.00	105.31
12.41	101.2	12.41	160.8	12.41	102.0	12.41	121.33
14.90	114.3	14.90	180.1	14.90	117.0	14.90	137.13
17.31	128.5	17.31	198.6	17.31	130.3	17.31	152.43
19.79	142.4	19.79	216.1	19.79	144.5	19.79	167.68
22.21	158.2	22.21	235.4	22.21	157.6	22.21	183.73
24.69	165.5	24.69	243.4	24.69	170.1	24.69	193.00
27.10	176.1	27.10	257.9	27.17	184.9	27.13	206.30
29.59	189.3	29.59	276.0	29.59	196.8	29.59	220.69
32.00	201.6	32.00	290.6	32.00	205.7	32.00	232.63
34.48	221.2	34.48	318.5	34.48	211.2	34.48	250.29
34.48	213.8	34.48	327.6	34.48	226.7	34.48	256.04
32.69	198.9	32.69	299.6	32.69	218.0	32.69	238.82
30.90	191.3	30.90	281.7	30.83	203.4	30.87	225.46
29.03	191.6	29.03	279.8	29.03	192.5	29.03	221.26
27.24	177.8	27.24	260.2	27.24	181.6	27.24	206.54
25.45	167.6	25.45	247.8	25.45	172.2	25.45	195.89
23.66	158.7	23.66	227.3	23.66	161.4	23.66	182.48
21.86	147.4	21.86	212.2	21.86	152.0	21.86	170.54
20.07	142.7	20.07	203.6	20.07	141.2	20.07	162.50
18.21	129.9	18.28	184.3	18.28	131.3	18.25	148.49
16.48	115.2	16.41	167.4	16.41	123.5	16.44	135.37
14.62	107.8	14.62	156.4	14.62	111.5	14.62	125.22
12.83	99.4	12.83	141.9	12.83	101.7	12.83	114.32
11.03	87.9	11.03	124.3	11.03	89.5	11.03	100.60
9.24	77.4	9.24	109.0	9.24	78.7	9.24	88.38
7.45	66.9	7.45	93.3	7.38	67.2	7.43	75.78
5.61	54.5	5.61	75.7	5.61	55.3	5.61	61.85
3.81	42.4	3.81	57.6	3.81	43.2	3.81	47.74
2.01	28.9	2.01	37.3	2.01	28.4	2.01	31.56
0.20	16.8	0.19	19.6	0.20	15.9	0.20	17.43

				Average	Stdev
YS	23.0	26.1	20.9	23.3	2.6
VS	5.6	8.6	6.0	6.7	1.6
R2	1.0	1.0	1.0	1.0	0.0
Hysteresis	158	479	76	238	213

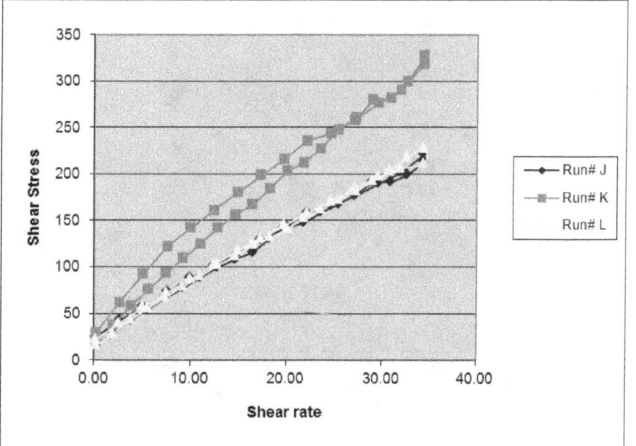

Set E3: CS-BX5 – BL11- L2 – 3 day – NIST code (folder SR 54-SR-52A)

SR-52A							
Run# A		Run# B		Run# C		Average	
SR	SS	SR	SS	SR	SS	SR	SS
0.28	17.71	0.20	21.6	0.20	21.2	0.23	20.18
2.64	40.90	2.65	41.6	2.65	39.0	2.65	40.50
5.10	56.90	5.09	58.1	5.10	55.7	5.09	56.91
7.52	71.43	7.59	72.5	7.52	70.5	7.54	71.47
10.00	85.46	10.00	88.5	10.00	84.1	10.00	86.01
12.41	98.93	12.41	104.1	12.41	98.3	12.41	100.43
14.90	113.42	14.90	119.5	14.90	111.9	14.90	114.91
17.31	128.77	17.38	134.1	17.31	126.7	17.33	129.88
19.79	140.48	19.79	147.6	19.79	139.9	19.79	142.66
22.21	154.94	22.21	161.5	22.21	151.7	22.21	156.03
24.69	166.46	24.69	175.7	24.69	163.3	24.69	168.49
27.10	179.60	27.10	188.5	27.10	175.2	27.10	181.09
29.59	190.96	29.59	199.7	29.59	186.6	29.59	192.44
32.00	199.14	32.00	212.9	32.00	195.3	32.00	202.45
34.48	206.80	34.48	224.9	34.48	208.3	34.48	213.35
34.48	220.54	34.48	230.3	34.48	215.1	34.48	221.96
32.69	208.98	32.69	222.6	32.62	200.8	32.67	210.79
30.83	198.36	30.90	209.6	30.90	192.6	30.87	200.18
29.03	183.38	29.03	194.1	29.03	181.0	29.03	186.15
27.24	175.33	27.24	187.9	27.24	173.6	27.24	178.92
25.45	166.62	25.45	175.7	25.45	164.8	25.45	169.05
23.66	157.25	23.66	166.5	23.66	155.5	23.66	159.74
21.86	146.42	21.86	156.3	21.86	144.6	21.86	149.11
20.07	136.46	20.07	143.3	20.07	134.7	20.07	138.14
18.21	125.70	18.21	133.2	18.21	123.9	18.21	127.62
16.41	117.34	16.48	123.9	16.41	114.2	16.44	118.49
14.62	107.61	14.62	111.8	14.62	106.1	14.62	108.49
12.83	94.90	12.83	100.4	12.83	93.7	12.83	96.32
11.03	86.48	11.03	90.3	11.03	85.0	11.03	87.26
9.24	75.24	9.24	78.6	9.24	73.9	9.24	75.91
7.45	64.16	7.45	67.0	7.45	64.1	7.45	65.06
5.61	53.51	5.61	55.5	5.61	52.4	5.61	53.80
3.82	41.71	3.81	43.6	3.80	40.3	3.81	41.85
2.01	28.65	2.01	29.7	2.01	28.3	2.01	28.88
0.19	16.42	0.20	16.8	0.21	16.3	0.20	16.53

				Average	Stdev
YS	19.9	20.2	20.2	20.1	0.2
VS	5.8	6.1	5.6	5.9	0.3
R2	1.0	1.0	1.0	1.0	0.0
Hysteresis	134	122	145	134	12

Set E3: CS-BX5 – BL36- L1 – 3 day – NIST code (folder SR 54-SR-52B)

SR-52B

Run# D		Run# E		Run# F		Average	
SR	SS	SR	SS	SR	SS	SR	SS
0.20	22.8	0.20	21.9	0.21	25.1	0.20	23.28
2.65	48.4	2.65	45.8	2.65	54.3	2.65	49.50
5.08	74.1	5.10	69.8	5.09	79.1	5.09	74.34
7.59	94.9	7.52	92.7	7.52	103.5	7.54	97.03
10.00	113.1	10.00	108.0	10.00	125.8	10.00	115.66
12.41	131.1	12.41	125.2	12.41	143.9	12.41	133.42
14.90	148.0	14.90	140.9	14.90	163.0	14.90	150.63
17.31	165.0	17.31	157.6	17.38	180.5	17.33	167.71
19.79	179.4	19.79	173.1	19.79	198.8	19.79	183.75
22.21	192.3	22.21	187.3	22.21	216.1	22.21	198.60
24.69	206.4	24.69	201.4	24.69	228.4	24.69	212.05
27.10	222.1	27.10	214.1	27.10	243.8	27.10	226.64
29.59	232.8	29.59	226.6	29.59	258.8	29.59	239.40
32.00	240.4	32.00	239.6	32.00	273.0	32.00	250.98
34.48	245.8	34.48	254.8	34.48	292.4	34.48	264.32
34.48	268.7	34.48	264.9	34.48	295.6	34.48	276.42
32.62	261.0	32.69	246.3	32.62	275.7	32.64	260.99
30.90	246.4	30.90	234.8	30.90	267.9	30.90	249.74
29.03	225.1	29.03	224.1	29.03	258.4	29.03	235.88
27.24	218.0	27.24	210.8	27.24	240.6	27.24	223.11
25.45	205.5	25.45	201.2	25.45	227.7	25.45	211.44
23.66	193.9	23.66	188.0	23.66	215.4	23.66	199.09
21.86	179.4	21.86	174.3	21.86	201.1	21.86	184.91
20.07	165.2	20.07	163.5	20.07	187.8	20.07	172.16
18.21	152.1	18.21	150.3	18.21	172.3	18.21	158.25
16.41	142.4	16.41	137.6	16.41	155.8	16.41	145.26
14.62	129.2	14.62	127.1	14.62	144.2	14.62	133.49
12.83	114.3	12.83	115.2	12.83	130.9	12.83	120.13
11.03	103.1	11.03	102.3	11.03	115.0	11.03	106.79
9.24	89.2	9.24	89.1	9.24	100.0	9.24	92.76
7.45	75.7	7.45	75.9	7.45	85.6	7.45	79.08
5.61	62.3	5.59	61.6	5.62	68.9	5.61	64.26
3.80	47.7	3.81	47.4	3.81	52.4	3.81	49.15
2.01	32.0	1.99	31.4	2.01	34.6	2.00	32.66
0.20	17.2	0.20	16.8	0.20	17.7	0.20	17.23

					Average	Stdev
YS	20.2	21.7	24.0	22.0	1.9
VS	7.3	7.0	8.0	7.4	0.5
R2	1.0	1.0	1.0	1.0	0.0
Hysteresis	319	284	370	324	43

Set E3: CS-BX5 – BL11- L1 – 3 day – NIST code (folder SR 54-SR-52C)

SR-52C

Run# J		Run# K		Run# L		Average	
SR	SS	SR	SS	SR	SS	SR	SS
0.20	23.0	0.20	22.8	0.20	20.4	0.20	22.08
2.63	45.4	2.65	44.4	2.66	40.0	2.64	43.25
5.10	67.3	5.09	64.9	5.08	62.4	5.09	64.87
7.52	87.3	7.59	83.8	7.59	83.1	7.56	84.70
10.00	104.9	10.00	100.1	10.00	100.0	10.00	101.66
12.41	121.5	12.41	115.7	12.41	114.9	12.41	117.41
14.90	136.6	14.90	131.0	14.90	128.3	14.90	131.93
17.31	151.1	17.31	147.8	17.38	142.8	17.33	147.21
19.79	166.5	19.79	162.0	19.79	159.9	19.79	162.78
22.21	180.8	22.21	176.3	22.21	172.4	22.21	176.50
24.69	191.7	24.69	186.3	24.69	182.5	24.69	186.83
27.17	203.6	27.10	198.1	27.10	195.6	27.13	199.10
29.59	215.6	29.59	210.8	29.59	206.5	29.59	210.95
32.00	228.7	32.00	217.6	32.07	220.6	32.02	222.29
34.48	245.9	34.48	230.5	34.48	239.4	34.48	238.60
34.48	257.0	34.48	244.1	34.48	243.2	34.48	248.08
32.69	239.9	32.69	229.4	32.69	225.7	32.69	231.69
30.83	223.0	30.90	217.9	30.90	212.9	30.87	217.94
29.03	215.9	29.03	203.5	29.03	212.2	29.03	210.51
27.24	202.5	27.24	195.0	27.24	195.9	27.24	197.80
25.45	192.1	25.45	185.1	25.45	182.5	25.45	186.57
23.66	178.7	23.66	176.7	23.66	170.4	23.66	175.25
21.86	166.4	21.86	163.3	21.86	161.1	21.86	163.58
20.07	155.4	20.07	150.4	20.07	153.7	20.07	153.18
18.21	143.6	18.21	138.5	18.21	138.9	18.21	140.34
16.41	132.3	16.41	128.4	16.41	126.0	16.41	128.87
14.62	120.5	14.62	118.2	14.62	116.5	14.62	118.41
12.83	108.5	12.83	104.7	12.83	105.9	12.83	106.39
11.03	97.3	11.03	94.7	11.03	94.0	11.03	95.34
9.24	84.8	9.24	82.0	9.24	82.2	9.24	83.01
7.45	72.6	7.45	70.2	7.45	70.5	7.45	71.12
5.61	59.2	5.61	57.8	5.61	57.8	5.61	58.29
3.81	46.0	3.81	44.6	3.81	44.7	3.81	45.10
2.00	31.0	2.01	30.7	2.01	30.3	2.00	30.67
0.20	17.5	0.20	17.3	0.19	17.2	0.20	17.35

				Average	Stdev
YS	20.4	20.9	21.1	20.8	0.4
VS	6.7	6.4	6.4	6.5	0.2
R2	1.0	1.0	1.0	1.0	0.0
Hysteresis	281	265	215	254	35

Set E3: CS-BX5 – BL36- L2 – 3 day – NIST code (folder SR 54-SR-52D)

SR-52D								
Run# G		Run# H		Run# I		Average		
SR	SS	SR	SS	SR	SS	SR	SS	
0.19	18.7	0.21	17.6	0.20	22.0	0.20	19.42	
2.64	38.2	2.65	35.6	2.64	48.4	2.64	40.72	
5.08	56.8	5.10	53.8	5.08	70.3	5.09	60.29	
7.52	72.3	7.52	68.9	7.52	86.6	7.52	75.92	
10.00	87.5	10.00	83.5	10.00	123.9	10.00	98.32	
12.41	102.2	12.41	97.6	12.41	144.0	12.41	114.62	
14.90	116.4	14.90	111.2	14.90	160.1	14.90	129.20	
17.31	130.3	17.31	124.9	17.38	181.1	17.33	145.44	
19.79	144.5	19.79	137.8	19.79	199.4	19.79	160.57	
22.21	157.6	22.21	152.3	22.21	218.0	22.21	175.94	
24.69	167.8	24.69	162.4	24.69	231.4	24.69	187.19	
27.10	181.1	27.10	174.3	27.10	248.0	27.10	201.13	
29.59	195.6	29.59	185.7	29.59	262.5	29.59	214.61	
32.00	203.6	32.00	196.3	32.00	274.7	32.00	224.88	
34.48	214.5	34.48	212.5	34.48	294.1	34.48	240.40	
34.48	221.2	34.48	209.4	34.48	304.7	34.48	245.13	
32.62	209.8	32.69	200.1	32.62	286.5	32.64	232.15	
30.90	203.1	30.90	193.3	30.90	273.6	30.90	223.32	
29.03	190.1	29.10	181.6	29.03	256.8	29.06	209.52	
27.24	176.8	27.24	170.0	27.24	245.1	27.24	197.29	
25.45	169.6	25.45	163.4	25.45	229.3	25.45	187.42	
23.66	160.9	23.66	152.5	23.66	218.7	23.66	177.35	
21.86	150.2	21.86	141.2	21.86	203.5	21.86	164.96	
20.07	140.6	20.07	134.7	20.07	185.1	20.07	153.48	
18.21	127.1	18.21	123.4	18.21	170.9	18.21	140.46	
16.41	116.7	16.41	110.7	16.41	158.8	16.41	128.73	
14.62	108.4	14.62	102.7	14.62	144.6	14.62	118.54	
12.83	96.1	12.83	91.6	12.83	127.9	12.83	105.19	
11.03	86.2	11.03	82.6	11.03	114.1	11.03	94.31	
9.24	74.7	9.24	71.4	9.24	98.8	9.24	81.63	
7.45	64.0	7.45	61.4	7.45	83.7	7.45	69.71	
5.61	52.1	5.61	49.4	5.61	68.1	5.61	56.52	
3.81	39.5	3.81	37.6	3.81	51.1	3.81	42.72	
2.02	26.6	1.99	25.2	2.01	33.0	2.01	28.27	
0.21	14.3	0.20	13.7	0.20	15.7	0.20	14.53	

						Average	Stdev
YS	18.1		17.4		20.4	18.6	1.6
VS	6.0		5.7		8.3	6.6	1.4
R2	1.0		1.0		1.0	1.0	0.0
Hysteresis	170		187		283	213	61

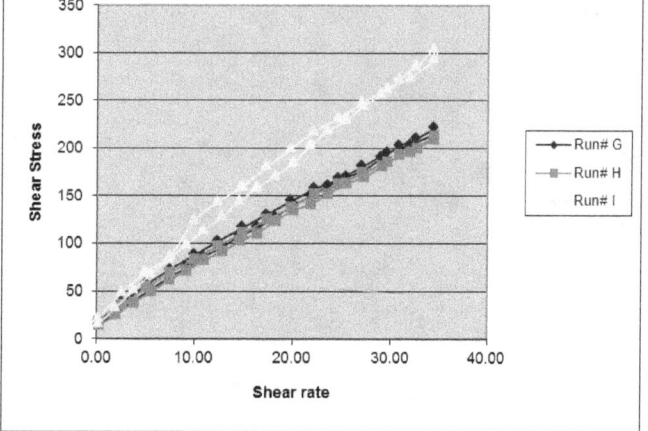

Set E7: CS-BX5 – BL11- L2 – 7 day – NIST code (folder SR 55-SR-52A)

SR-52A							
Run# L		Run# M		Run# N		Average	
SR	SS	SR	SS	SR	SS	SR	SS
0.21	20.8	0.20	20.4	0.20	20.2	0.20	20.47
2.65	38.5	2.65	37.1	2.65	36.9	2.65	37.50
5.10	56.0	5.10	53.2	5.10	54.4	5.10	54.51
7.52	71.6	7.52	66.8	7.52	68.9	7.52	69.11
10.00	86.5	10.00	80.4	10.00	82.8	10.00	83.24
12.41	101.1	12.41	94.7	12.41	97.4	12.41	97.72
14.90	115.6	14.90	108.9	14.90	111.5	14.90	111.97
17.31	129.4	17.38	122.4	17.31	125.8	17.33	125.89
19.79	143.6	19.79	135.7	19.79	140.0	19.79	139.77
22.21	156.7	22.21	144.5	22.21	154.4	22.21	151.87
24.69	167.8	24.69	160.0	24.69	167.2	24.69	165.02
27.17	181.4	27.17	174.8	27.10	178.7	27.15	178.31
29.59	193.3	29.59	182.2	29.59	190.1	29.59	188.53
32.00	206.4	32.00	193.2	32.00	201.9	32.00	200.47
34.48	223.8	34.48	195.5	34.48	216.1	34.48	211.81
34.48	224.1	34.48	209.4	34.48	221.4	34.48	218.31
32.69	206.9	32.69	204.9	32.69	207.0	32.69	206.28
30.83	198.9	30.83	190.1	30.83	195.1	30.83	194.71
29.03	193.8	29.03	180.4	29.03	188.9	29.03	187.70
27.24	180.7	27.24	171.8	27.24	178.1	27.24	176.86
25.45	173.6	25.45	160.2	25.45	166.4	25.45	166.75
23.66	159.4	23.66	148.6	23.66	159.0	23.66	155.66
21.86	149.5	21.86	142.4	21.86	148.2	21.86	146.68
20.07	144.0	20.07	132.6	20.07	140.0	20.07	138.86
18.28	131.3	18.21	123.3	18.21	127.9	18.23	127.51
16.41	118.2	16.41	112.6	16.41	117.2	16.41	115.98
14.62	109.7	14.62	102.5	14.62	108.4	14.62	106.87
12.83	98.8	12.83	95.0	12.83	97.6	12.83	97.15
11.03	88.7	11.03	82.9	11.03	87.4	11.03	86.30
9.24	77.5	9.24	72.9	9.24	76.5	9.24	75.66
7.45	66.6	7.38	62.8	7.45	65.5	7.43	64.98
5.60	54.3	5.61	51.5	5.60	53.6	5.60	53.12
3.82	42.0	3.81	40.2	3.81	41.7	3.81	41.31
2.01	28.8	2.01	27.0	2.00	28.3	2.01	28.05
0.20	16.4	0.20	15.6	0.20	16.2	0.20	16.11

					Average	Stdev
YS	21.0	19.4	20.7	20.4	0.8
VS	5.9	5.6	5.8	5.8	0.2
R2	1.0	1.0	1.0	1.0	0.0
Hysteresis	109	73	73	85	21

Set E7: CS-BX5 – BL36- L1 – 7 day – NIST code (folder SR 55-SR-52B)

SR-52B

Run# A		Run# B		Run# D		Average	
SR	SS	SR	SS	SR	SS	SR	SS
0.20	23.8	0.21	22.0	0.26	14.0	0.22	19.95
2.65	58.3	2.65	49.7	2.63	34.5	2.64	47.51
5.09	93.1	5.10	79.5	5.09	50.7	5.09	74.43
7.52	120.7	7.52	109.9	7.52	65.4	7.52	98.69
10.00	140.4	10.00	129.6	10.00	79.5	10.00	116.49
12.41	159.3	12.41	150.6	12.41	92.9	12.41	134.26
14.90	178.1	14.90	160.9	14.90	105.3	14.90	148.09
17.31	198.8	17.31	171.9	17.31	118.4	17.31	163.05
19.79	215.2	19.79	191.8	19.79	131.4	19.79	179.46
22.21	235.7	22.21	211.1	22.21	143.3	22.21	196.72
24.69	247.8	24.69	224.8	24.69	150.9	24.69	207.85
27.10	261.6	27.10	240.3	27.10	161.8	27.10	221.24
29.59	276.6	29.59	253.6	29.59	176.9	29.59	235.68
32.00	292.6	32.00	264.6	32.00	187.3	32.00	248.19
34.48	315.1	34.48	282.9	34.48	203.7	34.48	267.24
34.48	323.5	34.48	293.8	34.48	201.4	34.48	272.90
32.69	305.4	32.69	272.7	32.69	186.4	32.69	254.82
30.90	290.0	30.83	265.0	30.90	178.8	30.87	244.59
29.03	277.0	29.10	254.1	29.03	176.6	29.06	235.88
27.24	260.2	27.24	234.3	27.24	164.1	27.24	219.55
25.45	248.4	25.45	224.6	25.45	153.8	25.45	208.92
23.66	231.5	23.66	206.7	23.66	146.2	23.66	194.81
21.86	215.5	21.86	193.3	21.86	136.7	21.86	181.85
20.07	202.6	20.07	183.3	20.07	130.3	20.07	172.08
18.21	185.9	18.21	167.8	18.21	117.5	18.21	157.09
16.41	169.8	16.41	151.3	16.41	104.9	16.41	142.00
14.62	155.7	14.62	138.4	14.62	98.1	14.62	130.73
12.83	138.9	12.83	125.6	12.83	88.4	12.83	117.62
11.03	123.9	11.03	111.3	11.03	79.4	11.03	104.87
9.24	107.6	9.24	96.8	9.24	68.9	9.24	91.11
7.45	91.4	7.45	82.2	7.45	59.3	7.45	77.62
5.61	73.8	5.61	66.7	5.61	47.9	5.61	62.80
3.80	55.7	3.81	51.1	3.79	36.8	3.80	47.88
2.01	36.2	1.99	33.1	2.02	24.9	2.01	31.41
0.20	17.9	0.20	17.3	0.20	13.5	0.20	16.24

						Average	Stdev
YS	24.1		21.5		17.8	21.1	3.2
VS	8.7		7.9		5.4	7.3	1.8
R2	1.0		1.0		1.0	1.0	0.0
Hysteresis	460		419		137	339	176

Set E7: CS-BX5 – BL11- L1 – 7 day – NIST code (folder SR 55-SR-52C)

SR-52C							
Run# E		Run# F		Run# G		Average	
SR	SS	SR	SS	SR	SS	SR	SS
0.20	34.2	0.21	19.7	0.20	19.2	0.20	24.37
2.65	74.7	2.63	35.7	2.65	35.2	2.64	48.52
5.08	117.4	5.10	52.1	5.09	51.8	5.09	73.73
7.52	169.8	7.52	66.5	7.59	65.2	7.54	100.50
10.00	192.7	10.00	80.4	10.00	79.8	10.00	117.67
12.41	218.6	12.41	94.1	12.41	93.5	12.41	135.38
14.90	236.3	14.90	107.5	14.90	106.4	14.90	150.06
17.31	256.1	17.31	120.6	17.31	119.8	17.31	165.51
19.79	274.0	19.79	132.9	19.79	133.4	19.79	180.06
22.21	290.5	22.28	145.1	22.21	147.8	22.23	194.48
24.69	301.4	24.69	157.3	24.69	155.2	24.69	204.65
27.10	313.8	27.10	170.1	27.10	164.5	27.10	216.11
29.59	331.3	29.59	180.1	29.59	179.1	29.59	230.14
32.00	354.9	32.00	186.6	32.07	190.0	32.02	243.80
34.48	371.0	34.48	187.8	34.48	207.7	34.48	255.50
34.48	403.4	34.48	211.7	34.48	205.9	34.48	273.67
32.69	390.0	32.69	201.1	32.69	195.7	32.69	262.25
30.83	360.5	30.90	189.4	30.83	183.6	30.85	244.51
29.03	339.9	29.03	171.3	29.03	181.2	29.03	230.83
27.24	320.5	27.24	165.2	27.24	168.8	27.24	218.16
25.45	297.3	25.45	156.3	25.45	158.7	25.45	204.11
23.66	276.1	23.66	148.3	23.66	145.7	23.66	190.03
21.86	259.2	21.86	139.3	21.86	138.9	21.86	179.14
20.00	235.4	20.07	126.3	20.07	130.8	20.05	164.16
18.21	219.6	18.28	118.0	18.21	120.9	18.23	152.80
16.41	207.7	16.41	112.1	16.41	110.8	16.41	143.56
14.62	186.0	14.62	100.5	14.62	101.3	14.62	129.27
12.83	166.1	12.83	89.8	12.83	93.0	12.83	116.29
11.03	145.7	11.03	80.3	11.03	81.4	11.03	102.49
9.24	127.5	9.24	70.4	9.24	71.9	9.24	89.95
7.45	105.9	7.45	59.1	7.45	61.2	7.45	75.42
5.59	87.1	5.60	49.7	5.61	50.3	5.60	62.38
3.81	66.0	3.81	38.9	3.81	39.4	3.81	48.07
1.99	41.4	2.01	26.1	2.02	26.2	2.01	31.23
0.20	20.0	0.21	15.0	0.20	14.9	0.20	16.65

	Run# E	Run# F	Run# G	Average	Stdev
YS	22.4	17.3	19.2	19.6	2.6
VS	11.0	5.5	5.5	7.3	3.2
R2	1.0	1.0	1.0	1.0	0.0
Hysteresis	924	154	131	403	451

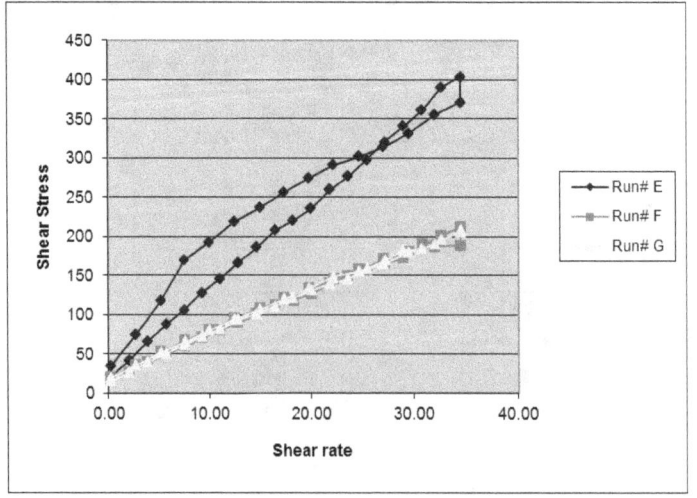

D - 60

Set E7: CS-BX5 – BL36- L2– 7 day – NIST code (folder SR 55-SR-52D)

SR-52D							
Run# I		Run# J		Run# K		Average	
SR	SS	SR	SS	SR	SS	SR	SS
0.19	39.1	0.21	16.7	0.20	22.9	0.20	26.22
2.64	113.2	2.65	33.4	2.65	56.2	2.65	67.61
5.10	182.7	5.08	49.2	5.10	82.8	5.10	104.93
7.52	243.4	7.59	63.0	7.52	108.6	7.54	138.35
10.00	280.6	10.00	77.8	10.00	126.9	10.00	161.76
12.41	307.1	12.41	90.5	12.41	147.3	12.41	181.61
14.90	328.6	14.90	103.0	14.90	167.9	14.90	199.81
17.31	361.6	17.31	116.5	17.31	185.0	17.31	221.02
19.79	382.0	19.79	129.5	19.79	201.3	19.79	237.61
22.28	437.3	22.21	145.4	22.28	215.8	22.25	266.20
24.69	410.6	24.69	150.1	24.69	234.5	24.69	265.03
27.10	430.1	27.10	160.9	27.10	248.7	27.10	279.92
29.59	476.7	29.59	174.3	29.59	257.6	29.59	302.87
31.93	475.8	32.00	185.3	32.00	268.3	31.98	309.81
34.48	561.1	34.48	207.1	34.48	274.8	34.48	347.67
34.41	551.3	34.48	198.8	34.48	313.4	34.46	354.50
32.62	443.4	32.69	178.1	32.69	296.7	32.67	306.06
30.90	478.4	30.90	175.8	30.90	273.3	30.90	309.18
29.10	452.1	29.03	177.0	29.03	249.5	29.06	292.86
27.24	423.6	27.24	159.9	27.24	243.6	27.24	275.69
25.52	409.3	25.45	155.5	25.45	226.3	25.47	263.71
23.66	403.0	23.66	145.1	23.66	215.1	23.66	254.38
21.86	357.4	21.86	131.3	21.86	199.8	21.86	229.51
20.07	332.8	20.07	129.7	20.07	181.7	20.07	214.77
18.21	301.5	18.21	118.0	18.28	171.2	18.23	196.90
16.41	263.9	16.41	101.4	16.41	158.5	16.41	174.60
14.62	251.1	14.62	95.7	14.62	142.3	14.62	163.01
12.83	211.8	12.83	87.6	12.83	127.0	12.83	142.13
11.03	200.0	11.03	77.6	11.03	114.5	11.03	130.72
9.24	166.7	9.24	67.8	9.24	98.9	9.24	111.11
7.45	143.9	7.45	58.4	7.45	82.9	7.45	95.07
5.61	112.2	5.61	46.4	5.61	67.6	5.61	75.40
3.81	81.1	3.81	35.2	3.82	51.5	3.81	55.92
2.01	51.9	2.01	23.6	2.01	32.8	2.01	36.13
0.20	20.2	0.19	12.6	0.20	16.1	0.20	16.30

				Average	Stdev
YS	31.0	17.1	19.0	22.3	7.6
VS	14.5	5.3	8.3	9.4	4.7
R2	1.0	1.0	1.0	1.0	0.0
Hysteresis	1997	200	457	884	972

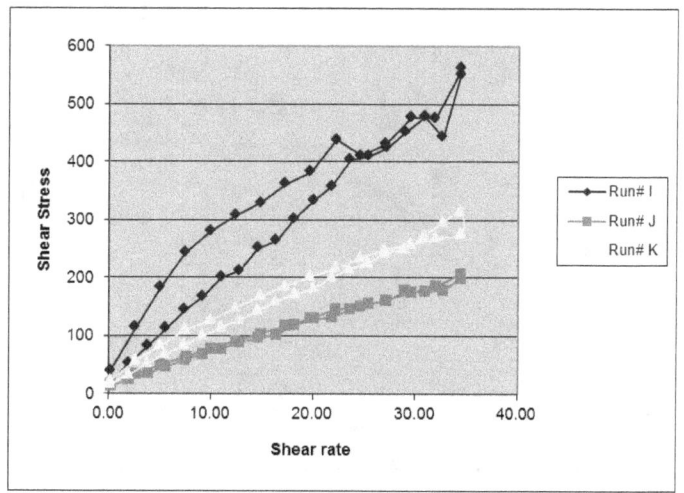

Set F1: CS-BX1 – BL33- L1 – Mixing Day – NIST code (folder SR 57-SR-56A)

SR-56A

Run# A		Run# B		Run# C		Average	
SR	SS	SR	SS	SR	SS	SR	SS
0.24	21.0	0.20	21.5	0.21	20.3	0.22	20.93
2.63	49.4	2.65	37.6	2.64	36.4	2.64	41.12
5.10	69.7	5.10	53.3	5.08	52.9	5.09	58.61
7.52	88.3	7.52	67.0	7.52	66.7	7.52	73.98
10.00	105.0	10.00	81.0	10.00	80.4	10.00	88.82
12.41	122.4	12.41	94.8	12.41	93.9	12.41	103.70
14.90	137.4	14.90	108.5	14.90	106.7	14.90	117.54
17.31	152.9	17.31	122.6	17.38	120.1	17.33	131.85
19.79	168.5	19.79	135.2	19.79	132.5	19.79	145.41
22.21	180.2	22.21	145.7	22.21	146.6	22.21	157.51
24.69	196.6	24.69	160.2	24.69	154.1	24.69	170.32
27.17	212.5	27.10	171.9	27.10	167.8	27.13	184.05
29.59	222.5	29.59	181.9	29.59	180.7	29.59	195.04
32.00	236.3	32.00	193.8	32.00	188.0	32.00	206.04
34.48	246.2	34.48	204.8	34.48	206.4	34.48	219.10
34.48	258.2	34.48	209.4	34.48	205.0	34.48	224.20
32.69	248.3	32.69	203.0	32.69	192.8	32.69	214.68
30.83	235.1	30.90	188.5	30.90	183.8	30.87	202.51
29.03	221.8	29.03	178.1	29.03	176.8	29.03	192.20
27.24	209.9	27.24	171.5	27.24	167.9	27.24	183.11
25.45	198.0	25.45	162.0	25.45	156.2	25.45	172.06
23.66	186.1	23.66	152.5	23.66	150.1	23.66	162.90
21.86	174.3	21.86	143.0	21.86	139.1	21.86	152.12
20.07	162.4	20.07	133.5	20.07	131.1	20.07	142.30
18.28	151.5	18.28	123.4	18.28	121.7	18.28	132.21
16.41	138.4	16.41	115.8	16.41	110.4	16.41	121.50
14.62	125.7	14.62	105.3	14.62	101.9	14.62	110.99
12.83	116.0	12.83	95.7	12.83	91.5	12.83	101.06
11.03	102.1	11.03	85.1	11.03	82.9	11.03	90.04
9.24	89.4	9.24	75.0	9.24	72.2	9.24	78.87
7.38	76.3	7.38	64.0	7.45	62.0	7.40	67.43
5.61	62.9	5.60	53.1	5.61	50.9	5.61	55.64
3.82	49.1	3.83	41.8	3.80	39.7	3.82	43.52
2.02	33.0	2.00	28.5	2.01	27.5	2.01	29.64
0.21	18.3	0.20	16.4	0.21	15.7	0.21	16.82

					Average	Stdev
YS	23.4	21.7	20.5	21.9	1.5
VS	6.9	5.5	5.4	5.9	0.8
R2	1.0	1.0	1.0	1.0	0.0
Hysteresis	177	56	105	113	61

Set F1: CS-BX1 – BL6- L2 – Mixing Day – NIST code (folder SR 57-SR-56B)

SR-56B

Run# D		Run# E		Run# G		Average	
SR	SS	SR	SS	SR	SS	SR	SS
0.19	22.9	0.21	28.7	0.20	26.1	0.20	25.89
2.65	37.7	2.65	54.1	2.65	47.5	2.65	46.44
5.09	53.0	5.10	81.9	5.10	71.3	5.09	68.73
7.52	66.2	7.52	106.0	7.52	91.8	7.52	87.99
10.00	79.4	10.00	123.4	10.00	107.7	10.00	103.52
12.41	93.0	12.41	143.9	12.41	125.2	12.41	120.72
14.90	106.3	14.90	162.5	14.90	140.9	14.90	136.57
17.31	119.6	17.31	179.4	17.31	157.6	17.31	152.21
19.79	132.3	19.79	198.4	19.79	172.1	19.79	167.59
22.21	144.2	22.21	213.8	22.21	185.0	22.21	180.99
24.69	154.6	24.69	227.5	24.69	201.8	24.69	194.63
27.10	166.5	27.10	242.9	27.10	214.3	27.10	207.91
29.59	176.7	29.59	256.2	29.59	225.4	29.59	219.45
32.00	187.3	32.00	269.1	32.00	239.9	32.00	232.10
34.48	200.4	34.48	290.6	34.48	249.7	34.48	246.89
34.48	204.1	34.48	297.3	34.48	266.7	34.48	256.04
32.69	191.9	32.69	279.1	32.69	253.8	32.69	241.58
30.90	183.0	30.83	263.6	30.90	239.5	30.87	228.70
29.03	175.9	29.03	254.1	29.03	221.6	29.03	217.18
27.24	164.6	27.24	239.7	27.24	212.0	27.24	205.44
25.45	156.4	25.45	229.0	25.45	198.6	25.45	194.70
23.66	148.9	23.66	213.3	23.66	188.2	23.66	183.47
21.86	137.5	21.86	195.7	21.86	176.8	21.86	170.01
20.07	128.7	20.00	187.1	20.07	162.6	20.05	159.47
18.21	120.8	18.28	172.9	18.21	152.4	18.23	148.67
16.41	112.3	16.41	155.3	16.41	139.7	16.41	135.76
14.62	103.1	14.62	144.2	14.62	127.9	14.62	125.06
12.83	92.0	12.83	128.5	12.83	115.1	12.83	111.85
11.03	83.4	11.03	115.7	11.03	103.2	11.03	100.80
9.24	73.0	9.24	101.3	9.24	90.3	9.24	88.21
7.45	63.3	7.45	86.6	7.45	77.6	7.45	75.81
5.61	52.6	5.59	70.6	5.61	63.5	5.60	62.25
3.80	41.0	3.81	54.3	3.81	49.4	3.80	48.23
2.01	29.0	1.99	36.7	1.99	33.8	2.00	33.15
0.20	17.6	0.20	20.3	0.20	19.3	0.20	19.08

						Average	Stdev
YS	22.3		25.6		23.1	23.7	1.7
VS	5.3		7.9		7.0	6.7	1.3
R2	1.0		1.0		1.0	1.0	0.0
Hysteresis	78		356		230	222	139

Set F1: CS-BX1 – BL33- L2 – Mixing Day – NIST code (folder SR 57-SR-56C)

SR-56C

Run# H		Run# I		Run# J		Average	
SR	SS	SR	SS	SR	SS	SR	SS
0.19	25.9	0.20	23.4	0.20	27.4	0.20	25.56
2.65	47.9	2.64	43.7	2.64	55.9	2.64	49.18
5.10	69.5	5.10	64.0	5.08	82.5	5.09	71.99
7.52	89.2	7.52	81.2	7.52	106.6	7.52	92.34
10.00	106.2	10.00	96.5	10.00	124.0	10.00	108.87
12.41	124.0	12.41	112.9	12.41	142.4	12.41	126.46
14.90	141.0	14.90	127.5	14.90	160.3	14.90	142.95
17.31	156.7	17.31	142.1	17.38	177.5	17.33	158.80
19.79	171.2	19.79	156.2	19.79	193.7	19.79	173.70
22.21	184.1	22.21	171.9	22.21	207.3	22.21	187.74
24.69	202.3	24.69	183.2	24.69	226.7	24.69	204.06
27.10	216.1	27.10	196.3	27.10	241.6	27.10	217.98
29.59	225.4	29.59	208.9	29.59	252.2	29.59	228.84
32.00	236.2	32.00	220.6	32.00	264.1	32.00	240.31
34.48	239.6	34.48	238.0	34.48	268.6	34.48	248.73
34.48	265.8	34.48	236.5	34.48	292.9	34.48	265.07
32.69	254.5	32.69	222.2	32.62	284.3	32.67	253.66
30.83	237.5	30.83	213.7	30.90	268.5	30.85	239.90
29.03	219.2	29.10	207.9	29.03	245.9	29.06	224.36
27.24	211.1	27.24	195.2	27.24	235.2	27.24	213.82
25.45	197.7	25.45	185.4	25.45	222.9	25.45	202.01
23.66	187.3	23.66	171.3	23.66	210.0	23.66	189.52
21.86	177.1	21.86	161.3	21.86	195.6	21.86	177.99
20.00	160.6	20.00	153.5	20.07	180.1	20.02	164.70
18.21	149.0	18.28	141.4	18.21	168.7	18.23	153.04
16.41	140.0	16.41	126.2	16.41	156.4	16.41	140.87
14.62	128.1	14.62	117.7	14.62	143.5	14.62	129.78
12.83	114.2	12.83	107.7	12.83	126.7	12.83	116.21
11.03	102.1	11.03	95.4	11.03	113.6	11.03	103.73
9.24	89.6	9.24	83.8	9.24	99.1	9.24	90.84
7.45	76.3	7.45	72.0	7.45	84.8	7.45	77.68
5.61	63.1	5.61	58.9	5.61	70.2	5.61	64.05
3.81	49.3	3.81	45.9	3.80	53.9	3.81	49.72
2.00	33.4	1.99	31.5	2.01	36.5	2.00	33.81
0.19	18.9	0.21	18.2	0.21	20.1	0.20	19.08

						Average	Stdev
YS	22.5		23.6		24.5	23.5	1.0
VS	7.0		6.3		7.8	7.0	0.8
R2	1.0		1.0		1.0	1.0	0.0
Hysteresis	219		199		329	249	70

Set F1: CS-BX1 – BL6- L1 – Mixing Day – NIST code (folder SR 57-SR-56D)

SR-56D							
Run# k		Run# L		Run# M		Average	
SR	SS	SR	SS	SR	SS	SR	SS
0.19	27.1	0.19	26.1	0.20	25.4	0.20	26.18
2.64	50.9	2.64	49.3	2.64	45.6	2.64	48.63
5.08	75.1	5.10	73.6	5.10	68.8	5.09	72.51
7.52	96.9	7.52	94.3	7.52	89.0	7.52	93.41
10.00	113.9	10.00	110.8	10.00	104.7	10.00	109.82
12.41	131.1	12.41	128.5	12.41	120.6	12.41	126.73
14.90	147.8	14.90	145.5	14.90	136.6	14.90	143.29
17.38	163.8	17.31	160.3	17.31	151.1	17.33	158.39
19.79	179.9	19.79	174.5	19.79	165.4	19.79	173.25
22.21	194.8	22.21	188.8	22.21	178.4	22.21	187.33
24.69	211.5	24.69	202.4	24.69	193.5	24.69	202.47
27.10	225.4	27.17	218.5	27.17	208.1	27.15	217.31
29.59	239.1	29.59	229.9	29.59	219.9	29.59	229.61
32.00	247.8	32.00	240.5	32.00	230.0	32.00	239.42
34.48	254.4	34.48	252.4	34.48	233.4	34.48	246.72
34.48	272.3	34.48	262.6	34.48	253.8	34.48	262.91
32.62	261.8	32.69	252.7	32.69	247.9	32.67	254.12
30.90	248.5	30.83	242.2	30.90	232.1	30.87	240.94
29.03	229.6	29.03	227.6	29.03	213.1	29.03	223.44
27.24	220.0	27.24	213.5	27.24	203.3	27.24	212.26
25.45	208.9	25.45	203.8	25.45	193.6	25.45	202.11
23.66	199.3	23.66	190.6	23.66	181.7	23.66	190.53
21.86	186.7	21.86	176.9	21.86	167.9	21.86	177.15
20.07	169.4	20.07	165.0	20.07	155.5	20.07	163.31
18.21	157.7	18.28	154.1	18.28	145.8	18.25	152.56
16.41	146.6	16.41	142.5	16.41	138.3	16.41	142.46
14.62	134.8	14.62	128.6	14.62	124.3	14.62	129.23
12.83	119.0	12.83	117.3	12.83	110.5	12.83	115.59
11.03	108.0	11.03	104.6	11.03	99.0	11.03	103.85
9.24	94.2	9.24	92.0	9.24	86.7	9.24	90.97
7.45	81.0	7.45	78.0	7.38	73.7	7.43	77.57
5.61	66.6	5.61	64.2	5.61	61.4	5.61	64.08
3.81	51.2	3.82	50.1	3.81	48.1	3.81	49.79
2.01	35.3	2.01	33.5	2.01	32.0	2.01	33.60
0.20	19.8	0.20	18.7	0.19	18.3	0.20	18.96

						Average	Stdev
YS	24.9		23.8		22.1	23.6	1.4
VS	7.2		7.0		6.8	7.0	0.2
R2	1.0		1.0		1.0	1.0	0.0
Hysteresis	267		269		217	251	30

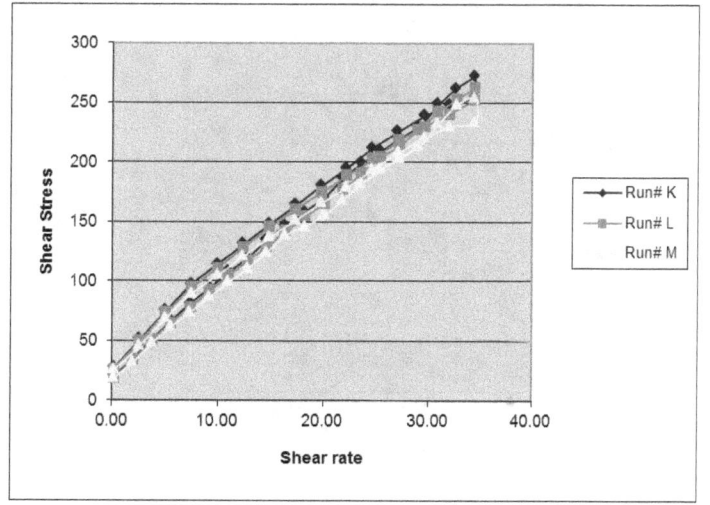

Set F3: CS-BX1 – BL33- L1 – 3 day – NIST code (folder SR 58-SR-56A)

SR-56A

Run# E		Run# F		Run# G		Average	
SR	SS	SR	SS	SR	SS	SR	SS
0.20	22.6	0.20	24.1	0.20	17.2	0.20	21.32
2.63	45.6	2.65	51.5	2.65	32.5	2.64	43.21
5.10	71.0	5.08	78.2	5.10	48.2	5.09	65.78
7.52	91.9	7.59	102.0	7.59	61.8	7.56	85.25
10.00	105.8	10.00	122.3	10.00	75.5	10.00	101.17
12.41	123.2	12.41	141.3	12.41	88.2	12.41	117.53
14.90	140.3	14.90	160.7	14.90	101.6	14.90	134.17
17.31	154.7	17.31	177.8	17.38	115.4	17.33	149.31
19.79	171.4	19.79	195.5	19.79	127.2	19.79	164.68
22.21	185.6	22.21	214.7	22.21	137.4	22.21	179.22
24.69	199.1	24.69	229.6	24.69	149.2	24.69	192.64
27.17	210.7	27.10	246.2	27.10	161.2	27.13	206.04
29.59	224.3	29.59	260.7	29.59	173.0	29.59	219.35
32.00	241.7	32.00	271.1	32.00	183.1	32.00	231.99
34.48	258.1	34.48	287.3	34.48	190.9	34.48	245.41
34.48	264.9	34.48	303.0	34.48	193.0	34.48	253.63
32.69	242.3	32.62	284.8	32.69	187.7	32.67	238.27
30.83	233.3	30.90	271.8	30.90	180.0	30.87	228.36
29.03	225.8	29.03	252.6	29.03	168.0	29.03	215.48
27.24	214.1	27.24	239.6	27.24	160.5	27.24	204.74
25.45	198.6	25.45	229.6	25.45	150.8	25.45	193.02
23.66	190.3	23.66	217.5	23.66	142.6	23.66	183.49
21.86	177.6	21.86	199.9	21.86	134.4	21.86	170.62
20.07	162.4	20.07	186.3	20.00	123.2	20.05	157.28
18.28	151.5	18.21	172.3	18.21	115.7	18.23	146.49
16.41	139.8	16.41	157.3	16.41	107.9	16.41	135.01
14.62	127.3	14.62	144.4	14.62	97.8	14.62	123.13
12.83	113.1	12.83	127.6	12.83	88.3	12.83	109.65
11.03	102.0	11.03	116.4	11.03	78.3	11.03	98.93
9.24	88.8	9.24	99.8	9.24	68.8	9.24	85.79
7.45	75.3	7.45	84.6	7.45	58.4	7.45	72.79
5.60	61.7	5.61	68.9	5.61	48.0	5.61	59.53
3.81	47.3	3.79	52.2	3.80	37.2	3.80	45.55
2.01	31.2	2.01	34.3	2.01	24.8	2.01	30.09
0.20	16.3	0.20	17.1	0.19	13.4	0.20	15.63

						Average	Stdev
YS	21.6		22.3		18.6	20.8	2.0
VS	7.0		8.1		5.2	6.8	1.5
R2	1.0		1.0		1.0	1.0	0.0
Hysteresis	246		303		71	206	121

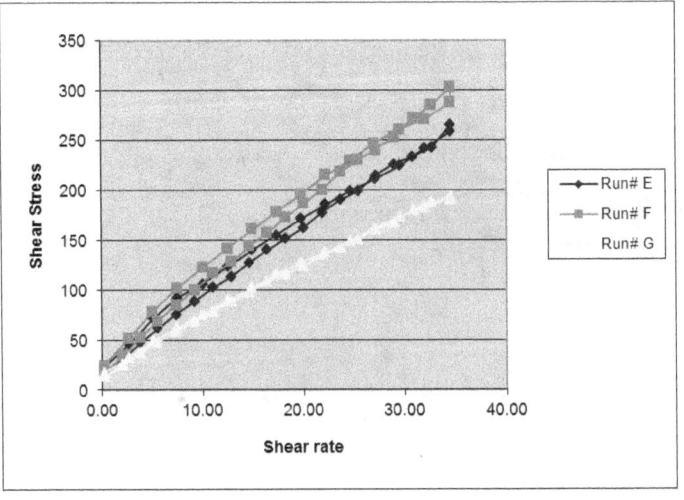

Set E3: CS-BX1 – BL6- L2 – 3 day – NIST code (folder SR 58-SR-56B)

SR-56B

Run# A		Run# C		Run# D		Average	
SR	SS	SR	SS	SR	SS	SR	SS
0.26	17.5	0.20	22.8	0.20	21.5	0.22	20.60
2.65	45.9	2.64	46.8	2.63	42.9	2.64	45.22
5.10	65.5	5.10	67.8	5.09	64.5	5.10	65.93
7.52	87.3	7.52	88.7	7.52	84.0	7.52	86.67
10.00	101.5	10.00	105.1	10.00	99.9	10.00	102.14
12.41	118.6	12.41	121.3	12.41	116.5	12.41	118.80
14.90	135.8	14.90	138.5	14.90	132.1	14.90	135.47
17.31	149.3	17.31	152.9	17.31	146.6	17.31	149.61
19.79	163.6	19.79	169.6	19.79	160.9	19.79	164.71
22.21	176.6	22.21	182.5	22.21	174.0	22.21	177.71
24.69	190.8	24.69	197.5	24.69	189.5	24.69	192.62
27.10	203.6	27.17	213.4	27.10	203.6	27.13	206.89
29.59	214.9	29.59	225.1	29.59	214.2	29.59	218.07
32.00	226.2	32.00	238.3	32.07	227.4	32.02	230.62
34.48	234.9	34.48	242.9	34.48	235.2	34.48	237.66
34.48	256.1	34.48	265.8	34.48	243.6	34.48	255.16
32.69	239.0	32.69	255.7	32.69	237.8	32.69	244.19
30.83	224.8	30.90	237.4	30.83	224.5	30.85	228.88
29.03	211.2	29.03	220.9	29.03	215.0	29.03	215.71
27.24	200.7	27.24	209.9	27.24	199.2	27.24	203.26
25.45	190.9	25.45	198.0	25.45	187.8	25.45	192.26
23.66	179.0	23.66	186.1	23.66	177.8	23.66	180.99
21.86	167.1	21.86	174.3	21.86	167.2	21.86	169.55
20.07	152.8	20.07	162.4	20.07	158.1	20.07	157.76
18.21	143.9	18.28	149.8	18.21	145.0	18.23	146.25
16.41	132.6	16.41	139.5	16.41	130.8	16.41	134.29
14.62	119.6	14.62	128.1	14.62	121.0	14.62	122.92
12.83	107.5	12.83	114.9	12.83	109.9	12.83	110.76
11.03	96.7	11.03	101.9	11.03	97.6	11.03	98.72
9.24	83.8	9.24	89.3	9.24	85.3	9.24	86.13
7.45	71.9	7.38	75.5	7.45	72.8	7.43	73.37
5.61	58.5	5.61	62.8	5.61	56.5	5.61	59.27
3.81	44.8	3.83	48.7	3.05	45.3	3.56	46.28
1.99	29.9	2.01	31.9	2.01	30.4	2.01	30.72
0.20	16.1	0.19	17.2	0.20	16.2	0.20	16.50

	Run# A	Run# C	Run# D	Average	Stdev
YS	19.5	21.6	22.1	21.0	1.4
VS	6.7	7.0	6.6	6.8	0.2
R2	1.0	1.0	1.0	1.0	0.0
Hysteresis	237	173	175	195	37

Set F3: CS-BX1 – BL33- L2 – 3 day – NIST code (folder SR 58-SR-56C)

SR-56C

Run# K		Run# L		Run# M		Average	
SR	SS	SR	SS	SR	SS	SR	SS
0.21	23.3	0.20	27.9	0.20	18.9	0.20	23.38
2.65	48.7	2.64	65.1	2.65	34.3	2.65	49.36
5.10	70.5	5.10	100.2	5.10	49.4	5.10	73.35
7.52	89.3	7.52	133.9	7.52	62.6	7.52	95.25
10.00	107.4	10.00	149.5	10.00	76.4	10.00	111.09
12.41	124.5	12.41	169.7	12.41	89.4	12.41	127.85
14.90	140.8	14.90	187.4	14.90	101.4	14.90	143.20
17.31	156.9	17.31	204.3	17.38	114.1	17.33	158.44
19.79	168.3	19.79	224.4	19.79	127.2	19.79	173.31
22.28	184.3	22.21	242.3	22.21	137.4	22.23	187.99
24.69	199.0	24.69	257.2	24.69	149.2	24.69	201.81
27.10	214.0	27.10	272.3	27.10	159.6	27.10	215.33
29.59	226.5	29.59	288.8	29.59	170.2	29.59	228.49
32.00	233.4	32.00	303.7	32.00	180.4	32.00	239.19
34.48	233.7	34.48	315.7	34.48	184.9	34.48	244.76
34.48	264.9	34.48	345.8	34.48	196.2	34.48	268.96
32.69	254.9	32.69	325.1	32.62	191.4	32.67	257.11
30.90	236.5	30.90	304.5	30.90	180.4	30.90	240.45
29.03	217.6	29.03	285.4	29.03	162.9	29.03	221.96
27.24	212.6	27.24	268.9	27.24	156.6	27.24	212.69
25.45	197.9	25.45	253.4	25.45	149.0	25.45	200.12
23.66	185.5	23.66	240.1	23.66	143.0	23.66	189.54
21.86	174.1	21.86	223.3	21.86	132.0	21.86	176.48
20.07	158.8	20.07	208.0	20.07	119.8	20.07	162.22
18.28	147.6	18.28	190.3	18.21	112.4	18.25	150.11
16.41	140.1	16.41	175.1	16.41	106.9	16.41	140.73
14.62	126.1	14.62	160.3	14.62	95.9	14.62	127.44
12.83	114.2	12.83	143.7	12.83	86.0	12.83	114.63
11.03	100.4	11.03	127.0	11.03	77.2	11.03	101.54
9.24	88.1	9.24	110.2	9.24	67.5	9.24	88.58
7.45	74.1	7.38	94.0	7.45	57.1	7.43	75.07
5.61	61.4	5.61	76.8	5.61	47.7	5.61	61.96
3.82	47.8	3.81	58.7	3.79	37.5	3.81	47.98
2.01	31.4	2.01	38.3	2.02	25.2	2.01	31.62
0.20	17.1	0.19	19.9	0.20	14.6	0.20	17.21

						Average	Stdev
YS	20.5		23.3		17.5	20.4	2.9
VS	7.0		9.2		5.2	7.1	2.0
R2	1.0		1.0		1.0	1.0	0.0
Hysteresis	236		534		99	290	222

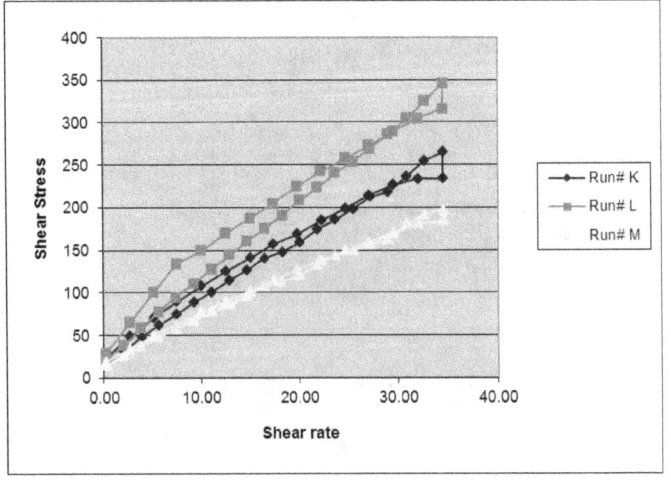

Set E3: CS-BX1 – BL6- L1 – 3 day – NIST code (folder SR 58-SR-56D)

SR-56D							
Run# H		Run# I		Run# J		Average	
SR	SS	SR	SS	SR	SS	SR	SS
0.20	25.9	0.19	25.0	0.20	19.0	0.20	23.28
2.65	56.4	2.66	52.9	2.63	35.0	2.64	48.10
5.10	85.7	5.09	74.0	5.10	53.0	5.10	70.89
7.52	111.6	7.52	94.5	7.52	67.3	7.52	91.13
10.00	129.6	10.00	112.4	10.00	79.8	10.00	107.28
12.41	149.3	12.41	131.1	12.41	93.4	12.41	124.59
14.90	167.9	14.90	147.7	14.90	107.7	14.90	141.09
17.31	183.8	17.38	164.1	17.31	120.9	17.33	156.25
19.79	200.4	19.79	178.4	19.79	133.2	19.79	170.66
22.21	215.9	22.28	195.0	22.21	145.1	22.23	185.33
24.69	231.0	24.69	209.6	24.69	156.8	24.69	199.14
27.10	245.0	27.10	224.5	27.10	170.1	27.10	213.17
29.59	260.3	29.59	238.2	29.59	180.1	29.59	226.21
32.00	272.2	32.00	248.8	32.00	192.1	32.00	237.67
34.48	279.8	34.48	258.6	34.48	203.0	34.48	247.14
34.48	307.6	34.48	273.2	34.48	206.8	34.48	262.49
32.69	289.3	32.62	268.3	32.69	197.4	32.67	251.70
30.90	271.3	30.90	252.4	30.90	187.1	30.90	236.90
29.03	254.6	29.03	226.2	29.03	177.6	29.03	219.50
27.24	242.7	27.24	220.3	27.24	168.8	27.24	210.58
25.45	230.5	25.45	210.0	25.45	159.3	25.45	199.93
23.66	216.3	23.66	198.4	23.66	149.8	23.66	188.15
21.86	202.0	21.86	183.8	21.86	140.3	21.86	175.37
20.07	186.9	20.07	167.9	20.07	132.0	20.07	162.27
18.21	172.7	18.21	157.7	18.21	121.2	18.21	150.56
16.41	159.1	16.41	148.1	16.41	111.2	16.41	139.46
14.62	146.2	14.62	135.0	14.62	101.9	14.62	127.68
12.83	130.6	12.83	119.1	12.83	92.5	12.83	114.04
11.03	116.9	11.03	106.9	11.03	82.3	11.03	102.05
9.24	101.7	9.24	93.0	9.24	72.3	9.24	88.99
7.45	86.2	7.45	78.9	7.45	61.7	7.45	75.57
5.61	69.9	5.61	65.2	5.61	50.5	5.61	61.87
3.81	53.4	3.81	50.0	3.82	39.5	3.81	47.65
1.99	35.1	2.01	33.2	2.01	26.7	2.01	31.66
0.21	18.5	0.20	17.7	0.21	15.4	0.20	17.21

						Average	Stdev
YS	23.3		22.6		19.4	21.8	2.1
VS	8.1		7.4		5.5	7.0	1.4
R2	1.0		1.0		1.0	1.0	0.0
Hysteresis	387		260		93	247	148

Set F7: CS-BX1 – BL33- L1 – 7 day – NIST code (folder SR 59-SR-56A)

SR-56A

Run# H		Run# I		Run# J		Average	
SR	SS	SR	SS	SR	SS	SR	SS
0.20	33.4	0.20	16.6	0.20	21.5	0.20	23.82
2.64	86.0	2.64	31.3	2.65	48.5	2.64	55.25
5.10	140.9	5.09	45.6	5.09	70.9	5.09	85.81
7.52	191.1	7.59	58.0	7.59	93.5	7.56	114.20
10.00	220.2	10.00	70.3	10.00	113.2	10.00	134.55
12.41	249.5	12.41	82.5	12.41	130.2	12.41	154.09
14.90	277.6	14.90	94.3	14.90	147.1	14.90	173.01
17.31	307.9	17.38	106.4	17.31	164.1	17.33	192.82
19.79	328.5	19.79	118.3	19.79	179.5	19.79	208.79
22.21	366.5	22.21	126.7	22.21	195.0	22.21	229.40
24.69	372.6	24.69	138.7	24.69	210.3	24.69	240.52
27.10	393.5	27.10	150.8	27.10	225.6	27.10	256.61
29.59	422.2	29.59	159.2	29.59	237.9	29.59	273.11
32.00	424.1	32.07	168.5	32.00	249.9	32.02	280.83
34.48	453.5	34.48	176.1	34.48	254.4	34.48	294.68
34.48	495.1	34.48	182.3	34.48	278.8	34.48	318.73
32.62	490.9	32.69	177.1	32.62	267.2	32.64	311.72
30.90	455.9	30.90	169.3	30.90	250.0	30.90	291.71
29.03	386.6	29.03	154.8	29.03	233.7	29.03	258.38
27.24	385.9	27.24	148.6	27.24	221.6	27.24	252.02
25.45	359.4	25.45	138.8	25.45	208.5	25.45	235.57
23.66	342.7	23.66	131.9	23.66	195.4	23.66	223.33
21.86	321.0	21.86	126.1	21.86	182.3	21.86	209.78
20.07	276.6	20.07	112.8	20.07	168.5	20.07	185.95
18.21	261.8	18.21	104.7	18.21	155.5	18.21	174.03
16.41	259.2	16.41	99.0	16.41	144.5	16.41	167.56
14.62	227.0	14.62	89.5	14.62	130.1	14.62	148.89
12.83	198.3	12.83	79.7	12.83	116.4	12.83	131.47
11.03	176.5	11.03	71.4	11.03	103.5	11.03	117.09
9.24	151.5	9.24	62.1	9.24	90.2	9.24	101.26
7.38	126.2	7.45	52.5	7.45	75.7	7.43	84.80
5.60	103.8	5.60	43.7	5.61	62.1	5.60	69.86
3.82	77.2	3.79	33.7	3.79	47.5	3.80	52.80
2.01	47.0	2.02	22.6	2.01	30.8	2.01	33.50
0.20	19.5	0.20	12.7	0.21	15.6	0.20	15.94

						Average	Stdev
YS		22.6		15.4		18.4	18.8	3.6
VS		13.6		4.9		7.5	8.7	4.4
R2		1.0		1.0		1.0	1.0	0.0
Hysteresis		1008		86		290	461	484

Set F7: CS-BX1 – BL6- L2 – 7 day – NIST code (folder SR 59-SR-56B)

SR-56B

Run# D		Run# E		Run# G		Average	
SR	SS	SR	SS	SR	SS	SR	SS
0.19	22.9	0.21	18.3	0.20	23.1	0.20	21.42
2.65	46.8	2.65	34.1	2.64	49.5	2.65	43.48
5.10	68.8	5.10	49.7	5.10	77.4	5.10	65.31
7.52	88.1	7.52	62.9	7.52	103.8	7.52	84.92
10.00	105.6	10.00	75.5	10.00	118.6	10.00	99.89
12.41	123.1	12.41	88.6	12.41	134.9	12.41	115.55
14.90	139.1	14.90	100.7	14.90	150.7	14.90	130.15
17.38	153.8	17.38	112.6	17.31	166.5	17.36	144.28
19.79	171.0	19.79	127.4	19.79	181.8	19.79	160.06
22.21	183.4	22.21	138.9	22.21	198.6	22.21	173.64
24.69	197.1	24.69	149.2	24.69	208.4	24.69	184.89
27.17	213.2	27.10	159.6	27.10	220.1	27.13	197.63
29.59	224.6	29.59	169.8	29.59	234.1	29.59	209.46
32.00	233.3	32.07	184.0	32.00	242.7	32.02	220.00
34.48	242.0	34.48	196.3	34.48	261.9	34.48	233.37
34.48	262.3	34.48	198.8	34.48	277.9	34.48	246.31
32.69	249.3	32.69	185.7	32.69	263.6	32.69	232.88
30.90	235.1	30.83	175.0	30.90	245.4	30.87	218.50
29.03	217.1	29.03	175.0	29.03	225.1	29.03	205.75
27.24	207.5	27.24	160.2	27.24	218.0	27.24	195.23
25.45	194.2	25.45	151.4	25.45	203.3	25.45	182.94
23.66	183.8	23.66	140.3	23.66	195.1	23.66	173.07
21.86	172.4	21.86	131.6	21.86	183.0	21.86	162.31
20.07	158.8	20.07	125.5	20.07	162.3	20.07	148.85
18.28	146.3	18.28	115.8	18.21	151.9	18.25	137.98
16.41	136.0	16.41	105.6	16.41	143.6	16.41	128.39
14.62	124.6	14.62	96.7	14.62	129.2	14.62	116.84
12.83	110.3	12.83	88.3	12.83	115.3	12.83	104.62
11.03	98.9	11.03	77.8	11.03	102.5	11.03	93.08
9.24	86.0	9.24	68.3	9.24	88.9	9.24	81.05
7.45	72.7	7.45	58.1	7.38	74.9	7.43	68.58
5.60	60.0	5.61	47.9	5.60	61.8	5.60	56.56
3.83	46.2	3.79	37.2	3.81	47.4	3.81	43.60
2.01	30.4	2.01	25.0	2.01	30.9	2.01	28.76
0.20	16.4	0.20	14.1	0.20	16.4	0.20	15.64

						Average	Stdev
YS	19.3		18.0		18.8	18.7	0.7
VS	7.0		5.2		7.4	6.5	1.1
R2	1.0		1.0		1.0	1.0	0.0
Hysteresis	280		83		429	264	174

Set F7: CS-BX1 – BL33- L2 – 7 day – NIST code (folder SR 59-SR-56C)

SR-56C

Run# K		Run# L		Run# M		Average	
SR	SS	SR	SS	SR	SS	SR	SS
0.20	18.3	0.20	18.3	0.21	18.5	0.20	18.39
2.65	33.5	2.65	33.9	2.65	35.3	2.65	34.22
5.10	49.4	5.09	50.1	5.09	51.8	5.09	50.43
7.52	62.6	7.52	63.8	7.52	66.3	7.52	64.25
10.00	75.1	10.00	77.5	10.00	80.3	10.00	77.63
12.41	88.3	12.41	91.7	12.41	93.5	12.41	91.16
14.90	100.9	14.90	105.2	14.90	106.8	14.90	104.27
17.31	113.1	17.38	118.3	17.38	121.5	17.36	117.62
19.79	127.0	19.79	132.1	19.79	133.6	19.79	130.91
22.21	138.9	22.21	142.2	22.21	145.1	22.21	142.06
24.69	147.9	24.69	155.3	24.69	155.5	24.69	152.88
27.10	158.5	27.10	165.6	27.10	168.9	27.10	164.35
29.59	170.5	29.59	177.0	29.59	180.4	29.59	175.95
32.00	181.1	32.07	189.4	32.00	189.1	32.02	186.52
34.48	194.2	34.48	201.6	34.48	202.1	34.48	199.30
34.48	197.9	34.48	203.2	34.48	205.0	34.48	202.03
32.69	184.8	32.69	191.0	32.69	195.6	32.69	190.49
30.83	176.7	30.90	182.1	30.90	185.3	30.87	181.36
29.03	170.3	29.03	177.5	29.03	175.9	29.03	174.55
27.24	158.4	27.24	165.0	27.24	167.0	27.24	163.46
25.45	150.2	25.45	154.7	25.45	157.5	25.45	154.14
23.66	140.6	23.66	147.1	23.66	148.0	23.66	145.25
21.86	131.8	21.86	137.6	21.86	138.5	21.86	135.99
20.00	124.6	20.07	129.3	20.07	130.2	20.05	128.05
18.28	115.1	18.21	118.3	18.21	118.8	18.23	117.39
16.41	104.8	16.41	107.8	16.41	109.6	16.41	107.40
14.62	95.8	14.62	99.2	14.62	100.5	14.62	98.49
12.83	87.0	12.83	90.2	12.83	90.3	12.83	89.15
11.03	77.1	11.03	80.2	11.03	80.9	11.03	79.41
9.24	67.7	9.24	70.3	9.24	70.8	9.24	69.60
7.45	57.6	7.45	59.8	7.45	60.2	7.45	59.22
5.60	47.2	5.61	49.3	5.61	49.6	5.61	48.68
3.81	36.9	3.81	38.2	3.81	38.5	3.81	37.85
2.01	24.8	2.01	25.9	2.02	26.1	2.01	25.60
0.20	14.3	0.21	14.6	0.21	14.8	0.20	14.57

				Average	Stdev
YS	17.7	18.5	18.4	18.2	0.5
VS	5.2	5.4	5.5	5.4	0.1
R2	1.0	1.0	1.0	1.0	0.0
Hysteresis	92	101	128	107	19

Set F7: CS-BX1 – BL6- L1 – 7 day – NIST code (folder SR 59-SR-56D)

SR-56D							
Run# A		Run# B		Run# C		Average	
SR	SS	SR	SS	SR	SS	SR	SS
0.28	14.1	0.20	44.7	0.19	16.7	0.22	25.18
2.63	34.2	2.66	131.9	2.65	31.3	2.65	65.78
5.10	49.1	5.10	209.5	5.10	46.2	5.10	101.60
7.52	62.9	7.59	299.0	7.52	58.7	7.54	140.18
10.00	76.2	10.00	326.6	10.00	71.2	10.00	158.02
12.41	89.7	12.41	378.7	12.41	83.2	12.41	183.86
14.90	103.0	14.90	420.3	14.90	95.2	14.90	206.14
17.31	115.7	17.31	457.7	17.31	107.2	17.31	226.86
19.79	127.7	19.79	484.5	19.79	118.3	19.79	243.49
22.21	138.3	22.21	507.7	22.21	132.7	22.21	259.55
24.69	150.1	24.69	549.3	24.69	140.3	24.69	279.91
27.10	160.5	27.10	587.7	27.10	149.6	27.10	299.27
29.59	171.1	29.59	599.4	29.59	163.3	29.59	311.27
32.00	184.9	32.00	612.5	32.00	174.0	32.00	323.81
34.48	195.9	34.48	626.4	34.48	187.1	34.48	336.48
34.48	199.7	34.48	731.5	34.48	190.8	34.48	374.00
32.69	189.4	32.62	709.6	32.69	181.4	32.67	360.14
30.83	177.3	30.90	655.7	30.90	168.4	30.87	333.82
29.03	172.4	29.10	572.4	29.03	155.3	29.06	300.03
27.24	161.4	27.24	560.8	27.24	151.2	27.24	291.13
25.45	151.1	25.45	523.9	25.45	143.7	25.45	272.89
23.66	143.6	23.66	498.6	23.66	135.5	23.66	259.22
21.86	132.1	21.86	462.8	21.86	125.9	21.86	240.26
20.07	125.7	20.07	412.0	20.07	114.9	20.07	217.55
18.28	115.5	18.21	384.4	18.21	108.0	18.23	202.64
16.41	104.7	16.41	364.3	16.41	101.6	16.41	190.19
14.62	96.6	14.62	325.6	14.62	91.5	14.62	171.23
12.83	86.8	12.83	284.4	12.83	81.8	12.83	151.02
11.03	77.4	11.03	255.8	11.03	73.4	11.03	135.54
9.24	67.8	9.24	218.8	9.24	64.4	9.24	117.02
7.45	57.8	7.45	184.6	7.45	54.2	7.45	98.85
5.61	47.1	5.59	147.5	5.61	44.8	5.60	79.81
3.82	36.6	3.81	108.5	3.82	34.8	3.82	59.97
2.01	24.6	2.01	66.7	2.01	23.4	2.01	38.25
0.20	13.7	0.21	25.3	0.19	13.0	0.20	17.32

					Average	Stdev
YS	16.9	28.9	16.0	20.6	7.2
VS	5.3	19.9	5.0	10.1	8.5
R2	1.0	1.0	1.0	1.0	0.0
Hysteresis	98	1615	80	598	881